工程计量计价教程

——建筑与装饰

（第二版）

编著　沈　华

东南大学出版社
SOUTHEAST UNIVERSITY PRESS

内容提要

"工程计量与计价"是学习工程造价知识和技能的重点和难点。本书依据现行规范和计价依据，以完全的项目化教学为导向，采用"积木化"模式构建全书体系，创新性采用"计算书"形式编写全书。目的使读者在"实战"中锤炼技能，积累知识，并最终将各"积木"搭建成"大厦"。

《工程计量计价教程：建筑与装饰》(第二版)针对 2015 年江苏省发布的"计价定额勘误表"，以及近两年来最新颁布的工程造价政策；按照"营业税改增值税"对计价定额和费用定额的调整和要求，对本书的计价部分进行整体修改。并修订了"第一版"在使用过程中反映出来的一些缺陷和错误，进一步完善本书。

本书内容主要分为 3 大模块。模块一：理论知识模块，包括工程造价概述、工程造价组成、工程建设定额、计价模式和建筑面积计算；模块二：计量计价模块，包括工程案例施工图、工程量清单计量和工程量清单计价；模块三：工程案例编制实例。读者在学习基础理论知识后，以一个实际工程(6 层框架结构住宅楼)案例展开，各计量计价部分形成既紧密联系又相对独立的"积木"，最后在工程案例编制实例中组成整体。这种模式可以实现"零起点"学习，同时不但可以深入学习各知识点，又可以形成工程造价文件编制的整体概念，达到了既见"树木"又见"森林"的学习目标。本书中各章节均附有知识技能评估题，可供读者练习。

本书可作为本科院校、高等职业院校及成人高校各类建筑工程、装饰工程及工程管理类专业的教材，也可作为相关工程技术人员培训和自学的参考用书。

图书在版编目（CIP）数据

工程计量计价教程：建筑与装饰/沈华编著. —2 版.

—南京：东南大学出版社，2017.1（2022.7 重印）

ISBN 978 - 7 - 5641 - 6689 - 2

Ⅰ.①工…　Ⅱ.①沈…　Ⅲ.①建筑装饰－工程造价－

教材　Ⅳ.①TU723.3

中国版本图书馆 CIP 数据核字（2016）第 197477 号

书　　名：工程计量计价教程 —— 建筑与装饰(第二版)

编　著：沈　华
出版发行：东南大学出版社
社　　址：南京市四牌楼 2 号　邮　编：210096
网　　址：http://www.seupress.com
出版人：江建中
印　　刷：南京京新印刷有限公司
开　　本：787mm×1092mm　1/16　印张：27.5　字数：700 千
版　　次：2017 年 1 月第 2 版　2022 年 7 月第 6 次印刷
书　　号：ISBN 978 - 7 - 5641 - 6689 - 2
定　　价：48.00 元
经　　销：全国各地新华书店
发行热线：025-83790519　83791830

再 版 前 言

　　"工程计量计价"是一门综合性很强的专业课程,具有集技术性、经济性和政策性于一体的特点。随着《建设工程工程量清单计价规范》(GB 50500—2013)的颁布,我国工程量清单计价方法进一步完善,同时也对工程计量计价课程提出了新的要求。

　　《工程计量计价教程:建筑与装饰》(第二版)针对 2015 年江苏省发布的"计价定额勘误表",以及近两年来最新颁布的工程造价政策;按照"营业税改增值税"对计价定额和费用定额的调整和要求,对本书的计价部分进行整体修改。并修订了"第一版"在使用过程中反映出来的一些缺陷和错误,进一步完善本书。

　　本书依据现行规范和计价依据,以完全项目化的教学过程为导向,采用"积木化"模式构建全书,创新性采用了"计算书"形式编写全书,目的是使学习和工作能无缝对接。结合全国工程建设造价员的考试要求和课程体系,全书共分为 3 大模块,模块一:理论知识模块,包括工程造价概述、工程造价组成、工程建设定额、计价模式和建筑面积计算;模块二:计量计价模块,包括工程案例施工图、工程量清单计量和工程量清单计价;模块三:工程案例编制实例。在学习理论知识模块后,引入一个实际工程项目(6 层框架结构住宅楼),针对该项目的各计量计价部分形成既紧密联系又相对独立的"积木",最后在工程案例编制实例中组成完整的工程造价文件。编著过程中,注重将抽象的知识形象化,复杂的知识简单化,全书图文并茂,浅显易懂,可以实现"零起点"学习,特别适合初学者。同时"积木化"的体系模式,不但可以深入学习各知识点,又可以形成工程造价文件编制的整体概念,达到了既见"树木"又见"森林"的学习目标。

　　本书共 9 章,结合多年从事"工程计量与计价"课程的教学经验,对学生学习中的难点、易疏忽点都力求在本书中解析清楚,努力做到语言通俗,体系完整,实践操作把握适度。同时,在本书的编写中得到了很多同行的大力支持和帮助,并参考了相关方面的著作和资料,在此向有关的作者和朋友表示深深的感谢;感谢在编著过程中协助完成部分插图绘制和数据处理的王康宁、李莉莉同学;感谢陆华、张克纯、褚溢华、戴世明、王志磊和沈小兵给予的帮助。书中不当或错误之处,敬请广大同仁、读者批评指正。

沈 华

2016 年 5 月

目 录

1 工程造价概述 …………………………………………………………… 1
  1.1 工程造价的产生 ……………………………………………………… 1
  1.2 工程造价的发展 ……………………………………………………… 3
  1.3 我国工程造价的历史 ………………………………………………… 5
  1.4 工程造价基本概念 …………………………………………………… 7
    1.4.1 工程造价含义 …………………………………………………… 7
    1.4.2 工程造价特点 …………………………………………………… 7
    1.4.3 工程造价作用 …………………………………………………… 8
  1.5 我国工程造价的管理 ………………………………………………… 9
    1.5.1 工程造价管理概念 ……………………………………………… 9
    1.5.2 工程造价管理的意义和作用 …………………………………… 9
    1.5.3 工程造价管理的组织 …………………………………………… 10
    1.5.4 工程造价管理体制改革的目标 ………………………………… 12
  1.6 我国工程造价执业资格制度 ………………………………………… 13
  1.7 知识、技能评估 ……………………………………………………… 14

2 工程造价组成 …………………………………………………………… 16
  2.1 工程建设程序 ………………………………………………………… 16
    2.1.1 建设项目的概念 ………………………………………………… 16
    2.1.2 建设项目的分类 ………………………………………………… 16
    2.1.3 工程建设程序 …………………………………………………… 17
  2.2 工程建设项目划分 …………………………………………………… 21
  2.3 工程造价文件分类 …………………………………………………… 22
  2.4 工程造价费用组成 …………………………………………………… 24
    2.4.1 我国现行投资构成与工程造价构成 …………………………… 24
    2.4.2 设备及工、器具购置费用构成 ………………………………… 25
    2.4.3 建筑安装工程费用构成 ………………………………………… 25
    2.4.4 工程建设其他费用构成 ………………………………………… 30
    2.4.5 预备费、建设期贷款利息、固定资产投资方向调节税 ……… 31
  2.5 江苏省建设工程费用定额 …………………………………………… 31
    2.5.1 建筑和装饰工程费用组成 ……………………………………… 32
    2.5.2 建筑和装饰工程类别的划分 …………………………………… 35

　　　　2.5.3　建筑和装饰工程的取费标准及有关标准表(按营业税改增值税调整后
　　　　　　　规定) ……………………………………………………………………… 37
　　　　2.5.4　工程造价计算程序(一般计税方法)……………………………………… 39
　　2.6　知识、技能评估 ……………………………………………………………… 41

3　工程建设定额………………………………………………………………………… 43
　　3.1　工程建设定额概念……………………………………………………………… 43
　　　　3.1.1　定额的产生…………………………………………………………………… 43
　　　　3.1.2　工程建设定额基本概念……………………………………………………… 44
　　　　3.1.3　工程建设定额的作用………………………………………………………… 44
　　　　3.1.4　工程建设定额的特征………………………………………………………… 45
　　3.2　工程建设定额分类……………………………………………………………… 46
　　3.3　施工定额………………………………………………………………………… 47
　　　　3.3.1　施工定额概述………………………………………………………………… 47
　　　　3.3.2　施工定额的作用……………………………………………………………… 48
　　　　3.3.3　施工定额的水平……………………………………………………………… 48
　　　　3.3.4　劳动定额……………………………………………………………………… 48
　　　　3.3.5　材料消耗定额………………………………………………………………… 49
　　　　3.3.6　机械台班定额………………………………………………………………… 49
　　3.4　预算定额………………………………………………………………………… 50
　　　　3.4.1　预算定额概念………………………………………………………………… 50
　　　　3.4.2　预算定额的作用……………………………………………………………… 50
　　　　3.4.3　预算定额编制原则…………………………………………………………… 51
　　　　3.4.4　预算定额消耗量的确定……………………………………………………… 51
　　　　3.4.5　预算定额人工、材料、机械台班单价的确定………………………………… 53
　　3.5　江苏省建筑与装饰工程计价定额……………………………………………… 55
　　　　3.5.1　概述…………………………………………………………………………… 55
　　　　3.5.2　《计价定额》应用及综合单价调整…………………………………………… 56
　　　　3.5.3　《计价定额》其他规定………………………………………………………… 64
　　3.6　知识、技能评估………………………………………………………………… 66

4　计价模式…………………………………………………………………………… 67
　　4.1　我国计价模式的历史沿革……………………………………………………… 67
　　　　4.1.1　计划经济时期的计价模式…………………………………………………… 67
　　　　4.1.2　经济转轨时期的计价模式…………………………………………………… 67
　　　　4.1.3　我国现行的计价模式………………………………………………………… 68
　　4.2　定额计价………………………………………………………………………… 68
　　　　4.2.1　定额计价基本概念…………………………………………………………… 68
　　　　4.2.2　定额计价的依据和费用组成………………………………………………… 69

　　　4.2.3　定额计价编制步骤·· 70
　4.3　工程量清单计价·· 70
　　　4.3.1　工程量清单计价规范··· 70
　　　4.3.2　工程量清单编制··· 71
　　　4.3.3　工程量清单计价··· 79
　4.4　知识、技能评估·· 84

5　建筑面积计算·· 86
　5.1　建筑面积概念和作用·· 86
　　　5.1.1　建筑面积的概念··· 86
　　　5.1.2　建筑面积的作用··· 86
　5.2　建筑面积计算规则··· 87
　　　5.2.1　计算建筑面积的范围··· 87
　　　5.2.2　不计算建筑面积的范围······································· 97
　5.3　知识、技能评估·· 99

6　工程案例施工图·· 101
　6.1　建筑施工图·· 101
　　　6.1.1　设计说明·· 101
　　　6.1.2　建筑面层做法·· 103
　　　6.1.3　图纸目录·· 105
　　　6.1.4　施工图·· 106
　6.2　结构施工图·· 125
　　　6.2.1　设计说明·· 125
　　　6.2.2　图纸目录·· 127
　　　6.2.3　施工图·· 128

7　工程量计量·· 146
　7.1　土石方工程·· 146
　　　7.1.1　清单项目·· 146
　　　7.1.2　清单计量·· 148
　　　7.1.3　工程量清单·· 152
　　　7.1.4　知识、技能拓展·· 153
　　　7.1.5　知识、技能评估·· 156
　7.2　地基处理与边坡支护工程··· 156
　　　7.2.1　清单项目·· 157
　　　7.2.2　清单计量·· 157
　　　7.2.3　工程量清单·· 159
　　　7.2.4　知识、技能拓展·· 159

7.2.5 知识、技能评估 ……………………………………………… 160
7.3 桩基工程 ………………………………………………………… 161
7.3.1 清单项目 ……………………………………………………… 162
7.3.2 清单计量 ……………………………………………………… 163
7.3.3 工程量清单 …………………………………………………… 164
7.3.4 知识、技能拓展 ……………………………………………… 164
7.3.5 知识、技能评估 ……………………………………………… 166
7.4 砌筑工程 ………………………………………………………… 167
7.4.1 清单项目 ……………………………………………………… 168
7.4.2 清单计量 ……………………………………………………… 168
7.4.3 工程量清单 …………………………………………………… 185
7.4.4 知识、技能拓展 ……………………………………………… 186
7.4.5 知识、技能评估 ……………………………………………… 187
7.5 混凝土工程 ……………………………………………………… 187
7.5.1 清单项目 ……………………………………………………… 188
7.5.2 清单计量 ……………………………………………………… 189
7.5.3 工程量清单 …………………………………………………… 214
7.5.4 知识、技能拓展 ……………………………………………… 215
7.5.5 知识、技能评估 ……………………………………………… 218
7.6 钢筋工程 ………………………………………………………… 220
7.6.1 清单项目 ……………………………………………………… 220
7.6.2 清单计量 ……………………………………………………… 220
7.6.3 工程量清单 …………………………………………………… 228
7.6.4 知识、技能拓展 ……………………………………………… 229
7.6.5 知识、技能评估 ……………………………………………… 231
7.7 金属结构工程 …………………………………………………… 231
7.7.1 清单项目 ……………………………………………………… 232
7.7.2 清单计量 ……………………………………………………… 232
7.7.3 工程量清单 …………………………………………………… 233
7.7.4 知识、技能拓展 ……………………………………………… 233
7.7.5 知识、技能评估 ……………………………………………… 234
7.8 门窗工程 ………………………………………………………… 235
7.8.1 清单项目 ……………………………………………………… 235
7.8.2 清单计量 ……………………………………………………… 236
7.8.3 工程量清单 …………………………………………………… 237
7.8.4 知识、技能拓展 ……………………………………………… 238
7.8.5 知识、技能评估 ……………………………………………… 239
7.9 屋面及防水工程 ………………………………………………… 239
7.9.1 清单项目 ……………………………………………………… 240

7.9.2　清单计量 ………………………………………………………… 240

7.9.3　工程量清单 ……………………………………………………… 247

7.9.4　知识、技能拓展 ………………………………………………… 248

7.9.5　知识、技能评估 ………………………………………………… 249

7.10　保温、隔热、防腐工程 ………………………………………………… 250

7.10.1　清单项目 ……………………………………………………… 250

7.10.2　清单计量 ……………………………………………………… 251

7.10.3　工程量清单 …………………………………………………… 251

7.10.4　知识、技能拓展 ……………………………………………… 251

7.10.5　知识、技能评估 ……………………………………………… 253

7.11　楼地面装饰工程 ………………………………………………………… 254

7.11.1　清单项目 ……………………………………………………… 254

7.11.2　清单计量 ……………………………………………………… 255

7.11.3　工程量清单 …………………………………………………… 259

7.11.4　知识、技能拓展 ……………………………………………… 260

7.11.5　知识、技能评估 ……………………………………………… 262

7.12　墙、柱面装饰与隔断、幕墙工程 ……………………………………… 262

7.12.1　清单项目 ……………………………………………………… 262

7.12.2　清单计量 ……………………………………………………… 263

7.12.3　工程量清单 …………………………………………………… 276

7.12.4　知识、技能拓展 ……………………………………………… 276

7.12.5　知识、技能评估 ……………………………………………… 277

7.13　天棚工程 ………………………………………………………………… 278

7.13.1　清单项目 ……………………………………………………… 278

7.13.2　清单计量 ……………………………………………………… 279

7.13.3　工程量清单 …………………………………………………… 283

7.13.4　知识、技能拓展 ……………………………………………… 284

7.13.5　知识、技能评估 ……………………………………………… 285

7.14　油漆、涂料、裱糊工程 ………………………………………………… 286

7.14.1　清单项目 ……………………………………………………… 286

7.14.2　清单计量 ……………………………………………………… 286

7.14.3　工程量清单 …………………………………………………… 288

7.14.4　知识、技能拓展 ……………………………………………… 289

7.14.5　知识、技能评估 ……………………………………………… 289

7.15　其他装饰工程 …………………………………………………………… 289

7.15.1　清单项目 ……………………………………………………… 290

7.15.2　清单计量 ……………………………………………………… 290

7.15.3　工程量清单 …………………………………………………… 291

7.15.4　知识、技能拓展 ……………………………………………… 291

7.16 措施项目——脚手架工程 · 292
　　7.16.1 清单项目 · 292
　　7.16.2 清单计量 · 292
　　7.16.3 工程量清单 · 293
　　7.16.4 知识、技能拓展 · 293
7.17 措施项目——混凝土模板及支架(撑)工程 · · · · · · · · · · · · · · · 297
　　7.17.1 清单项目 · 297
　　7.17.2 清单计量 · 297
　　7.17.3 工程量清单 · 303
　　7.17.4 知识、技能拓展 · 303
　　7.17.5 知识、技能评估 · 304
7.18 措施项目——垂直运输、超高施工增加等 · · · · · · · · · · · · · · · · · · 304
　　7.18.1 垂直运输 · 304
　　7.18.2 超高施工增加 · 305
　　7.18.3 施工排水、降水 · 306

8 工程计价 · 307
8.1 土石方工程 · 307
　　8.1.1 工程量清单组价 · 307
　　8.1.2 其他定额工程量计算规则 · 311
　　8.1.3 其他定额使用说明 · 313
　　8.1.4 知识、技能评估 · 314
8.2 地基处理与边坡支护工程 · 314
　　8.2.1 工程量清单组价 · 314
　　8.2.2 其他定额工程量计算规则 · 316
　　8.2.3 其他定额使用说明 · 317
　　8.2.4 知识、技能评估 · 317
8.3 桩基工程 · 317
　　8.3.1 工程量清单组价 · 317
　　8.3.2 其他定额工程量计算规则 · 320
　　8.3.3 其他定额使用说明 · 320
　　8.3.4 知识、技能评估 · 322
8.4 砌筑工程 · 322
　　8.4.1 工程量清单组价 · 322
　　8.4.2 其他定额工程量计算规则 · 324
　　8.4.3 其他定额使用说明 · 327
　　8.4.4 知识、技能评估 · 328
8.5 混凝土工程 · 328
　　8.5.1 工程量清单组价 · 328

8.5.2 其他定额工程量计算规则 ……………………………………………… 339
8.5.3 其他定额使用说明 …………………………………………………… 341
8.5.4 知识、技能评估 ……………………………………………………… 342
8.6 钢筋工程 …………………………………………………………………… 342
8.6.1 工程量清单组价 ……………………………………………………… 343
8.6.2 其他定额工程量计算规则 ……………………………………………… 344
8.6.3 其他定额使用说明 …………………………………………………… 345
8.6.4 知识、技能评估 ……………………………………………………… 346
8.7 金属结构工程 ……………………………………………………………… 347
8.7.1 工程量清单组价 ……………………………………………………… 347
8.7.2 其他定额工程量计算规则 ……………………………………………… 348
8.7.3 其他定额使用说明 …………………………………………………… 348
8.7.4 知识、技能评估 ……………………………………………………… 349
8.8 门窗工程 …………………………………………………………………… 349
8.8.1 工程量清单组价 ……………………………………………………… 349
8.8.2 其他定额工程量计算规则 ……………………………………………… 351
8.8.3 其他定额使用说明 …………………………………………………… 352
8.8.4 知识、技能评估 ……………………………………………………… 354
8.9 屋面及防水工程 …………………………………………………………… 354
8.9.1 工程量清单组价 ……………………………………………………… 354
8.9.2 其他定额工程量计算规则 ……………………………………………… 359
8.9.3 其他定额使用说明 …………………………………………………… 359
8.9.4 知识、技能评估 ……………………………………………………… 360
8.10 保温、隔热、防腐工程 …………………………………………………… 360
8.10.1 工程量清单组价 ……………………………………………………… 360
8.10.2 其他定额工程量计算规则 …………………………………………… 361
8.10.3 其他定额使用说明 …………………………………………………… 361
8.10.4 知识、技能评估 …………………………………………………… 362
8.11 楼地面装饰工程 …………………………………………………………… 362
8.11.1 工程量清单组价 ……………………………………………………… 362
8.11.2 其他定额工程量计算规则 …………………………………………… 365
8.11.3 其他定额使用说明 …………………………………………………… 365
8.11.4 知识、技能评估 …………………………………………………… 366
8.12 墙、柱面装饰与隔断、幕墙工程 ………………………………………… 366
8.12.1 工程量清单组价 ……………………………………………………… 367
8.12.2 其他定额工程量计算规则 …………………………………………… 370
8.12.3 其他定额使用说明 …………………………………………………… 371
8.12.4 知识、技能评估 …………………………………………………… 373
8.13 天棚工程 …………………………………………………………………… 373

8.13.1 工程量清单组价 ·· 373

8.13.2 其他定额工程量计算规则 ·· 374

8.13.3 其他定额使用说明 ·· 375

8.13.4 知识、技能评估 ·· 376

8.14 油漆、涂料、裱糊工程 ·· 376

8.14.1 工程量清单组价 ·· 376

8.14.2 其他定额工程量计算规则 ·· 379

8.14.3 其他定额使用说明 ·· 382

8.14.4 知识、技能评估 ·· 382

8.15 其他装饰工程 ·· 382

8.15.1 工程量清单组价 ·· 383

8.15.2 其他定额工程量计算规则 ·· 384

8.15.3 其他定额使用说明 ·· 385

8.15.4 知识、技能评估 ·· 386

8.16 措施项目——脚手架工程 ·· 386

8.16.1 工程量清单组价 ·· 386

8.16.2 其他定额工程量计算规则 ·· 387

8.16.3 其他定额使用说明 ·· 389

8.16.4 知识、技能评估 ·· 391

8.17 措施项目——混凝土模板及支架(撑)工程 ···························· 391

8.17.1 工程量清单组价 ·· 391

8.17.2 其他定额工程量计算规则 ·· 393

8.17.3 其他定额使用说明 ·· 394

8.17.4 知识、技能评估 ·· 396

8.18 措施项目——垂直运输、超高施工增加等 ······························ 396

8.18.1 垂直运输 ·· 396

8.18.2 超高施工增加 ·· 398

8.18.3 施工排水、降水 ·· 400

9 工程量清单计价编制实例 ·· 402

9.1 工程量清单 ·· 402

9.1.1 封面 ·· 402

9.1.2 总说明 ·· 403

9.1.3 分部分项工程和单价措施项目清单与计价表 ························ 403

9.1.4 总价措施项目清单与计价表 ·· 409

9.1.5 其他项目计价表 ·· 409

9.1.6 规费、税金项目计价表 ·· 409

9.2 工程量清单计价 ·· 410

9.2.1 封面 ·· 410

9.2.2　总说明 ··· 411

9.2.3　单位工程投标报价汇总表 ·· 411

9.2.4　分部分项工程和单价措施项目清单与计价表 ··············· 412

9.2.5　综合单价分析表 ··· 419

9.2.6　总价措施项目清单与计价表 ·· 420

9.2.7　其他项目清单与计价汇总表 ·· 420

9.2.8　规费、税金项目计价表 ·· 420

9.2.9　人工、材料、机械和工程设备一览表 ······························ 420

9.2.10　模板、钢筋工程清单综合单价分析表 ··························· 421

参考文献

1 工程造价概述

1.1 工程造价的产生

生产者在长期的工程实践中,逐渐积累起生产某种产品的知识和技能,也获得了一件产品所需要的材料数量和劳动时间的经验,同时这种经验也将反作用于工程实践。这就是工程造价产生的源头和最朴素的工程造价管理。

人们对工程造价管理的认识是随着时代的发展、生产力的提高和管理科学理论的不断进步而逐步建立和加深的。随着这种生产管理认识的累积和发展,逐渐突破了生产规模的局限,应用于组织规模宏大的生产活动之中,这在古代的土木建筑工程中较为多见。很多古代建筑如古罗马的角斗场,古埃及的金字塔,我国的长城、都江堰和赵州桥等,不但在建筑技术上令人叹服,在工程管理上也不乏科学之处。

中华民族是对工程造价认识最早的民族之一。在中国几千年的发展工程中,历朝历代的官府都要大兴土木,这使得工匠们积累了丰富的建筑技术和工程管理经验,再经过官员的归纳和整理,逐步形成了工程造价管理理论和方法的初始形态。

据春秋战国时期的科学技术名著《考工记》中"匠人为沟洫"的记载,早在 2 000 多年前我们先人就有规定:凡修筑沟渠堤防,一定要先以匠人一天修筑的进度为参照,再以一里工程所需的匠人数和天数来预算这个工程的劳力,然后方可调配人力,进行施工。这是人类最早的工程造价管理和工程施工控制的文字记录之一。另据《辑古篹经》的记载,我国唐代的时候就已经有了夯筑城台的定额——"功"。

北宋建国以后百余年间,大兴土木,追求奢华,负责工程的大小官吏贪污成风,致使国库无法应付浩大的开支。因此,各种设计规范、施工定额、费用指标亟待制订,以明确建筑等级制度和艺术形式,通过严格的"料例""功限"来杜防贪污盗窃被提上议事日程。1091 年,将作监第一次编成《营造法式》,由皇帝下诏颁行,此书史曰《元祐法式》,但是该书缺乏用材制度,工料太宽,不能防止工程中的各种弊端。因此,北宋绍圣四年(1097 年)又诏李诚重新编修,李诚以他个人 10 余年来修建工程的丰富经验为基础,参阅大量文献和旧有的规章制度,收集工匠讲述的各工种操作规程、技术要领及各种建筑物构件的形制、加工方法,终于编成流传至今的《营造法式》，并于崇宁二年(1103年)刊行全国。该书共三十六卷，3 555条，包括释名、工作制度、功限、料例、图样5个部分，其中"功限"就是现在的劳动定额，"料例"就是材料消耗定额。第一、二卷主要是对土木建筑名词术语的考证，即"释名"；第三至十五卷是石作、木作等工作制度，说明工作的施工技术和方法，即"工作制度"；第十六卷至二十五卷是工作量的规定，即"功限"；第二十六卷至二十八卷是各工程用料的规定，即"料例"；第二十九卷至三十六卷是图样。《营造法式》汇集了北宋以前的技术精华，对控制工料消耗，加强施工管理起了很大的作用，并一直沿用到明清时期。《营造法式》是人类采用定额进行工程造价管理最早的明文规定和文字记录之一，由此可以看出，我国在北宋时期就形成了工程造价管理的雏形。

雍正十二年(1734年)，清朝工部颁布《工程做法则例》，并一直流传至今。该书主要是一部算工算料的书，全书七十四卷，前二十七卷为二十七种不同之建筑物：大殿、厅堂、箭楼、角楼、仓库、凉亭等结构；二十八卷至四十卷为斗拱之做法、安装及尺寸；四十一至四十七卷为门窗隔扇、石作、瓦作、土作等做法；后二十七卷则为各作工料之估计。梁思成先生在《清式营造则例》一书的序中曾说，"《工程做法则例》是一部名不符实的书，因为只是二十七种建筑物的各部尺寸和瓦工油漆等作的算工算料算账法"。梁思成先生根据所搜集到的秘传抄本编著的《营造算例》，说该书在标列尺寸方面的确是一部原则的书，在权衡比例上则有计算的程式……但其主要目的在算料。

这些都说明，在中国古代工程中，人们很重视劳动和材料消耗量的计算，并已形成许多则例、工料消耗和工程费用的计算方法。在工程造价管理方面，人们经历了几千年的探索、学习、创新和总结，至今还在不懈地努力，使得工程造价管理的理论和方法能够不断地向前发展，以适应人类社会进步的需要。

国外的工程造价可以追溯到16世纪以前，以英国为例，当时除了宗教、军队的建筑以外大多数建筑的体量比较小，而且设计简单。对于该类建筑，业主在建造过程中，一般请当地的工匠来进行房屋的设计和建造，完工后按实结算。而对于那些重要和规模较大的建筑，业主则直接购买材料，以一个主要的工匠作为代表对业主的利益负责，进行监督项目的建造，工程完成后按双方事先协商好的总价支付，或者先确定单价，然后乘以实际完成的工程量。为了监督和规范建筑市场，逐渐形成了各个非政府组织的行会，来监督管理手工艺人的工作，同时维护行会工作质量和价格水准。

具有现代意义的工程造价是随着资本主义社会化大生产，社会分工的进一步细化而逐渐出现的。从16世纪开始，资本主义发展最早的英国，由于资本主义的发展，需要兴建大量的工业厂房；同时"圈地运动"导致大量农民失去土地后向城市集中，也需要大量的住房。建筑工程项目在数量上和规模上的迅速扩张(要求有专人去估算一项工程所需的人工和材料，以及确定已经完成的项目工作量，便于根据工作量来进行报价或取得相应报酬)，导致了工程项目管理分工的进一步细化，由此工程造价逐渐被剥离形成一个独立的专业。正是这种专业管理的需要，使得工料测量师(Quantity Surveyor，QS)这一从事工程项目造价确定和控制的专门职业在英国首先诞生了。在英国和英联邦国家，人们至今仍沿用这一名称去称呼那些专业从事工程造价管理的人员。随着工程造价管理这一职业的诞生，人们逐步拉开了对工程造价管理理论与方法的研究序幕。

【思考题】

1. 工程造价产生的源头。
2. 列举我国古代工程造价方面的典籍，分析其形成的动力。
3. 分析 16 世纪以前，国外工程项目建造的模式及结算方式。
4. 工料测量师(QS)这一职业产生的原因。

1.2 工程造价的发展

英国作为工业革命的起源地，经济发展在早期资本主义国家中处于领先地位，由于社会化大生产的需要，在企业生产和政府管理过程中孕育了很多前所未有的生产方式和管理模式。工程招投标方式就是其中的一种，最早运用于 18 世纪的英国政府采购项目。历时 23 年之久的英法战争(1793—1815 年)大量消耗了英国的财力，国家负债和通货膨胀严重。为了维持战争的进行，不得不需要建设大量的军营，不仅要求建设周期短，而且要求价廉物美。为了节约建设成本，英国政府特别成立了军营筹建办公室主持该项工作，经过认真研究，军营筹建办公室决定每个工程由一个承包商负责建设，并通过竞争报价的方式来产生具体的承包商，逐渐摸索出了通过竞争报价选择承包商的管理模式。经过实践的检验，该方式有效地控制了造价，被认为是物有所值的最佳方法。因此，19 世纪开始以英国为首的资本主义国家在工程建设中，开始广泛推行工程项目的招投标制度。

竞争性招标的方式需要工料测量师在工程项目设计完成之后而又尚未开展建设施工之前，为业主进行工作量的测算和工程造价的计算，以便确定标底，同时，也需要为项目承包者确定投标书的报价。于是在工程造价领域便有了两种类型的造价师：一种受雇于业主或业主代表，另一种则受雇于承包商。在为业主取得最大投资效益或为承包商取得利润最大化的驱动下，许多早期的工料测量师开始研究和探索工程造价管理控制理论和方法，使得人们对工程造价管理的研究日益深入。

英国在 1868 年经皇家批准后成立了"皇家特许测量师协会"(Royal Institute of Charted Surveyors，RICS)，其中最大的一个分会是工料测量师分会。这一专业协会的创立，标志着现代工程造价管理专业的正式诞生，完成了工程造价的第一次飞跃。当时的研究主要还是工程造价的确定，对于工程造价控制理论的研究还不多，但从此工程造价管理人员便开始了有组织地进行工程造价确定和工程造价控制理论等方面的研究和实践。正是这一特点，标志着工程造价管理走出了传统管理模式，进入了现代工程造价管理的新阶段。

从 20 世纪 30～40 年代，大量经济学的原理开始被应用于工程造价管理领域。工程造价管理从一般的工程造价确定和工程造价控制的初始阶段，开始向重视投资效益的评估，加强工程项目的经济和财务分析等方向发展。在 30 年代末期，已经有人将现代投资经济与财务分析的方法应用到了工程项目投资的成本和效益的评价中，并且创建了"工程经济学"(Engineering Economics，EE)等与工程造价管理有关的基础理论和方法。同时，有人开始将加工制造业使用的成本控制方法进行改造，并引入到了工程项目的造价控制之中。工程造价的管理理论与方法的进步，使工程项目的经济效益大大提高，也让全社会逐步认识了工程造价管理科学的重要性,促进了工程造价管理专业在这时期的快速发展。特别是二战后的全球重建时期,大量工程项目的上马为这些理论的实践提供了大量机会,同时也促使了许多新理论和新方法的诞生,使工程造价管理在该时期得到了快速的发展。

20世纪50年代,发达国家的一些工程造价管理人员,对工程造价确定、工程造价控制、工程造价风险管理等多方面的理论与方法开展了全面的研究。同时,他们还与一些大专院校和专业研究团体合作,深入地进行工程造价管理理论体系与方法论的研究。在创立了工程造价管理的基本理论的基础上,发达国家的一些大专院校相继开设了工程造价管理的专科、本科,甚至硕士生的专业教育,开始全面培养工程造价管理方面的人才。英国皇家特许测量师协会(RICS)在50年代提出的比较成本规划法大大改变了造价工作的意义,使造价工作从原来被动的工作状况转变为主动,从原来设计结束后做造价转变为与设计工作同时进行,甚至在设计之前进行测算。于是,“投资计划与控制制度”在英国等经济发达的国家应运而生,完成了工程造价的第二次飞跃。所以,20世纪50~60年代,工程造价管理从理论研究、专业人才培养,到实践推广等各方面都得到了较大的发展。

20世纪70~80年代,各国的造价工程师协会先后开始了自己的造价工程师执业资格的认证工作,并纷纷推出了资质认证所必须完成的专业课程、实践经验和专业培训的基本要求。这些举措对于工程造价管理学科的发展起到了很大的推动作用。与此同时,美国国防部、美国能源部等政府部门,从1967年开始提出了“工程项目造价与工期控制系统规范”,经过反复的修订,得到了不断的完善。英国政府在这一时期也制定了类似的规范和标准。这些规范或标准,为市场经济条件下政府性投资项目的工程造价管理理论与实践作出了一定的贡献。特别是,1976年成立的国际造价工程师联合会(The International Cost Engineering Council,ICEC)积极组织其二十几个会员国的造价工程师协会共同开展工作,对提高人们对工程造价管理理论、方法及实践的全面认识,在推进工程造价管理理论与方法的研究与实践方面都做了大量的工作。所有这些发展和变化,使得70~80年代成了工程造价管理在理论、方法与实践等各个方面全面快速发展的阶段。

经过了多年的努力,20世纪80年代末和90年代初,人们对工程造价管理理论与实践的研究进入了综合和集成的新阶段。各国纷纷在改进现有工程造价确定方法和控制理论的基础上,借鉴其他管理领域的最新进展,对工程造价管理进行更为深入而全面的研究。在这一时期中,以英国工程造价管理学界为主,首先提出了“全生命周期造价管理(Life Cycle Costing,LCC)”的工程项目投资评估与造价管理的理论与方法。随后,以美国工程造价管理学界为主,推出了“全面造价管理(Total Cost Mangement,TCM)”这一涉及工程项目战略资产管理、工程项目造价管理的概念和理论。从此,国际上的工程造价管理研究与实践就进入了一个全新的阶段,完成了工程造价管理的第三次飞跃。

但是,从20世纪90年代初提出工程项目全面造价管理概念至今,世界对于全面造价管理的研究仍然停留在对有关概念和原理的研究上。在1998年于美国辛辛那提举行的国际全面造价管理促进协会的年度学术学会上,该协会仍然把会议的主题定为“全面造价管理——21世纪的工程造价管理技术”。这一主题一方面告诉我们,全面造价管理的理论和技术方法是面向未来的,另一方面也告诉我们全面造价管理的理论和方法至今尚未成熟,但它是21世纪的工程造价管理的主流方法。在这一年会的会议期间,与会各国的工程造价管理专家和学者所发表的学术论文,多数也仍然是处于对全面造价管理基本概念的定义和全面造价管理范畴的界定。因此,可以说20世纪90年代是工程造价管理步入全面造价管理的阶段。

综上所述,工程造价的发展是随着商品经济和管理科学的发展而发展,其过程有以下3个特点:

第一,从事后计算发展到事先计算。即从最初的先建设后按实结算这种消极的反映已完工程量的价格,逐步发展到开工前进行工程造价的确定,进而发展到在初步设计时提出概算,在可行性研究时提出投资估算,成为业主进行投资决策的重要依据。

第二,从被动地反映设计和施工到能动地影响设计和施工。在解决传统建设过程的种种弊端过程中,完成了几次飞跃。最初负责施工阶段工程造价的确定和结算,以后逐步发展到在设计阶段、投资决策阶段对工程造价做出预测,并对设计和施工过程中投资的支出进行监督和控制,进行工程建设全过程的造价控制和管理。

第三,工程造价工作者从依附于施工者或建筑师发展为一个独立的专业。在西方发达国家,成立了专业的协会,有统一的业务职称评定、职业守则和执业资格评定标准。相关的高等院校开设了工程造价专业,培养专门的人才。

【思考题】

1. 工程造价领域中,两种类型的造价师的作用和特点。
2. 工程造价管理的"三次飞跃"。
3. 工程造价发展的3个特点。

1.3 我国工程造价的历史

我国古代创造了土木建筑的辉煌,在工程造价方面有着大量资料和经验的积累,但是它们没有能够上升到理论的高度,缺乏相关的理论作指导。我国现代意义上的工程造价产生,应追溯到19世纪末至20世纪上半叶。外国资本主义为了进一步掠夺的需要,在当时的通商口岸和沿海城市的工程投资规模有所扩大,引入了流行的招投标承包方式,建筑市场开始形成。为适应这一形势,国外的工程造价管理的方法和经验逐步传入我国,并在工程中使用。

1949年中华人民共和国成立后,是三年经济恢复时期和第一个五年计划时期,面对满目疮痍,全国面临着大规模的恢复重建工作。我国学习并引进了前苏联的套用概算、预算定额确定造价的管理制度,同时也为新组建的国营建筑施工企业建立了企业管理制度。这些制度的建立,确立了概预算在基本建设中的地位,同时对概预算的编制原则、内容、方法、审批、修正办法和程序等做了一系列的规定,有效促进了基本建设资金的合理安排和节约使用,为国家经济建设发挥了积极作用。为加强概预算的管理工作,先后成立了标准定额局(处),1956年又单独成立了建筑经济局,相应的各地分支定额管理机构也相继成立。

1958—1966年,是我国"大跃进"和"人民公社"时期,由于受到经济建设中"左"倾错误的影响,概预算定额管理逐渐被削弱。错误的指导思想使得人们头脑发热,只算政治账不讲经济账,各级概预算部门被精简,人员减少,概预算投资作用被削弱,投资大撒手之风逐渐滋长。尽管在短期内有过重整定额管理的迹象,但总的趋势并未改变。

1966—1976 年,"十年动乱"期间,概预算制度遭到严重破坏,概预算和定额管理机构被撤销,预算人员改行,凝聚着人们大量心血的基础资料被销毁,把定额被说成"管、卡、压"的工具。1967 年,原建工部直属企业实行经常费制度,工程完工后向建设单位实报实销,从而实质上由施工单位变成了行政事业单位。这一制度实行了 6 年,直到 1973 年拨乱反正被迫停止,恢复建设单位与施工单位施工图预算结算制度。1973 年制定了《关于基本建设概算管理办法》,但未能执行。

"文革"后,血与泪的教训促使人们认识到概预算制度的重要性,进入工程造价管理工作整顿和发展时期。从 1977 年起,国家恢复重建工程造价管理机构。1978 年,国家计委、建委和财政部颁布了《关于加强基本建设概、预、决算管理工作的几项规定》,强调了加强"三算"在基本建设管理中的作用和意义。1983 年,国家计委和中国人民银行颁布《关于改进工程建设概预算工作的若干规定》,并于 8 月成立基本建设标准定额局,组织制订工程建设概预算定额、费用标准及工作制度,概预算定额统一归口管理。1988 年基本建设标准定额局划归原建设部管理,成立标准定额司,各省市、各部委建立了定额管理站,全国颁布一系列推动概预算管理和定额管理发展的文件,以及大量的预算定额、概算定额、估算指标。20 世纪 80 年代后期,中国建设工程造价管理协会成立。

1990 年代初至今,是市场经济条件下工程造价管理体制的建立时期。随着国民经济发展水平的提高和经济结构的日益复杂,计划经济的内在弊端逐步暴露出来,传统与计划经济相适应的预算定额管理,实际上是对工程造价实行行政指令的直接管理,遏制了生产者和经营者的积极性与创造性。市场经济虽然有其弱点和消极的方面,但它能适应不断变化的社会经济条件而发挥优化资源配置的基础作用。1993—2002 年,通过总结十年改革开放的经验,党的"十四大"明确提出我国经济体制改革的目标由传统的计划经济转变为建立社会主义市场经济体制。应对这种变化,传统的概预算定额必须改革,但是改革是个长期艰难的过程,不能一蹴而就,只能是先易后难,循序渐进,重点突破。随着与过渡时期相适应的"统一量、指导价、竞争费"的工程造价管理模式被越来越多的人接受,改革的步伐不断加快。

2001 年加入世界贸易组织(WTO)后,客观上要求我国逐步建立起符合中国国情的、与国际惯例接轨的工程造价管理体制。鉴于国际上通常采用工程量清单计价模式,建设部于 2003 年 2 月 17 日发布《建设工程工程量清单计价规范》(GB 50500—2003)(以下简称"03规范"),同年 7 月 1 日起在全国范围内实施。"03 规范"的实施为推行工程量清单计价,建立市场形成工程造价的机制奠定了基础。但"03 规范"主要侧重于工程招投标中的工程量清单计价,对工程合同签订、工程计量与价款支付、合同价款调整、索赔和竣工结算等方面缺乏相应的规定。因此,住房和城乡建设部在"03 规范"的基础上进行了修订,于 2008 年 12 月 1 日颁布了新版《建设工程工程量清单计价规范》(GB 50500—2008)(以下简称"08 规范")。"08 规范"实施以来,对规范工程实施阶段的计价行为起到了良好的作用,但由于附录没有修订,还存在很多有待完善的地方。为了进一步适应建设市场的发展,借鉴国外经验,总结我国工程建设实践,进一步健全计价规范,住房与城乡建设部组织了大量的专家和机构,经过两年多时间完成了"13 规范"系列的编制,包括《建设工程工程量清单计价规范》(GB 50500—2013)(简称"13 计价规范")和《房屋建筑与装饰工程工程量计算规范》(GB 50854—2013)(简称"13 计量规范")等 9 本计量规范。"13 规范"系列全面总结了

"03 规范"实施 10 年来的经验,针对"08 规范"进行了全面修订,它的发布和实施必将推动工程造价管理改革的深入发展。

【思考题】

1. 我国工程造价发展的几个历史时期。
2. 传统概预算定额管理模式的弊端。

1.4　工程造价基本概念

1.4.1　工程造价含义

前文中多次提到了工程造价,那么究竟什么是工程造价? 工程造价实际上有两方面的含义。

一方面是指建设一项工程预期开支或实际开支的全部固定资产投资费用。也就是说建设项目经过分析决策、设计施工到竣工验收、交付使用的各个阶段,完成建筑工程、安装工程、设备工器具购置及其他相应的建设工作,最后形成固定资产,在这其中投入所有费用的总和。这一含义是从投资方-业主的角度出发,是指建设成本,外延是全方位的,包括工程建设中涉及的所有费用。它的管理方式是投资管理,需要努力提高效益的同时,还要接受国家的政策指导。

另一方面是指工程价格。即指建成一项工程预计或实际在土地市场、设备市场、技术劳务市场以及承包市场等交易活动中所形成的建筑安装工程的价格和建筑工程总价格。它是相对于承发包双方而言的,它的涵盖范围即使是"交钥匙"工程也不是全方位的,在大多数情况下是指施工的承发包价格。

工程造价两种含义理解的角度不同,其包含的费用项目组成也不同。建设成本含义的造价是指工程建设的全部费用,这其中包括征地费、拆迁补偿费、勘察设计费、供电配套费、项目贷款利息、项目法人的项目管理费等。工程承发包价格中,即使是"交钥匙"工程,其承包价格中也不包括项目的贷款利息、项目法人管理费等,所以在总体数目及内容组成等方面,建设成本总是大于承包价的总和。同时建设成本的管理要服从承包价的市场管理,承包价的管理要适当顾及建设成本的承受能力。

1.4.2　工程造价特点

1.　工程造价的大额性

发挥投资效用的工程项目,一般都实物形体庞大,而且造价高昂,动辄百万、千万,甚至上亿元。工程造价数额的庞大性,使其关系到有关各方面的重大经济利益,同时也会对国家的宏观经济产生重大影响。工程造价的大额性决定了工程造价的特殊地位,也说明了造价管理的重要意义。

2.　工程造价的个别性

建筑工程的个别性,决定了工程造价的个别性。任何一个工程都有特定的用途、功能和规模,同时,每项工程所处位置的不同,使得工程造价的个别性得到强化。事实上,即使位于同一地点,采用同一施工图的工程,由于施工队伍、施工时间的不一致,也会导致工程造价产生差异。

3. 工程造价的动态性

一项工程从决策到竣工交付使用,都有一个较长的建设期,期间有很多不可控因素,都会造成影响工程造价的动态因素,如设计变更、材料、设备价格、工资标准以及取费费率的调整、贷款利率、汇率的变化。因此工程造价在整个建设期内均处于不确定状态,直至竣工决算后才能最终确定工程的实际造价。

4. 工程造价的层次性

建设项目的层次性决定了工程造价的层次性。一个建设项目往往包含多项能独立发挥生产能力和工程效益的单项工程,一个单项工程又包含了多项单位工程。一般来说工程造价有 3 个层次,即建设项目总造价、单项工程造价和单位工程造价。如果将专业分工更细,分部工程和分项工程也可以作为承发包的对象,如大型土方工程、桩基工程、装饰工程等,所以工程造价的层次也可以划分为 5 个层次。同时从工程造价的计算和工程管理的角度看,工程造价的层次性也是非常突出的。

5. 工程造价的兼容性

工程造价的兼容性,首先表现在本身具有的两种含义,其次表现在工程造价构成因素的广泛性和复杂性。工程造价除建筑安装工程费用、设备及工器具购置费用外,征用土地费用、项目可行性研究费用、规划设计费用、与一定时期政府政策(产业和税收政策)相关的费用也占有相当的份额。再次,工程造价的盈利构成也较为复杂,资金成本较大。

1.4.3 工程造价作用

1. 工程造价是项目决策的依据

工程造价决定着项目投资的一次性费用,投资者是否有足够的财务能力支付这笔费用,是否值得支付这笔费用,是项目决策中要考虑的主要问题。在项目决策阶段,建设工程造价就成为项目财务分析和经济评价的重要依据。

2. 工程造价是制定投资计划和投资控制的依据

工程造价在投资控制方面的作用非常明显。工程造价是通过多次概、预算,最终通过竣工决算确定的,每一次计算的过程就是对造价控制的过程。这种控制在投资者财务能力的限度内,是为取得既定的投资效益所必需的。工程造价对投资者的控制也表现在制定各类定额、标准和参数,即对工程造价的计算依据进行控制。在市场经济风险机制的作用下,工程造价控制作用成为投资的内部约束机制。

3. 工程造价是筹建建设资金的依据

投资体制的改革和市场经济的建立,要求项目的投资者有很强的筹资能力,以保证工程建设有充足的资金供应。工程造价基本决定了建设资金的需要量,从而为筹集资金提供比较准确的依据。当建设资金来源于金融机构贷款时,金融机构也要对项目的偿贷能力进行评估,然后确定给予投资者的贷款数额。

4. 工程造价是利益合理分配和调节产业结构的手段

市场经济中,工程造价受到供求关系的影响,围绕价值产生波动,进而实现对建设规模、产业结构和利益分配的调节。如果政府采取正确的宏观调控措施和价格导向政策,工程造价在利益合理分配和调节产业结构方面的作用将会充分发挥出来。

5. 工程造价是评价投资效果的重要指标

工程造价自身形成了一个指标体系,能为评价投资效果提供多种评价指标,并能形成新的价格信息,为今后类似项目的投资提供参照体系。

【思考题】

1. 正确理解工程造价的两种含义。
2. 工程造价的动态性和层次性具体特征。
3. 工程造价的作用。

1.5 我国工程造价的管理

1.5.1 工程造价管理概念

对应工程造价含义,工程造价管理有两种概念,分别是建设工程投资费用管理和工程价格管理。

1. 建设工程投资费用管理

是站在投资者或业主的角度关注工程建设总投资,属于工程建设投资管理范畴,即在拟定的规划、设计条件下预测、计算、确定和监控工程造价及其变动的系统活动。工程建设投资管理又分为宏观投资管理和微观投资管理。宏观投资管理的任务是合理地确定投资的规模和方向,提高宏观投资的经济效益。微观投资管理包括国家对企事业单位及个人的投资,通过产业政策和经济杠杆,将分散的资金引导到符合社会需要的建设项目中去,投资者应对自己投资的项目做好计划、组织和监督工作。

2. 工程价格管理

属于价格管理范畴,是对建筑市场建设产品交易价格的管理。工程价格管理包括宏观和微观两个层次。在宏观层次上,政府根据社会经济发展的要求,利用法律、经济、行政等手段,建立并规范市场主体的价格行为。在微观层次上,是生产企业在掌握市场价格信息的基础上,为实现管理目标而进行的成本控制、计价、定价和竞价的系统活动。

建设投资管理和工程价格管理既有联系又有区别。在建设投资管理中,投资者进行项目决策和项目实施时,完善项目功能,提高工程质量,降低投资费用,按期或提前交付使用,是投资者始终关注的问题,降低工程造价是投资者始终如一的追求。工程价格管理是投资者或业主与承包商双方共同关注的问题,投资者希望质量好、成本低、工期短,承包商追求的是尽可能高的利润。

1.5.2 工程造价管理的意义和作用

我国人口多,底子薄,是一个资源相对缺乏的发展中国家,每年能提供的建设资金较为有限。从这一基本国情出发,必然要求提高建设项目的投资效益,有效地利用投入的人、财、物,取得较高的经济和社会效益,保持国民经济持续、稳定、协调发展。在工程项目的建设中,如何按照客观经济规律办事,加强经营管理,重视经济核算,提高投资效益,是实现我国社会主义现代化建设的一个重要问题。投资控制的关键在于正确确定建设工程各阶段的工程造价,并在此基础上做好工程造价管理。

工程造价管理的目的不仅在于控制项目投资目标不超过批准的造价限额,更在于坚持倡导艰苦奋斗、勤俭建国的方针,从国家的整体利益出发,合理使用人力、物力、财力,取得最大投资效益。

1.5.3　工程造价管理的组织

工程造价管理组织是指为了实现工程造价管理目标而进行的有效组织活动,以及造价管理组织功能相关的有机群体,是工程造价动态的组织活动过程和相对静态的造价管理机构的统一。具体说,主要是指国家、地方、机构和企业之间管理权限及职责范围的划分。

我国的工程造价管理组织主要有3个系统:政府行政管理系统、企事业机构管理系统和行业协会管理系统。

1. 政府行政管理系统

政府在工程造价管理中既是宏观管理的主体,也是政府投资项目的微观管理的主体。从宏观管理的角度,政府对工程造价管理有个严密的组织系统,设置了多层管理机构,规定了管理权限和职责范围。

国家住房与城乡建设部标准定额司是归口领导机构,全国范围内行使管理职能,在工程造价管理工作方面承担着重要职责:

(1) 组织制定工程造价管理有关法规、制度并组织贯彻实施。

(2) 组织全国统一经济定额和部管行业经济定额的制定、修订计划。

(3) 组织制定全国统一经济定额和部管行业经济定额。

(4) 监督指导全国统一经济定额和部管行业经济定额的实施。

(5) 制定工程造价咨询单位的资质标准并监督执行,提出工程造价专业技术人员执业资格标准。

(6) 管理全国工程造价咨询单位的资质工作,负责全国甲级工程造价咨询单位的资质审定。

各省、自治区、直辖市和行业主管部门的造价管理机构,是在其管辖范围内行使管理职能,省辖市和地区的造价管理机构在所辖地区内行使管理职能。这些工程造价管理机构的职责与国家住建部的工程造价管理机构相对应。

2. 企、事业机构管理系统

企、事业机构在工程造价管理组织中,属于微观管理的主体,包括建设中的三大主体和中介服务机构。

设计单位和工程造价咨询机构,按照业主或委托方的意图,在可行性研究和规划设计阶段合理确定和有效控制建设项目的工程造价,通过限额设计等手段实现设定的造价管理目标;在招标投标工作中编制标底,参加评标、议标;在项目实施阶段,通过对设计变更、工期、索赔和结算等项目管理进行造价控制。设计单位和工程造价咨询机构,通过在全过程造价管理中的业绩,赢得自己的信誉,提高市场竞争能力。

　　承包企业的工程造价管理是企业管理中的重要组成,设有专门职能机构参与企业的投标决策,并通过对市场的调查研究,利用过去积累的经验,研究报价策略,提出报价。在施工过程中,进行工程造价的动态管理,注意各种调价因素的发生和工程价款的结算,避免收益的流失,以促进企业盈利目标的实现。当然承包企业在加强工程造价管理的同时,还要加强企业内部的各项成本控制,才能切实保证企业有较高的利润水平。

　　建设单位作为业主在工程造价管理中起着主导作用,并贯穿于整个建设过程。在建设前期要搞好总体规划,认真做好投资项目的可行性研究和调研工作,为工程造价的管理打下良好基础。工程设计阶段通过优选设计方案、积极参与设计、落实图纸会审等手段,实现控制工程造价,是确定工程造价的关键阶段。在招投标中,应合理确定招标控制价和评标办法,切实通过竞争的方式择优选择施工单位,是建设单位实施造价管理的重点工作。施工阶段是投资支出最集中的阶段,同时周期长、影响因素多、材料价格波动大,建设单位要控制工程材料和设备的价格关、施工现场变更关,做好施工记录和审定工程预结算。工程竣工验收后,作为建设单位要督促各相关单位认真做好保修工作,加强保修期间的投资控制。

3. 行业协会管理系统

　　中国建设工程造价管理协会(CECA)成立于1990年7月,目前挂靠于国家住房与城乡建设部,前身是1985年成立的"中国工程建设概预算委员会"。

　　中国建设工程造价管理协会的性质是:由工程造价咨询企业、工程造价管理单位、注册造价工程师及工程造价领域的资深专家、学者自愿结成的行业性的、全国性的、非营利性的社会组织。

　　协会的业务范围包括:

　　(1)研究工程造价咨询与管理改革和发展的理论、方针、政策,参与相关法律法规、行业政策及行业标准规范的研究制订。

　　(2)制订并组织实施工程造价咨询行业的规章制度、职业道德准则、咨询业务操作规程等行规行约,推动工程造价行业诚信建设,开展工程造价咨询成果文件质量检查等活动,建立和完善工程造价行业自律机制。

　　(3)研究和探讨工程造价行业改革与发展中的热点、难点问题,开展行业的调查研究工作,倾听会员的意见,向政府有关部门反映行业和会员的建议和诉求,维护会员的合法权益,发挥联系政府与企业间的桥梁和纽带作用。

　　(4)接受政府部门委托和批准开展以下工作:协助开展工程造价咨询行业的日常管理工作;开展注册造价工程师考试、注册及继续教育、造价员队伍建设等具体工作;组织行业培训,开展业务交流,推广工程造价咨询与管理方面的先进经验;依照有关规定经批准开展工程造价先进单位会员、优秀个人会员及优秀工程造价咨询成果评选和推介等活动;代表中国工程造价咨询行业和中国注册造价工程师与国际组织及各国同行建立联系,履行相关国际组织成员应尽的职责和义务,为会员开展国际交流与合作提供服务。

　　(5)依照有关规定办好协会的网站,出版《工程造价管理》期刊,组织出版有关工程造价专业和教育培训等书籍,开展行业宣传和信息咨询服务。

　　(6)维护行业的社会形象和会员的合法权益,协调会员和行业内外关系,受理工程造价咨询行业中执业违规的投诉,对违规者实行行业惩戒或提请政府主管部门进行行政处罚。

（7）完成政府及其部门委托或授权开展的其他工作。建设工程造价管理协会在理论探索、信息交流、国际往来、咨询业务、人才培养等方面做了大量工作，但是从国外的经验看，协会的作用还需要更好的发挥，其职责范围还可以拓展。在政府机构改革、职能转换中，协会的职能应得到强化，由政府剥离出来的一些工作应该更多地由协会承担。

1.5.4 工程造价管理体制改革的目标

我国工程造价管理体制改革的最终目标是逐步建立以市场形成价格为主的价格机制。改革的具体内容和任务是：

（1）改革现行的工程定额管理方式，实行量价分离，逐步建立起由工程定额作为指导的通过市场竞争形成工程造价的机制。由国家建设行政主管部门统一制订符合国家有关标准、规范，并反映一定时期施工水平的人工、材料、机械等消耗量标准，实现国家对消耗量标准的宏观管理。制订统一的工程项目划分、工程量计算规则，区别实体与非实体消耗，简化繁琐取费，实行工程量清单报价。人工、材料、机械等单价，由工程造价管理机构依据市场价格的变化发布工程造价相关信息和指数，但保留政府对重要生产要素价格进行干预的权力。这些计价依据仅在编制预算时作为指导或指令性依据，在投标报价中仅作为报价参考资料。

（2）加强工程造价信息的收集、处理和发布工作。依据国外工程造价管理经验，工程造价管理机构应做好工程造价资料积累工作，建立相应的信息网络系统，及时发布信息。工程造价管理的信息化已经成为发展的必然趋势，要以提高工程造价管理效益和竞争力为目标做好工程造价信息的开发和利用，加快培养工程造价管理信息化的人才，充分发挥信息化管理手段，与国际接轨。同时大力培育中介机构，加强协会对中介机构的联络功能，规定协会会员的责任和义务，将已完工程的造价资料，按规定的格式认真填报后输入计算机的数据库，实现全国联网，数据共享，这样可以有效地提供有力的基础数据支持和提高专业管理水平。

（3）对政府投资工程和非政府投资工程，实行不同的定价方式。对于政府投资工程，应以统一的工程消耗量定额为依据，按生产要素市场价格编制招标控制价，并以此为基础，实行在合理幅度内确定中标价方式。对于非政府投资工程，应强化市场定价原则，既可参照政府投资工程的做法，采取合理低价中标方式，也可由承发包双方依照合同约定的其他方式定价。

（4）加强对工程造价的监督管理，逐步建立工程造价的监督检查制度，规范定价行为，确保工程质量和工程建设的顺利进行。工程造价计价行为的监督管理是工程造价管理中的薄弱环节，由于各地工程造价管理机构职能的限制以及造价管理法律法规滞后等原因，工程造价计价的监督管理并不能做到处处有章可循。目前主要从工程造价咨询单位和造价工程师执业方面开展工作，而对业主和施工等单位的不规范计价行为的监督执法缺乏有效手段和综合执法力度，应重点加强招标投标、施工合同、工程结算中工程造价计价活动中的监督管理，规范建设市场经济秩序。可在更高层次法律法规中明确工程造价监督管理的地位和责任，特别是国有投资工程造价的监督管理，使工程建设各方主体在工程造价计价活动中有法可依。

【思考题】

1. 分析建设投资费用管理和工程价格管理的关系。
2. 我国工程造价管理组织的构成。
3. 我国工程造价管理体制改革的目标。

1.6　我国工程造价执业资格制度

1. 造价工程师的考核制度

造价工程师执业资格考试实行全国统一大纲、统一命题、统一组织的办法。原则上每年组织1次。凡中华人民共和国公民,遵纪守法并具备以下条件之一者,均可申请参加造价工程师执业资格考试。

(1) 工程造价专业大专毕业后,从事工程造价业务工作满5年;工程或工程经济类大专毕业后,从事工程造价业务工作满6年。

(2) 工程造价专业本科毕业后,从事工程造价业务满4年;工程或工程经济类本科毕业后,从事工程造价业务工作满5年。

(3) 获上述专业第二学位或研究生班专业和获硕士学位后,从事工程造价业务工作满3年。

(4) 获上述专业博士学位后,从事工程造价业务工作满2年。

通过造价工程师执业资格考试的合格者,由省、自治区、直辖市人事(职改)机构颁发人事部统一印制、人事部和建设部共同用印的造价工程师执业资格证书,该证书全国范围内有效,并作为造价工程师注册的凭证。

2. 造价工程师的执业资格注册制度

考试合格人员在取得证书3个月内到当地省级或部级造价工程师注册管理机构办理注册登记手续。造价工程师注册有效期为3年,有效期满前3个月,持证者应当到原注册机构重新办理注册手续。

3. 造价工程师的权利

(1) 有独立依法执行造价工程师岗位业务并参与工程项目经济管理的权利。

(2) 有在所经办的工程造价成果文件上签字的权利;凡经造价工程师签字的工程造价文件需要修改时应经本人同意。

(3) 有使用造价工程师名称的权利。

(4) 有依法申请开办工程造价咨询单位的权利。

(5) 造价工程师对违反国家有关法律法规的意见和决定有权提出劝告、拒绝执行并有向上级或有关部门报告的权利。

4. 造价工程师的义务

(1) 必须熟悉并严格执行国家有关工程造价的法律法规和规定。

(2) 恪守职业道德和行为规范,遵纪守法,秉公办事。对经办的工程造价文件质量负有经济的和法律的责任。

（3）及时掌握国内外新技术、新材料、新工艺的发展应用，为工程造价管理部门制订、修订工程定额提供依据。

（4）自觉接受继续教育，更新知识，积极参加职业培训，不断提高业务技术水平。

（5）不得参与与经办工程有关的其他单位事关本项工程的经营活动。

（6）严格保守执业中得知的技术和经济秘密。

5. 造价师的执业范围

（1）建设项目建议书、可行性研究投资估算的编制和审核，项目经济评价，工程概、预、结算、竣工结（决）算的编制和审核。

（2）工程量清单、标底（或者控制价）、投标报价的编制和审核，工程合同价款的签订及变更、调整、工程款支付与工程索赔费用的计算。

（3）建设项目管理过程中设计方案的优化、限额设计等工程造价分析与控制，工程保险理赔的核查。

（4）工程经济纠纷的鉴定。

6. 造价师继续教育制度

注册造价工程师在每注册期内应达到注册机关规定的继续教育要求。注册造价工程师继续教育分为必修课和选修课，经继续教育达到合格标准的，颁发继续教育合格证明。

【思考题】

1. 我国工程造价专业技术人员队伍的组成。

2. 取得造价师执业资格的方法和执业资格注册制度。

1.7 知识、技能评估

1. 选择题

（1）工程造价产生的源头（　　）。

A. 科学研究　　　B. 领导意志　　　C. 工程实践　　　D. 社会发展

（2）《营造法式》再次编修的时间和作者（　　）。

A. 北宋　李诫　　　　　　　　　B. 南宋　李诫

C. 清朝　工部　　　　　　　　　D. 北宋　将作监

（3）被梁思成先生称为是一部名不符实的书是（　　），因为只是27种建筑物的各部尺寸单和瓦工油漆等作的算工算料算账法。

A.《工程做法则例》　　　　　　B.《清式营造则例》

C.《营造法式》　　　　　　　　D.《营造算例》

（4）英国和英联邦国家称呼专业从事工程造价管理人员为（　　）。

A. 工料测量师　　B. 建造师　　　C. 造价师　　　D. 营造师

（5）工程造价领域中的两种类型造价师（　　）。（多选题）

A. 受雇于业主或其代表　　　　　B. 受雇于承包商

C. 受雇于政府部门　　　　　　　D. 受雇于中介机构

（6）工程造价管理的"第三次飞跃"是（　　）。

A. 现代工程造价管理专业的正式诞生

B. 工程造价投资计划与控制制度的出现

C. 工程项目全面造价管理理论研究与实践

（7）工程造价的含义之一，可以理解为工程造价是指（　　）。

A. 工程价值　　　　　　　　　B. 工程价格

C. 工程成本　　　　　　　　　D. 建筑安装工程价格

（8）从业主角度出发，工程造价是指（　　）。

A. 工程承发包价格　　　　　　B. 全部固定资产投资费用

C. 建设项目总投资　　　　　　D. 建筑安装工程费用

（9）在整个建设期间处于不确定状态，直至竣工决算后才能最终确定，反映了工程造价的（　　）特点。

A. 兼容性　　　　B. 层次性　　　　C. 动态性　　　　D. 个别性

E. 大额性

（10）工程造价的两种管理是指（　　）。

A. 建设工程投资费用管理和工程造价计价依据管理

B. 建设工程投资费用管理和工程价格管理

C. 工程价格管理和工程造价专业队伍建设管理

D. 工程价格管理和工程造价计价依据管理

（11）造价工程师是一种（　　）。

A. 执业资格　　　B. 技术职称　　　C. 技术职务　　　D. 执业职责

2. 简答题

（1）简述工程造价被分离成独立专业的原因。

（2）简述工程造价发展的特点。

2 工程造价组成

【学习目标】

1. 了解建设项目的概念及工程建设程序,为进一步学习打下基础;

2. 明确工程建设项目划分的5个层次,及其对工程造价计算的意义;

3. 熟悉工程建设各阶段的工程造价文件类型、概念和内容;

4. 理解从固定资产投资角度的工程造价费用组成及《建筑安装工程费用项目组成》中相关规定;

5. 熟练掌握本省(本书以江苏省为例)建筑和装饰工程费用组成、工程类别划分和各项取费标准。

2.1 工程建设程序

2.1.1 建设项目的概念

建设项目是指按照一个总体设计进行施工,经济上实行统一核算,管理上有独立组织形式的建设工程。建设项目的实施单位一般称为建设单位。

在我国,通常以建设一个企业单位或一个独立工程作为一个建设项目,如在工业建设中,一座工厂即是一个建设项目;在民用建设中,一所学校便是一个建设项目,一个大型体育场馆也是一个建设项目。对属于一个总体设计中分期分批进行建设的主体工程和附属配套工程,综合利用工程,供水供电工程也应作为一个建设项目。不能将不属于一个总体设计,按各种方式结算作为一个建设项目;也不能把同一个总体设计内的工程,按地区或施工单位分为几个建设项目。

2.1.2 建设项目的分类

按照不同的标准和不同的角度,建设项目有多种分类方法。

1. 按照建设项目的性质不同分类

(1)新建项目是指原来没有,现在开始建设的项目,或对原有规模较小的项目,扩大建设规模,其新增固定资产价值超过原有固定资产价值3倍以上的建设项目。

(2)扩建项目是指原有企事业单位,为了扩大原有主要产品的生产能力、效益或增加新产品生产能力,在原有固定资产基础上,兴建一些主要车间或工程的项目。

(3)改建项目是指原有企事业单位为了改进产品质量或改进产品方向,对原有固定资产进行整体性技术改造的项目。此外,为提高综合生产能力,增加一些附属辅助车间或非生产性工程,也属于改建项目。

(4) 重建项目是指对因重大自然灾害或战争而遭受破坏的固定资产,按原来规模重新建设或在重建的同时进行扩建的项目。

(5) 迁建项目是指为了改变生产力布局或由于其他原因,将原有单位迁至异地重建的项目,不论其是否维持原来规模,均称为迁建项目。

2. 按建设项目的用途不同分类

(1) 生产性建设项目是指直接用于物质生产或满足物质生产需要的建设项目,它包括工业、农业、林业、水利、气象、交通运输、邮电通信、商业和物资供应设施建设、地质资源勘探建设等。

(2) 非生产性建设项目是指用于人们物质和文化生活需要的建设项目,包括住宅建设、文教卫生建设、公用事业设施建设、科学实验研究以及其他非生产性建设项目。

3. 按建设工程规模分类

按照建设项目的总规模和总投资,建设工程项目可分为大型、中型和小型 3 类。划分时,应根据项目的建设总规模(设计生产能力或效益)或计划总投资或按照《建设项目大中小型划分标准》进行划分。建设总规模或计划总投资,原则上应以批准的设计任务书或初步设计确定的总规模或总投资为准,没有正式批准设计任务书或初步设计的,可按国家或省、市、自治区的建设中所列的总规模或总投资划分。

4. 按建设项目投资来源渠道不同分类

(1) 国家投资或国有资金为主的建设项目是指国家预算投资建设的建设项目。

(2) 银行信用筹资的建设项目是指通过银行信用方式进行贷款建设的项目。

(3) 自筹资金的建设项目是指各地区、各部门、各企事业单位按照财政制度提留、管理和自行分配用于固定资产再生产的资金进行建设的项目。

(4) 引进外资的建设项目是指利用外资进行建设的项目。外资的来源有借用国外资金和吸引外国资本直接投资。

(5) 资金市场筹资的建设项目是指利用国家债券筹资和社会集资而建设的项目。

2.1.3 工程建设程序

工程项目建设程序是指工程项目从策划、评估、决策、设计、施工到竣工验收、投入生产或交付使用的整个建设过程中,各项工作必须遵循的先后工作次序。

工程建设中涉及的社会面广,管理部门多,各方面的协调相对复杂,同时与人们的生命财产、日常生活、工作环境、审美情趣都有着密切的关系。工程建设程序是对建设工作实践的科学总结,是建设过程中固有客观规律的集中体现,必须按照程序规律的先后次序依次进行。我国也颁布了相关的法律、法规来对工程建设程序进行固化,并根据形势发展不断地加以补充完善,严格监督执行。

依据《国务院关于投资体制改革的决定》及相关文件,现行的工程建设程序,对政府投资项目和企业自主资金项目分别实行审批制、核准制和备案制,均划分为 4 个阶段,如图 2-1-1 所示,分别为:建设前期阶段、建设准备阶段、建设施工阶段和竣工验收阶段。

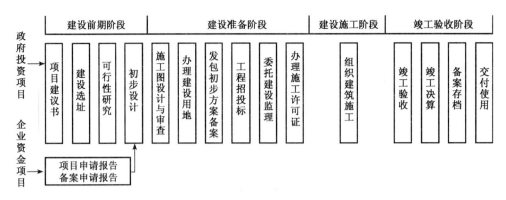

图 2-1-1　工程建设程序

1. 建设前期阶段

对于政府投资项目实行审批制,该阶段主要包括:项目建议书、建设选址、可行性研究和初步设计。对于企业不使用政府投资的项目,不再实行审批制,而是区别不同情况采用核准制和备案制。实行核准制的企业投资建设项目,仅需向政府提交项目申请报告,政府投资目录以外的项目,无论规模大小均改为备案制。

(1)项目建议书

项目建议书是要求建设某一具体项目的建议文件,是建设过程中最初阶段的工作,是投资决策前对拟建项目的轮廓设想。

项目建议书的主要作用在于建设单位根据国民经济和社会发展的长远规划,结合自然资源条件和现有生产力布局状况,在广泛调查、收集资料、勘察场址及基本确定项目建设的技术、经济条件后,通过论述拟建项目的建设必要性、可行性,以及获利、获益的可能性,以项目建议书的形式向国家推荐项目,供国家决策。项目建议书是确定建设项目和建设方案的重要文件,也是编制设计文件的依据。

项目建议书编制完成后,应及时报送政府行政主管部门和投资主管部门审批,项目建议书经批准后,就纳入了长期基本建设计划,即人们通俗所说的"立项"。但是项目建议书阶段的"立项",并不是表明项目可以马上建设,还需要开展详细的可行性研究。

(2)建设选址

对于新建建设项目,不论国家投资还是企业自筹资金,均要对建设地址进行选择。项目建议书经批准后,报请批准"设计任务书阶段"之前的选址工作,则必须获得规划行政主管部门的选址意见书,及土地行政主管部门的用地预审报告,以及为获得选址准备的一系列的技术性文件资料。

(3)可行性研究报告

按照批准的项目建议书,部门、地区或企业负责组织可行性研究,对项目在技术、工程、经济和外部协作条件等是否合理可行,进行全面分析论证。进行多方案比较,认为项目可行后,推荐最佳方案,编制可行性研究报告上报。可行性研究的内容应能满足作为项目投资决策的基础和重要依据的要求,基本内容和研究深度应符合国家规定,可概括为市场研究、技术研究和效益研究三大部分内容。

可行性研究报告一旦批准后,不得随意修改和变更。如果在建规模、产品方案、主要协作关系等方面有变动以及突破投资控制限额时,应经原批准单位同意。经过批准的可行性研究报告,可作为初步设计的依据,同时工程建设进入设计阶段。

(4) 初步设计

初步设计是根据批准的可行性研究报告和必要的设计基础资料,拟定工程建设实施的初步方案。初步设计应阐明工程在指定的时间、地点和投资控制额内,拟建工程在技术上的可行性和经济上的合理性,并要求编制项目的总概算。初步设计是列入年度基本建设计划之前要做的设计工作,是申请建设项目投资年度计划和跨年度计划的依据。

2. 建设准备阶段

无论对于政府投资建设项目还是企业自主资金投资项目,该阶段都可分为施工图设计和审查、办理建设用地、招标投标等程序。

(1) 施工图设计和审查

施工图设计是把初步设计中确定的设计原则和设计方案根据建筑安装工程或非标准设备制作的需要,进一步具体化、明确化,把工程和设备各构成部分的尺寸、布置和主要施工方法,以图样及文字的形式加以确定的设计文件。

国家实施施工图设计文件(含勘察文件,简称施工图)审查制度。所谓的施工图审查是指建设主管部门认定的施工图审查机构(简称审查机构)按照有关法律、法规,对施工图涉及公共利益、公众安全和工程建设强制性标准的内容进行的审查。施工图未经审查合格的,不得使用。

(2) 办理建设用地

使用各类土地资源进行工程建设,除了要严格执行城市规划外,还要办理土地合法使用手续。建设单位应当向当地土地行政主管部门提出用地申请,填写《建设用地申请表》,对材料齐全、符合条件的建设用地申请,应当受理,并在收到申请30日内拟定农用地转用方案、补充耕地方案、征用土地方案和供地方案,经同级人民政府审核后,逐级上报审批。

(3) 发包初步方案备案

为了保证工程建设项目具备法定招标条件,建设单位在工程项目首次发包前,应向建设行政主管部门(招标办)提交整个工程项目发包初步方案。招标人可根据工程情况合理划分标段,分步实施,但是不得有利用划分标段肢解或者规避招标的行为。建设行政主管部门或其授权机构对工程项目条件、核准的发包方式、发包组织形式和发包的内容进行审查。工程项目发包方案经批准后,才可按规定进行招标准备。若工程建设项目的投资和规模变化时,建设单位应及时到建设行政主管机构或其授权机构进行补充登记,筹建负责人变化时,也应重新登记。

(4) 工程招投标及签订施工合同

工程施工招标是指建设单位就拟建的工程施工任务的内容、条件、工程量、质量、工期、标准等要求发布通告,用法定的方式吸引符合要求的建筑施工单位参加竞标,进而通过法定程序从中择优选择建筑承包商的法律行为。

工程施工投标是指通过特定审查程序而获得投标资格的工程施工承包商,按照招标文件的要求,在规定的时间内向招标单位填报投标书,争取中标的法律行为。

工程招标制度也称为工程招标承包制,它是指在市场经济的条件下,采用招投标方式以实现工程承包的一种工程管理制度。工程招投标制的建立与实行是对计划经济条件下单纯运用行政办法分配建设任务的一项重大改革措施,是保护市场竞争、反对市场垄断和发展市场经济的一个重要标志。

工程招投标之后,建设单位应和中标的施工企业签订建设工程施工合同。所谓建设工程施工合同是指发包方(建设单位)和承包方(施工单位)为完成商定的施工工程,明确相互权利、义务的协议。依照施工合同,施工单位应完成建设单位交给的施工任务,建设单位应按照规定提供必要条件并支付工程价款。施工合同的签订,应使用国家工商行政管理局、住房和城乡建设部(以下简称住建部)制定的《建设工程施工合同》示范文本,并严格执行《中华人民共和国合同法》《建设工程施工合同管理办法》的规定。

(5) 委托建设监理

《中华人民共和国建筑法》明确规定:"国家推行建筑工程监理制度""建筑工程监理应当依据法律、行政法规及有关的技术标准、设计文件和建筑工程合同,对承包单位在施工质量、建设工期和建设资金等方面,代表建设单位实施监督"。所以建设单位应当依据国家有关规定,对必须委托监理的工程,委托具有相应资质的建设监理进行工程监理。

(6) 办理施工许可证

建设单位必须在工程开工前向建设项目所在地的县级以上人民政府建设行政主管部门申请领取施工许可证。建筑工程未取得施工许可证一律不得开工,同时建设单位应当自领取施工许可证之日起三个月内组织开工。因故不能按期开工的,建设单位应当在期满前向发证机关说明理由,申请延期。延期以两次为限,每次不超过 3 个月,不按期开工又不按期申请延期的或超过延期次数时限的,施工许可证自行废止。

3. 建筑施工阶段

建设项目开工前,建设单位应当指定施工现场总代表人,施工企业应当指定项目经理,并分别将总代表人和项目经理及授权事项书面通知对方,同时报工程所在地县级以上地方人民政府建设行政主管部门备案。施工过程中,施工企业应严格按照有关法律、法规和工程建设标准的规定,编制施工组织设计,指定质量、安全、技术、文明施工等各项保证措施,确保工程质量、施工安全和现场文明施工。

施工企业必须严格按照批准的设计文件、施工合同和国家现行的施工及验收规范进行工程建设项目施工。施工中若需变更设计,应按有关规定和程序进行,不得擅自变更。建设、监理、勘察设计单位、施工企业和建筑材料、构配件及设备生产供应单位,应按照有关规定承担工程质量责任和其他责任。

4. 竣工验收阶段

竣工验收是工程建设过程中的最后一道环节,是全面考核建设工作,检查是否符合设计要求和工程质量的重要步骤,对促进建设项目及时投产,发挥投资效益,总结建设经验有重要作用。

工程完工后,施工单位应向建设单位提交工程竣工报告,申请竣工验收,对实行监理的工程,该报告须总监理工程师签署意见。建设单位收到工程竣工报告后,对符合竣工验收要求的工程,组织勘察、设计、施工、监理等单位和其他有关方面的专家组成验收组,制订验收方案。同时在工程竣工验收 7 个工作日前,将验收的时间、地点及验收组名单书面通知负责监督该工程的工程质量监督站,由建设单位组织相关单位进行工程竣工验收。竣工验收后,须根据验收结论办理工程竣工验收备案表,并及时办理工程结算手续,将工程交付使用或投入运行。

　　为使建设项目在竣工验收后达到最佳使用条件和使用寿命,施工企业在工程移交时,必须向建设单位提出建筑物使用和保养要领,并在用户开始使用后,认真执行交工后回访和保修。

【思考题】

1. 正确理解和辨析"建设项目"概念。
2. 何谓工程建设程序,由哪些主要阶段组成。
3. 在建设前期阶段中,使用政府投资资金项目和企业自主资金项目在程序的差异。

2.2　工程建设项目划分

　　工程建设项目是一个有机的整体,为了对建设项目进行科学管理和经济核算,可将建设项目由大到小划分为各个部分。通常,按照确定工程造价和管理工作的需要,可以划分为单项工程、单位工程、分部工程和分项工程等 4 个部分。

1. 单项工程

　　单项工程是建设项目的组成部分,是指具有独立的设计文件、在竣工后可以独立发挥效益或生产能力的工程。

　　一个建设项目可以包括若干个单项工程,例如一个新建工厂的建设项目,其中的各个生产车间、辅助车间、仓库、住宅等工程都是单项工程。有些比较简单的建设项目本身就是一个单项工程,例如只有一个车间的小型工厂。一个建设项目在全部建成投入使用前,往往陆续建成若干个单项工程,所以单项工程是考核投产计划完成情况和计算新增生产能力的基础。

2. 单位工程

　　单项工程由若干个单位工程组成。单位工程是指不能独立发挥生产能力或效益但具有独立设计的施工图,可以独立组织施工的工程。如工业建筑的生产车间的土建工程是个单位工程,而安装工程又是一个单位工程。

　　单位工程与单项工程的区别主要是看它竣工后能否独立地发挥整体效益或生产能力,施工图预算往往针对单位工程进行编制。

3. 分部工程

　　单位工程的各部分是由不同的工人用不同工具和材料完成的,可以进一步把单位工程分解为分部工程。土建工程的分部工程是按建筑工程的主要部位划分的,例如地基与基础工程、主体结构、建筑装饰装修等;安装工程的分部工程是按工程的种类划分的,例如建筑给排水及采暖、建筑电气以及智能建筑等。

4. 分项工程

　　按照不同的施工方法、构造及规格可以把分部工程进一步划分为分项工程。分项工程是分部工程的组成部分,能通过较简单的施工过程生产出来,可以用适当的计量单位计算其消耗的工程基本构成要素。

在工程造价中,分项工程本身没有独立存在的意义,只是为了便于计算建筑工程造价而分解出来的"假定产品"。土建工程的分项工程按建筑工程的主要工种划分,例如土方开挖、模板工程、钢筋工程等;安装工程的分项工程按用途或输送不同的介质、物料以及设备组别划分,例如给水工程中给水管道及配件安装、给水设备安装等。

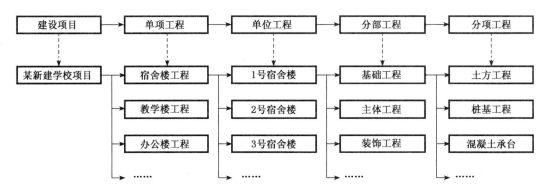

图 2-2-1　某新建学校项目分解实例

综上所述,一个建设项目是由一个或几个单项工程组成,一个单项工程是由一个或几个单位工程组成,一个单位工程是由几个分部工程组成,一个分部工程可以划分为若干个分项工程。图 2-2-1 为某新建学校项目分解实例,而工程造价文件的编制就是从分项工程开始的。对工程造价文件编制对象进行分项划分,是编制工程造价文件的一项十分重要的工作,正是基于这种划分,决定了工程造价的层次性:分部分项工程造价的汇总形成单位工程造价;单位工程造价的汇总形成单项工程造价;单项工程造价的汇总形成建设项目的造价。建设项目的这种划分,不仅有利于编制工程造价文件,同时有利于工程项目的组织管理。

【思考题】

1. 说明工程建设项目划分的目的。
2. 举例分析某学校建设项目的工程划分。
3. 分析"分项工程"划分的特殊性及意义。

2.3　工程造价文件分类

在工程建设的各个阶段,应采用科学计算方法和切实的计价依据,合理确定投资估算、设计概算、施工图预算、承包合同价、工程结算和竣工决算等工程造价文件,如图 2-3-1所示。依据工程建设程序,各工程造价文件的编制应和工程建设阶段性工作的深度相适应。

（1）投资估算

投资估算是指在整个投资决策过程中,依据现有的资料和一定的方法,对建设项目的投资额(包括工程造价和流动资金)进行估计计算的费用文件。投资估算总额是指从筹建、施工直至建成投产的全部建设费用,其包括的内容应视项目的性质和范围而定。

由于不同阶段所具备的条件和掌握的资料不同,投资估算的准确程度不同,进而每个阶段投资估算所起的作用也不同。项目建议书阶段,应编制初步投资估算,作为相关权力职能部门审批项目建议书的依据之一。相关部门批准后,该投资估算将作为拟建项目列入国家中长期计划和开展前期工作的控制造价。可行性研究阶段的投资估算,是编制投资计划、进行资金筹措及申请贷款的主要依据,可作为对项目是否真正可行做出最后决策的依据之一,也是控制初步设计概算的依据。

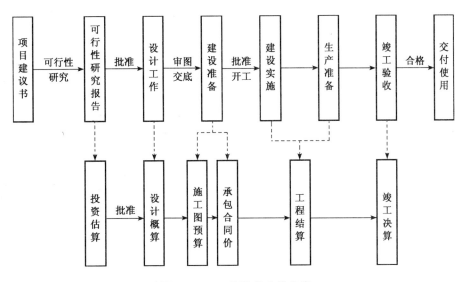

图 2-3-1　工程造价文件分类

（2）设计概算

设计概算是在初步设计或扩大初步设计阶段,由设计单位根据设计图样及说明书、概算定额或概算指标、设备清单、各项费用取费标准等资料,对工程建设项目费用进行的概略计算的文件,是设计文件的组成部分。设计概算应包括建设项目从筹建到竣工验收的全部建设费用。

在初步设计阶段,按照有关规定编制的初步设计总概算,经有关机构批准,即为确定和控制建设项目总投资的依据,是编制基本建设计划的依据,是实行投资包干和办理工程拨款、贷款的依据,是评价设计方案的经济合理性、选择最优设计方案的重要尺度,同时也是控制施工图预算、考核建设成本和投资效果的依据。在初步设计阶段,实行建设项目招标承包制签订承包合同协议的,其合同价也应在最高限价（总概算）相应的范围以内。

（3）施工图预算

施工图预算是指根据施工图纸、预算定额、取费标准、建设地区技术经济条件以及相关规定等资料编制的,用来确定建筑安装工程全部建设费用的文件。

施工图预算主要作为确定建筑安装工程预算造价和承发包合同价的依据,同时也是建设单位与施工单位签订施工合同,办理工程价款结算的依据;是落实和调整年度基本建设投资计划的依据;是设计单位评价设计方案的经济尺度;是发包单位编制招标控制价的依据;是施工单位加强经营管理、实行经济核算、考核工程成本以及进行施工准备、编制投标报价的依据。施工图预算关系到建设单位和建筑企业经济利益的技术经济文件,如在执行过程中发生经济纠纷,应经仲裁机关仲裁,或按法律程序解决。

(4)承包合同价

承包合同价是指在工程招投标阶段,通过签订工程承包合同时所确定的工程承发包价格。该合同价是以经济合同形式确定的工程项目造价,是工程结算的依据。

(5)工程结算

工程结算是指对建设工程的发承包双方在工程实施过程中,依据承包合同中双方约定的工程合同价款、已完成的合格工程量、现场工程变更签证、工程价款的调整方式及工程进度款的支付等合同条款,计算工程价款支付的一项经济活动。

按工程施工进度的不同,工程结算有中间结算与竣工结算之分:

所谓中间结算就是在工程的施工过程中,由施工单位按月度或按施工进度划分不同阶段进行工程量的统计,经建设单位核定认可,办理工程进度价款的一种工程结算。待将来整个工程竣工后,再做全面的、最终的工程价款结算。

所谓竣工结算是在施工单位完成它所承包的工程项目,并经建设单位和有关部门验收合格后,施工企业根据施工时现场实际情况记录、工程变更通知书、现场签证、定额等资料,在原有合同价款的基础上编制的、向建设单位办理最后应收取工程价款的文件。工程竣工结算是施工单位核算工程成本、分析各类资源消耗情况的依据;是施工企业取得最终收入的依据;也是建设单位编制工程竣工决算的主要依据之一。

(6)竣工决算

工程竣工决算是在整个建设项目全部完工并验收合格后,由建设单位根据竣工结算等资料,编制的综合反映竣工项目从筹建开始到项目竣工交付使用为止的全部建设费用、建设成果和财务情况的总结性文件,是竣工验收报告的重要组成部分。竣工决算是基本建设经济效果的全面反映,是核定新增固定资产价值、考核分析投资效果、建立健全经济责任制的依据,是反映建设项目实际造价和投资效果的文件。

【思考题】

1. 明确设计概算、施工图预算的概念和作用。
2. 简述竣工结算和竣工决算的区别与联系。

2.4 工程造价费用组成

2.4.1 我国现行投资构成与工程造价构成

建设项目投资含固定资产投资和流动资产投资两部分,其中固定资产投资与建设项目的工程造价在量上相等。

从固定资产投资角度,工程造价的构成如图 2-4-1 所示,主要划分为设备及工器具费用、建筑安装工程费用、工程建设其他费用、预备费、建设期贷款利息和固定资产投资方向调节税。

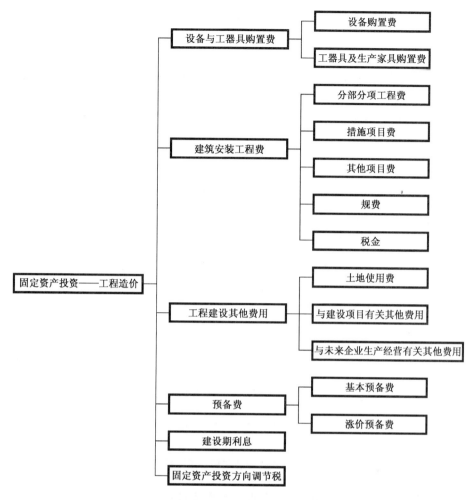

图 2-4-1 工程造价构成

2.4.2 设备及工、器具购置费用构成

1. 设备购置费

设备购置费为建设项目购置或自制的达到固定资产标准的各种国产或进口设备、工具、器具的购置费用,由设备原价和设备运杂费构成。

2. 工具、器具及生产家具购置费

工具、器具及生产家具购置费是指新建或扩建项目初步设计规定的,保证初期正常生产必须购置的没有达到固定资产标准的设备、仪器、工卡模具、器具、生产家具和备品备件等购置费用。

2.4.3 建筑安装工程费用构成

建筑安装工程费用包括建筑工程费和安装工程费两部分。

建筑工程费,是指建设项目设计范围内的建设场地平整、土石方工程费,各类房屋建筑及附属于室内的供水、供热、卫生、电气、燃气、通风空调、弱电、电梯等设备及管线工程费,各类设备基础、地沟、水池、冷却塔、烟囱烟道、水塔、栈桥、管架、挡土墙、围墙、厂区道路、绿化等工程费。

安装工程费,是指主要生产、辅助生产、公用等单项工程中需要安装的工艺、电气、自动控制、运输、供热、制冷设备及装置安装工程费,各种工艺、管道安装及衬里、防腐、保温等工程费,供电、通信、自控等管线电缆的安装工程费。

按照《建筑安装工程费用项目组成》(建标〔2013〕44号),建筑安装工程费用项目组成可分别按费用构成要素划分和按造价形成划分,两者之间的组成及关系如图2-4-2所示。

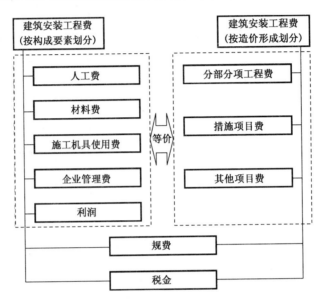

图 2-4-2 建筑安装工程费用项目组成

1. 建筑安装工程费用项目组成(按费用构成要素划分)

建筑安装工程费按照费用构成要素划分:由人工费、材料(包含工程设备,下同)费、施工机具使用费、企业管理费、利润、规费和税金组成。

(1) 人工费:是指按工资总额构成规定,支付给从事建筑安装工程施工的生产工人和附属生产单位工人的各项费用。内容包括:

① 计时工资或计件工资:是指按计时工资标准和工作时间或对已做工作按计件单价支付给个人的劳动报酬。

② 奖金:是指对超额劳动和增收节支支付给个人的劳动报酬。如节约奖、劳动竞赛奖等。

③ 津贴补贴:是指为了补偿职工特殊或额外的劳动消耗和因其他特殊原因支付给个人的津贴,以及为了保证职工工资水平不受物价影响支付给个人的物价补贴。如流动施工津贴、特殊地区施工津贴、高温(寒)作业临时津贴、高空津贴等。

④ 加班加点工资:是指按规定支付的在法定节假日工作的加班工资和在法定日工作时间外延时工作的加点工资。

⑤ 特殊情况下支付的工资:是指根据国家法律、法规和政策规定,因病、工伤、产假、计划生育假、婚丧假、事假、定期休假、停工学习、执行国家或社会义务等原因按计时工

资标准或计时工资标准的一定比例支付的工资。

（2）材料费：是指施工过程中耗费的原材料、辅助材料、构配件、零件、半成品或成品、工程设备的费用。

① 材料原价：是指材料、工程设备的出厂价格或商家供应价格。

② 运杂费：是指材料、工程设备自来源地运至工地仓库或指定堆放地点所发生的全部费用。

③ 运输损耗费：是指材料在运输装卸过程中不可避免的损耗。

④ 采购及保管费：是指为组织采购、供应和保管材料、工程设备的过程中所需要的各项费用。包括采购费、仓储费、工地保管费、仓储损耗。

工程设备是指构成或计划构成永久工程一部分的机电设备、金属结构设备、仪器装置及其他类似的设备和装置。

（3）施工机具使用费：是指施工作业所发生的施工机械、仪器仪表使用费或其租赁费。

① 施工机械使用费：以施工机械台班耗用量乘以施工机械台班单价表示，施工机械台班单价应由下列 7 项费用组成：

折旧费：指施工机械在规定的使用年限内，陆续收回其原值的费用。

大修理费：指施工机械按规定的大修理间隔台班进行必要的大修理，以恢复其正常功能所需的费用。

经常修理费：指施工机械除大修理以外的各级保养和临时故障排除所需的费用。包括为保障机械正常运转所需替换设备与随机配备工具附具的摊销和维护费用，机械运转中日常保养所需润滑与擦拭的材料费用及机械停滞期间的维护和保养费用等。

安拆费及场外运费：安拆费指施工机械（大型机械除外）在现场进行安装与拆卸所需的人工、材料、机械和试运转费用以及机械辅助设施的折旧、搭设、拆除等费用；场外运费指施工机械整体或分体自停放地点运至施工现场或由一施工地点运至另一施工地点的运输、装卸、辅助材料及架线等费用。

人工费：指机上司机（司炉）和其他操作人员的人工费。

燃料动力费：指施工机械在运转作业中所消耗的各种燃料及水、电等。

税费：指施工机械按照国家规定应缴纳的车船使用税、保险费及年检费等。

② 仪器仪表使用费：是指工程施工所需使用的仪器仪表的摊销及维修费用。

（4）企业管理费：是指建筑安装企业组织施工生产和经营管理所需的费用。内容包括：

① 管理人员工资：是指按规定支付给管理人员的计时工资、奖金、津贴补贴、加班加点工资及特殊情况下支付的工资等。

② 办公费：是指企业管理办公用的文具、纸张、账表、印刷、邮电、书报、办公软件、现场监控、会议、水电、烧水和集体取暖降温（包括现场临时宿舍取暖降温）等费用。

③ 差旅交通费：是指职工因公出差、调动工作的差旅费、住勤补助费，市内交通费和误餐补助费，职工探亲路费，劳动力招募费，职工退休、退职一次性路费，工伤人员就医路费，工地转移费以及管理部门使用的交通工具的油料、燃料等费用。

④ 固定资产使用费：是指管理和试验部门及附属生产单位使用的属于固定资产的房屋、设备、仪器等的折旧、大修、维修或租赁费。

⑤ 工具用具使用费：是指企业施工生产和管理使用的不属于固定资产的工具、器具、家

具、交通工具和检验、试验、测绘、消防用具等的购置、维修和摊销费。

⑥ 劳动保险和职工福利费：是指由企业支付的职工退职金、按规定支付给离休干部的经费，集体福利费、夏季防暑降温、冬季取暖补贴、上下班交通补贴等。

⑦ 劳动保护费：是企业按规定发放的劳动保护用品的支出。如工作服、手套、防暑降温饮料以及在有碍身体健康的环境中施工的保健费用等。

⑧ 检验试验费：是指施工企业按照有关标准规定，对建筑以及材料、构件和建筑安装物进行一般鉴定、检查所发生的费用，包括自设试验室进行试验所耗用的材料等费用。不包括新结构、新材料的试验费，对构件做破坏性试验及其他特殊要求检验试验的费用和建设单位委托检测机构进行检测的费用，对此类检测发生的费用，由建设单位在工程建设其他费用中列支。但对施工企业提供的具有合格证明的材料进行检测不合格的，该检测费用由施工企业支付。

⑨ 工会经费：是指企业按《工会法》规定的全部职工工资总额比例计提的工会经费。

⑩ 职工教育经费：是指按职工工资总额的规定比例计提，企业为职工进行专业技术和职业技能培训，专业技术人员继续教育、职工职业技能鉴定、职业资格认定以及根据需要对职工进行各类文化教育所发生的费用。

⑪ 财产保险费：是指施工管理用财产、车辆等的保险费用。

⑫ 财务费：是指企业为施工生产筹集资金或提供预付款担保、履约担保、职工工资支付担保等所发生的各种费用。

⑬ 税金：是指企业按规定缴纳的房产税、车船使用税、土地使用税、印花税、城市建设维护税、教育费附加及地方教育附加等。

⑭ 其他：包括技术转让费、技术开发费、投标费、业务招待费、绿化费、广告费、公证费、法律顾问费、审计费、咨询费、保险费等。

(5) 利润：是指施工企业完成所承包工程获得的盈利。

(6) 规费：是指按国家法律、法规规定，由省级政府和省级有关权力部门规定必须缴纳或计取的费用。

① 社会保险费，其中包括：

养老保险费：是指企业按照规定标准为职工缴纳的基本养老保险费。

失业保险费：是指企业按照规定标准为职工缴纳的失业保险费。

医疗保险费：是指企业按照规定标准为职工缴纳的基本医疗保险费。

生育保险费：是指企业按照规定标准为职工缴纳的生育保险费。

工伤保险费：是指企业按照规定标准为职工缴纳的工伤保险费。

② 住房公积金：是指企业按规定标准为职工缴纳的住房公积金。

③ 工程排污费：是指按规定缴纳的施工现场工程排污费。

其他应列而未列入的规费，按实际发生计取。

(7) 税金：是指根据建筑服务销售价格，按规定税率计算的增值税销项税额。

2. 建筑安装工程费用项目组成（按造价形成划分）

建筑安装工程费按照工程造价形成由分部分项工程费、措施项目费、其他项目费、规费、税金组成。

(1) 分部分项工程费：是指各专业工程的分部分项工程应予列支的各项费用。

① 专业工程：是指按现行国家计量规范划分的房屋建筑与装饰工程、仿古建筑工程、通

用安装工程、市政工程、园林绿化工程、矿山工程、构筑物工程、城市轨道交通工程、爆破工程等各类工程。

② 分部分项工程:指按现行国家计量规范对各专业工程划分的项目。如房屋建筑与装饰工程划分的土石方工程、地基处理与桩基工程、砌筑工程、钢筋及钢筋混凝土工程等。

各类专业工程的分部分项工程划分见现行国家或行业计量规范。

(2) 措施项目费:是指为完成建设工程施工,发生于该工程施工前和施工过程中的技术、生活、安全、环境保护等方面的费用。

① 安全文明施工费,其中包括:

环境保护费:是指施工现场为达到环保部门要求所需要的各项费用。

文明施工费:是指施工现场文明施工所需要的各项费用。

安全施工费:是指施工现场安全施工所需要的各项费用。

临时设施费:是指施工企业为进行建设工程施工所必须搭设的生活和生产用的临时建筑物、构筑物和其他临时设施费用。包括临时设施的搭设、维修、拆除、清理费或摊销费等。

② 夜间施工增加费:是指因夜间施工所发生的夜班补助费、夜间施工降效、夜间施工照明设备摊销及照明用电等费用。

③ 二次搬运费:是指因施工场地条件限制而发生的材料、构配件、半成品等一次运输不能到达堆放地点,必须进行二次或多次搬运所发生的费用。

④ 冬雨季施工增加费:是指在冬季或雨季施工需增加的临时设施、防滑、排除雨雪,人工及施工机械效率降低等费用。

⑤ 已完工程及设备保护费:是指竣工验收前,对已完工程及设备采取的必要保护措施所发生的费用。

⑥ 工程定位复测费:是指工程施工过程中进行全部施工测量放线和复测工作的费用。

⑦ 特殊地区施工增加费:是指工程在沙漠或其边缘地区、高海拔、高寒、原始森林等特殊地区施工增加的费用。

⑧ 大型机械设备进出场及安拆费:是指机械整体或分体自停放场地运至施工现场或由一个施工地点运至另一个施工地点,所发生的机械进出场运输及转移费用及机械在施工现场进行安装、拆卸所需的人工费、材料费、机械费、试运转费和安装所需的辅助设施的费用。

⑨ 脚手架工程费:是指施工需要的各种脚手架搭、拆、运输费用以及脚手架购置费的摊销(或租赁)费用。

措施项目及其包含的内容详见各类专业工程的现行国家或行业计量规范。

(3) 其他项目费

① 暂列金额:是指建设单位在工程量清单中暂定并包括在工程合同价款中的一笔款项。用于施工合同签订时尚未确定或者不可预见的所需材料、工程设备、服务的采购,施工中可能发生的工程变更、合同约定调整因素出现时的工程价款调整以及发生的索赔、现场签证确认等的费用。

② 计日工:是指在施工过程中,施工企业完成建设单位提出的施工图纸以外的零星项目或工作所需的费用。

③ 总承包服务费:是指总承包人为配合、协调建设单位进行的专业工程发包,对建设单位自行采购的材料、工程设备等进行保管以及施工现场管理、竣工资料汇总整理等服务所需

的费用。

（4）规费：定义同按"费用构成要素划分"中规费的内容。

（5）税金：定义同按"费用构成要素划分"中税金的内容。

2.4.4 工程建设其他费用构成

工程建设其他费用可分为 3 类：第一类是土地使用费；第二类是与工程建设有关的其他费用；第三类是与未来企业生产经营有关的其他费用。

1. 土地使用费

包括土地征用及迁移补偿费和土地使用权出让金两类。

（1）土地征用及迁移补偿费是指建设项目通过划拨方式取得无限期的土地使用权，依照《中华人民共和国土地管理法》等规定所支付的费用。

（2）土地使用权出让金是指建设项目通过土地使用权出让的方式，取得有限期的土地使用权，依照《中华人民共和国城镇国有土地使用权出让和转让暂行条例》规定，支付的土地使用权出让金。土地使用权有 3 种方式：协议、招标及公开拍卖。对于市政工程、公益事业用地以及需要减免地价的机关、部队用地和需要重点扶持、优先发展的产业用地一般采用协议方式。招标方式适用于一般工程建设用地，而对于盈利高的行业用地则使用公开拍卖方式。

2. 与建设项目有关的其他费用（共 8 项）

（1）建设单位管理费：是指建设工程从立项、筹建、建设、联合试运转、竣工验收交付使用及后评价等全过程管理所需的费用，包括建设单位开办费和建设单位经费。

（2）勘察设计费：是指为建设项目提供项目建议书、可行性研究报告及设计文件等所需要费用，包括概预算的编制费用。

（3）研究试验费：是为建设项目提供和验证设计参数、数据、资料等进行试验及验证的费用。

（4）建设单位临时设施费：是指建设期间建设单位所需要临时设施的搭设、维修、摊销费用或租赁费用。

（5）工程监理费：是指委托工程监理单位对工程实施监理工作所需费用，一般按所监理工程概算或预算的百分比计算。

（6）工程保险费：是指建设期间根据所需要实施工程保险所需的费用，包括建筑工程一切险和安装工程一切险。

（7）引进技术和进口设备其他费用：包括出国人员费用、国外工程技术人员来华费用、技术引进费、分期或延期利息、担保费、进口设备检验鉴定费。

（8）工程承包费：指对工程建设项目从开始建设至竣工投产全过程的总承包所需的管理费用。注意工程承包费是工程总承包前提下产生的管理费用，内容包括组织勘察设计、设备材料采购、非标设备设计制造与销售、施工招标、发包、工程预决算、项目管理、施工质量监督、隐蔽工程检查、验收和试车直至竣工投产的各种管理费用。

3. 与未来企业生产经营有关的其他费用

（1）联合试运转费：是指新建企业或新增生产工艺过程的扩建企业在竣工验收前，按照设计规定的工艺标准，进行整个车间的负荷或无负荷联合试运转发生的费用支出大于试运转收入的亏损部分。不包括应由设备安装工程费项下开支的单台设备调试费及试车费。

（2）生产准备费：包括生产人员的培训费和生产单位提前进场人员的工资、工资性补贴、职工福利费、差旅交通费、劳动保护费等。

（3）办公和生活家具购置费：为保证新建、改建、扩建项目初期正常生产、使用和管理所必须购置的办公和生活家具、用具购置费。

2.4.5 预备费、建设期贷款利息、固定资产投资方向调节税

1. 预备费

预备费包括基本预备费和涨价预备费。

（1）基本预备费：是指在初步设计及概算内难以预料的费用，包括设计和施工过程中增加的工程费用，设计变更增加的费用，自然灾害的损失及预防费用，对隐蔽工程必要的挖掘和修复费用。

（2）涨价预备费：指建设项目在建设期间内由于价格等变化引起工程造价变化的预测预留费用，包括：人工、设备、材料、施工机械的价差费，建筑安装工程费及工程建设费用调整，利率、汇率调整等增加的费用。

2. 建设期贷款利息

建设期贷款利息，是指项目借款在建设期内发生并计入固定资产的利息。包括国内银行和其他非银行金融机构贷款、出口信贷、外国政府贷款、国际商业银行贷款以及在境内外发行的债券等在建设期内应偿还的贷款利息。

3. 固定资产投资方向调节税

为贯彻国家产业政策，控制投资规模，引导投资方向，调整投资结构，加强重点建设，促进国民经济持续稳定协调发展，对在我国境内进行固定资产投资的单位和个人征收固定资产投资方向调节税。

【思考题】

1. 简述固定资产投资角度，工程造价的构成。

2. 理解建筑安装工程费用构成的概念，分析"建筑工程费"中附属设备与管线工程费用与"安装工程费"的区别。

3. 掌握建筑安装工程费用项目组成，简述按费用构成要素和按造价形式划分的区别与联系。

2.5 江苏省建设工程费用定额

为规范建设工程计价行为，合理确定和有效控制工程造价，江苏省住房和城乡建设厅结合本省实际编制了《江苏省建设工程费用定额》（苏建价〔2014〕299 号），适用于江苏省行政区域范围内新建、扩建和改建的建筑与装饰、安装、市政、仿古建筑及园林绿化、房屋修缮、城市轨道交通工程等，与江苏省现行相关计价表（定额）配套使用。本书中仅介绍关于建筑与装饰工程部分的相关内容。

《江苏省建设工程费用定额》是建设工程编制设计概算、施工图预（结）算、最高投标限价

（招标控制价）、标底以及调解处理工程造价纠纷的依据；是确定投标价、工程结算审核的指导；也可作为企业内部核算和制订企业定额的参考。

2.5.1 建筑和装饰工程费用组成

《江苏省建设工程费用定额》中明确规定，建设工程费用由 5 个部分组成：分部分项工程费、措施项目费、其他项目费、规费和税金。

1. 分部分项工程费

分部分项工程费是指各专业工程的分部分项工程应予列支的各项费用，由人工费、材料费、施工机具使用费、企业管理费和利润构成，具体组成与《建筑安装工程费用项目组成》基本相同。

另外，江苏省结合本省实际明确规定了材料费和企业管理费的组成。

（1）材料费

明确了工程设备是指房屋建筑及其配套的构成或计划构成永久工程一部分的机电设备、金属结构设备、仪器装置等建筑设备，包括附属工程中电气、采暖、通风空调、给排水、通讯及建筑智能等为房屋功能服务的设备，不包括工艺设备。明确由建设单位提供的建筑设备，其设备费用不作为计取税金的基数。

（2）企业管理费

① 工具用具使用费增加了支付给工人自备工具的补贴费。

② 明确了检验试验费是指施工企业按规定进行建筑材料、构配件等试样的制作、封样、送达和其他为保证工程质量进行的材料检验试验工作所发生的费用。不包括新结构、新材料的试验费，对构件（如幕墙、预制桩、门窗）做破坏性试验所发生的试样费用和根据国家标准和施工验收规范要求对材料、构配件和建筑物工程质量检测检验发生的第三方检测费用，对此类检测发生的费用，由建设单位承担，在工程建设其他费用中列支。但对施工企业提供的具有合格证明的材料进行检测不合格的，该检测费用由施工企业支付。

③ 增加了意外伤害保险费，企业为从事危险作业的建筑安装施工人员支付的意外伤害保险费。

④ 增加了工程定位复测费，是指工程施工过程中进行全部施工测量放线和复测工作的费用。建筑物沉降观测由建设单位直接委托有资质的检测机构完成，费用由建设单位承担，不包含在工程定位复测费中。

⑤ 增加了非建设单位所为 4 小时以内的临时停水停电费用。

⑥ 增加了企业技术研发费，建筑企业为转型升级、提高管理水平所进行的技术转让、科技研发，信息化建设等费用。

⑦ 明确了其他费用的组成，包括业务招待费、远地施工增加费、劳务培训费、绿地费、广告费、公证费、法律顾问费、审计费、投标费、保险费、联防费、施工现场生活水电费等。

⑧ 增加了附加税：国家税法规定的应计入建筑安装工程造价内的城市建设维护税、教育费附加及地方教育附加。

2. 措施项目费

措施项目费是指为完成建设工程施工，发生于该工程施工前和施工过程中的技术、生活、安全、环境保护等方面的费用。

根据现行工程量清单计算规范,措施项目费分为单价措施项目与总价措施项目。

(1) 单价措施项目是指现行工程量清单计算规范中有对应工程量计算规则,按人工费、材料费、施工机具使用费、管理费和利润形式组成综合单价的措施项目。单价措施项目根据专业不同,建筑与装饰工程项目包括:脚手架工程、混凝土模板及支架(撑)、垂直运输、超高施工增加、大型机械设备进出场及安拆、施工排水、降水。

(2) 总价措施项目是指现行工程量清单计算规范中无工程量计算规则,以总价(或计算基础乘费率)计算的措施项目。其中各专业都可能发生的通用的总价措施项目如下:

① 安全文明施工:为满足施工安全、文明绿色施工以及环境保护、职工健康生活所需要的各项费用。本项为不可竞争费用。

ⅰ 环境保护,包含范围:现场施工机械设备降低噪音、防扰民措施费用;水泥和其他易飞扬细颗粒建筑材料密闭存放或采取覆盖措施等费用;工程防扬尘洒水费用;土石方、建渣外运车辆冲洗、防洒漏等费用;现场污染源的控制、生活垃圾清理外运、场地排水排污措施的费用;其他环境保护措施费用。

ⅱ 文明施工,包含范围:"五牌一图"的费用;现场围挡的墙面美化(包括内外粉刷、刷白、标语等)、压顶装饰费用;现场厕所便槽刷白、贴面砖,水泥砂浆地面或地砖费用,建筑物内临时便溺设施费用;其他施工现场临时设施的装饰装修、美化措施费用;现场生活卫生设施费用;符合卫生要求的饮水设备、淋浴、消毒等设施费用;生活用洁净燃料费用;防煤气中毒、防蚊虫叮咬等措施费用;施工现场操作场地的硬化费用;现场绿化费用、治安综合治理费用、现场电子监控设备费用;现场配备医药保健器材、物品费用和急救人员培训费用;用于现场工人的防暑降温费、电风扇、空调等设备及用电费用;其他文明施工措施费用。

ⅲ 安全施工,包含范围:安全资料、特殊作业专项方案的编制,安全施工标志的购置及安全宣传的费用;"三宝"(安全帽、安全带、安全网)、"四口"(楼梯口、电梯井口、通道口、预留洞口)、"五临边"(阳台围边、楼板围边、屋面围边、槽坑围边、卸料平台两侧)、水平防护架、垂直防护架、外架封闭等防护的费用;施工安全用电的费用,包括配电箱三级配电、两级保护装置要求、外电防护措施;起重机、塔吊等起重设备(含井架、门架)及外用电梯的安全防护措施(含警示标志)费用及卸料平台的临边防护、层间安全门、防护棚等设施费用;建筑工地起重机械的检验检测费用;施工机具防护棚及其围栏的安全保护设施费用;施工安全防护通道的费用;工人的安全防护用品、用具购置费用;消防设施与消防器材的配置费用;电气保护、安全照明设施费;其他安全防护措施费用。

ⅳ 绿色施工,包含范围:建筑垃圾分类收集及回收利用费用;夜间焊接作业及大型照明灯具的挡光措施费用;施工现场办公区、生活区使用节水器具及节能灯具增加费用;施工现场基坑降水存储使用、雨水收集系统、冲洗设备用水回收利用设施增加费用;施工现场生活区厕所化粪池、厨房隔油池设置及清理费用;从事有毒、有害、有刺激性气味和强光、噪音施工人员的防护器具;现场危险设备、地段、有毒物品存放地安全标识和防护措施;厕所、卫生设施、排水沟、阴暗潮湿地带定期消毒费用;保障现场施工人员劳动强度和工作时间符合国家标准《体力劳动强度等级要求》的增加费用等。

② 夜间施工:规范、规程要求正常作业而发生的夜班补助、夜间施工降效、夜间照明设施的安拆、摊销、照明用电及夜间施工现场交通标志、安全标牌、警示灯安拆等费用。

③ 二次搬运:由于施工场地限制而发生的材料、成品、半成品等一次运输不能到达堆放

地点,必须进行的二次或多次搬运费用。

④ 冬雨季施工:在冬雨季施工期间所增加的费用。包括冬季作业、临时取暖、建筑物门窗洞口封闭及防雨措施、排水、工效降低、防冻等费用,不包括设计要求混凝土内添加防冻剂的费用。

⑤ 地上、地下设施、建筑物的临时保护设施:在工程施工过程中,对已建成的地上、地下设施和建筑物进行的覆盖、封闭、隔离等必要保护措施。在园林绿化工程中,还包括对已有植物的保护。

⑥ 已完工程及设备保护费:对已完工程及设备采取的覆盖、包裹、封闭、隔离等必要保护措施所发生的费用。

⑦ 临时设施费:施工企业为进行工程施工所必须的生活和生产用的临时建筑物、构筑物和其他临时设施的搭设、使用、拆除等费用。

ⅰ 临时设施包括:临时宿舍、文化福利及公用事业房屋与构筑物、仓库、办公室、加工场等。

ⅱ 建筑、装饰、安装、修缮、古建园林工程规定范围内(建筑物沿边起 50 m 以内,多幢建筑两幢间隔 50 m 内)围墙、临时道路、水电、管线和轨道垫层等。

ⅲ 市政工程施工现场在定额基本运距范围内的临时给水、排水、供电、供热线路(不包括变压器、锅炉等设备)、临时道路。不包括交通疏散分流通道、现场与公路(市政道路)的连接道路、道路工程的护栏(围挡),也不包括单独的管道工程或单独的驳岸工程施工需要的沿线简易道路。

建设单位同意在施工就近地点临时修建混凝土构件预制场所发生的费用,应向建设单位结算。

⑧ 赶工措施费:施工合同工期比我省现行工期定额提前,施工企业为缩短工期所发生的费用。如施工过程中,发包人要求实际工期比合同工期提前时,由发承包人双方另行约定。

⑨ 工程按质论价:施工合同约定质量标准超过国家规定,施工企业完成工程质量达到经有权部门鉴定或评定为优质工程所必须增加的施工成本费。

⑩ 特殊条件下施工增加费:地下不明障碍物、铁路、航空、航运等交通干扰而发生的施工降效费用。

总价项目中,除通用措施项目外,建筑与装饰工程专业措施项目如下:

ⅰ 非夜间施工照明:为保证工程施工正常进行,在如地下室、地宫等特殊施工部位施工时所采用的照明设备的安拆、维护、摊销及照明用电等费用。

ⅱ 住宅工程分户验收:按《住宅工程质量分户验收规程》的要求对住宅工程进行专门验收(包括蓄水、门窗淋水等)发生的费用。室内空气污染测试不包含在住宅工程分户验收费用中,由建设单位直接委托检测机构完成,由建设单位承担费用。

3. 其他项目费

(1) 暂列金额:建设单位在工程量清单中暂定并包括在工程合同价款中的一笔款项。用于施工合同签订时尚未确定或者不可预见的所需材料、工程设备、服务的采购,施工中可能发生的工程变更、合同约定调整因素出现时的工程价款以及发生的索赔、现场签证确认等的费用。由建设单位根据工程特点,按有关计价规定估算。施工过程中由建设单位掌握使用,扣除合同价款调整后如有余额,归建设单位。

(2) 暂估价:建设单位在工程量清单中提供的用于支付必然发生但暂时不能确定价格的材料的单价以及专业工程的金额。包括材料暂估价和专业工程暂估价。材料暂估价在清单综合单价中考虑,不计入暂估价汇总。

(3) 计日工:是指在施工过程中,施工企业完成建设单位提出的施工图纸以外的零星项目或工作所需的费用。

(4) 总承包服务费:是指总承包人为配合、协调建设单位进行的专业工程发包,对建设单位自行采购的材料、工程设备等进行保管以及施工现场管理、竣工资料汇总整理等服务所需的费用。总包服务范围由建设单位在招标文件中明示,并且发承包双方在施工合同中约定。

4. 规费

规费是指有权部门规定必须缴纳的费用。

(1) 工程排污费:包括废气、污水、固体及危险废物和噪声排污费等内容。

(2) 社会保障费:企业为职工缴纳的养老保险、医疗保险、失业保险、工伤保险和生育保险等社会保障方面的费用。为确保施工企业各类从业人员社会保障权益落到实处,省、市有关部门可根据实际情况制定管理办法。

(3) 住房公积金:企业为职工缴纳的住房公积金。

5. 税金

税金是指根据建筑服务销售价格,按规定税率计算的增值税销项税额。

2.5.2　建筑和装饰工程类别的划分

1. 建筑和装饰工程类别划分表

建筑工程类别的划分是根据不同的单位工程,按施工难易程度,结合江苏省建筑工程的项目管理水平而确定的。

建筑工程的类别划分为:一类工程、二类工程、三类工程,见表 2-5-1。对于不同的单位工程应按其所属工程类别,选择取费标准。

表 2-5-1　建筑工程类别划分表

工程类型			单位	工程类别划分标准		
				一类	二类	三类
工业建筑	单层	檐口高度	m	≥20	≥16	<16
		跨　度	m	≥24	≥18	<18
	多层	檐口高度	m	≥30	≥18	<18
民用建筑	住宅	檐口高度	m	≥62	≥34	<34
		层　数	层	≥22	≥12	<12
	公共建筑	檐口高度	m	≥56	≥30	<30
		层　数	层	≥18	≥10	<10
构筑物	烟囱	混凝土结构高度	m	≥100	≥50	<50
		砖结构高度	m	≥50	≥30	<30
	水塔	高　度	m	≥40	≥30	<30
	筒仓	高　度	m	≥30	≥20	<20
	储池	容积(单体)	m³	≥2 000	≥1 000	<1 000
	栈桥	高　度	m	——	≥30	<30
		跨　度	m	——	≥30	<30

续表 2-5-1

工程类型		单位	工程类别划分标准		
			一类	二类	三类
大型机械吊装工程	檐口高度	m	≥20	≥16	<16
	跨　度	m	≥24	≥18	<18
大型土石方工程	单位工程挖或填土(石)方容量	m³	≥5 000		
桩基础工程	预制混凝土(钢板)桩长	m	≥30	≥20	<20
	灌注混凝土桩长	m	≥50	≥30	<30

2. 工程类型

(1) 工业建筑工程:指从事物质生产和直接为生产服务的建筑工程,主要包括生产(加工)车间、实验车间、仓库、独立实验室、化验室、民用锅炉房、变电所和其他生产用建筑工程。

(2) 民用建筑工程:指直接满足人们的物质和文化生活需要的非生产性建筑,主要包括:商住楼、综合楼、办公楼、教学楼、宾馆、宿舍及其他民用建筑工程。

(3) 构筑物工程:指工业与民用建筑工程相配套且独立于工业与民用建筑的工程,主要包括烟囱、水塔、仓类、池类、栈桥等。

(4) 桩基础工程:指天然地基上的浅基础不能满足建筑物、构筑物稳定要求而采用的一种深基础,主要包括各种现浇和预制桩。

3. 划分指标设置

(1) 建筑物、构筑物高度系指设计室外地面标高至檐口顶标高(不包括女儿墙,高出屋面电梯间、楼梯间、水箱间等的高度)。

(2) 跨度,指轴线之间的宽度。

(3) 确定类别时,地下室、半地下室和层高小于2.2 m的楼层均不计算层数。空间可利用的坡屋顶或顶楼的跃层,当净高超过2.1 m部分的水平面积与标准层建筑面积相比达到50%以上时应计算层数。底层车库(不包括地下或半地下车库)在设计室外地面以上部分不小于2.2 m时,应计算层数。

(4) 桩基工程类别有不同桩长时,按照超过30%根数的设计最大桩长为准。同一单位工程内有不同类型的桩时,应分别计算。

凡工程类别标准中,有两个控制指标时,只要满足其中的一个指标即可按该指标确定工程类别。不同层数组成的单位工程,当高层部分的面积(竖向切分)占总面积30%以上时,按高层的指标确定工程类别,不足30%的按低层指标确定工程类别。

4. 建筑工程类别划分说明

(1) 强夯法加固地基、基础钢筋混凝土支撑和钢支撑均按建筑工程二类标准执行。深层搅拌桩、粉喷桩、基坑锚喷护壁按制作兼打桩三类标准执行。专业预应力张拉施工如主体为一类工程按一类工程取费;主体为二、三类工程均按二类工程取费。钢板桩按打预制桩标准取费。

(2) 预制构件制作工程类别按相应的建筑工程类别划分标准执行。

(3) 与建筑物配套的零星项目,如化粪池、检查井、围墙、道路、下水道、挡土墙等,均按三类标准执行。

(4) 建筑物加层扩建时要与原建筑物一并考虑套用类别标准。

(5) 基槽坑回填砂、灰土、碎石工程量不执行大型土石方工程,按相应的主体建筑工类别标准执行。

（6）单独地下室工程按二类标准取费，如地下室建筑面积≥10 000 m² 则按一类标准取费。

（7）有地下室的建筑物，工程类别不低于__类。

（8）多栋建筑物下有连通的地下室时，地上建筑物的工程类别同有地下室的建筑物；其地下室部分的工程类别同单独地下室工程。

（9）施工现场完成加工制作的钢结构工程费用标准按建筑工程执行。

（10）加工厂完成制作，到施工现场安装的钢结构工程（包括网架屋面），安全文明施工措施费按单独发包的构件吊装标准执行。加工厂为施工企业自有的，钢结构除安全文明施工措施费外，其他费用标准按建筑工程执行。钢结构为企业成品购入的，以成品预算价格计入材料费，费用标准按照单独发包的构件吊装执行。

（11）电力管沟、弱电管沟（不包括穿线）如在小区、厂区范围内，按照建筑工程三类执行；在厂区、园区及小区内的道路，如按市政规范标准设计时，按市政道路工程取费，未明确时，按照土建工程三类取费。

（12）在确定工程类别时，对于工程施工难度很大的（如建筑造型、结构复杂，采用新的施工工艺的工程等），以及工程类别标准中未包括的特殊工程，如展览中心、影剧院、体育馆、游泳馆等，由当地工程造价管理机构根据具体情况确定，报上级造价管理机构备案。

5. 装饰工程类别划分

单独装饰工程是指建设单位单独发包的装饰工程，不分工程类别。幕墙工程按照单独装饰工程取费。

2.5.3 建筑和装饰工程的取费标准及有关标准表（按营业税改增值税调整后规定）

1. 企业管理费、利润取费标准及规定

（1）企业管理费、利润计算基础和费率标准按表 2-5-2 和表 2-5-3 执行。

表 2-5-2　建筑工程企业管理费和利润取费标准表

序号	项目名称	计算基础	企业管理费率（%）			利润率（%）
			一类工程	二类工程	三类工程	
1	建筑工程	人工费＋除税施工机具使用费	32	29	26	12
2	单独预制构件制作		15	13	11	6
3	打预制桩、单独构件吊装		11	9	7	5
4	制作兼打桩		17	15	12	7
5	大型土石方工程		7			4

表 2-5-3　单独装饰工程企业管理费和利润取费标准表

序号	项目名称	计算基础	管理费率（%）	利润率（%）
1	单独装饰工程	人工费＋除税施工机具使用费	43	15

（2）包工不包料、点工的管理费和利润已包含在工资单价中。

2. 措施项目费取费标准及规定

(1) 单价措施项目以清单工程量乘以综合单价计算。综合单价按照各专业计价定额中的规定,依据设计图纸和经建设方认可的施工方案进行组价。

(2) 总价措施项目中部分以费率计算的措施项目取费标准见表2-5-4,安全文明施工措施取费标准见表2-5-5。

表 2-5-4 措施项目费取费标准表

序号	项目	计算基础	费率(%)	
			建筑工程	单独装饰
1	夜间施工增加	分部分项工程费＋单价措施项目费－除税工程设备费	0～0.1	0～0.1
2	非夜间施工照明		0.2	0.2
3	冬雨季施工		0.05～0.2	0.05～0.1
4	已完工程及设备保护		0～0.05	0～0.1
5	临时设施		1～2.3	0.3～1.3
6	赶工措施		0.5～2.1	0.5～2.2
7	按质论价		1～3.1	1.1～3.2
8	住宅分户验收		0.4	0.1

注:① 在计取非夜间施工照明费时,建筑工程仅地下室(地宫)部分可计取,单独装饰工程仅特殊施工部位内施工项目可计取。

② 在计取住宅分户验收时,大型土石方工程、桩基工程和地下室部分不计入计费基础。

表 2-5-5 安全文明施工措施费取费标准表

序号	工程名称		计费基础	基本费率(%)	省级标化增加费(%)
1	建筑工程	建筑工程	分部分项工程费＋单价措施项目费－除税工程设备费	3.1	0.7
		单独构件吊装		1.6	—
		打预制桩/制作兼打桩		1.5/1.8	0.3/0.4
2	单独装饰工程			1.7	0.4
3	大型土石方工程			1.5	—

注:① 对于开展市级建筑安全文明施工标准化示范工地创建活动的地区,市级标化增加费按照省级费率乘以0.7系数执行。

② 建筑工程中的钢结构工程,钢结构为施工企业成品购入或加工厂完成制作,到施工现场安装的,安全文明施工措施费率标准按单独发包的构件吊装工程执行。

③ 大型土石方工程适用各专业中达到大型土石方标准的单位工程。

3. 其他项目费标准及规定

(1) 暂列金额、暂估价按发包人给定的标准计取。

(2) 计日工:由发承包双方在合同中约定。

(3) 总承包服务费:应根据招标文件列出的内容和向总承包人提出的要求,参照下列标准计算:

① 建设单位仅要求对分包的专业工程进行总承包管理和协调时,按分包的专业工程估算造价的1%计算;

② 建设单位仅要求对分包的专业工程进行总承包管理和协调,并同时要求提供配合服务时,根据招标文件中列出的配合服务内容和提出的要求,按分包的专业工程估算造价的2%~3%计算。

4. 规费取费标准及有关规定

(1) 工程排污费:按工程所在地环境保护等部门规定的标准缴纳,按实计取列入。

(2) 社会保险费及住房公积金按表 2-5-6 计取。

表 2-5-6　社会保险费及公积金取费标准表

序号	工程类别		计算基础	社会保险费率（%）	公积金费率（%）
1	建筑工程	建筑工程	分部分项工程费＋措施项目费＋其他项目费－除税工程设备费	3.2	0.53
		单独预制构件制作、单独构件吊装、打预制桩、制作兼打桩		1.3	0.24
		人工挖孔桩		3.0	0.53
2	单独装饰工程			2.4	0.42
3	单独加固工程			3.4	0.61
4	城市轨道交通工程	土建工程		2.7	0.47
5	大型土石方工程			1.3	0.24

注:

(1) 社会保险费包括养老保险、失业保险、医疗保险、工伤保险、生育保险。

(2) 点工和包工不包料的社会保险费和公积金已经包含在人工工资单价中。

(3) 大型土石方工程适用各专业中达到大型土石方标准的单位工程。

(4) 社会保险费费率和公积金费率将随着社保部门要求和建设工程实际缴纳费率的提高,适时调整。

5. 税金计算标准及有关规定

税金以除税工程造价为计取基础,费率为 11%。

2.5.4　工程造价计算程序(一般计税方法)

1. 工程量清单法计算程序(包工包料)见表 2-5-7 所示

表 2-5-7　工程量清单法计算程序(包工包料)

序号	费用名称		计算公式
一	分部分项工程费		清单工程量×除税综合单价
	其中	1. 人工费	人工消耗量×人工单价
		2. 材料费	材料消耗量×除税材料单价
		3. 施工机具使用费	机械消耗量×除税机械单价
		4. 管理费	(1+3)×费率或(1)×费率
		5. 利润	(1+3)×费率或(1)×费率
二	措施项目费用		
	其中	单价措施项目费	清单工程量×除税综合单价
		总价措施项目费	(分部分项工程费＋单价措施项目费－除税工程设备费)×费率或以项计费
三	其他项目费用		

续表 2-5-7

序号	费用名称			计算公式
四	规费			
	其中	1. 工程排污费		（一＋二＋三－除税工程设备费）×费率
		2. 社会保险费		
		3. 住房公积金		
五	税金			［一＋二＋三＋四－（除税甲供材料费＋除税甲供设备费）/1.01］×费率
六	工程造价			一＋二＋三＋四－（除税甲供材料费＋除税甲供设备费）/1.01＋五

2. 工程量清单法计算程序（包工不包料）见表 2-5-8 所示

表 2-5-8　工程量清单法计算程序（包工不包料）

序号	费用名称		计算公式
一	分部分项工程费中人工费		清单人工消耗量×人工单价
二	措施项目费中人工费		
	其中	单价措施项目中人工费	清单人工消耗量×人工单价
三	其他项目费用		
四	规费		
	其中	工程排污费	（一＋二＋三）×费率
五	税金		（一＋二＋三＋四）×费率
六	工程造价		一＋二＋三＋四＋五

【思考题】

1. 简述江苏省建设工程费用的组成。

2. 简述分部分项工程费、措施项目费的概念，举例说明人工费、材料费、施工机具使用费、企业管理费和利润。

3. 何种情况下需列出暂列金额和暂估价，简述它们之间的区别和联系。

4. 建筑工程类别划分的依据、等级和意义。

5. 某住宅楼标准层共12层带阁楼层，室外地面标高－0.300 m，标准层高2.9 m，底部车库层高2.2 m，顶部阁楼从楼面至檐口距离为2 m，女儿墙高0.6 m，试确定工程类别。

6. 某单独地下停车库共2层，层高4 m，单层建筑面积5 500 m²，试确定工程类别。

7. 某厂房加层扩建，原厂房4层，檐口总高16.5 m，现在顶部增建一层高4 m，试确定工程类别。

8. 某大型商业广场由塔楼和裙楼组成，塔楼为20层，檐口总高为68 m，建筑面积10 000 m²，裙楼为6层，檐口总高25 m，建筑面积12 000 m²，试确定工程类别。

9. 某桩基础工程采用静压预应力混凝土管桩,桩长 15 m,确定桩基础工程的企业管理费率和利润率。

10. 某桩基础工程采用混凝土钻孔灌注桩,桩长 35 m,确定桩基础工程的企业管理费率和利润率。

2.6 知识、技能评估

1. 选择题

(1) 某大型住宅区分为 A、B 两区由甲、乙公司合作开发,则应视作(　　)个建设项目。

A. 1个 　　　　　 B. 2个 　　　　　 C. 3个 　　　　　 D. 视情况而定

(2) 在工程建设前期阶段中,对于政府投资项目采用(　　)。

A. 审批制 　　　 B. 核准制 　　　 C. 备案制 　　　 D. 审查制

(3) 下列工程属于分项工程的是(　　)。

A. 宿舍楼工程 　　 B. 主体工程 　　 C. 钢筋工程 　　 D. 基础工程

(4) 概算造价是指在初步设计阶段,根据设计意图,通过编制工程概算文件预先测算和确定的工程造价,主要受到(　　)的控制。

A. 投资估算 　　　 B. 合同价 　　　 C. 修正概算造价 　　 D. 实际造价

(5) 竣工决算是(　　)编制的。

A. 建设单位 　　 B. 施工单位 　　 C. 造价咨询单位 　　 D. 监理单位

(6)《建筑安装工程费用项目组成》中,建筑安装工程费用按费用构成要素为(　　)。

A. 直接费、间接费、利润、规费、税金

B. 工料机、企业管理费、规费、利润、税金

C. 分部分项、措施项目、其他项目、规费、税金

D. 工料机、技术措施费、规费、利润、税金

(7)《建筑安装工程费用项目组成》中,属于建筑安装工程费中分部分项工程费的是(　　)。

A. 混凝土模板工程费 　　　　　　　 B. 混凝土工程费

C. 二次搬运费 　　　　　　　　　　 D. 安全文明施工费

(8) 工程现场某工人正在指挥塔吊司机吊运材料,该工人的劳动属于(　　)。

A. 人工费 　　　　　　　　　　　　 B. 材料费

C. 施工机械使用费 　　　　　　　　 D. 企业管理费

(9) 工程现场挖土机正在进行基坑开挖,该挖土机消耗的燃料属于(　　)。

A. 人工费 　　　　　　　　　　　　 B. 材料费

C. 施工机械使用费 　　　　　　　　 D. 企业管理费

(10) 某施工员正在楼面进行放线,该施工员的劳动属于(　　)。

A. 人工费 　　　　　　　　　　　　 B. 材料费

C. 施工机械使用费 　　　　　　　　 D. 企业管理费

(11) 下列费用中属于不可竞争费用的是(　　)。

A. 夜间施工增加费　　　　　　　B. 企业检验试验费

C. 现场安全文明施工费　　　　　D. 临时设施费

(12) 招标人在其他项目费中列出，用于尚未明确或不可预见的费用是(　　　)。

A. 暂列金额　　　B. 暂估价　　　C. 计日工　　　D. 总承包服务费

(13) 不属于工程造价计算范围的税金项目是(　　　)。

A. 营业税　　　　　　　　　　　B. 城市建设维护税

C. 教育费附加　　　　　　　　　D. 增值税

(14) 工厂单层厂房分别为轻钢结构，檐高 15 m，跨度 20 m，其工程类别是(　　　)。

A. 一类工程　　　　　　　　　　B. 二类工程

C. 三类工程　　　　　　　　　　D. 当地工程造价管理机构根据具体情况确定

(15) 某单独地下停车库共 2 层，层高 4 m，单层建筑面积 4 500 m²，其工程类别是(　　　)。

A. 一类工程　　　　　　　　　　B. 二类工程

C. 三类工程　　　　　　　　　　D. 当地工程造价管理机构根据具体情况确定

(16) 某工程基础采用静压管桩，桩长 20 m，该工程的企业管理费率和利润率分别为(　　　)。

A. 28%、12%　　　B. 11%、6%　　　C. 9%、5%　　　D. 11%、7%

2. 简答题

(1) 工程建设项目的划分层次。

(2) 简述建筑安装工程费的构成。

3 工程建设定额

【学习目标】

1. 了解定额的历史,理解工程建设定额的基本概念;
2. 理解工程建设定额的作用和特征,明确学习定额的重要意义;
3. 熟悉工程建设定额的分类,特别是施工定额和预算定额的概念;
4. 在学习《江苏省建筑与装饰工程计价定额》的基础上,熟练掌握计价定额的应用及调整。

3.1 工程建设定额概念

3.1.1 定额的产生

定额是社会物质生产部门在生产经营活动中,根据一定的技术组织条件,在一定的时间内,为完成一定数量的合格产品所规定的人工、材料、机械台班消耗的数量标准。

据《辑古篹经》等书记载,我国唐代就已有夯筑城台的用工定额——功。《营造法式》中的"功限"就是现在所说的劳动定额,"料例"就是材料消耗限额,该书对控制工料消耗,加强设计监督和施工管理起到了很大作用,并一直沿用到明清。

19世纪末和20世纪初,随着资本主义社会化大生产的发展,共同劳动的规模日益扩大,对生产的消耗进行科学管理的要求也更加迫切。当时在美、法、俄等国家中都有企业科学管理这类活动开展,并形成了系统的经济管理理论。泰罗就是被称为"古典管理理论"的代表人物之一,企业管理称为科学是从泰罗制开始的。为提高工人劳动效率,泰罗把对工作时间的研究放在首位,把工作时间分为若干组成部分,测定每一操作过程的时间消耗,制订出工时定额,作为衡量工人工作效率的尺度。他还重视研究工人劳动中的操作和动作,并分析研究其合理性,制订出最节约工作时间的所谓标准操作方法,从而在此基础上制订出较高的工时定额。制订工时定额、实行标准操作手法、采用有差别的计件工资构成泰罗制的主体。

继泰罗制之后,一方面管理科学从操作方法、作业水平的研究向科学组织的研究上扩展;另一方面它也利用现代自然科学和技术科学的最新成果——运筹学、系统工程、电子计算机技术等科学技术作为管理手段。尤其是行为科学的产生和发展,使得管理科学从事物的整体出发进行研究,通过对企业中的人、物、环境等要素进行系统全面分析研究,以实现管理的最优化。

总之,定额伴随着管理科学的产生而产生,定额伴随着管理科学的发展而发展,定额是管理科学的一门学问。

3.1.2 工程建设定额基本概念

1. 概念

工程建设定额是指在正常的施工生产条件下,完成单位合格产品所消耗的人工、材料、施工机械及资金消耗的数量标准。不同的产品有不同的质量要求,不能把定额看成单纯的数量关系,而应看成质量和安全的统一体。同时要走出定额就是金额的误区,建立定额是消耗量的正确概念。

尽管管理科学在不断发展,但它离不开定额。没有定额提供可靠的基本管理数据,任何好的管理手段也不能取得理想的结果。所以定额虽然是科学管理发展初期的产物,但它在企业管理中一直占有主要的地位,是企业管理科学化的产物,也是科学管理的基础。

2. 定额水平

工程建设定额是在一定的社会生产力发展水平条件下,完成建筑工程中的某项合格产品与各种生产要素消耗之间特定的数量关系,属于生产消耗定额性质。它反映了在一定的社会生产力水平条件下建筑安装工程的施工管理和技术水平。

人们一般把定额所反映的资源消耗量的大小称为定额水平。它是衡量定额消耗量高低的指标,受到一定时期的生产力发展水平的制约。一般来说,生产力发展水平高,则生产效率高,生产过程中的消耗就少,定额所规定的资源消耗量就相应地降低,称为定额水平高;反之,生产力发展水平低,则生产效率低,生产过程中的消耗就多,定额所规定的资源消耗就相应地提高,称为定额水平低。目前定额水平有平均先进水平和社会平均水平两类。

3.1.3 工程建设定额的作用

定额既不是计划经济的产物,也不是与市场经济相悖的体制改革对象。定额管理的二重性决定了它在市场经济中仍然具有重要的地位和作用。第一,定额和市场经济的共融性是与生俱来的。在市场经济中,每个商品生产者和商品经营者都被推向市场,要能在竞争中得于生存和发展,就必须努力提高自己的竞争力,必然要求加强管理,达到提高效率,降低成本,最终达到提高市场竞争力的目的。第二,定额不仅是市场供给主体加强竞争能力的手段,也是体现国家加强宏观调控管理的手段。如果没有定额,将无法判断项目的经济可行性,也无法实施建设过程中造价的有效控制。可见,利用定额加强宏观调控和宏观管理是经济发展的客观要求,也是规范市场和竞争,建立有序市场的客观要求。

总结工程建设定额的作用,有如下几点:

(1) 工程建设中,节约社会劳动和提高生产效率。企业一方面可以将定额作为促进工人节约社会劳动(工作时间、原材料等),提高劳动效率,加快工作速度的手段,来增加市场竞争力,获取更多的利润。另一方面,定额作为工程造价计价依据,促使企业加强管理,把社会劳动的消耗控制在合理的限度内。再者,作为项目决策依据的定额指标,又可在更高的层次上促使项目投资者合理而有效地利用和分配社会劳动。这些都证明了定额在工程建设中节约社会劳动和优化资源配置的作用。

(2) 有利于建筑市场公平竞争。定额所提供的准确信息为市场需求主体和供给主体之间的竞争,以及供给主体和供给主体之间的公平竞争,提供了有利条件。

(3)规范市场行为。定额既是投资决策的依据,又是价格决策的依据。对投资者可以利用定额权衡自己的财物状况和支付能力、预测资金投入和预期回报,还可以充分利用有关定额的大量信息,有效地提高其项目决策的科学性,优化其投资行为。对承包商,企业在投标报价时,要考虑定额的构成,作出正确的价格决策,获得市场竞争优势,才能获得更多的工程合同。可见定额无论对市场主体中的投资者还是承包商,都起到了规范其行为的作用。

(4)完善市场信息系统。定额管理是对大量市场信息的加工和传递,也是市场信息的反馈。完善的市场信息系统的指导性、标准性和灵敏性是市场成熟和高效率的标志。

3.1.4　工程建设定额的特征

1. 科学性

定额的科学性,首先,表现在制定定额的科学态度,在研究客观规律的基础上,采用可靠的数据和科学的态度编制定额;其次,制订定额的技术方法是利用现代科学管理的成就,形成了一套系统的、完整的、在实践中行之有效的方法;第三,表现在定额制订和贯彻的一体化上。

2. 系统性

工程建设定额是一个独立系统,由多种定额结合而成,该系统有鲜明的层次和明确的目标。按系统论的观点,工程建设本身就是一个庞大的实体系统,而工程建设定额则是为这个实体系统服务的。因此工程建设本身的多种类、多层次就决定了以它为服务对象的工程建设定额的多种类、多层次。

3. 稳定性

定额是一定时期社会生产力发展水平的反映,在一定时期内有相对稳定性。一般情况下地区和部门定额稳定时间在3～5年之间,国家定额在5～10年间。保持稳定性也是定额制订和执行所必须的,如果定额经常处于变动状态,则势必造成执行中的混乱。同时编制定额是一项耗时耗力的工作,有一定的工作周期,所以也不可能经常性修改定额。

4. 时效性

定额的稳定性又是相对的,任何一种定额仅能反映一定时期的生产力发展水平。随着科学技术水平和管理水平的提高,社会生产力发展水平也必然会提高。当原有定额不能适应生产发展时,就应根据新情况对定额进行修订和补充。所以,就一段时期而论,定额是稳定的,就长期而论,定额是变化的,具有时效性。

5. 统一性

定额的统一性主要是由国家对经济发展有计划的宏观调控职能决定的。为了使国家经济能按照既定的目标发展,需要借助于定额,对生产进行组织,协调和控制。定额在全国或一定区域内保持统一,才能用统一的标准对决策和经济活动作出科学合理的分析与评价。

【思考题】

1. 工程建设定额的概念及在管理科学中的地位。
2. 辨析工程建设定额水平与资源消耗量的关系。
3. 何谓工程建设定额的"二重性"和定额的作用。
4. 工程建设定额的特征有哪些。

3.2 工程建设定额分类

工程建设定额是工程建设中各类定额的总称。为了能全面地了解工程建设定额,可按不同的原则和方法对其进行分类。

1. 按内容分类

按定额反映的消耗内容,可分为劳动消耗定额、材料消耗定额和机械台班消耗定额。

(1) 劳动消耗定额,简称劳动定额。劳动定额是指完成一定合格产品(工程实体或劳务)规定活劳动消耗的数量标准。按照反映方式的不同,劳动定额有时间定额和产量定额两种形式,数量上互为倒数。时间定额是指完成单位合格产品所需消耗生产工人的工作时间标准;产量定额是指生产工人在单位时间里必须完成的合格产品的产量标准。为了便于核算,劳动定额大多数采用时间定额的形式。

(2) 材料消耗定额,简称材料定额。材料定额是指完成一定合格产品所需消耗材料的数量标准。材料作为劳动对象构成工程实体,需用数量很大,种类多。材料消耗量多少,是否合理,不仅关系到资源的有效利用,影响市场供求状况,而且直接关系到建设工程的项目投资、建筑产品的成本控制。

(3) 机械台班消耗定额,简称机械台班定额。机械台班定额是指为完成一定合格产品(工程实体或劳务)所规定的施工机械消耗的数量标准。机械台班定额同样有时间定额和产量定额两种形式,但以时间定额为主。习惯上以一台机械一个工作班为机械消耗的计量单位。

任何建设工程都要消耗大量人工、机械和材料,所以劳动消耗定额、材料消耗定额、机械台班消耗定额也称为三大基本定额。

2. 按使用范围分类

(1) 施工定额,是施工企业(建筑安装企业)组织生产和加强管理在企业内部使用的一种定额,反映了企业的施工与管理水平,属于企业生产定额的性质。由劳动定额、机械定额和材料定额组成 3 个相对独立部分组成。为了适应组织生产和管理的需要,施工定额的项目划分很细,是工程建设定额中分项最细、定额子目最多的一种定额,也是编制预算定额的重要依据。

(2) 预算定额,是在编制施工图预算时,计算工程造价和计算工程中劳动、材料、机械台班的需要量所使用的定额。预算定额由政府主管部门根据社会平均的生产力发展水平,综合考虑施工企业的整体情况,以施工定额为基础编制的一种社会平均资源消耗标准。该定额是一种计价性定额,在工程建设定额中占有很重要的地位。从编制程序上看,预算定额是概算定额的编制基础。

(3) 概算定额,是在预算定额基础上的综合和扩大,在编制扩大初步设计概算时,计算和确定工程概算造价、计算劳动、材料、机械台班需要量所使用的定额。它的项目划分粗细程度,与扩大初步设计的深度相适应,其定额水平一般为社会平均水平。主要用于在初步设计阶段进行设计方案的技术经济比较,编制设计概算,是投资主体控制建设项目投资的重要依据。

(4) 概算指标,是在三阶段设计的初步设计阶段,编制工程概算,计算和确定工程的初步设计概算造价,计算劳动、材料、机械台班的需要量所使用的定额。概算指标一般是在概算定额和预算定额的基础上编制的,比概算定额更加综合扩大,是控制项目投资的有效工具。

(5) 投资估算指标,是在项目建议书和可行性研究阶段编制投资估算、计算投资需要量时使用的一种定额。投资估算指标非常概略,往往根据历史的预、决算资料和价格变动,以独立的单项工程或完整的工程项目为计算对象编制。

3. 按管理权限分类

(1) 全国统一定额,是由国家建设行政主管部门综合全国工程建设的技术和施工组织管理水平编制,并在全国范围内执行的定额,如全国统一建筑工程基础定额、全国统一安装工程预算定额等。

(2) 行业统一定额,是由国务院行业行政主管部门制定发布的,一般只在本行业和相同专业性质的范围内使用,如冶金工程定额、水利工程定额等。

(3) 地区统一定额,是由省、自治区、直辖市建设行政主管部门制定发布的,在规定的地区范围内使用。一般考虑各地区不同的气候条件、资源条件、建设技术与施工管理水平等编制。

(4) 补充定额,是指随着新材料、新技术、新工艺和生产力水平的发展,现行定额不能满足实际需要的情况下,有关部门为了补充现行定额中变化和缺项部分而进行修改、调整和补充制定的定额。

(5) 企业定额,是由施工企业根据自身的管理水平、技术水平等情况制定的,只在企业内部范围内使用。企业定额水平一般应高于国家和地区的现行定额。

【思考题】

1. 工程建设定额按内容分类有哪些。
2. 工程建设定额按使用范围分类有哪些。
3. 预算定额与施工定额有何区别和联系。

3.3 施工定额

3.3.1 施工定额概述

施工定额是具有合理劳动组织的建筑安装工人小组在正常施工条件下完成单位合格产品所需人工、机械、材料消耗的数量标准。

施工定额的消耗数量标准,一方面反映了国家对建筑安装企业在提高劳动生产率、节约资源和增加收入的要求下,为完成一定的合格产品必须遵守和达到的最高限额;另一方面也是衡量建筑安装企业工人或班组完成施工任务量与取得劳动报酬的重要尺度。所以,施工定额是建筑行业和基本建设管理中最重要的定额之一。

施工定额的本质是企业定额,目前仅有很少的施工企业具备自己的施工定额,这是施工管理的薄弱环节。施工企业应依据有关政策和法律法规,参照国家或地区的规范和标准,根据自身的技术条件、管理水平、市场需求和竞争能力,编制自己的施工定额,才能将企业间的差距在施工定额的水平上体现出来,在建筑市场上展开真正的竞争。同时值得注意的是,在市场经济条件下,国家定额和地区定额不再是强加给施工企业的约束和指令,它的作用是引导企业的施工定额管理,从而实现对工程造价的宏观调控。

3.3.2 施工定额的作用

(1)施工定额是企业计划管理的依据,既是企业编制施工组织设计的依据,也是企业编制施工作业计划的依据。

(2)施工定额是组织和指挥施工生产的有效工具,是项目部向施工班组签发施工任务单和限额领料单的基本依据。

(3)施工定额是计算工人劳动报酬的依据。施工定额是计算工人工资的依据,真正实现多劳多得,少劳少得的社会主义分配原则。

(4)施工定额有利于推广先进技术和提高劳动生产率。施工定额反映平均先进水平,工人要达到或超过定额水平,就必须提高劳动生产率和采用先进技术。

(5)施工定额是编制施工预算和加强企业成本管理的基础。严格执行施工定额不仅可以起到控制消耗、降低成本和费用的作用,同时为贯彻经济核算制、加强班组核算和增加盈利创造良好的条件。

3.3.3 施工定额的水平

施工定额的水平直接反映劳动生产率水平和物质消耗水平。施工定额水平越高劳动生产率水平越高,而劳动和物质消耗数量越少。随着技术的发展和定额对劳动生产率的促进作用,施工定额与劳动生产率的吻合度将越来越小,差距则越来越大。当施工定额水平不能促进施工生产和管理,且影响进一步提高劳动生产率时,就应修订已经陈旧的定额,以达到新的平衡。

施工定额的理想水平应是社会平均先进水平。所谓平均先进水平,是正常的施工条件下大多数施工队伍和工人经过努力能够达到和超过的水平,低于先进水平,略高于平均水平。这种水平使先进者感到一定的压力,努力更上一层楼;使大多数处于中间水平的工人感到定额可望可及,增加达到和超过定额水平的信心;对于落后者不迁就,迫使使他们感到压力,必须花力气提高技术操作水平,珍惜劳动时间、节约材料消耗,尽快达到定额水平。

3.3.4 劳动定额

劳动定额也称人工定额,是建筑安装工人在正常的施工技术组织条件下,在平均先进水平上制定的,完成单位合格产品所必须消耗活劳动的数量标准。劳动定额按其表现形式和用途不同,可分为时间定额和产量定额。

1. 时间定额

时间定额,是指在一定的生产技术和生产组织条件下,完成单位合格产品或完成一定工作任务所必须消耗的时间。时间定额的计量单位以完成单位产品所消耗的工日来表示,常见如:工日/m、工日/m²、工日/m³、工日/t 等,每工日按 8 小时计算。

$$单位产品时间定额(工日) = \frac{需要消耗的工日数}{生产的产品数量}$$

2. 产量定额

产量定额,是指在一定的生产技术和生产组织条件下,在单位时间(工日)内所应完成合格产品的数量。产量定额的计量单位是以产品的单位计算,以 m、m²、m³、台、套、块、根等自然单位或物理单位来表示。

$$单位产品产量定额 = \frac{生产的产品数量}{消耗的工日数}$$

3. 时间定额与产量定额的关系

时间定额与产量定额互为倒数,即:

$$产量定额 = \frac{1}{时间定额} \ 或 \ 时间定额 \times 产量定额 = 1$$

3.3.5 材料消耗定额

材料消耗定额,是指在合理和节约使用材料的前提下,生产单位合格产品所必须消耗的建筑材料(半成品、配件、燃料、水、电)的数量标准。

在我国的建设工程成本构成中,材料费比重最高,平均在 60%～70%。材料消耗量多少,消耗是否合理,不仅关系到资源的有效利用,影响市场供求状况,而且对建设项目的投资及建筑产品的成本控制都起着决定性的影响。制定合理的材料消耗定额,是组织材料的正常供应,合理利用资源的必要前提。

1. 材料消耗定额构成

材料消耗定额包括材料的净用量和损耗量两部分。材料净用量是指直接构成工程实体的材料。材料损耗量是指不可避免的施工废料和施工操作损耗。

$$材料消耗 = 材料净耗量 + 材料损耗量 = 材料净耗量 \times (1 + 损耗率)$$

$$其中:损耗率 = \frac{材料损耗量}{材料净耗量} \times 100\%$$

2. 周转材料消耗定额

建筑安装材料分为非周转性材料和周转性材料两大类。非周转性材料也称直接性材料,是指在建筑工程中,一次性消耗并直接构成工程实体的材料,如砖、砂、石、钢筋、水泥等。周转性材料是指在施工过程中能多次使用、周转的工具型材料,如各种模板、脚手架、支撑等。

周转性使用材料一般是按多次使用,分次摊销的方法确定,所以周转性材料在材料消耗定额中,以摊销量表示。

3.3.6 机械台班定额

机械台班定额,是指在正常的施工、合理的劳动组织和合理使用施工机械的条件下,生产单位合格产品所必须的一定品种、规格施工机械作业时间的消耗标准。

机械台班消耗定额以台班为单位,每一台班按 8 小时计算。机械台班定额与劳动定额的表现形式类似,可分为时间定额和产量定额两种形式。

1. 机械时间定额

机械时间定额是指在正常的施工条件下,某种机械生产合格单位产品所必须消耗的台班数量。

2. 机械产量定额

机械产量定额是指某种机械在合理的施工组织和正常施工的条件下,单位时间内完成合格产品的数量。

3. 时间定额和产量定额的关系

时间定额与产量定额互为倒数,即:

$$机械产量定额 = \frac{1}{机械时间定额} \quad 或 \quad 机械时间定额 \times 机械产量定额 = 1$$

【思考题】

1. 施工定额的概念和作用。
2. 施工定额水平和劳动生产率的关系。

3.4 预算定额

3.4.1 预算定额概念

预算定额是规定消耗在合格质量的单位工程基本构造要素上的人工、材料、机械台班的数量标准,是计算建筑安装产品价格的基础,也是国家及地区编制和颁发的一种法令性指标。

所谓基本构造要素,通常指分项工程和结构构件。预算定额规定工程基本构造要素消耗的劳动力、材料和机械数量,以满足编制施工图预算、规划和控制工程造价的要求。预算定额反映了完成规定计量单位符合设计标准和施工及验收规范要求的分项工程,所消耗的劳动和物化劳动的数量限度,最终决定着单项工程和单位工程的成本和造价。

在施工图预算编制时,按照施工图及相关文件计算工程量,根据定额水平计算人工、材料、机械的消耗量,并在此基础上计算资金的需要量,最终得到建筑安装工程的价格。

3.4.2 预算定额的作用

(1) 预算定额是编制施工图预算、确定建筑安装工程造价的基础。建筑工程施工图一经确定,工程预算造价将决定于预算定额水平和人工、材料及机械台班的价格。预算定额起着控制劳动消耗、材料消耗和机械台班使用的作用,进而起着控制建筑产品价格的作用。

(2) 预算定额是合理编制招标控制价、投标报价的基础。随着工程造价制度的改革,预算定额的指令性作用日益削弱,但是对施工单位投标报价的指导性作用依然存在,同时招标人在编制招标控制价时,重要的依据仍然是预算定额。

(3) 预算定额是施工单位进行经济分析和管理的重要依据。现阶段,施工合同价的重要基础是预算定额,因而预算定额是施工单位在生产经营中允许消耗的上限,决定了施工企业的利润水平。施工单位必须以预算定额水平作为衡量工作的标准和努力实现的目标,只有劳动生产率和管理水平高于预算定额,才能取得较好的经济效益。

(4) 预算定额是工程结算的依据。工程结算是建设单位和施工单位按照工程进度对已完成的分部分项工程实现货币支付的行为。按进度支付进度款,需要根据预算定额将已完成分项工程的造价算出。单位工程验收后,再按竣工工程量、预算定额和施工合同规定进行结算,以保证建设单位建设资金的合理使用和施工单位的经济收入。

(5) 预算定额是编制概算定额的基础。概算定额是预算定额的综合扩大,利用预算定额作为编制依据,不但可以节省人力、物力和时间,还可以使定额水平保持一致,以免造成执行中的不一致。

3.4.3 预算定额编制原则

1. 社会平均水平

预算定额是确定和控制工程造价的主要依据,是以生产过程中消耗的社会必要劳动时间来确定定额水平。预算定额体现的是平均水平,在正常的施工条件下,包括合理的施工组织设计、正确的施工工艺条件、平均劳动熟练程度和劳动强度,完成单位分项工程基本构成要素所需要的劳动时间。预算定额的编制基于施工定额,但预算定额中包含了更多的可变因素,保留了合理的幅度差。两者相比,预算定额是平均水平,施工定额是平均先进水平,预算定额要相对低一些。

2. 简明适用

预算定额是施工定额的综合扩大,通常预算定额将建筑物分解为分部、分项工程,对于主要的、常用的、价值量大的项目划分的较细,对于次要的、不常用的、价值量小的项目划分的较粗。随着技术的发展,新技术、新结构、新材料、新工艺不断涌现,预算定额应及时补充随之出现的新项目,否则就会在实际使用中,因缺乏充足的可靠依据而使计价的可信度降低。预算定额设置的"活口"要适当,所谓"活口"是指预算定额符合规定条件时,允许对其进行一定的调整。在编制中尽量不留活口,对实际情况变化较大、影响定额水平幅度大的项目,确需保留,也应该从实际出发尽量少留,即使留有活口,也要注意尽量规定换算方法,避免采取按实计算。同时要合理确定预算定额的计量单位,简化工程量计算,尽可能避免同一种材料用不同的计量单位和一量多用,且应尽量减少定额附注和换算系数。

3. 统一性和差别性相结合

预算定额的制定和组织实施由国家建设行政主管部门归口,并负责全国统一定额的制定和修订,颁发有关工程造价管理的规章制度和办法。通过编制全国统一定额,可以使建筑安装工程具有一个统一的计价依据,也是评价设计和施工的经济效果有一个统一的结论。但是在统一的基础上,各部门和省、自治区、直辖市主管部门可以在自己的管辖范围内,根据本部门和地区的具体情况,制定部门和地区性定额、补充性管理办法,来适应我国地区间、部门间发展不平衡和差异大的实际情况。

3.4.4 预算定额消耗量的确定

1. 人工工日消耗量的确定

预算定额中的人工工日消耗量(定额人工工日)是指完成某一计量单位的分项工程或结

构构件所需的各种用工量的总和。定额人工工日包括基本用工、超运距用工、人工幅度差及辅助用工等。

$$工日消耗量标准 = 基本用工 + 其他用工$$
$$= 基本用工 + 超运距用工 + 辅助用工 + 人工幅度差$$

（1）基本用工：指完成某一合格分项工程或结构构件的技术工种用工，按技术工种相应劳动定额的工时定额计算，以不同工种列出定额工日。

$$基本用工 = \sum（综合工程量 \times 时间定额）$$

（2）超运距用工：指预算定额规定的材料、成品、半成品等运距超过劳动定额规定的运距而增加的用工量。

$$超运距 = 预算定额取定的运距 - 劳动定额规定的运距$$
$$超运距用工 = \sum（超运距材料数量 \times 时间定额）$$

（3）辅助用工：指劳动定额中未包括的各种辅助工序用工，如材料加工等用工。

$$辅助用工数量 = \sum（材料加工数量 \times 时间定额）$$

（4）人工幅度差：在劳动定额中未包括，而在正常施工条件下不可避免的，但又无法计算的用工。一般包括以下几方面内容：

① 在正常施工条件下，土建各工种之间的工序搭接以及土建与水电安装之间的交叉配合所需停歇时间；

② 施工过程中，移动临时水电线路而造成的影响工人操作的时间；

③ 同一现场内，单位工程之间因操作地点转移而影响工人操作的时间；

④ 工程质量检查及隐蔽工程验收而影响工人操作的时间；

⑤ 施工中不可避免的少量零星用工等。

$$人工幅度差 = （基本用工 + 超运距用工 + 辅助用工）\times 人工幅度差系数$$

其中：人工幅度差系数一般取 $10\% \sim 15\%$，各地方略有不同。

2. 材料消耗量的确定

预算定额中的材料消耗量是指在正常施工条件下，生产单位合格产品所需消耗的材料、成品、半成品、构配件及周转性材料的数量标准。预算定额的材料消耗量包括主要材料、辅助材料、周转材料和零星材料等，是由材料的净用量和损耗量所构成。

$$材料消耗量 = 材料净用量 + 损耗量 = 材料净用量 \times （1 + 损耗率）$$

材料损耗量包括由工地仓库、现场堆放地点或施工现场加工地点到施工操作地点的运输损耗、施工操作地点的堆放损耗、施工操作时的损耗等，不包括二次搬运和规格改装的加工损耗，场外运输损耗包括在材料预算价格内。

预算定额中的材料消耗量的确定方法与施工定额中材料消耗量的确定方法一样，但是预算定额中材料的损耗率与施工定额中材料的损耗率不同，预算定额中材料损耗率的损耗范围比施工定额中材料损耗范围更广,必须考虑整个施工现场范围内材料堆放、运输、制备及施工过程中的损耗。

3. 机械台班消耗量的确定

预算定额中的机械台班消耗量是指在正常施工条件下,生产单位合格产品必须消耗的某种型号施工机械的台班数量。预算定额中的机械台班消耗量指标,一般是按施工定额中的机械台班产量,并考虑一定的机械幅度差进行计算的。

预算定额机械台班消耗量 = 施工定额机械台班消耗量×(1＋机械幅度差系数)

机械幅度差是指在劳动定额或施工定额中所规定的范围内没有包括,而在实际施工中又不可避免产生的影响机械效率或使机械停歇的时间,其内容包括:

① 施工中机械转移工作面及配套机械相互影响损失的时间;
② 在正常施工条件下,机械在施工中不可避免的工序间歇;
③ 工程开工或收尾时工程量不饱满所损失的时间;
④ 检查工程质量影响机械操作的时间;
⑤ 临时停机、停电影响机械操作的时间;
⑥ 机械维修引起的停歇时间等。

3.4.5 预算定额人工、材料、机械台班单价的确定

正确计算人工费、材料费和施工机械使用费是确定建筑安装工程费的基础。人工费、材料费和施工机械使用费计算公式:

$$人工费 = \sum(工日消耗量 \times 日工资单价)$$

$$材料费 = \sum(材料消耗量 \times 材料单价)$$

$$施工机械使用费 = \sum(机械台班消耗量 \times 机械台班单价)$$

从上述计算公式可知,在计算人工费、材料费和施工机械使用费时,除了需确定其相对应的消耗量外,还需要明确其对应的日工资单价、材料单价和机械台班单价,两者缺一不可。

1. 日工资单价

日工资单价是指施工企业平均技术熟练程度的生产工人在每工作日(国家法定工作时间内)按规定从事施工作业应得的日工资总额。

$$日工资单价 = \frac{生产工人平均月工资(计时、计件) + 平均月其他收入(奖金＋津贴补贴＋特殊情况下支付的工资)}{年平均每月法定工作日}$$

日工资单价应通过市场调查,根据工程项目的技术要求,参考实物工程量人工单价综合分析来确定。最低日工资单价不得低于工程所在地人力资源和社会保障部门所发布的最低工资标准的:普工1.3倍、一般技工2倍、高级技工3倍。

预算定额中一般根据工程项目技术要求和工种差别适当划分多种日工资单价,以确保人工费的合理构成。

2. 材料单价

材料单价是指材料由来源地或交货地点,经中间转运,到达工地仓库或施工现场堆放地点后的平均出库价格。

$$材料单价 = [(材料原价 + 运杂费) \times (1 + 运输损耗率(\%))]$$
$$\times [1 + 采购保管费率(\%)]$$

其中:

① 材料原价:指材料的出厂价、交货地价格、市场批发价,以及进口材料的调拨价;

② 运杂费:指材料由来源地(或交货地)运到工地仓库(或存放地点)的全部过程中所发生的一切费用。

③ 运输损耗费:指材料在运输装卸过程中不可避免的损耗。

④ 采购保管费:指材料在组织采购、供应和保管过程中所发生的各种费用。

3. 机械台班单价

施工机械台班单价是指施工机械在正常运转条件下,一个工作班(一般按8 h计)所发生的全部费用。

机械台班单价=台班折旧费+台班大修费+台班经常修理费+台班安拆费及场外运费+台班人工费+台班燃料动力费+台班车船税费

其中:

① 台班折旧费:指施工机械在规定使用期限内,每一台班所分摊的机械原值及支付贷款利息的费用。

② 台班大修费:指机械设备按规定的大修理间隔台班进行必要的大修理,以恢复正常使用功能所需要的费用。

③ 台班经常修理费:指机械设备除大修理外的各级保养(包括一、二、三级保养)及临时故障排除所需费用,为保障机械正常运转所需替换设备、随机使用工具、附具摊销及维护费用,机械运转及日常保养所需润滑、擦拭材料费用和机械停置期间的维护保养费用等。

④ 台班安拆费及场外运费:指机械在施工现场进行安装、拆卸所需的人工、材料、机械和试运转费用,以及机械辅助设施(包括基础、底座、固定锚桩、行走轨道、枕木等)的折旧费及搭设、拆除费用。

⑤ 台班人工费:指机上司机、司炉和其他操作人员的工作日工资,上述人员在机械规定的年工作台班以外的基本工资等。

⑥ 台班燃料动力费:指机械设备在运转作业中所耗用的固体燃料(煤炭、木材)、液体燃料(汽油、柴油),电力、水和风力等的费用。

⑦ 台班车船税费:指机械按国家规定应缴纳的养路费和车船使用税。

【思考题】

1. 预算定额的概念和作用。
2. 预算定额的编制原则。

3.5 江苏省建筑与装饰工程计价定额

3.5.1 概述

为了贯彻执行住房和城乡建设部《建设工程工程量清单计价规范》(GB 50500—2013)以及《房屋建筑与装饰工程工程量计算规范》(GB 50854—2013),适应江苏省建设工程市场计价的需要,为工程建设各方提供计价依据,江苏省住房和城乡建设厅颁布了《江苏省建筑与装饰工程计价定额》(2014 年)(以下简称《计价定额》)。《计价定额》与《江苏省建筑工程费用定额》(2014 年)(以下简称《费用定额》)配套使用,其实质是江苏省地区性预算定额。

1. 《计价定额》内容构成

《计价定额》共由 24 章和 9 个附录组成,包括一般工业与民用建筑的工程实体项目和部分措施项目,另有部分难以列为定额项目的措施费用,应按《费用定额》中的规定进行计算。

2. 《计价定额》使用范围

(1) 江苏省行政区域范围内一般工业与民用建筑的新建、扩建、改建工程及其单独装饰工程,不适用于修缮工程。

(2) 国有资金投资的建筑与装饰工程应执行计价定额。

(3) 非国有资金投资的建筑与装饰工程可参照使用计价定额。

(4) 当工程施工合同约定按本定额规定计价时,应遵守计价定额的相关规定。

3. 《计价定额》的编制依据

(1) 《江苏省建筑与装饰工程计价表》。

(2) 《全国统一建筑工程基础定额》。

(3) 《全国统一建筑装饰装修工程消耗量定额》(GYD-901-2002)。

(4) 《建设工程劳动定额 建筑工程》(LD/T 72.1~11-2008)。

(5) 《建设工程劳动定额 装饰工程》(LD/T 73.1~4-2008)。

(6) 《全国统一建筑安装工程工期定额》(2000 年)。

(7) 《全国统一施工机械台班费用编制规则》。

(8) 南京市 2013 年下半年建筑工程材料指导价格。

《计价定额》是按正常施工条件下,结合江苏省颁发的地方标准《江苏省建筑安装工程施工技术操作规程》(DGJ32/27~52—2006)、现行的施工及验收规范和江苏省颁发的部分建筑构、配件通用图做法进行编制的。

4. 《计价定额》的作用

(1) 编制工程招标控制价(最高投标限价)的依据。

(2) 编制工程标底、结算审核的指导。

(3) 工程投标报价、企业内部核算、制定企业定额的参考。

(4) 编制建筑工程概算定额的依据。

(5) 建设行政主管部门调解工程价款争议、合理确定工程造价的依据。

3.5.2 《计价定额》应用及综合单价调整

1. 工程类别调整

本定额中的综合单价由人工费、材料费、机械费、管理费、利润等五项费用组成。一般建筑工程、打桩工程的管理费和利润,已按照三类工程标准计入综合单价内;一、二类工程和单独发包的专业工程应根据《费用定额》的规定,对管理费和利润进行调整后计入综合单价内。本书中的综合单价计算,若无特殊说明,则人、材、机单价均采用定额预算除税价,可查阅"江苏省现行专业计价定额材料含税价与除税价表"和"江苏省机械台班计价定额含税价与除税价表"。

例 3-1 建筑一类工程的直形砖基础的综合单价。

解:直形砖基础的定额为 4-1。

按计价定额的说明,对于一般建筑工程的管理费和利润,已按三类工程标准计入综合单价。一、二类工程应根据《费用定额》的规定,对管理费和利润进行调整后计入综合单价内。

查表可知:一类建筑工程的管理费率为 32%,利润费率为 12%。按题意应将管理费率和利润费率进行调整。

人工费:$82.00 \times 1.20 = 98.40$(元)

材料费:$40.80 \times 5.22 + 168.46 \times 0.242 + 4.57 \times 0.104 = 254.22$(元)

机械费:$120.64 \times 0.048 = 5.79$(元)

管理费:$(98.40 + 5.79) \times 32\% = 33.34$(元)

利　润:$(98.40 + 5.79) \times 12\% = 12.50$(元)

一类工程的直形砖基础的综合单价:

$$98.40 + 254.22 + 5.79 + 33.34 + 12.50 = 404.23(元 /m^3)$$

也可以如下直接计算:

$$(82.00 \times 1.20 + 120.64 \times 0.048) \times (1 + 32\% + 12\%) +$$
$$(40.80 \times 5.22 + 168.46 \times 0.242 + 4.57 \times 0.104)$$
$$= 404.23(元 /m^3)$$

例 3-2 桩基础一类工程的打预制钢筋混凝土方桩送桩的综合单价,桩长为 35 m。

解:打预制钢筋混凝土方桩的定额为 3-8。

查表可知:一类打预制桩工程的管理费率为 11%,利润率为 5%。按题意应将管理费率和利润费率进行调整。

人工费:$77.00 \times 0.36 = 27.72$(元)

材料费:$2\,229.63 \times 0.002 + 4.29 \times 0.25 + 1.29 \times 0.45 + 5.32 \times 0.77 + 1\,586.47 \times 0.008 = 22.90$(元)

机械费:$2\,227.33 \times 0.043 + 718.52 \times 0.012 = 104.83$ 元

管理费:$(27.72 + 104.83) \times 11\% = 14.58$(元)

利　润:$(27.72 + 104.83) \times 5\% = 6.63$(元)

一类工程的打 35 m 预制钢筋混凝土方桩的综合单价:

$$27.72 + 22.90 + 104.83 + 14.58 + 6.63 = 176.66(元/m^3)$$

也可以如下直接计算：

$$(77.00 \times 0.36 + 2237.33 \times 0.043 + 718.52 \times 0.012) \times (1 + 11\% + 5\%) +$$

$$(2229.63 \times 0.002 + 4.29 \times 0.25 + 1.29 \times 0.45 + 5.32 \times 0.77 + 1586.47 \times 0.008)$$

$$= 176.66(元/m^3)$$

2. 选用调整

计价定额项目中带有括号的内容供选择使用，不包含在综合单价内。

例 3-3 建筑二类工程在挡土板下人工挖地槽的综合单价，深度为 2.0 m，底宽 3.0 m，土质为一类干土。

解：深度在 3 m 内，底宽 3.0 m，一类干土，人工挖地槽定额为 1-20。

调整内容有两项分别为：工程类别调整和选用调整。工程类别从建筑三类工程调整为建筑二类工程，其管理费率为 29%、利润率为 12%。选用调整将普通的人工挖地槽调整为在挡土板下开挖。查看《计价定额》项目 1-20，人工消耗可选"在挡土板、沉箱下及打桩后坑内挖土"，该项目中带括号均为被选项，且不包含在综合单价内，应进行调整计算。

人工费：26.18 元（对应为三类工 0.34 工日）

材料费：0.00 元

机械费：0.00 元

管理费：$(26.18 + 0.00) \times 29\% = 7.59(元)$

利　润：$(26.18 + 0.00) \times 12\% = 3.14(元)$

深度在 3 m 内，一类干土，在挡土板下人工挖地槽的综合单价：

$$26.18 + 0.00 + 0.00 + 7.59 + 3.14 = 36.91(元/m^3)$$

也可以如下直接计算：

$$(26.18 + 0.00) \times (1 + 29\% + 12\%) + 0.00 = 36.91(元/m^3)$$

例 3-4 建筑三类工程现浇自拌混凝土 C30（编码 80210148）独立柱基的综合单价。

解：C30 现浇自拌混凝土独立柱基定额为 6-8。

工程类别不作调整，管理费率为 26%，利润费率为 12%。定额编制默认使用现浇自拌混凝土 C20（编码 80210144），强度等级应调整为 C30（编码 80210148）。查《计价定额》可知，混凝土材料有 C25（编码 80210145）和 C30（编码 80210148）带括号可供选择，"数量"对应的为材料的消耗量，而"合计"对应的为材料的合价。

人工费：$82.00 \times 0.75 = 61.50(元)$

材料费：$230.85 \times 1.015 + 0.69 \times 0.81 + 4.57 \times 0.89 = 238.94(元)$（混凝土材料 C20〈80210144〉换成 C30〈80210148〉）

机械费：$150.22 \times 0.035 + 10.42 \times 0.069 + 179.61 \times 0.131 = 29.51(元)$

管理费：$(61.50 + 29.51) \times 26\% = 23.66(元)$

利　润：$(61.50 + 29.51) \times 12\% = 10.92(元)$

三类工程 C30 现浇混凝土独立柱基综合单价：

$$61.50 + 238.94 + 29.51 + 23.66 + 10.92 = 364.53(元/m^3)$$

也可以如下直接计算：

$$(82.00 \times 0.75 + 150.22 \times 0.035 + 10.42 \times 0.069 + 179.61 \times 0.131) \times$$
$$(1 + 26\% + 12\%) + (230.85 \times 1.015 + 0.69 \times 0.81 + 4.57 \times 0.89)$$
$$= 364.53(元/m^3)$$

3. 引用其他项目

部分计价定额项目在引用了其他项目综合单价时，引用的项目综合单价列入了材料费一栏，但其5项费用数据在项目汇总时已作拆解分析，使用中应予注意。

例 3-5 分析桩基三类工程静力压预制 18 m 钢筋混凝土离心管桩综合单价的组成采用含税价说明。

解：静力压预制 18 m 钢筋混凝土离心管桩定额为 3-21。

工程类别为打预制桩三类工程，管理费率 7%，利润费率 5%。材料栏内"8-1×0.6 场内运输费"为引用了定额 8-1，一类预制混凝土构件运输距离在 1 km 以内，并乘以系数 0.6。

人工费：36.19(定额 3-21 中人工费)+9.24×0.6(定额 8-1 中人工费，乘以系数 0.6)＝41.73(元)

材料费：13.00+14.40+5.95×0.6(定额 8-1 中材料费，乘以系数 0.6)＝30.97(元)

机械费：125.13+21.42+61.53×0.6(定额 8-1 中机械费，乘以系数 0.6)＝183.47(元)

管理费：(41.73+183.47)×7%＝15.76(元)

利　润：(41.73+183.47)×5%＝11.26(元)

三类工程静力压预制 18 m 钢筋混凝土离心管桩综合单价：

$$41.73 + 30.97 + 183.47 + 15.76 + 11.26 = 283.19(元/m^3)$$

4. 装修水准调整

《计价定额》中的装饰项目是按中档装饰水准编制的，设计四星及四星级以上宾馆、总统套房、展览馆及公共建筑等对装修有特殊设计要求和较高艺术造型的装饰工程时，应适当增加人工、增加标准在招标文件或合同中明确，一般控制在 10% 以内。

家庭室内装饰也执行《计价定额》，但在使用时其人工乘以系数 1.15 进行调整。

例 3-6 某五星级宾馆为单独装饰工程，采用水泥砂浆贴大理石作为大堂地面，招标文件明确增加 10% 的人工，计算其综合单价。

解：水泥砂浆贴石材块料面板定额为 13-47。

调整内容有两项分别为：装修水准调整、单独装饰工程费率调整。招标文件明确增加 10% 的人工。单独装饰工程查《费用定额》可知，管理费率为 43%，利润费率为 15%。

人工费：85.00×3.80×(1+10%)＝355.30(元)，其中人工消耗量：3.80×(1+10%)＝4.18 工日

材料费：214.39×10.20+275.78×0.081+220.10×0.202+411.97×0.01+0.60×1.00+5.57×0.10+47.17×0.06+68.60×0.042+4.57×0.26+5×0.86(考虑平均税率16.61%)＝2 270.05(元)

机械费:120.64×0.05+13.24×0.17=8.28(元)

管理费:(355.30+8.28)×43%=156.34(元)

利　润:(355.30+8.28)×15%=54.54(元)

水泥砂浆贴大理石楼地面综合单价:

$$355.30+2\ 270.05+8.28+156.34+54.54=2\ 844.51(元/10\ m^2)$$

例3-7　某家庭装修为单独装饰工程中,墙面上不对花贴墙纸共20 m²,计算其综合单价。

解:墙面不对花贴墙纸定额为17-239。

调整内容有两项分别为:家庭装修调整、单独装饰工程费率调整。家庭装修时人工应乘以1.15进行调整。同时单独装饰工程的管理费率为43%,利润费率为15%。

人工费:85×1.54=130.90(元),其中人工消耗量:1.34×1.15=1.54 工日

材料费:25.73×11.00+4.29×1.25+0.73×1.20+2.14×0.15+0.98×0.86(考虑平均税率16.61%)=290.43(元)

机械费:0.00 元

管理费:(130.90+0.00)×43%=56.29(元)

利　润:(130.90+0.00)×15%=19.64(元)

墙面不对花贴墙纸综合单价:

$$130.90+290.43+0.00+56.29+19.64=497.26(元/10\ m^2)$$

5. 砂浆、混凝土等级及水泥级别调整

《计价定额》中各章项目综合单价取定的混凝土、砂浆强度等级,设计与计价定额不符时可以调整。抹灰砂浆厚度、配合比与计价定额取定不符,除各章已有规定外均不调整:

(1) 使用现场集中搅拌混凝土时,综合单价应调整。《计价定额》按C25以下的混凝土以32.5级复合硅酸盐水泥,C25以上的混凝土以42.5级硅酸盐水泥列入综合单价。混凝土实际用水泥级别与计价定额取定不符,竣工结算时以实际使用的水泥级别按配合比的规定进行调整。

(2) 砌筑砂浆与抹灰砂浆以32.5水泥的配合比列入综合单价。若砌筑、抹灰砂浆使用水泥级别与计价定额取定不符,水泥用量不调整,价差应调整。

《计价定额》中,砂浆按现拌砂浆考虑。如使用预拌砂浆,按定额中相应现拌砂浆定额子目进行套用和换算,并按以下办法对人工工日、材料、机械台班进行调整:

(1) 使用湿拌砂浆:扣除人工0.45 工日/m³(指砂浆用量);将现拌砂浆换算成湿拌砂浆;扣除相应定额子目中的灰浆拌合机台班。

(2) 使用散装干拌(混)砂浆:扣除人工0.30 工日/m³(指砂浆用量);干拌(混)砂浆和水的配合比可按砂浆生产企业使用说明的要求计算,编制预算时,应将每立方米现拌砂浆换算成干拌(混)砂浆1.75 t及水0.29 t;扣除相应定额子目中的灰浆拌合机台班,另增加电2.15 kW·h/m³(指砂浆用量),该电费计入其他机械费中。

(3) 使用袋装干拌(混)砂浆:扣除人工0.2 工日/m³(指砂浆用量);干拌(混)砂浆和水的配合比可按砂浆生产企业使用说明的要求计算,编制预算时,应将每立方米现拌砂浆换算成干拌(混)砂浆1.75 t及水0.29 t。

例 3-8 建筑三类工程 1 砖现拌水泥砂浆 M10(编码 80010106)标准砖外墙的综合单价。

解:1 砖标准砖外墙定额为 4-35。

工程类别不作调整,管理费率为 26%,利润费率为 12%。定额编制默认使用混合砂浆 M5(编码 80050104),应调整为水泥砂浆 M10(编码 80010106)。

人工费:$82.00 \times 1.45 = 118.90$(元)

材料费:$40.80 \times 5.36 + 0.27 \times 0.30 + 178.18 \times 0.234 + 4.57 \times 0.107 + 1 \times 0.86$(考虑平均税率 16.61%)$= 261.81$(元),混合砂浆 M5(编码 80050104)换成水泥砂浆 M10(编码 80010106)

机械费:$120.64 \times 0.047 = 5.67$(元)

管理费:$(118.90 + 5.67) \times 26\% = 32.39$(元)

利　润:$(118.90 + 5.67) \times 12\% = 14.95$(元)

建筑三类工程 1 砖现拌水泥砂浆 M10 标准砖外墙的综合单价:

$$118.90 + 261.81 + 5.67 + 32.39 + 14.95 = 433.72(元 /m^3)$$

例 3-9 某二类工程由于市场供给情况,现浇自拌 C20 混凝土使用 42.5 级水泥,配合比为:42.5 级水泥 225 kg、中砂 0.839 t、5~40 mm 碎石 1.111 t、水 0.15 m³,计算混凝土无梁式条形基础的综合单价。

解:现浇混凝土无梁式条形基础的定额为 6-3。

工程类别应调整为建筑二类工程,管理费率为 29%,利润费率为 12%。《计价定额》中 C25 以下的混凝土以 32.5 级水泥列入综合单价,而现场采用的是 42.5 级水泥,计算时应以实际使用的水泥级别按配合比的规定进行调整。

查"江苏省专业计价定额材料含税价与除税价表"可知,42.5 级水泥(编码 04010132)的除税预算价格为 0.30 元/kg。

定额中采用的自拌 C20 混凝土(编码 80210144),同样查表可知:该混凝土碎石最大粒径 40 mm,坍落度 35~50 mm,混凝土基价及配合比如 3-5-1 表所示。

表 3-5-1　C20(编码 80210144)混凝土配合比表

项目	单位	单价	强度等级 C20	
			数量	合价
基价			218.90	
水泥 32.5 级	kg	0.27	337.00	90.99
中砂	t	67.39	0.682	45.96
碎石 5~40 mm	t	60.23	1.347	81.13
水	m³	4.57	0.18	0.82

工程中,现场现浇自拌 C20 混凝土配合比应调整计算如表 3-5-2 表所示:

表 3-5-2 现场现浇自拌 C20 混凝土配合比表

项目	单位	单价	强度等级 C20	
			数量	合价
基价			191.65	
水泥 42.5 级	kg	0.30	225.00	67.50
中砂	t	67.39	0.839	56.54
碎石 5～40 mm	t	60.23	1.111	66.92
水	m³	4.57	0.15	0.69

人工费:82.00×0.75=61.50(元)

材料费:191.65×1.015+0.69×1.73+4.57×1.12=200.84(元)(混凝土消耗量 1.015 乘以基价 191.65 元)

机械费:150.22×0.035+10.42×0.069+179.62×0.131=29.51(元)

管理费:(61.50+29.51)×29%=26.39(元)

利 润:(61.50+29.51)×12%=10.92(元)

C20 混凝土无梁式条形基础的综合单价:

$$61.50+200.84+29.51+26.39+10.92=329.16(元/m^3)$$

例 3-10 某建筑三类工程,砖外墙面混合砂浆抹灰,底层混合砂浆 1:1:6,厚 12 mm;面层混合砂浆 1:0.3:3,厚 8 mm,砂浆均现场采用 42.5 级水泥拌制,计算混合砂浆抹灰综合单价。

解:砖内墙面抹混合砂浆的定额为 14-37。

工程类别为建筑三类工程,管理费率为 26%,利润费率为 12%。《计价定额》中的抹灰砂浆均以 32.5 水泥的配合比列入综合单价。若砂浆使用水泥级别与计价表取定不符,水泥用量不调整,价差应调整。

查"江苏省专业计价定额材料含税价与除税价表"可知,42.5 级水泥(编码 04010132)的除税预算价格为 0.30 元/kg。

混合砂浆 1:1:6(编码 80050125)水泥级别调整计算见表 3-5-3,仅调价不调量。

表 3-5-3 混合砂浆 1:1:6(编码 80050125)调整计算表

项目		单位	单价	混合砂浆	
				1:1:6	
				数量	合价
基价			元	209.46	
材料	水泥 42.5 级	kg	0.30	204.00	61.20
	石灰膏	m³	209.83	0.17	35.67
	中砂	t	67.39	1.63	109.85
	水	m²	4.57	0.60	2.74

水泥砂浆 1:2.5(编码 80010124)水泥级别调整计算见表 3-5-4,仅调价不调量。

表 3-5-4　水泥砂浆 1:2.5(编码 80010124)调整计算表

项目		单位	单价	水泥砂浆 1:2.5	
				数量	合价
基价		元		256.94	
材料	水泥 42.5 级	kg	0.30	490.00	147.00
	中砂	t	67.39	1.611	108.57
	水	m²	4.57	0.30	1.37

人工费:82.00×1.56＝127.92(元)

材料费:256.94×0.003＋209.46×0.225＋1 372.08×0.002＋4.57×0.086＝51.04(元)

机械费:120.64×0.046＝5.55(元)

管理费:(127.92＋5.55)×26%＝34.70(元)

利　润:(127.92＋5.55)×12%＝16.02(元)

混合砂浆抹灰综合单价:

$$127.92＋51.04＋5.55＋34.70＋16.02 = 235.23(元/10 \ m^2)$$

6. 人工工资及材料价格调整

《计价定额》人工工资分别按一类工 85.00 元/工日,二类工为 82.00 元/工日,三类工为 77.00 元/工日计算。每工日按 8 h 工作制计算,工日中包括基本用工、材料场内运输用工、部分项目的材料加工及人工幅度差。由于社会劳动生产力的发展,工人的人工工资标准也随着变化,因此在编制相关造价文件时,要按照建设部门颁布的预算工资单价来调整。

《计价定额》项目中的综合单价、附录中的材料预算价格仅反映定额编制期的市场价格水平,编制工程概算、预算、结算时,按工程实际发生的预算价格计入综合单价内。

例 3-11　除税市场价:标准砖(240 mm×115 mm×53 mm)45.00 元/百块,KP1 砖 (240 mm×115 mm×90 mm)40.00 元/百块,水 5.00 元/m³,水泥 32.5 级 0.35 元/kg,中砂 68.00 元/t,石灰膏 220.00 元/m³,其他材料费 1.00 元,建筑工程一类工 87.00 元/工日、二类工 83.00 元/工日、三类工 78.00 元/工日(苏建价〔2014〕102 号,苏州地区),灰浆搅拌机 140.00 元/台班,计算建筑二类工程中混合砂浆 M5 砌筑的 KP1 型 1 砖墙综合单价。

解:KP1 型多孔砖 1 砖墙定额为 4-28。

工程类别为建筑二类工程,管理费率为 29%,利润费率为 12%,需工程类别调整,同时人工工资单价、材料价格和机械台班单价也相应调整。

人工费:1.19×83＝98.77(元)

材料费:6.75＋134.40＋0.59＋36.87＋1.00＝179.61(元)

其中:

标准砖 240 mm×115 mm×53 mm:0.15×45.00＝6.75(元)

KP1 砖 240 mm×115 mm×90 mm:3.36×40.00＝134.40(元)

水:0.117×5.0＝0.59(元)

其他材料费:1.00 元

混合砂浆 M5:0.185×199.28＝36.87(元),混合砂浆 M5 编码(80050104)单价计算详见表 3-5-5

表 3-5-5 混合砂浆 M5(编码 80050104)配合比表

项目		单位	单价	混合砂浆 M5	
				数量	合价
基价		元		199.28	
材料	水泥 32.5 级	kg	0.35	202.00	70.70
	中砂	t	68.00	1.61	109.48
	石灰膏	m³	220.00	0.08	17.60
	水	m³	5.00	0.30	1.50

机械费:0.037×140＝5.18(元)

管理费:(98.77＋5.18)×29%＝30.15(元)

利　润:(98.77＋5.18)×12%＝12.47(元)

KP1 型 1 砖墙综合单价:98.77＋179.61＋5.18＋30.15＋12.47＝326.18(元)

7. 甲供材及退费

建设工程中"甲供材",是指由建设单位提供原材料,施工单位提供建筑劳务的材料或设备,通常包括甲供材料和甲供设备。产生的原因是建设单位从材料质量和成本效益出发,防止施工单位将劣质的建筑材料和设备引入工程,影响工程质量和自身的声誉。

一般工程总造价应包括全部的材料价款,无论材料由甲方还是乙方提供,且在核算中,所有的材料都要提税后计入工程总造价,即工程造价是含税价。建设方在支付现金给施工方时是做预付账款处理,如支付进度款等,此时支付的是现金。同样,建设方将材料给施工方时(就是通常所说的"甲供材")也应作为预付账款处理,而此时支付的是实物。在工程结算中,甲方在实际支付给乙方工程款时应扣除"甲供材"的相关费用,就是所谓"退费"。

江苏省的《计价定额》对"甲供材"的问题有着明确的规定,按预算价进入工程造价。建设单位完成了采购和运输并将材料运至施工工地仓库交施工单位保管的,施工单位退价时应按实际发生的预算价格除以 1.01 退给建设单位(1%是作为施工单位的现场保管费)。建设单位供应木材中板材(厚 25 mm 以内)到现场退价时,按定额分析用量和每立方米预算价格除以 1.01 再减 105 元后的单价退给甲方。

例 3-12 某工程的造价为 2 000.00 万元,其中钢材为甲供材共 100 t,预算价为 4 800.00 元/t,工程施工时甲方的实际采购价为 5 200.00 元/t。施工单位的现场保管费率为 1%。按江苏省计价定额的规定计算施工单位的退费值。

解:考虑到施工单位的现场保管费率为 1%,同时江苏省规定退价时采用预算价。

施工单位的现场保管费:0.480 0×100×1%＝0.48(万元)

施工单位应退费:0.480 0×100－0.48＝47.52(万元)

或者直接计算:0.48×100/1.01＝47.52(万元)

3.5.3 《计价定额》其他规定

(1)《计价定额》中未包括的拆除、铲除、拆换、零星修补等项目,应按照《江苏省房屋修缮工程计价表》(2009 年)及其配套费用定额执行;未包括的水电安装项目按照《江苏省安装工程计价定额》(2014 年)及其配套费用定额执行。因本定额缺项而使用其他专业定额消耗量时,仍按本定额对应的费用定额执行。

(2)《计价定额》中规定的工作内容,均包括完成该项目过程的全部工序以及施工过程中所需的人工、材料、半成品和机械台班数量。除定额中规定允许调整外,其余不得因具体工程的施工组织设计、施工方法和工、料、机等耗用与定额有出入而调整定额用量。

(3)《计价定额》中的檐高是指设计室外地面至檐口的高度。檐口高度按以下情况确定:

① 坡(瓦)屋面按檐墙中心线处屋面板或椽子上表面的高度计算。

② 平屋面以檐墙中心线处平屋面的板面高度计算。

③ 屋面女儿墙、电梯间、楼梯间、水箱等高度不计入。

(4) 材料消耗量及有关规定:

① 《计价定额》中材料预算价格的组成:材料预算价格=[采购原价(包括供销部门手续费和包装费)+场外运输费]×1.02(采购保管费)。

② 《计价定额》项目的主要材料、成品、半成品均按合格的品种、规格加附录中的操作损耗以数量列入定额,次要材料以"其他材料费"按"元"列入。

③ 周转性材料已按"规范"及"操作规程"的要求以摊销量列入相应项目。

④ 《计价定额》项目中的黏土材料,如就地取土,应扣除黏土价格,另增挖、运土方费用。

⑤ 现浇、预制混凝土构件内的预埋铁件,应另列预埋铁件制作、安装等项目进行计算。

⑥ 《计价定额》中,凡注明规格的木材及周转木材单价中,均已包括方板材改制成定额规格木材或周转木材的加工费。方板材改制成定额规格或周转木材的出材率按 91% 计算(所购置方板材=定额用量×1.098 9),圆木改制成方板材的出材率及加工费另行计算。

(5) 本计价定额的垂直运输机械已包含了单位工程在经江苏省调整后的国家定额工期内完成全部工程项目所需要的垂直运输机械台班费用。

(6) 计价定额的机械台班单价是按《江苏省施工机械台班 2007 年单价表》取定;其中:人工工资单价为 82.00 元/工日;汽油 10.64 元/kg;柴油 9.03 元/kg;煤 1.1 元/kg;电 0.89元/(kW·h);水 4.70 元/m³。

(7) 计价定额中,除脚手架、垂直运输费用定额已注目其适用高度外,其余章节均按檐口高度在 20 m 以内编制的。超过 20 m 时,建筑工程应按建筑物超高增加费用定额计算超高增加费,单独装饰工程则另外计取超高人工降效费。

(8) 计价定额中的塔吊、施工电梯基础、塔吊电梯与建筑物连接件项目,供编制施工图预算、最高投标限价(招标控制价)、标底使用,投标报价、竣工结算时应根据施工方案进行调整。

(9) 模板和钢筋工程量

① 为方便发承包双方的工程量计量,本定额在附录一中列出了混凝土构件的模板、钢筋含量表,供参考使用。按设计图纸计算模板接触面积或使用混凝土含模量折算模板面积,同一工程两种方法仅能使用其中一种,不得混用。竣工结算时,使用含模量者,不因与实际接触面积不同进行调整;使用含钢量者,钢筋应按设计图纸计算的重量进行调整。

② 钢材理论重量与实际重量不符时,钢材数量可以调整,调整系数由施工单位提出资料与建设单位、设计单位共同研究确定。

(10) 施工现场堆放材料有困难、材料不能直接运到单位工程周边需再次中转,建设单位不能按正常合理的施工组织设计提供材料、构件堆放场地和临时设施用地的工程而发生的二次搬运费用,按第二十四章子目执行。

(11) 工程施工用水、电,应由建设单位在现场装置水、电表,交施工单位保管使用,施工单位按电表读数乘以单价付给建设单位;如无条件装表计量,由建设单位直接提供水电,在竣工结算时按定额含量乘以预算单价付给建设单位。生活用电按实际发生金额支付。

(12) 《计价定额》中同时使用两个或两个以上系数时,采用连乘方法计算。

(13) 《计价定额》的缺项项目,由施工单位提出实际耗用的人工、材料、机械含量测算资料,经工程所在市工程造价管理处(站)批准并报江苏省建筑工程造价管理总站备案后方可执行。

(14) 《计价定额》中凡注有"×××以内"均包括×××本身,"×××以上"均不包括×××本身。

(15) 《计价定额》由江苏省工程建设造价管理总站负责解释。

【思考题】

1. 《计价定额》的适用范围及作用。

2. 二类工程普通混凝土小型空心砌块墙的综合单价。

3. 二类工程的打预制离心管桩的综合单价,工程桩长 25 m。

4. 三类工程中,分别下列构造柱的综合单价:

(1) 自拌现浇 C30(80210122)混凝土;

(2) 预拌混凝土非泵送 C30(80212117)混凝土。

5. 三类工程人工桩间坑内挖基坑的综合单价,深度为 2 m,土壤类别为二类湿土。

6. 一类工程中,计算预拌混凝土泵送现浇 C30(80212105)桩承台基础的综合单价。

7. 三类工程 40 mm 厚无分格缝细石混凝土刚性防水屋面的综合单价。材料的除税市场价格:80210105 现浇 C20 混凝土为 260.00 元/m³,11573505 石油沥青油毡 350# 为 4.50 元/m²,31150101 水为 5.00 元/m³;人工工资单价:二类工 85.00 元/工日;除税机械台班单价:99050152 混凝土搅拌机 400 L:175.00 元/台班,99052108 混凝土震动器(平板式):16.00 元/台班。

8. 二类工程基础碎砖干铺垫层的综合单价。材料的除税市场价格:04050401 炉渣为 50.00 元/m³,04135512 碎砖为 37.00 元/t;人工工资单价:三类工 78.00 元/工日;除税机械台班单价:99130511 电动夯实机(打夯)为 28.00 元/台班。

9. 建设工程中,何谓"甲供材"及产生的原因。

10. 某工程中水泥为甲供材共 100 t,预算价为 350.00 元/t,工程施工时甲方的实际采购价为 400.00 元/t。施工单位的现场保管费率为 1%。按江苏省《计价定额》的规定计算施工单位的退费值。

11. 《计价定额》中综合单价的组成。

12. 《计价定额》中规定模板和钢筋工程的计量方法及其竣工结算时的注意事项。

3.6 知识、技能评估

1. 选择题

(1) 工程建设定额反映的是( )。

A. 工程质量　　　B. 货币数量　　　C. 资源消耗量　　　D. 工程进度

(2) 工程建设定额按使用范围分类中,分项最细、子目最多的定额是( )。

A. 施工定额　　　B. 预算定额　　　C. 概算定额　　　D. 概算指标

(3) 工程建设定额中,属于计价性定额的是( )。

A. 施工定额　　　B. 预算定额　　　C. 概算定额　　　D. 概算指标

(4) 下列定额中定额水平最高的是( )。

A. 全国统一定额　　　　　　　　B. 行业统一定额

C. 地区统一定额　　　　　　　　D. 企业定额

(5) 施工定额的本质是( )。

A. 国家定额　　　B. 地区定额　　　C. 预算定额　　　D. 企业定额

(6) 劳动定额的表现形式有( )。

A. 时间定额　　　B. 概算定额　　　C. 任务定额　　　D. 消耗量定额

(7) 下列材料中属于周转性材料的是( )。

A. 标准砖　　　B. 钢筋　　　C. 模板　　　D. 水泥

(8) 施工单位在生产经营中允许消耗的上限是( )。

A. 施工定额　　　B. 预算定额　　　C. 概算定额　　　D. 概算指标

(9)《江苏省建筑与装饰工程计价定额》对一般建筑工程的综合单价是按( )标准计入的。

A. 一类工程　　　　　　　　　　B. 二类工程

C. 三类工程　　　　　　　　　　D. 工程类别不统一

(10)《计价定额》中 C25 以下混凝土中水泥均以( )列入综合单价。

A. 30.5 级　　　B. 32.5 级　　　C. 42.5 级　　　D. 52.5 级

(11) 建设工程中"甲供材"是指由( )供应的材料。

A. 施工单位　　　B. 建设单位　　　C. 监理　　　D. 政府

(12)《计价定额》中除脚手架和垂直运输费注明使用高度,其余章节均按檐口高度在( )内编制的。

A. 15 m　　　B. 20 m　　　C. 25 m　　　D. 40 m

2. 计算题

(1) 二类工程的直形砖基础的综合单价。

(2) 一类工程基础碎砖干铺垫层的综合单价。材料的除税市场价格:04050401 炉渣为 50.00 元/m³,04135512 碎砖为 37.00 元/t;人工工资单价:三类工 78 元/工日;除税机械台班单价:99130511 电动夯实机(打夯)为 28 元/台班。

4 计价模式

【学习目标】

1. 了解我国工程造价计价模式的历史沿革,明确现行的计价模式;
2. 在明确定额计价模式的基础上,掌握定额计价的编制方法;
3. 熟练掌握工程量清单计价模式,包括工程量清单编制和工程量清单计价。

4.1 我国计价模式的历史沿革

计价模式是指根据计价依据计算工程造价的程序和方法,具体包括工程造价的构成、计价的程序、计价的方式以及价格的确定等诸项内容,是工程造价管理的基本内容之一。

在计划经济时期,工程造价管理是政府行为,计价模式是国家管理和控制工程造价的重要手段。在市场经济条件下,计价模式也是进行工程造价管理的基础,同样在工程造价管理中起着十分重要的作用。

4.1.1 计划经济时期的计价模式

从 20 世纪 50 年代开始,我国的计价模式从套用前苏联的做法艰难起步,建立了与高度集中的计划经济相适应的定额计价模式。传统预算定额的计价模式,实施"量价合一、固定取费"的政府指令性计价模式。按原建设部第 107 号令《建设工程施工发包与承包计价管理办法》,这种计价方法称为工料单价法。该模式的基本思路为:造价人员首先依据施工图纸和预算定额规定的计算规则计算分部分项工程量,再用预算定额单价乘以分部分项工程量得出直接工程费,考虑其他直接费后得出直接费,再以直接费为基数,计算出间接费、利润和税金,最后将直接费、间接费、利润和税金 4 种费汇总后形成工程预算价。因为该模式中分部分项单价中一般只包含人工、材料和机械使用费,所以称为工料单价法。

在计划经济体制下,基于构成工程造价的主要因素,如人工费、材料价格、机械使用费等长期基本稳定,所以国家可以用这种相对稳定的工程造价管理模式作为调控基本建设的手段。

4.1.2 经济转轨时期的计价模式

经济转轨时期的计价模式最大特点是可根据市场价格的变化,动态调整价格,特别是材料价格,并给出了具体价差调整公式,有利于工程造价的合理确定。但实质只是对传统的定额计价模式的改进,可简单概括为"定额+费用+调整"。具体的操作步骤为:首先将工程费用分为直接费、间接费、计划利润和税金,然后根据工程预算定额及其有关价格调整办法计算直接费,在直接费的基础上,按照费用定额规定的费率计算间接费,最后根据利润率、税率来计算利润和税金。

经济转轨时期的计价模式没有摆脱政府定价的本质,其定额和取费费率仍由国家作为指令发布,在计价中不能体现企业的自身的综合实力。同时定额的综合程度较高,且未区分工程实体消耗和措施消耗,不利于企业发挥自身优势。但是该时期的计价模式把相对稳定的消耗量与不断变化的价格分离,反映了人工、材料、机械等的市场实际价格,是重要的进步。

4.1.3　我国现行的计价模式

随着我国加入世界贸易组织(WTO),社会主义市场经济得到快速发展,建筑市场秩序日趋规范。以市场为导向,完善生产要素价格形成机制的工程造价管理改革进一步深化,建立全国建筑大市场,与国际惯例接轨的一种新计价模式正在形成。我国工程造价管理按照与时俱进的基本要求,凡是与社会主义市场经济相悖,不利于全国建筑大市场的形成与发展的,均要作相应调整;凡是与国际惯例相佐的管理体制、管理方式、管理方法均应进行改革,以适应国际国内市场的需要。

正是鉴于这样的经济发展大背景,原建设部颁布了"03计价规范",并要求同年7月1日起全面推行工程量清单计价模式。由于各种客观原因,事实上在一定时期内,形成了定额计价模式与工程量清单计价模式两者并存的现在,即所谓的"双轨制"。导致我国形成"双轨制"局面的原因主要是:

(1) 我国长期采用定额计价管理模式,导致发包方和投标方已习惯采用定额计价模式,对工程量清单计价模式需要学习和适应的过程。

(2) 有关法律法规尚未完善,在一定程度上也影响了清单计价模式的推行。

(3) 工程量清单计价模式要求自主报价,但目前多数施工企业内部定额尚未形成,仍使用统一预算定额报价,使得采用工程量清单报价缺乏基础。

为了引导和推广工程量清单计价模式,大部分地区将传统定额进行了改革,如降低综合的程度、分离实体项目和措施项目等方法来适应新的计价模式。

随着工程量清单计价模式实践经验的积累和相关法律法规的配套完善,住建部先后颁布了"08规范"和"13规范"系列,使得工程量清单计价模式不断深入人心。"13规范"中明确提出"使用国有资金投资的建设工程发承包,必须采用工程量清单计价"和"非国有资金投资的建设工程,宜采用工程量清单计价"。因此,建设各主体应不断强化工程量清单计价的理念,特别是施工单位更应全面提升综合实力,不断积累清单报价经验,才能在日益激烈的竞争中取得先机。

【思考题】

1. 我国计价模式发展的几个阶段。
2. 何谓工程计价模式的"双轨制"及其形成的原因。

4.2　定额计价

4.2.1　定额计价基本概念

各地区为适应和推广工程量清单计价模式,先后发布了配套的计价定额,如江苏省于

2014 年颁布了《江苏省建筑与装饰工程计价定额》(以下简称《计价定额》)。所谓定额计价,就是将《计价定额》作为预算定额配套《费用定额》等相关资料编制工程造价文件的计价模式。

在定额计价模式中,主要依据是施工图和《计价定额》,类似传统的定额计价模式,是在工程计价模式"双轨制"时期产生的一种特有的计价方法。定额计价模式的费用组成与工程量清单计价模式相同,但计价程序和步骤又与定额计价模式相似。

在定额计价模式中,起决定性作用的是计价定额,其指令性较强,指导性不足,统一的资源消耗标准不利于在市场经济条件下竞争机制的发挥。在工程造价管理的现状下,定额计价模式是一种辅助的计价模式,在一定范围内是工程量清单计价模式的补充。目前由于大部分企业尚未形成自己的企业定额,在投标报价时,往往也是参考各地区的预算定额。对这部分企业,某种程度上讲定额计价仍是其工程量清单计价的基础。

4.2.2　定额计价的依据和费用组成

编制定额计价的应依据:

(1) 国家或省级、行业建设主管部门颁发的计价依据和办法;

(2) 建设工程设计文件;

(3) 有关专业工程的标准、规范、技术资料;

(4) 招标文件及其补充通知、答疑纪要;

(5) 施工现场情况及踏勘资料;

(6) 拟采用的施工组织设计和施工技术方案;

(7) 其他相关资料。

专业工程计价定额的项目设置、表现形式为预算定额,费用组成包括:分部分项工程费、措施项目费、其他项目费、规费和税金,如图 4-2-1 所示。

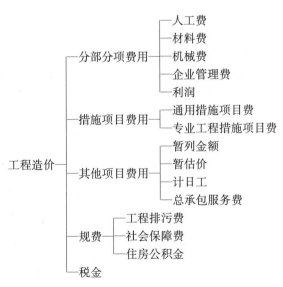

图 4-2-1　定额计价费用组成

4.2.3 定额计价编制步骤

定额计价的编制步骤如下：

（1）根据建设工程的设计文件、施工组织设计、专业计价定额的工程量计算规则等资料，计算出各个分部分项工程的工程量；

（2）根据建设工程的施工组织设计、施工技术方案、招标文件等资料，确定措施项目：对单价措施项目按计价定额的计算规则计算工程量，总价措施项目则列出即可；

（3）根据招标文件等有关资料，列出需计算的其他项目，包括暂列金额、计日工、总承包服务费等项目；

（4）根据计价定额、费用定额、招标文件等资料，分别计算分部分项工程费、措施项目费、其他项目费，同时按市场价格信息或合同约定进行价差调整；

（5）汇总分部分项工程费、措施项目费和其他项目费，并按规定计算规费、税金；

（6）汇总各项费用组成，得出工程造价；

（7）撰写工程造价编制说明。

【思考题】

1. 定额计价的概念和费用组成。
2. 定额计价的编制步骤。

4.3 工程量清单计价

4.3.1 工程量清单计价规范

为了规范建设工程造价计价行为，统一建设工程计价文件的编制原则和计价方法，根据《中华人民共和国建筑法》《中华人民共和国合同法》《中华人民共和国招标投标法》等法律法规，制定了"13 规范"系列，适用于建设工程发承包及实施阶段的计价活动。

"13 规范"系列全面总结了"03 规范"实施 10 年来的经验，针对存在的问题，对"08 规范"进行了全面修订。"13 规范"系列共包括 10 本工程计价、计量规范，特别是 9 个专业工程计量规范的出台，使整个工程计价标准体系更明晰，为下一步工程计价标准的制定打下了坚实的基础。

"13 规范"系列包括：

（1）《建设工程工程量清单计价规范》（GB 50500—2013）（简称"13 计价规范"）；

（2）《房屋建筑及装饰工程工程量计算规范》（GB 50854—2013）、《仿古建筑工程工程量计算规范》（GB 50855—2013）、《通用安装工程工程量计算规范》（GB 50856—2013）、《市政工程工程量计算规范》（GB 50857—2013）、《园林绿化工程工程量计算规范》（GB 50858—2013）、《矿山工程工程量计算规范》（GB 50859—2013）、《构筑物工程工程量计算规范》（GB 50860—2013）、《城市轨道交通工程工程量计算规范》（GB 50861—2013）、《爆破工程工程量计算规范》（GB 50862—2013）等 9 本计量规范（简称"13 计量规范"）。

4.3.2 工程量清单编制

1. 工程量清单基本概念

工程量清单计价模式是指按照《建设工程工程量清单计价规范》规定的计价办法,在建设工程招标投标中,由招标人按规范提供工程量清单,由投标人依据工程量清单自主报价,经评审合理低价中标的工程造价计价模式。

工程量清单计价模式包括两方面内容,分别是工程量清单编制和工程量清单计价。

工程量清单是指载明建设工程分部分项工程项目、措施项目、其他项目的名称和相应数量以及规费、税金项目等内容的明细清单。

工程量清单是建设工程进行计价的专用名词,其内涵已超过了施工设计图纸量的范围,属于工作量清单的范畴,在建设工程发承包及实施过程的不同阶段,又可分别称为"招标工程量清单""已标价工程量清单"等。

工程量清单应由具有编制能力的招标人或受其委托、具有相应资质的工程造价咨询人编制。采用工程量清单方式招标发包,工程量清单必须作为招标文件的组成部分,招标人应将工程量清单连同招标文件的其他内容一并发(或发售)给投标人。招标人对编制的工程量清单的准确性和完整性负责,投标人依据工程量清单进行投标报价,对工程量清单不负有核实的义务,更不具有修改和调整的权利。该过程类似商品采购,工程量清单可比作商品采购清单,理所应当由采购方(招标人)编制并对其负责。

编制招标工程量清单的依据:

① 工程量清单计价规范和相关工程的国家计量规范;

② 国家或省级、行业建设主管部门颁发的计价依据和办法;

③ 建设工程设计文件及相关资料;

④ 与建设工程有关的标准、规范、技术资料;

⑤ 拟定的招标文件;

⑥ 施工现场情况、地勘水文资料、工程特点及常规施工方案;

⑦ 其他相关资料。

招标工程量清单是工程量清单计价的基础,是整个工程计价活动的重要依据,也是作为编制招标控制价、投标报价、计算或调整工程量、索赔等的依据之一。

招标工程量清单应以单位(项)工程为单位编制,应由分部分项工程量清单、措施项目清单、其他项目清单、规费和税金项目清单组成。

2. 分部分项工程量清单的编制

分部分项工程量清单必须载明项目编码、项目名称、项目特征、计量单位和工程量,并必须根据相关工程现行国家计量规范规定的项目编码、项目名称、项目特征、计量单位和工程量计算规则进行编制。

(1)项目编码

项目编码是分部分项工程和措施项目清单名称的阿拉伯数字标识。工程量清单的项目编码,应采用十二位阿拉伯数字表示。一至九位应按"13计量规范"的附录设置,十至十二位应根据拟建工程的工程量清单项目名称和项目特征设置,如图4-3-1。

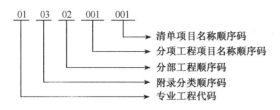

图 4-3-1　项目编码

其中：

① 一、二位为专业工程代码(01—房屋建筑与装饰工程；02—仿古建筑工程；03—通用安装工程；04—市政工程；05—园林绿化工程；06—矿山工程；07—构筑物工程；08—市政轨道交通工程；09—爆破工程)。

② 三、四位为附录分类顺序码,如：砌筑工程的编码为 01 04。

③ 五、六位为分部工程顺序码,如：砖砌体的编码为 0104 01,砌块砌体的编码为 0104 02。

④ 七、八、九位为分项工程名称顺序码,如：砖基础的编码为 010401 001,砌块墙的编码为 010402 001。

⑤ 十至十二位为清单项目名称顺序码,主要区别同一分项工程具有不同特征的项目。如现浇混凝土强度等级不同的平板项目可分别编码：C20 现浇混凝土平板为 010505003 001、C25 现浇混凝土平板为 010505003 002、C30 现浇混凝土平板为 010505003 003 等。

当同一标段(或合同段)的一份工程量清单中含有多个单位工程且工程量清单是以单位工程为编制对象时,在编制工程量清单时应特别注意项目编码十至十二位的设置不得有重码的规定。例如一个标段(或合同段)的工程量清单中含有三个单位工程,每一单位工程中都有项目特征相同的实心砖墙砌体,在工程量清单中又需反映三个不同单位工程的实心砖墙砌体工程量时,则第一个单位工程的实心砖墙的项目编码应为 010401003001,第二个单位工程的实心砖墙的项目编码应为 010401003002,第三个单位工程的实心砖墙的项目编码应为 010401003003,并分别列出各单位工程实心砖墙的工程量。

(2) 项目名称

工程量清单的项目名称应按附录的项目名称结合拟建工程的实际确定。特别是归并或综合较大的项目应区分项目名称,分别编码列项。例如：门窗工程中特殊门应区分冷藏门、冷冻间门、保温门、变电室门、隔音门、防射线门、人防门、金库门等。

(3) 项目特征

项目特征是指构成分部分项工程项目、措施项目自身价值的本质特征。项目特征应按附录中规定的项目特征,结合拟建工程的实际予以描述。因为工程量清单的项目特征是确定一个清单项目综合单价不可缺少的重要依据,所以在编制工程量清单时,必须对项目特征进行准确和全面的描述。

工程量清单项目特征描述的重要意义：

① 项目特征是区分清单项目的依据。工程量清单项目特征是用来表述分部分项清单项目的实质内容,区分计价规范中同一清单条目下各个具体的清单项目。没有项目特征的准确描述,对于相同或相似的清单项目名称,就无从区分。

② 项目特征是确定综合单价的前提。由于工程量清单项目的特征决定了工程实体的实质内容,必然直接决定了工程实体的自身价值。因此,工程量清单项目特征描述得准确与否,直接关系到工程量清单项目综合单价的准确确定。

③ 项目特征是履行合同义务的基础。实行工程量清单计价,工程量清单及其综合单价是施工合同的重要组成部分,因此,如果工程量清单项目特征的描述不清甚至漏项、错误,就会引起在施工过程中的更改,导致分歧甚至纠纷。

因此,为达到规范、简洁、准确、全面描述项目特征的要求,在描述工程量清单项目特征时应按以下原则进行:

① 项目特征描述的内容应按附录中的规定,结合拟建工程的实际,能满足确定综合单价的需要。

② 若采用标准图集或施工图纸能够全部或部分满足项目特征描述的要求,项目特征描述可直接采用详见××图集或××图号的方式。对不能满足项目特征描绘要求的部分,仍应用文字描述。

(4) 计量单位

分部分项工程量清单的计量单位应按附录中规定的计量单位确定。当计量单位有两个或两个以上时,应根据所编工程量清单项目的特征要求,选择最适宜表现该项目特征并方便计量和组成综合单价的单位。例如门窗工程量的计量单位为"樘/m²"两个计量单位,在实际工作中,就应选择最适宜,最方便计量和组价的单位来表示。

(5) 工程量计算规则

工程量清单中所列工程量应按计价规范附录中规定的工程量计算规则计算。其中工程计量时每一项目汇总的有效位数应遵守下列规定:

① 以"t"为单位,应保留小数点后三位数字,第四位小数四舍五入;

② 以"m""m²""m³""kg"为单位,应保留小数点后两位数字,第三位小数四舍五入;

③ 以"个""件""根""组""系统"为单位,应取整数。

(6) 补充工程量清单

随着科学技术的日益发展,工程建设中新材料、新技术、新工艺的不断涌现,编制工程量清单出现附录中未包括的项目,编制人应作补充,并报省或行业工程造价管理机构备案,省级或行业工程造价管理机构应汇总报住房和城乡建设部标准定额研究所。补充项目的编码由"13计量规范"的相应专业工程代码(如建筑与装饰工程代码01)与"B"和三位阿拉伯数字组成,并应从01B001起顺序编制,同一招标工程中的项目不得重码。

补充工程量清单需附有补充项目的名称、项目特征、计量单位、工程量计算规则、工作内容。不能计量的措施项目,需附有补充项目的名称、工作内容及包含范围,如表 4-3-1 为一补充项目案例。

表 4-3-1 M. 11 隔墙(编码:011211)

项目编码	项目名称	项目特征	计量单位	工程量计算规则	工程内容
01B001	成品 GRC 隔墙	1. 隔墙材料品种、规格 2. 隔墙厚度 3. 嵌缝、塞口材料品种	m²	按设计图示尺寸以面积计算,扣除门窗洞口及单个≥0.3 m² 的孔洞所占面积。	1. 骨架及边框安装 2. 隔板安装 3. 嵌缝、塞口

（7）分部分项工程量清单示例,如表 4-3-2

表 4-3-2　分部分项工程和单价措施项目清单与计价表

工程名称:××工程　　　　　　　　　　标段:1标段　　　　　　　第　页共　页

序号	项目编码	项目名称	项目特征描述	计量单位	工程量	金额(元)		
						综合单价	合价	其中:暂估价
1	010101001001	平整场地	1. 土壤类别:三类土 2. 弃土运距:5 m 3. 取土运距:5 m	m²	73.71			
2	010101003001	挖沟槽土方	1. 土壤类别:三类土 2. 挖土深度:1.3 m 3. 弃土运距:40 m	m³	77.77			
…	…	…	…	…	…			

3. 措施项目清单的编制

措施项目清单是指为完成工程项目施工,发生于该工程施工准备和施工过程中的技术、生活、安全、环境保护等方面项目的明细清单。计量规范将措施项目划分为两类:一类是不能计算工程量的项目,如文明施工和安全防护、临时设施等,以"项"计价,称为总价项目;另一类是可以计算工程量的项目,如脚手架、降水工程等,以"量"计价,称为单价项目。

由于工程建设施工特点和承包人组织施工生产的施工装备水平、施工方案及其管理水平的差异,同一工程不同承包人组织施工采用的施工措施有时并不完全一致,因此措施项目清单应根据拟建工程的实际情况列项。

措施项目清单必须根据相关工程现行国家计量规范的规定编制。对于单价措施项目,同分部分项工程一样,编制措施项目清单时必须列出项目编码、项目名称、项目特征、计量单位,如表 4-3-3 所示。

表 4-3-3　分部分项工程和单价措施项目清单与计价表

工程名称:××工程　　　　　　　　　　标段:1标段　　　　　　　第　页共　页

序号	项目编码	项目名称	项目特征描述	计量单位	工程量	金额(元)		
						综合单价	合价	其中:暂估价
1	011701001001	综合脚手架	1. 建筑结构形式:框剪 2. 檐口高度:60 m	m²	18 000			
3	…	…	…	…	…			
			本页小计					
			合　计					

对于总价措施,在编制措施项目清单时,必须按相关国家计量规范规定的项目编码、项

目名称确定清单项目,不必描述项目特征和确定计量单位,如表 4-3-4 所示。

表 4-3-4 总价措施项目清单与计价表

工程名称:××工程　　　　　　　　标段:1 标段　　　　　　　　第　页共　页

序号	项目编码	项目名称	计算基础	费率(%)	金额(元)	调整费率(%)	调整后金额	备注
1	011707001001	安全文明施工费	取费基数					
2	011707002001	夜间施工费	取费基数					
...	...	...	...					
合计								

编制措施项目清单时需要考虑多种因素,除工程本身的因素外,还涉及水文、气象、环境、安全等因素。由于影响措施项目设置的因素太多,计量规范不可能将施工中可能出现的措施项目一一列出。在编制措施项目清单时,因工程情况不同,出现计量规范中未列的措施项目,可根据工程的具体情况对措施项目清单作补充。

4. 其他项目清单的编制

其他项目清单是除分部分项工程量清单、措施项目清单外由发包人的要求而设置的项目清单。工程建设标准的高低、工程的复杂程度、施工工期的长短等都直接影响其他项目清单的具体内容。

计价规范将其他项目清单的内容划分为两部分,提供 4 项作为列项的参考,可根据工程的具体情况进行补充。

(1) 招标人部分(不可竞争性)

招标人部分指的是由招标人提出费用项目,并预估该项目所需的金额,由投标人计入报价中的费用项目,其中包括暂列金额和暂估价。

① 暂列金额:是招标人在工程量清单中暂定并包括在合同价款中的一笔款项。用于工程合同签订时尚未确定或者不可预见的所需材料、工程设备、服务的采购,施工中可能发生的工程变更、合同约定调整因素出现时的合同价款调整以及发生的索赔、现场签证确认等的费用。

为保证工程施工建设的顺利实施,应针对施工工程中可能出现的各种不确定性因素对工程造价的影响,在招标控制价中估算一笔暂列金额。暂列金额可根据工程的复杂程度、设计深度、工程环境条件(包括地质、水文、气候条件等)进行估算,一般可按分部分项工程费和措施项目费的 10%~15% 为参考。

② 暂估价:是招标人在工程量清单中提供的用于支付必然发生但暂时不能确定价格的材料、工程设备的单价以及专业工程的金额。

暂估价中的材料、工程设备暂估单价应根据工程造价信息或参考市场价格估算,列出明细表;专业工程暂估价应分不同专业,按有关计价规定估算,列出明细表。为方便合同管理和计价,需要纳入工程量清单项目综合单价中的暂估价最好只是材料费,以方便投标人组价。对专业工程暂估价一般应是综合暂估价,包括除规费、税金以外的管理费、利润等。

（2）投标人部分（可竞争性）

① 计日工：是在施工过程中，承包人完成发包人提出的工程合同范围以外的零星项目或工作，按合同中约定的单价计价的一种方式。计日工中应列出项目名称、计量单位和暂估数量。

计日工适用的零星工作一般是合同约定之外的或者因变更而产生的、工程量清单中没有相应项目的额外工作，尤其是那些时间不允许事先商定价格的额外工作。计日工为额外工作和变更的计价提供了一个方便快捷的途径。为了获得合理的计日工单价，计日工表中一定要给出暂定数量，并且需要根据经验，尽可能估算一个比较贴近实际的数量。当然尽可能把项目列全，防患于未然，更是值得充分重视的工作。

② 总承包服务费：是总承包人为配合协调发包人进行的专业工程发包，对发包人自行采购的材料、工程设备等进行保管以及施工现场管理、竣工资料汇总整理等服务所需的费用。

总承包服务费应列出服务项目及其内容，招标人应预计该项费用并按投标人的投标报价向投标人支付该项费用，可参照下列标准计算：

ⅰ 招标人仅要求对分包的专业工程进行总承包管理和协调时，按分包的专业工程估算造价的 1.5% 计算；

ⅱ 招标人要求对分包的专业工程进行总承包管理和协调，并同时要求提供配合服务费时，根据招标文件列出的配合服务费内容和提出的要求，按分包的专业工程估算造价的 3%～5% 计算；

ⅲ 招标人自行供应材料的，按招标人供应材料价值的 1% 计算。

（3）其他项目清单与计价表示例

① 其他项目清单与计价汇总表

表 4-3-5　其他项目清单与计价汇总表

工程名称：××工程　　　　　　　标段：1 标段　　　　　　　　第　页共　页

序号	项目名称	金额（元）	结算金额（元）	备　注
1	暂列金额	350 000		明细详见"暂列金额明细表"
2	暂估价	200 000		
2.1	材料暂估价	—		明细详见"材料（工程设备）暂估单价及调整表"
2.2	专业工程暂估价	200 000		明细详见"专业工程暂估价及结算价表"
3	计日工			明细详见"计日工表"
4	总承包服务费			明细详见"总承包服务费计价表"
…				
	合计		550 000	

注：材料暂估单价进入清单项目综合单价，此处不汇总。

② 暂列金额明细表

表 4-3-6　暂列金额明细表

工程名称:××工程　　　　　　　　　标段:1标段　　　　　　　　第　页 共　页

序号	项目名称	计量单位	暂定金额(元)	备注
1	自行车棚工程	项	100 000	正在设计图纸
2	工程量偏差和设计变更	项	100 000	
3	政策性调整和材料价格风险	项	100 000	
4	其他	项	50 000	
合计			350 000	

注:此表由招标人填写,如不能详列,也可只列暂定金额总额,投标人应将上述暂列金额计入投标总价中。

③ 材料(工程设备)暂估单价及调整表

表 4-3-7　材料(工程设备)暂估单价及调整表

工程名称:××工程　　　　　　　　　标段:1标段　　　　　　　　第　页 共　页

序号	材料(工程设备)名称、规格、型号	计量单位	数量		单价(元)		合价(元)		差额±(元)		备注
			暂估	确认	暂估	确认	暂估	确认	单价	合价	
1	钢筋(规格见施工图)	t	200		4 000		800 000				用于现浇钢筋混凝土项目
2	低压开关柜(CGD19038/220V)	台	1		45 000		45 000				用于低压开关柜安装项目
合计							845 000				

注:此表由招标人填写"暂估单价",并在备注栏说明暂估价的材料、工程设备拟用在哪些清单项目上,投标人应将上述材料、工程设备暂估单价计入工程量清单综合单价报价中。

④ 专业工程暂估价及结算价表

表 4-3-8　专业工程暂估价及结算价表

工程名称:××工程　　　　　　　　　标段:1标段　　　　　　　　第　页 共　页

序号	工程名称	工程内容	暂估金额(元)	结算金额(元)	差额±(元)	备注
1	消防工程	合同图纸中标明的以及消防工程规范和技术说明中规定的各系统中的设备、管道、阀门、线缆等的供应、安装和调试工作	200 000			
合计			200 000			

注:此表由招标人填写,投标人应将上述专业工程暂估价计入投标总价中。

⑤ 计日工表

表 4-3-9　计日工表

工程名称:××工程　　　　　　　　　标段:1标段　　　　　　　　第　页 共　页

编号	项目名称	单位	暂定数量	实际数量	综合单价(元)	合价	
						暂定	实际
一	人工						
1	普工	工日	100				

续表 4-3-9

编号	项目名称	单位	暂定数量	实际数量	综合单价（元）	合价 暂定	合价 实际
2	技工	工日	60				
3							
人工小计							
二	材料						
1	钢筋（规格见施工图）	t	1				
2	水泥42.5	t	2				
3	中砂	m³	10				
4	砾石（5～40 mm）	m³	5				
5	页岩砖（240 mm×115 mm×53 mm）	千块	1				
6							
材料小计							
三	施工机械						
1	自升式塔式起重机	台班	5				
2	灰浆搅拌机（400 L）	台班	2				
3							
施工机械小计							
四、企业管理费和利润　按人工费18％计							
总计							

注：此表项目名称、暂定数量由招标人填写，编制招标控制价时，单价由招标人按有关计价规定确定；投标时，单价由投标人自主报价，按暂定数量计算合价计入投标总价中。结算时，按发承包双方确定的实际数量计算合价。

⑥　总承包服务费计价表

表 4-3-10　总承包服务费计价表

工程名称：××工程　　　　　　　　　标段：1标段　　　　　　　　第　页共　页

序号	项目名称	项目价值（元）	服务内容	计算基础	费率（％）	金额（元）
1	发包人发包专业工程	200 000	1. 按专业工程承包人的要求提供施工工作面并对施工现场进行统一管理，对竣工资料进行统一整理汇总。 2. 为专业工程承包人提供垂直运输机械和焊接电源接入点，并承担垂直运输费和电费。			
2	发包人供应材料	845 000	对发包人供应的材料进行验收及保管和使用发放。			
	合计	—	—	—	—	

注：此表项目名称、服务内容由招标人填写，编制招标控制价时，费率及金额由招标人按有关计价规定确定；投标时，费率及金额由投标人自主报价，计入投标总价中。

5. 规费及税金清单的编制

（1）规费

规费是指按国家法律、法规规定,由省级政府和省级有关权力部门规定施工企业必须缴纳的,应计入建筑安装工程造价的费用。

规费项目清单应按照下列内容列项:社会保险费(包括养老保险费、失业保险费、医疗保险费、工伤保险费、生育保险费);住房公积金;工程排污费。

规费作为政府和有关权利部分规定必须缴纳的费用,政府和有关权力部门可根据形势发展的需要,对规费项目进行调整。因此,对本规范未包括的规费项目,在计算规费时应根据省级政府和省级有关权力部门的规定进行补充。

（2）税金

税金是指根据建筑服务销售价格,按规定税率计算的增值税销项税额。

当国家税法发生变化或地方政府及税务部门依据职权对税种进行了调整,应对税金项目清单进行相应调整。

（3）规费、税金项目计价表示例:

表 4-3-11 规费、税金项目计价表

工程名称:××工程　　　　　　标段:1 标段　　　　　　第　页共　页

序号	项目名称	计算基础	计算基数	计算费率(%)	金额(元)
1	规费				
1.1	社会保险费	取费基数			
(1)	养老保险费	取费基数			
(2)	失业保险费	取费基数			
(3)	医疗保险费	取费基数			
(4)	工伤保险费	取费基数			
(5)	生育保险费	取费基数			
1.2	住房公积金	取费基数			
1.3	工程排污费	按工程所在地环境保护部门收取标准,按实计入			
2	税金	分部分项工程费＋措施项目费＋其他项目费＋规费－按规定不计税的工程设备金额			
	合计				

4.3.3　工程量清单计价

1. 一般规定

工程量清单计价是指完成招标工程量清单所需的全部费用,包括分部分项工程费、措施项目费、其他项目费、规费和税金。

（1）综合单价

综合单价是指完成一个规定清单项目所需的人工费、材料和工程设备费、施工机具使用费和企业管理费、利润以及一定范围内的风险费用。计价规范以强制性条文明确规定，工程量清单应采用综合单价计价。

进行工程量清单计价，应正确理解"综合单价"概念。实际使用中，"综合单价"有着多种内涵的不同解释，总的来讲按其综合内容的广度分为全费用综合单价和部分费用综合单价两种类型。对于我国计价规范中采用的综合单价是除规费、税金以外的全部费用，属于部分费用综合单价。这种形式的综合单价不但适用于分部分项工程，同样也适用于措施项目和其他项目。而国际工程招投标中，采用的则是综合内容广度更大的全费用综合单价，其包括规费和税金。

（2）安全文明施工费

措施项目中的安全文明施工费必须按国家或省级、行业建设主管部门的规定计算，不得作为竞争性费用。招标人不得要求投标人对该项费用进行优惠，投标人也不得将该费用参与市场竞争。

（3）规费和税金

规费和税金必须按国家或省级、行业建设主管部门的规定计算，不得作为竞争性费用。

（4）发包人提供材料和工程设备

发包人提供的材料和工程设备（简称甲供材）应在招标文件规定填写《发包人提供材料和工程设备一览表》，写明甲供材料的名称、规格、数量、单价、交货方式、交货地点等。承包人投标时，甲供材料单价应计入相应项目的综合单价中，签约后，发包人应按合同约定扣除甲供材款，不予支付。

承包人应根据合同工程进度计划的安排，向发包人提交甲供材料交货的日期计划。发包人应按计划提供甲供材料，且规格、数量和质量应符合合同要求，由于发包人原因发生交货日期延误、交货地点及交货方式变更等情况，发包人应承担由此增加的费用和（或）工期延误，并应向承包人支付合理利润。

发承包双方对甲供材料的数量发生争议不能达成一致的，应按照相关工程的计价定额同类项目规定的材料消耗量计算。若发包人要求承包人采购已在招标文件中确定为甲供材料的，材料价格应由发承包双方根据市场调查确定，并应另行签订补充协议。

（5）承包人提供材料和工程设备

除合同约定的发包人提供的甲供材外，合同工程所需的材料和工程设备应由承包人提供，承包人提供的材料和工程设备均应由承包人负责采购、运输和保管。承包人应按合同约定将采购材料和工程设备的供货人及品种、规格、数量和供货时间等提交发包人确认，并负责材料和工程设备的质量证明文件，满足合同约定的质量标准。

对承包人提供的材料和工程设备经检测不符合合同约定的质量标准，发包人应立即要求承包人更换，由此增加的费用和（或）工期延误应由承包人承担。对发包人要求检测承包人已具有合格证明的材料、工程设备，但经检测证明该项材料、工程设备符合合同约定的质量标准，发包人应承担由此增加的费用和（或）工期延误，并向承包人支付合理利润。

（6）计价风险

风险是一种客观存在的、可以带来损失的、不确定的状态。建设工程发承包，必须在招标文件、合同中明确计价中风险内容及其范围，不得采用无限风险、所有风险或类似语句规定计价中的风险内容及范围。

工程施工合同的性质决定了合同履行完毕需要较长的周期。在这一周期内,影响到合同条件的变化,不少情况下是难以避免的,当影响合同价款因素出现时,发包人应承担如下风险:

① 国家法律、法规、规章和政策发生变化;

② 省级或行业建设主管部门发布的人工费调整,但承包人对人工费或人工单价的报价高于发布的除外;

③ 由政府定价或政府指导价管理的原材料等价格进行了调整。

承包人应承担由于承包人使用机械设备、施工技术以及组织管理水平等自身原因造成施工费用增加的全部责任。

对于由于市场物价波动影响合同价款的,应由发承包双方合理分摊,当发生不可抗力且影响合同价款时,应按计价规范的相关规定执行。

2. 招标控制价

招标控制价是指招标人根据国家或省级、行业建设主管部门颁发的有关计价依据和办法,以及拟定的招标文件和招标工程量清单,结合工程具体情况编制的招标工程的最高投标限价。

(1) 一般规定

① 国有资金投资的建设工程招标,招标人必须编制招标控制价。实行工程量清单招标后,由于招标方式的改变,标底保密这一法律规定已不能起到有效遏制哄抬标价的作用,我国有的地区和部门已经发生了在招标项目上所有投标人的报价均高于标底的现象,致使中标人的中标价高于招标人的预算,对招标工程的项目业主带来了困扰。因此招标人编制招标控制价,可以客观、合理地评审投标报价和避免哄抬标价,造成国有资产流失。

② 招标控制价应由具有编制能力的招标人或受其委托具有相应资质的工程造价咨询人编制和复核。根据《工程造价咨询企业管理办法》的规定:甲级工程造价咨询企业可以从事各类建设项目的工程造价咨询业务;乙级工程造价咨询企业可从事工程造价 5 000 万元人民币以下的各类建设项目的工程造价咨询业务。

③ 工程造价咨询人在接受招标人委托编制招标控制价,不得再就同一工程接受投标人委托编制投标报价。

④ 招标控制价应按照计价规范的相关规定编制,不应上浮或下调。为体现招标的公开、公平、公正性,防止招标人有意抬高或压低工程造价,给投标人以错误信息,要求招标人在招标文件中如实公布招标控制价。

⑤ 当招标控制价超过批准的概算时,招标人应当将其报原概算审批部门进行重新审核。因为我国对国有资金投资项目实行的是投资概算控制制度,所以项目投资原则上不能超过批准的投资概算。

⑥ 招标人应在发布招标文件时公布招标控制价,同时应将招标控制价及有关资料报送工程所在地或有该工程管辖权的行业管理部门工程造价管理机构备查。招标控制价的编制特点和作用决定了招标控制价不同于标底,无须保密,并且作为最高投标限价,应事先告知投标人,供投标人权衡是否参与投标。

(2) 编制依据

① 建设工程工程量计价规范;

② 国家或省级、行业建设主管部门颁发的计价依据和办法;

③ 建设工程设计文件及相关资料；

④ 拟定的招标文件及招标工程量清单；

⑤ 与建设项目相关的标准、规范、技术资料；

⑥ 施工现场情况、工程特点及常规施工方案；

⑦ 工程造价管理机构发布的工程造价信息，当工程造价信息没有发布的参照市场价；

⑧ 其他相关资料。

（3）编制方法

① 招标控制价中的综合单价内应包括招标文件中划分的应由投标人承担的风险范围及其费用。招标文件中没有明确的，如是工程造价咨询人编制，应提请招标人明确；如是招标人编制，应予明确。

② 分部分项工程和措施项目中的单价项目，应根据拟定的招标文件和招标工程量清单项目中的特征描述及有关要求确定综合单价计算。

③ 其他项目应按以下规定计价：

ⅰ 暂列金额应按招标工程量清单中列出的金额填写；

ⅱ 暂估价中的材料、工程设备单价应按招标工程量清单中列出的单价计入综合单价；

ⅲ 暂估价中的专业工程金额应按招标工程量清单中列出的金额填写；

ⅳ 计日工应按招标工程量清单中列出的项目根据工程特点和有关计价依据确定综合单价计算；

ⅴ 总承包服务费应根据招标工程量清单列出的内容和要求估算。

④ 规费和税金必须按国家或省级、行业建设主管部门的规定计算，不得作为竞争性费用。

（4）投诉与处理

投标人经复核认为招标人公布的招标控制价未按照《计价规范》的相关规定进行编制的，应在招标控制价公布后 5 天内向投标监督机构和工程造价管理机构投诉。招投标控制价的投诉与处理的相关内容参见《计价规范》的相关规定。

3. 投标价

投标价是投标人投标时响应招标文件要求所报出的对已标价工程量清单汇总后标明的总价。

（1）一般规定

① 投标价应由投标人或受其委托具有相应资质的工程造价咨询人编制。

② 投标报价编制和确定的最基本特征是投标人自主报价，它是市场竞争形成价格的体现。因此投标人应依据《计价规范》的相关规定自主确定投标报价。

③ 投标报价不得低于工程成本，这是投标报价的基本原则。这里的工程成本是指其承包项目的工程造价，无须考虑承包该工程的施工企业成本，因为单个工程的盈或亏，并不必然表现为整个企业的盈亏。

④ 投标人必须按招标工程清单填报价格。项目编码、项目名称、项目特征、计量单位、工程量必须与招标工程量清单一致。因为实行工程量清单招标后，招标人在招标文件中提供工程量清单，其目的是使各投标人在投标报价中具有共同的竞争平台。为避免出现差错，投标人最好按招标人提供的分部分项工程量清单与计价表直接填写价格。

⑤ 投标人投标报价高于招标控制价的应予废标。国有资金投资的工程，其招标控制价

相当于政府采购中的采购预算,且其定义就是最高投标限价,因此在招投标活动中,投标人的投标报价不能超过招标控制价。

（2）投标报价依据

① 建设工程工程量计价规范;

② 国家或省级、行业建设主管部门颁发的计价办法;

③ 企业定额,国家或省级、行业建设主管部门颁发的计价依据和办法;

④ 招标文件、招标工程量清单及其补充通知、答疑纪要;

⑤ 建设工程设计文件及相关资料;

⑥ 施工现场情况、工程特点及投标时拟定的投标施工组织设计或施工方案;

⑦ 与建设项目相关的标准、规范等技术资料;

⑧ 市场价格信息或工程造价管理机构发布的工程造价信息;

⑨ 其他的相关资料。

（3）编制方法

① 综合单价中应包括招标文件中划分的应由投标人承担的风险范围及其费用,招标文件中没有明确的,应提请招标人明确。

② 分部分项工程和措施项目中的单价项目,应根据招标文件和招标工程量清单项目中的特征描述确定综合单价计算。

编制投标报价时,确定分部分项工程和措施项目单价项目综合单价的依据和原则:

ⅰ 确定依据。最重要的依据之一是该清单项目的特征描述,在招投标过程中,当出现招标工程量清单特征描述与设计图纸不符时,投标人应以招标工程量清单的项目特征描述为准。当施工中设计图纸或设计变更与招标工程量清单项目特征描述不一致时,发承包双方应按实际施工的项目特征依据合同约定重新确定综合单价。

ⅱ 材料、工程设备暂估价。招标工程量清单中提供了暂估单价的材料、工程设备,按暂估的单价进入综合单价。

ⅲ 风险费用。招标文件中要求投标人承担的风险内容和范围,投标人应考虑进入综合单价。在施工过程中,当出现的风险内容及其范围（幅度）在招标文件规定的范围内时,合同价款不作调整。

③ 措施项目中的总价项目金额应根据招标文件及投标时拟定的施工组织设计或施工方案:

ⅰ 措施项目的内容应依据招标人提供的措施项目清单和投标人投标时拟定的施工组织设计或施工方案。

ⅱ 措施项目费由投标人自主确定,但其中安全文明施工费必须按国家或省级、行业建设主管部门的规定确定。

④ 其他项目应按下列规定报价:

ⅰ 暂列金额应按招标工程量清单中列出的金额填写;

ⅱ 材料、工程设备暂估价应按招标工程量清单中列出的单价计入综合单价;

ⅲ 专业工程暂估价应按招标工程量清单中列出的金额填写;

ⅳ 计日工应按招标工程量清单中列出的项目和数量,自主确定综合单价并计算计日工金额;

ⅴ 总承包服务费应根据招标工程量清单中列出的内容和提出的要求自主确定。

⑤ 规费和税金必须按国家或省级、行业建设主管部门的规定计算,不得作为竞争性费用。

⑥ 招标工程量清单与计价表中列明的所有需要填写单价和合价的项目,投标人均应填写且只允许有一个报价。未填写单价和合价的项目,可视为此项费用已包含在已标价工程量清单中其他项目的单价和合价之中。当竣工结算时,此项目不得重新组价予以调整。

⑦ 投标总价应当与分部分项工程费、措施项目费、其他项目费和规费、税金的合计金额一致。也就是说,投标人在进行工程量清单投标的投标报价时,不能进行投标总价优惠(或降价、让利),投标人对投标总价的任何优惠(或降价、让利)均应反映在相应清单项目的综合单价中。

【思考题】

1. 工程量清单计价模式包括的内容。
2. 正确理解工程量清单的概念。
3. 招标工程量清单编制的依据及作用。
4. 分部分项工程量清单的构成。
5. 分部分项工程量清单项目编码的含义。
6. 分部分项工程量清单的项目特征描述的意义。
7. 措施项目的概念及其两类措施项目的特点。
8. 辨析其他项目清单中的暂列金额和暂估价。
9. 工程量清单计价的概念及风险分摊的原则。
10. 工程量清单计价中的综合单价的概念。
11. 正确理解工程量清单计价中的招标控制价及投标报价。
12. 什么是"招标控制价",由谁来编制,与原来的"标底价"相比较有何区别和联系。
13. 简述招标控制价的编制方法。
14. 什么是"投标价"及其编制主体。
15. 简述投标报价的编制方法。

4.4 知识、技能评估

1. 选择题

(1) 下列不属于形成计价模式"双轨制"的原因是( )。

A. 长期采用定额计价模式   B. 法律法规不完善

C. 政府规定   D. 多数企业内部定额未形成

(2) 现行的《建设工程工程量清单计价规范》是( )实施的。

A. 2003 年   B. 2006 年   C. 2008 年   D. 2013 年

(3) 工程量清单的提供者可以是( )。

A. 招标人   B. 投标人   C. A 和 B   D. 以上都不是

（4）下面对工程量清单概念表述不正确的是（　　）。

A. 工程量清单是包括工程数量的明细清单

B. 工程量清单也包括工程数量相应的单价

C. 工程量清单可以由招标人提供

D. 工程量清单是招标文件的组成部分

（5）分部分项工程量清单中项目编码为 010502001001，该项目为（　　）分部工程。

A. 土石方工程　　　B. 砌筑工程　　　C. 混凝土工程　　　D. 金属结构工程

（6）构成分部分项工程清单项目、措施项目自身价值的本质区别的是（　　）。

A. 项目编码　　　B. 项目名称　　　C. 项目特征　　　D. 编制说明

（7）工程量清单编制原则归纳为"五统一"，下列错误的提法是（　　）。

A. 项目编码统一　　　　　　　　B. 项目名称统一

C. 计价依据统一　　　　　　　　D. 工程量清单计算规则统一

（8）下列措施项目中，宜采用"项"为计量单位编制的是（　　）。

A. 脚手架　　　B. 模板及支架　　　C. 二次搬运　　　D. 安全文明施工

（9）对于市场价格波动导致的工程量清单计价中的价格风险，由（　　）承担。

A. 发包方　　　　　　　　　　　B. 承包方

C. 共同承担　　　　　　　　　　D. 按合同约定分担

（10）工程量清单计价中，招标控制价由（　　）负责编制。

A. 招标人　　　　　　　　　　　B. 投标人

C. 工程造价管理部门　　　　　　D. 以上都不是

（11）工程量清单计价中，投标价由（　　）负责编制。

A. 招标人　　　　　　　　　　　B. 投标人

C. 工程造价管理部门　　　　　　D. 以上都不是

（12）在投标报价时，当出现招标文件中清单特征描述与设计图纸不符时，应以（　　）为准。

A. 招标文件　　　B. 设计图纸　　　C. 施工实际　　　D. 重新协商结果

（13）工程量清单漏项或由于设计变更引起新的工程清单项目，其相应综合单价由（　　）提出，经（　　）确认后作为结算的依据。

A. 招标人，投标人　　　　　　　B. 承包方，发包方

C. 中标人，招标人　　　　　　　D. 乙方，甲方

2. 简答题

（1）什么是分部分项工程量清单的项目特征及其描述的意义。

（2）工程量清单计价的费用组成。

5 建筑面积计算

【学习目标】

1. 了解建筑面积的概念和作用；
2. 掌握建筑面积的计算规则。

5.1 建筑面积概念和作用

5.1.1 建筑面积的概念

建筑面积是指建筑物(包括墙体)所形成的楼地面面积。建筑面积包括附属于建筑物的室外阳台、雨篷、檐廊、室外走廊、室外楼梯等。

建筑面积通常包括使用面积、辅助面积和结构面积。

(1) 使用面积是指建筑物各层平面布置中,可直接为生产或生活使用的净面积总和。使用面积在民用建筑中,亦称"居住面积"。

(2) 辅助面积是指建筑物各层平面布置中为辅助生产或生活所占净面积的总和。使用面积与辅助面积的总和称为"有效面积"。

(3) 结构面积是指建筑物各层平面布置中的墙体、柱、通风道等结构所占面积的总和。

5.1.2 建筑面积的作用

建筑面积的作用主要有以下几点。

(1) 建筑面积是确定建设规模的重要指标。

根据项目立项批准文件所核准的建筑面积,是初步设计的重要控制指标。对于国家投资的项目,施工图的建筑面积不得超过初步设计的 5%,否则必须重新报批。

(2) 建筑面积是确定各项经济技术指标的基础。

有了建筑面积,才能确定每平方米建筑面积的工程造价,每平方米建筑面积的人工、材料消耗量等相关经济技术指标。

(3) 建筑面积是计算有关分项工程量的依据。

在工程量计算中,根据底层建筑面积,就可以很方便地推算出室内回填土体积、平整场地面积、楼地面面积和天棚面积等。另外,建筑面积也是脚手架、垂直运输机械费用的计算依据。

(4) 建筑面积是选择概算指标和编制概算的主要依据。

概算指标通常是以建筑面积为计量单位。用概算指标编制概算时,要以建筑面积为计算基础。

5.2 建筑面积计算规则

根据《建筑工程建筑面积计算规范》(GB/T 50353—2013)的规定,建筑面积的计算适用于新建、扩建、改建的工业与民用建筑工程建设全过程的建筑面积计算。

5.2.1 计算建筑面积的范围

1. 建筑面积计算一般规则

所谓一般规则是指在建筑面积计算中反复用到,具有一般性和通用性的技术规则。

(1) 建筑物的建筑面积应按自然层外墙结构外围水平面积之和计算。结构层高在 2.20 m 及以上的,应计算全面积;结构层高在 2.20 m 以下的,应计算 1/2 面积。

说明:① 自然层是指按楼地面结构分层的楼层;

② 层高是指楼面或地面结构层上表面至上部结构层上表面之间的垂直距离。

例 5-1 单层建筑山墙间距离为 L,剖面如图 5-2-1 所示,计算该建筑物的建筑面积。

解:应根据不同高度 H,进行计算:

(1) 当 $H \geqslant 2.2$ m 时,建筑面积 $S = BL$;

(2) 当 $H < 2.2$ m 时,建筑面积 $S = 1/2 \times BL$。

因为建筑面积与高度有关,所以在计算过程中应特别注意。

例 5-2 多层教学楼平、剖面如图 5-2-2 所示,计算该教学楼的建筑面积。

解:依据多层建筑面积计算规则,层高大于 2.2 m 均应计算全面积,建筑面积为六层建筑面积之和。

$$建筑面积 S = (58.10 \times 16.70 + 3.8 \times 0.9 \times 3) \times 6$$
$$= 5\,883.18 \text{ m}^2。$$

(2) 对于形成建筑空间的坡屋顶,结构净高在 2.10 m 及以上的部位应计算全面积;结构净高在 1.20 m 及以上至 2.10 m 以下的部位应计算 1/2 面积;结构净高在 1.20 m 以

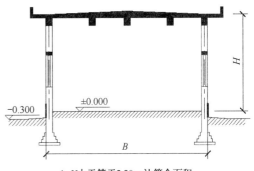

1. H 大于等于 2.20 m 计算全面积
2. H 小于 2.20 m 计算 1/2 面积

图 5-2-1 单层建筑剖面图

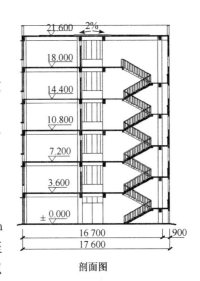

剖面图

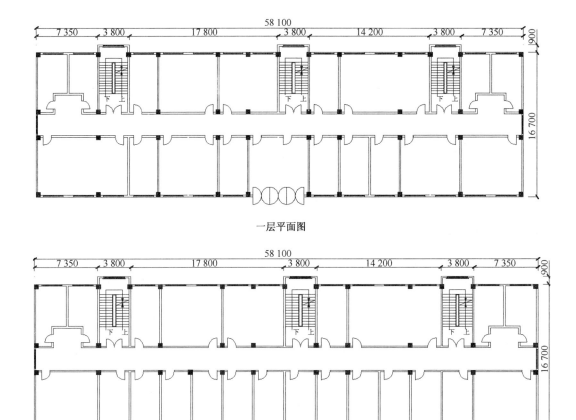

一层平面图

2~6层平面图

图 5-2-2　多层教学楼平、剖面图

下的部位不应计算建筑面积。

说明：① 建筑空间是指以建筑界面限定的、供人们生活和活动的场所。

② 结构净高是指楼面或地面结构层上表面至上部结构层下表面之间的垂直距离。

例 5-3　某住宅楼阁楼层（坡屋顶）平、剖面如图 5-2-3 所示，计算该阁楼层的建筑面积。

解：依据坡屋顶内建筑面积计算规则，计算时应区别结构净高分别进行计算。

（1）$H \geqslant 2.1\,\mathrm{m}$，建筑面积 $S = B_2(L+0.24)$；

（2）$2.1\,\mathrm{m} > H \geqslant 1.2\,\mathrm{m}$，建筑面积 $S = 1/2 \times (B_1 + 0.12 + B_3)(L+0.24)$；

（3）$H < 1.2\,\mathrm{m}$，建筑面积 $S = 0$。

阁楼层建筑面积 $S = B_2(L+0.24) + 1/2 \times (B_1 + 0.12 + B_3)(L+0.24)$。

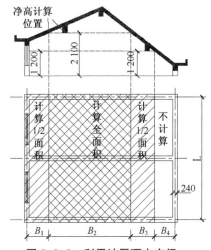

图 5-2-3　利用坡屋顶内空间
建筑面积计算

例 5-4 单层建筑山墙间距离为 L，$H = 4\,\mathrm{m}$、$H_1 = 1\,\mathrm{m}$、$H_2 = 2.5\,\mathrm{m}$，剖面如图 5-2-4 所示，计算该建筑物的建筑面积。

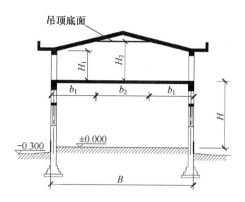

图 5-2-4 带坡屋面空间的单层建筑剖面图

解：建筑面积 $S = BL + \dfrac{9}{15}b_1L \times 2 \times \dfrac{1}{2} + \left(\dfrac{4}{15}b_1 \times 2 + b_2\right)L = BL + \dfrac{17}{15}b_1L + b_2L$。

2. 其他建筑面积计算规则

(1) 建筑物内设有局部楼层时，对于局部楼层的二层及以上楼层，有围护结构的应按其围护结构外围水平面积计算，无围护结构的应按其结构底板水平面积计算，且结构层高在 2.20 m 及以上的，应计算全面积，结构层高在 2.20 m 以下的，应计算 1/2 面积。

说明：围护结构是指围合建筑空间的墙体、门、窗。

例 5-5 单层厂房内设局部楼层，平、剖面如图 5-2-5 所示，计算该厂房的建筑面积。

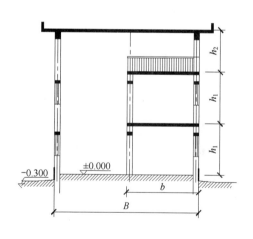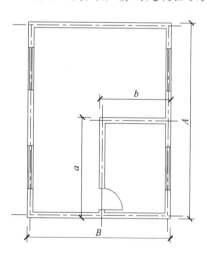

图 5-2-5 局部楼层平、剖面图

解：单层建筑内设有局部楼层时，建筑面积应根据不同高度 h_1、h_2，按下式计算：

(1) 当 $h_1 \geqslant 2.2\,\mathrm{m}$，$h_2 \geqslant 2.2\,\mathrm{m}$ 时，建筑面积 $S = AB + 2 \times ab$；

(2) 当 $h_1 \geqslant 2.2\,\mathrm{m}$，$h_2 < 2.2\,\mathrm{m}$ 时，建筑面积 $S = AB + ab + 1/2 \times ab = AB + 3/2 \times ab$；

(3) 当 $h_1 < 2.2\,\mathrm{m}$，$h_2 \geqslant 2.2\,\mathrm{m}$ 时，建筑面积 $S = (AB - ab) + 1/2 \times ab \times 2 + ab =$

$AB + ab$；

（4）当 $h_1 < 2.2\,\mathrm{m}$，$h_2 < 2.2\,\mathrm{m}$ 时，建筑面积 $S = (AB - ab) + 1/2 \times ab \times 3 = AB + 1/2 \times ab$。

（2）对于场馆看台下的建筑空间，如图 5-2-6 所示，结构净高在 2.10 m 及以上的部位应计算全面积；结构净高在 1.20 m 及以上至 2.10 m 以下的部位应计算 1/2 面积；结构净高在 1.20 m 以下的部位不应计算建筑面积。室内单独设置的有围护设施的悬挑看台，应按看台结构底板水平投影面积计算建筑面积。有顶盖无围护结构的场馆看台应按其顶盖水平投影面积的 1/2 计算面积。

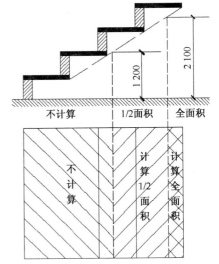

图 5-2-6　利用场馆看台下空间建筑面积计算

说明：围护设施是指为保障安全而设置的栏杆、栏板等围挡。

（3）地下室、半地下室应按其结构外围水平面积计算。结构层高在 2.20 m 及以上的，应计算全面积；结构层高在 2.20 m 以下的，应计算 1/2 面积。

说明：① 地下室是指室内地平面低于室外地平面的高度超过室内净高的 1/2 的房间；

② 半地下室是指室内地平面低于室外地平面的高度超过室内净高的 1/3，且不超过 1/2 的房间。

例 5-6　某地下室平、剖面如图 5-2-7 所示，地下室高 3.0 m，计算该地下室的建筑面积。

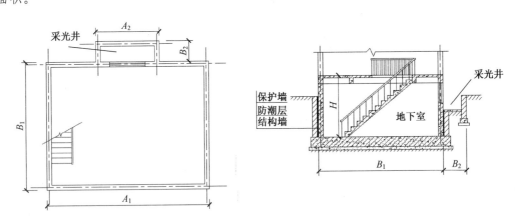

图 5-2-7　地下室建筑面积计算

解：依据地下室和半地下室建筑面积计算规则，层高在 2.20 m 以上者应计算全面积。因为，$H > 2.2\,\mathrm{m}$，建筑面积 $S = A_1 B_1$，所以，该地下室建筑面积 $S = A_1 B_1$。

（4）出入口外墙外侧坡道有顶盖的部位，应按其外墙结构外围水平面积的 1/2 计算面积。

（5）建筑物架空层及坡地建筑物吊脚架空层，如图 5-2-8、图 5-2-9 所示，应按其顶板水平投影计算建筑面积。结构层高在 2.20 m 及以上的,应计算全面积;结构层高在 2.20 m 以下的,应计算 1/2 面积。

说明:架空层是指仅有结构支撑而无外围护结构的开敞空间层。

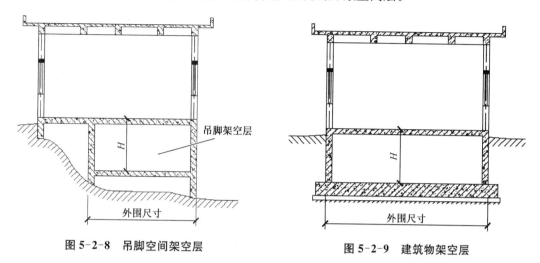

图 5-2-8　吊脚空间架空层　　　　　图 5-2-9　建筑物架空层

（6）建筑物的门厅、大厅应按一层计算建筑面积,门厅、大厅内设置的走廊应按走廊结构底板水平投影面积计算建筑面积。结构层高在 2.20 m 及以上的,应计算全面积;结构层高在 2.20 m 以下的,应计算 1/2 面积。

说明:走廊是指建筑物中的水平交通空间。

例 5-7　某综合楼的大厅设置走廊的平、剖面如图 5-2-10 所示,层高 $h_1 = h_2 = 3.6$ m,计算该大厅的建筑面积。

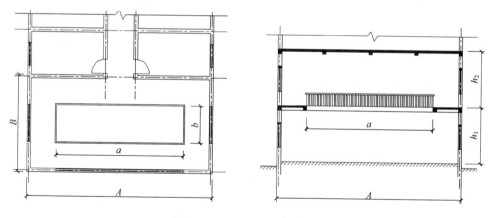

图 5-2-10　大厅内设置走廊

解:依据门厅、大厅内设置走廊的建筑面积计算规则,层高在 2.20 m 以上者应计算全面积。

（1）$h_1 > 2.2$ m,一层建筑面积 $S = AB$;

（2）$h_2 > 2.2$ m,二层建筑面积 $S = AB - ab$;

综合楼门厅建筑面积 $S = 2 \times AB - ab$。

（7）对于建筑物间的架空走廊，有顶盖和围护结构的，如图 5-2-11 所示，应按其围护结构外围水平面积计算全面积；有顶盖、无围护结构、有围护设施的，如图 5-2-12 所示，应按其结构底板水平投影面积计算 1/2 面积。

说明：架空走廊是指专门设置在建筑物的二层或二层以上，作为不同建筑物之间水平交通的空间。

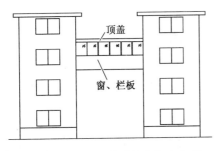

图 5-2-11 有围护结构的架空走廊

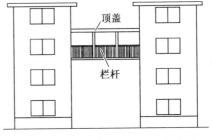

图 5-2-12 有维护设施的架空走廊

（8）对于立体书库、立体仓库、立体车库，如图 5-2-13 所示，有围护结构的，应按其围护结构外围水平面积计算建筑面积；无围护结构、有围护设施的，应按其结构底板水平投影面积计算建筑面积。无结构层的应按一层计算，有结构层的应按其结构层面积分别计算。结构层高在 2.20 m 及以上的，应计算全面积；结构层高在 2.20 m 以下的，应计算 1/2 面积。

说明：结构层是指整体结构体系中承重的楼板层。

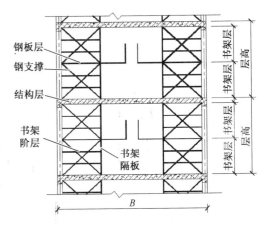

图 5-2-13 立体书库

（9）有围护结构的舞台灯光控制室，如图 5-2-14 所示，应按其围护结构外围水平面积计算。结构层高在 2.20 m 及以上的，应计算全面积；结构层高在 2.20 m 以下的，应计算 1/2 面积。

（10）窗台与室内楼地面高差在 0.45 m 以下且结构净高在 2.10 m 及以上的凸（飘）窗，应按其围护结构外围水平面积计算 1/2 面积。

说明：凸窗（飘窗）是指凸出建筑物外墙面的窗户。

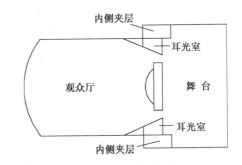

图 5-2-14 有围护结构的舞台灯光控制室

（11）有围护设施的室外走廊（挑廊），应按其结构底板水平投影面积计算 1/2 面积；有围护设施（或柱）的檐廊，应按其围护设施（或柱）外围水平面积计算 1/2 面积。

说明：① 檐廊是指建筑物挑檐下的水平交通空间；

② 挑廊是指挑出建筑物外墙的水平交通空间。

例 5-8　建筑物的平、剖面分别如图 5-2-15 和图 5-2-16 所示,层高均为 3.6 m,墙厚均为 240 mm,分别计算建筑面积。

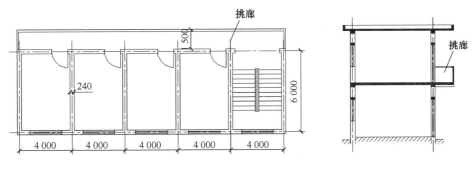

图 5-2-15　设有挑廊建筑面积计算

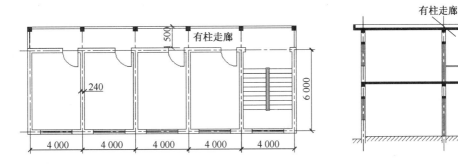

图 5-2-16　设有走廊建筑面积计算

解:依据室外走廊、檐廊的建筑面积计算规则。

(1) 设有室外走廊建筑面积计算,有围护设施,应按其结构底板水平面积的 1/2 计算。

建筑面积 $S = (20+0.24) \times (6+0.24) \times 2 + 1/2 \times (20+0.24) \times 1.5 = 267.78 \text{ m}^2$。

(2) 设有檐廊建筑面积计算,有维护设施和柱,应按其围护设施(或柱)外围水平面积计算 1/2 面积。

$$\begin{aligned} 建筑面积 S &= 2 \times [(20+0.24) \times (6+0.24) + 1/2 \times (20+0.24) \times 1.5] \\ &= 282.96 \text{ m}^2。 \end{aligned}$$

(12) 门斗应按其围护结构外围水平面积计算建筑面积,且结构层高在 2.20 m 及以上的,应计算全面积;结构层高在 2.20 m 以下的,应计算 1/2 面积。

说明:门斗是指建筑物入口处两道门之间的空间。

(13) 门廊应按其顶板的水平投影面积的 1/2 计算建筑面积;有柱雨篷应按其结构板水平投影面积的 1/2 计算建筑面积;无柱雨篷的结构外边线至外墙结构外边线的宽度在 2.10 m 及以上的,应按雨篷结构板的水平投影面积的 1/2 计算建筑面积。

说明:① 门廊是指建筑物入口前有顶棚的半围合空间;

② 雨篷是指建筑出入口上方为遮挡雨水而设置的部件。

例 5-9　计算如图 5-2-17 所示两种雨篷结构的建筑面积。

解:按照雨篷结构建筑面积计算规则:

(1) 有柱雨篷:建筑面积 $S = 1/2 \times AB$。

(2) 无柱雨篷:

① $A < 2.1\text{ m}$,建筑面积 $S = 0$;

② $A \geqslant 2.1\text{ m}$,建筑面积 $S = 1/2 \times AB$。

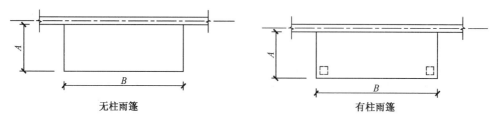

无柱雨篷   有柱雨篷

图 5-2-17 雨篷示意图

(14) 设在建筑物顶部的、有围护结构的楼梯间、水箱间、电梯机房等,结构层高在 2.20 m 及以上的应计算全面积;结构层高在 2.20 m 以下的,应计算 1/2 面积。

例 5-10 某高层建筑物共有 15 层的平面和局部剖面分别如图 5-2-18 所示,顶层设有电梯机房,层高均为 3.0 m,墙厚均为 200 mm,计算该高层建筑的建筑面积。

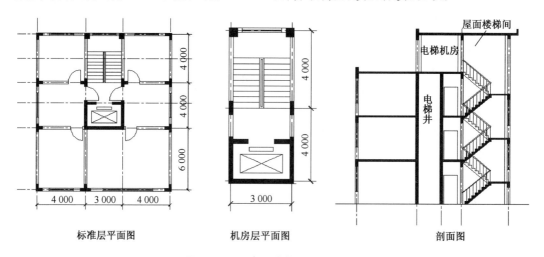

标准层平面图   机房层平面图   剖面图

图 5-2-18 高层建筑物平、剖面图

解:依据相关建筑面积计算规则。

建筑面积 $S = 15 \times (11 + 0.20) \times (14 + 0.20) + (8 + 0.20) \times (3 + 0.20)$

$\qquad = 2\,411.84\text{ m}^2$。

(15) 围护结构不垂直于水平面的楼层,应按其底板面的外墙外围水平面积计算。结构净高在 2.10 m 及以上的部位,应计算全面积;结构净高在 1.20 m 及以上至 2.10 m 以下的部位,应计算 1/2 面积;结构净高在 1.20 m 以下的部位,不应计算建筑面积。

说明:斜围护结构与斜屋顶采用相同的计算规则,即只要外壳倾斜,就按结构净高划段,分别计算建筑面积。

例 5-11　某飞行指挥塔台的平、剖面如图 5-2-19 所示,计算该飞行塔台部分的建筑面积。

解:按剖面图可知,飞行指挥塔台的围护结构不垂直于水平面,为超出底板向建筑物外倾斜,应按底板面的外围水平面积计算。

$$\text{建筑面积 } S = (6.0 + 1.5 \times 2) \times (6.0 + 1.5 \times 2)$$
$$= 81.00 \text{ m}^2 。$$

(16) 建筑物的室内楼梯、电梯井、提物井、管道井、通风排气竖井、烟道,应并入建筑物的自然层计算建筑面积。有顶盖的采光井应按一层计算面积,且结构净高在 2.10 m 及以上的,应计算全面积;结构净高在 2.10 m 以下的,应计算 1/2 面积。

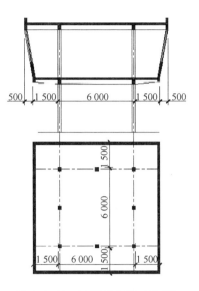

图 5-2-19　飞行塔台平、剖面图

说明:室内楼梯间的面积,应按楼梯依附的建筑物的自然层数计算并入建筑物面积内。遇到跃层建筑,其公用的室内楼梯应按自然层计算面积;上下两错层户共用的室内楼梯,应按上一层的自然层计算面积,如图 5-2-20 所示。

(17) 室外楼梯应并入所依附建筑物自然层,并应按其水平投影面积的 1/2 计算建筑面积。

(18) 在主体结构内的阳台,应按其结构外围水平面积计算全面积;在主体结构外的阳台,应按其结构底板水平投影面积计算 1/2 面积。

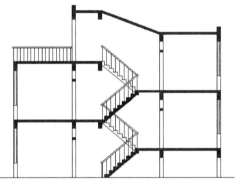

图 5-2-20　错层楼梯剖面图

说明:① 主体结构是指接受、承担和传递建设工程所有上部荷载,维持上部结构整体性、稳定性和安全性的有机联系的构造;

② 阳台是指附设于建筑物外墙,设有栏杆或栏板,可供人活动的室外空间。

例 5-12　计算如图 5-2-21 所示不同形式阳台的建筑面积。

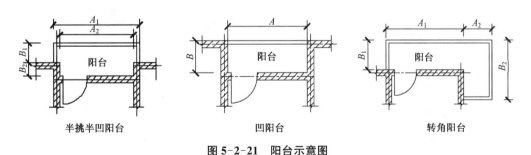

半挑半凹阳台　　　　　　凹阳台　　　　　　转角阳台

图 5-2-21　阳台示意图

解:按照建筑物阳台的建筑面积计算规则:

(1) 半挑半凹阳台,建筑面积 $S = 1/2 \times A_1 B_1 + A_2 B_2$;

(2) 凹阳台,建筑面积 $S = AB$;

（3）转角阳台，建筑面积 $S = 1/2 \times (A_1 B_1 + A_2 B_2)$。

（19）有顶盖无围护结构的车棚、货棚、站台、加油站、收费站等，应按其顶盖水平投影面积的 1/2 计算建筑面积。

例 5-13 计算如图 5-2-22 所示单柱和双柱站台的建筑面积。

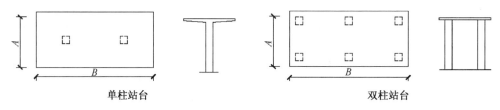

图 5-2-22 站台示意图

解：按照建筑面积计算规则，可知单柱站台和双柱站台建筑面积的计算方法一致。

单柱站台和双柱站台的建筑面积均为 $S = 1/2 \times AB$。

（20）以幕墙作为围护结构的建筑物，应按幕墙外边线计算建筑面积。

（21）建筑物的外墙外保温层，应按其保温材料的水平截面积计算，并计入自然层建筑面积。

（22）与室内相通的变形缝，应按其自然层合并在建筑物建筑面积内计算。对于高低联跨的建筑物，当高低跨内部连通时，其变形缝应计算在低跨面积内。

说明：变形缝是指防止建筑物在某些因素作用下引起开裂甚至破坏而预留的构造缝。

例 5-14 某两座高低联跨建筑分别如图 5-2-23 所示，试计算这两座建筑的建筑面积及其低跨建筑面积。

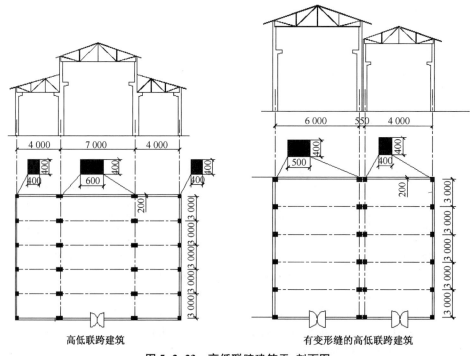

图 5-2-23 高低联跨建筑平、剖面图

解:按照高低联跨建筑面积计算规则,应以高跨结构外边线为界计算建筑面积,变形缝应计算在低跨面积内。

(1) 高低联跨建筑:高跨建筑面积 $S_1 = (15+0.4) \times (7+0.6) = 117.04\ \text{m}^2$;低跨建筑面积 $S_2 = (15+0.4) \times (4+0.2-0.3) \times 2 = 120.12\ \text{m}^2$;总建筑面积 $S = 117.04 + 120.12 = 237.16\ \text{m}^2$。

(2) 有变形缝的高低联跨建筑:高跨建筑面积 $S_1 = (15+0.4) \times (6+0.5) = 100.10\ \text{m}^2$;低跨建筑面积 $S_2 = (15+0.4) \times (4+0.55+0.2-0.25) = 69.30\ \text{m}^2$;总建筑面积 $S = 100.10 + 69.30 = 169.40\ \text{m}^2$。

(23) 对于建筑物内的设备层、管道层、避难层等有结构层的楼层,结构层高在 2.20 m 及以上的,应计算全面积;结构层高在 2.20 m 以下的,应计算 1/2 面积。

5.2.2 不计算建筑面积的范围

(1) 与建筑物内不相连通的建筑部件。

是指依附于建筑物外墙外不与户室开门连通,如起装饰作用的敞开式挑台(廊)、平台,以及不与阳台相通的空调室外机搁板(箱)等设备平台部件

(2) 骑楼、过街楼底层的开放公共空间和建筑物通道。

① 骑楼是指建筑底层沿街面后退且留出公共人行空间的建筑物;

② 过街楼是指跨越道路上空并与两边建筑相连接的建筑物;

③ 建筑物通道是指为穿过建筑物而设置的空间;

(3) 舞台及后台悬挂幕布和布景的天桥、挑台等。

是指影剧院的舞台及为舞台服务的可供上人维修、悬挂幕布、布置灯光及布景等搭设的天桥和挑台等构件设施。

(4) 露台、露天游泳池、花架、屋顶的水箱及装饰性结构构件。

露台是指设置在屋面、首层地面或雨篷上的供人室外活动的有围护设施的平台。

(5) 建筑物内的操作平台、上料平台、安装箱和罐体的平台。

是指建筑物内不构成结构层的操作平台、上料平台(包括:工业厂房、搅拌站和料仓等建筑中的设备操作控制平台、上料平台等),其主要作用为室内构筑物或设备服务的独立上人设施,因此不计算建筑面积。

(6) 勒脚、附墙柱、垛、台阶、墙面抹灰、装饰面、镶贴块料面层、装饰性幕墙,主体结构外的空调室外机搁板(箱)、构件、配件,挑出宽度在 2.10 m 以下的无柱雨篷和顶盖高度达到或超过两个楼层的无柱雨篷。

① 勒脚是指在房屋外墙接近地面部位设置的饰面保护构造。

② 附墙柱是指非结构性装饰柱。

③ 台阶是指联系室内外地坪或同楼层不同标高而设置的阶梯形踏步。

(7) 窗台与室内地面高差在 0.45 m 以下且结构净高在 2.10 m 以下的凸(飘)窗,窗台与室内地面高差在 0.45 m 及以上的凸(飘)窗。

(8) 室外爬梯、室外专用消防钢楼梯。

(9) 无围护结构的观光电梯。

（10）建筑物以外的地下人防通道，独立的烟囱、烟道、地沟、油（水）罐、气柜、水塔、储油（水）池、储仓、栈桥等构筑物。

【思考题】

1. 某厂房平面、剖面图如图 5-2-24 所示，

（1）局部二层顶部设计不上人，计算该单层厂房的建筑面积；

（2）局部二层顶部设计上人，计算该单层厂房的建筑面积。

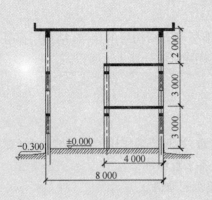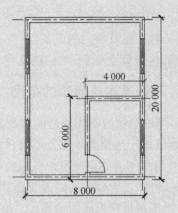

图 5-2-24　单层厂房平、剖面图

2. 某坡屋顶平面、剖面如图 5-2-25 所示，计算坡屋顶的建筑面积。

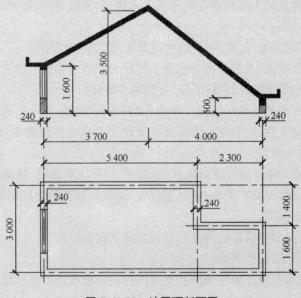

图 5-2-25　坡屋顶剖面图

3. 某办公楼平面、剖面如图 5-2-26 所示,计算该办公楼的建筑面积。

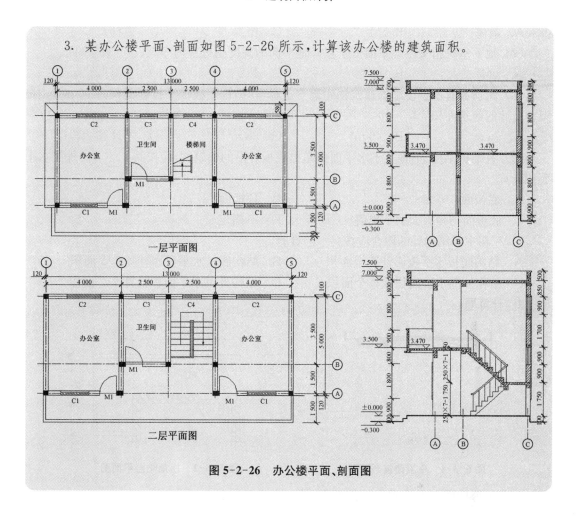

图 5-2-26　办公楼平面、剖面图

5.3　知识、技能评估

1. 选择题

(1) 建筑面积包括使用面积、辅助面积和(　　)。

A. 居住面积　　　　B. 结构面积　　　　C. 有效面积　　　　D. 净面积

(2) 建筑面积计算中,结构层高在(　　)及以上时,应计算全面积。

A. 1.20 m　　　　B. 2.10 m　　　　C. 2.20 m　　　　D. 2.40 m

(3) 对于形成建筑空间的坡屋顶,结构净高在(　　)及以下的部位不应计算建筑面积。

A. 1.20 m　　　　B. 2.10 m　　　　C. 2.20 m　　　　D. 2.40 m

(4) 对于未形成建筑空间的坡屋顶,净高为 2.20 m 的部位应计算(　　)。

A. 全面积　　　　B. 1/2 面积　　　　C. 1/4 面积　　　　D. 不计算

(5) 某 5 层建筑物,首层外墙结构外围水平面积 1 521 m²,其余楼层的外墙结构外围水平面积为 1 500 m²,总建筑面积为(　　)。

A. 7 521 m²　　　　B. 7 519 m²　　　　C. 7 500 m²　　　　D. 7 595 m²

(6) 下面属于建筑物中围护设施的是(　　)。

A. 墙体　　　　　　B. 门　　　　　　　C. 窗　　　　　　　D. 栏杆

（7）地下室是指室内地平面低于室外地平面的高度超过室内净高（　　）的房间。

A. 1/4　　　　　　B. 1/3　　　　　　C. 1/2　　　　　　D. 全部

（8）无顶盖有围护设施的建筑物间架空走廊，其结构底板水平投影面积为 76 m²，则该架空走廊的建筑面积为（　　）。

A. 76 m²　　　　　B. 40 m²　　　　　C. 38 m²　　　　　D. 不计算

（9）有维护结构、不垂直于水平面而超出底板外沿的建筑物，应按其（　　）的外围水平面积计算。

A. 底板面　　　　　　　　　　　　　B. 顶板面

C. 底板面与顶板面的平均值　　　　　D. 不确定

（10）在主体结构外的阳台应按（　　）计算。

A. 结构底板水平投影计算全面积　　　B. 结构底板水平投影计算 1/2 面积

C. 结构外围水平面积计算全面积　　　D. 结构外围水平面积计算 1/2 面积

2. 计算题

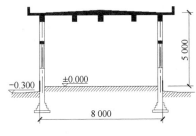

图 5-3-1　单层建筑剖面图

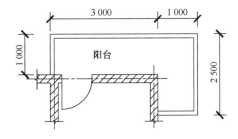

图 5-3-2　拐角阳台平面图

（1）计算如图 5-3-1 单层建筑面积，其山墙间距为 20 m。

（2）计算如图 5-3-2 阳台的建筑面积。

6　工程案例施工图

6.1　建筑施工图

6.1.1　设计说明

1. 设计依据

（1）本工程的建设审批单位对方案设计的批复。

（2）城市建设规划管理部门对本工程方案设计的审批意见。

（3）消防、人防、园林等有关主管部门对本工程方案设计的审批意见。

（4）经批准的本工程方案设计文件，建设方的意见及提供的工艺布置图。

（5）现行的国家有关建筑设计规范、规程和规定。

2. 工程概况

（1）建筑名称：××住宅楼。

（2）建设单位：××开发公司。

（3）建设地点：××市××路××号。

（4）建筑等级：本工程为6层单元式住宅，建筑耐火等级为二级。

（5）建筑使用年限：50年。

（6）结构形式：框架结构体系。

（7）抗震设防烈度：6度。

（8）防水等级：建筑屋面防水等级为Ⅲ级。

（9）建筑面积：约为957 m^2。

（10）建筑高度：建筑6层，建筑高度21.20 m。

（11）建筑在总平面内的位置及与原有建筑的相对位置，详见总平面图中有关标注。

3. 设计总则

（1）黄海标高：本工程所注±0.000标高，详见总平面施工图，室内外高差450 mm。

（2）图中所注尺寸以"mm"为单位，标高以"m"为单位。

（3）图纸所注地面、楼面、楼梯平台均为建筑完成面标高。屋面标高详见大样图，门顶及窗洞口标高为结构留洞口标高。

（4）图中主要部位材料做法另见建筑面层做法表和门窗表，另凡施工及验收规范（如屋面、砌体、地面、门窗等）已对建筑物所用材料、规格、施工要求及验收规范等有规定者，本说明不再重复，均按有关现行规范执行。

（5）设计中采用标准图、通用图，不论采用其局部节点或全部详图，均应按照该图集及各图纸说明和要求,全面配合施工。

(6) 所有与工艺、给排水、强弱电、空调通风、燃气动力等专业有关的预埋件、预留孔洞,施工时必须与相关专业的图纸密切配合施工。

(7) 凡本说明规定的各项内容,在设计图中另有说明时,应按具体设计图的要求施工。

4. 节能设计

本工程节能根据夏热冬冷地区居住建筑节能设计规范进行设计。

5. 墙体工程

(1) 墙体的基础部分见结构施工图。

(2) 外墙材料为 B06 级蒸压加气混凝土块,内墙材料为 B05 级加气混凝土块(各墙体分布见平面标注、材料及砂浆强度等级见结构施工图设计总说明)。

(3) 墙体封堵及预留洞见建筑施工图和设备图,砌筑墙体预留洞过梁见结构施工 图说明。预留洞的封堵、预留洞待管道设备安装完毕后用 C15 细石混凝土填实。

6. 门窗工程

(1) 门窗玻璃的选用应遵照建筑玻璃应用技术规程和建筑安全玻璃管理规定等有关规定。

(2) 门窗立面均表示洞口尺寸,门窗加工尺寸要按照装修面厚度由承包商予以调整。

(3) 门窗立面、外门窗立面详见墙身节点图,内门窗立面除图中另有注明者外,双向平开门立墙中线,单向平开门立开启方向墙面齐平。

(4) 门窗详见门窗表、详图及附注。

(5) 玻璃按节能要求应用 16 mm 厚(5 mm+6 mm+5 mm)中空玻璃,门、窗框厚度均取为 80 mm。

7. 外装修工程

(1) 外装修设计和做法索引见立面图及建筑面层做法表。

(2) 外装修选用的各项材料其材质、规格、颜色等,均由施工单位提供样板,经建设和设计单位确认后进行封样,并据此验收。

(3) 外墙窗台、窗户、雨篷、阳台、压顶和突出的腰线等,除具体设计有要求外均在上面做流水坡度,下面做滴水线,滴水线的宽度和深度应不小于 10 mm,且整齐平滑。

8. 内装修工程

(1) 内装修工程执行《建筑内部装修设计防火规范》,楼地面部分执行《建筑地面设计规范》等。

(2) 楼地面构造交接处和地坪高度变化处,除图中另有注明者外均位于齐平门扇开启面处。

(3) 室内墙、柱、门窗洞等阳角均做 20 mm 厚 1:2 水泥砂浆暗护角线,其高度不低于 2 m,每侧宽度不小于 50 mm。内窗台除注明外均做 1:2 水泥砂浆粉面,并做 50 mm 宽护角线。

(4) 建筑物楼层的外窗台,离楼面的高度不足 900 mm,在室内靠窗一侧应设置防护栏杆,详见具体设计。

(5) 钢筋混凝土内墙面、柱面、楼板面、楼板顶在做粉刷前,先做界面处理剂 1 遍以保证粉刷质量。

（6）凡外露铁件均红丹打底除注明外均为白色金属漆罩面。

（7）凡入墙或接触墙的木构件均需涂防腐油两道。

（8）木门均底漆 1 遍米黄色调和漆两道,楼梯木扶手均底漆 1 遍、栗壳色调和漆 2 遍。

（9）凡设有地漏房间应做防水层,图中未注明整个房间做坡度者均在地漏周围 1 m 范围内做 1‰～2‰坡度坡向地漏,有水房间的楼地面应低于相邻房间 50 mm。

（10）本建筑的二次装修不在本次设计范围,其内装修需另行设计,内装设计应与本工程的建筑结构及水、电、暖通等工种的设计图纸协调配合。如对本设计有重大改动应及时通知,并须征得设计人的同意。

（11）内装修选用的各项材料,均由施工单位制作样板和选样,经确认后进行封样,并据此进行验收。

9. 油漆涂料工程

（1）除特殊注明外,所有钢制构件配件不露面部分须刷防锈底漆 2 遍,露面部分经除锈后刷防锈底漆 2 遍、面漆 2 遍,所用面漆为环氧树脂、底漆与面漆应匹配,干漆膜总厚度室外不小于 150 μm,室内不小于 125 μm。

（2）木制构件,配件均刷中灰色调合漆"一底二度",不露面木制品与砌体接触部分均满涂防腐油。

（3）塑钢门窗为绿色,栏杆为中灰色,木扶手为栗壳色。

（4）外墙涂料或面砖色彩见设计图。

（5）建筑物及构件的色彩均应由施工单位根据设计要求预先制作样板,并同建设方及设计院共同研究确定才能大面积施工。

10. 室外工程（室外设施）

室外台阶、坡道、散水等做法见苏 J08—2006。

11. 其他

（1）工程施工安装必须严格遵守各项施工及验收规范,土建施工队与安装工程队密切配合,施工安装前先要全面清楚了解有关工种设计内容、设计要求（包括基础结构部分施工）,并协助设计单位发现设计中存在的错、漏、碰、缺等问题,及时得到纠正,以保证工程进展和施工安装质量。

（2）本图所标注的各种留洞与预埋件应与各工种密切配合后,确认无误方可施工。

（3）施工中应严格执行国家各项施工质量验收规范。

（4）所有卧室空调洞口除注明外中心距地面 2.0 m,直径 80 mm;客厅空调洞口距地面 0.2 m,直径 80 mm;热水器洞口中心距地面 2.1 m,直径 120 mm,油烟机洞口中心距地面 2.3 m,直径 180 mm。

6.1.2 建筑面层做法

1. 地面:水泥砂浆地面

①10 mm 厚 1∶2 水泥砂浆面层;②20 mm 厚 1∶3 水泥砂浆找平层;③刷素水泥浆一道;④C15 素混凝土垫层 120 mm 厚;⑤碎石垫层 100 mm 厚夯实;⑥素土分层夯实。

2. 楼面:水泥砂浆楼面（包括楼梯间楼面）

①10 mm 厚 1∶2 水泥砂浆面层;②20 mm 厚 1∶3 水泥砂浆找平层;③刷素水泥浆一道

（加 5％的 108 胶）；④钢筋混凝土结构板面。

3. 楼面：地砖楼面（用于厨、卫楼面）

①300 mm×300 mm 地面砖用 1∶2 水泥细砂浆粘贴；②20 mm 厚 1∶3 水泥砂浆找平层；③聚氨酯防水涂料 2 遍，厚 2.0 mm 无纺布增强，反边高 300 mm；④15 mm 厚 1∶3 水泥砂浆找平；⑤刷素水泥浆 1 遍；⑥钢筋混凝土结构板面。

4. 踢脚：水泥踢脚 120 mm 高（用于卫生间及厨房以外所有内墙）

①8 mm 厚 1∶2 水泥砂浆罩面压实赶光；②12 mm 厚 1∶3 水泥砂浆打底扫毛；③墙体。

5. 内墙：乳胶漆内墙面（用于除卫生间及厨房以外所有内墙）

①批白水泥腻子 2 遍，刷白色乳胶漆 2 遍；②5 mm 厚 1∶0.3∶3 水泥石灰砂浆；③15 mm 厚 1∶1∶6 水泥石灰砂浆打底；④专用界面剂；⑤墙体。

6. 内墙：面砖块料墙面（用于卫生间及厨房）

①5 mm 厚 200 mm×300 mm 面砖白水泥擦缝；②8 mm 厚 1∶0.1∶2.5 混合砂浆黏结层；③12 mm 厚 1∶3 水泥砂浆打底；④专用界面剂；⑤墙体。

7. 外墙：高档外墙弹性涂料（颜色及高度见立面）

①底漆 1 遍，外墙高档弹性涂料 2 遍；②外墙抗裂腻子 2 遍；③8 mm 厚 1∶2 水泥砂浆粉面；④12 mm 厚 1∶3 水泥砂浆打底；⑤紧贴砂浆表面压入一层耐碱玻纤网格布；⑥4 mm 厚聚合物抗裂砂浆；⑦专用界面剂；⑧墙体。

8. 阳台、雨篷等：高档外墙晴雨漆（颜色及高度见立面）

①底漆 1 遍，外墙高档弹性涂料 2 遍；②外墙抗裂腻子 2 遍；③8 mm 厚 1∶2.5 水泥砂浆粉面；④12 mm 厚 1∶3 水泥砂浆打底；⑤素水泥浆 1 遍；⑥混凝土基层。

9. 顶棚：乳胶漆顶棚

①钢筋混凝土板底；②素水泥浆（内加 10％的 901 胶）1 遍；③6 mm 厚 1∶0.3∶0.3 混合砂浆打底；④6 mm 厚 1∶0.3∶0.3 混合砂浆面层；⑤批 2 遍白水泥腻子；⑥白色高档乳胶漆 2 遍。

10. 顶棚：铝合金方板天棚吊顶（用于卫生间及厨房），板底至吊顶面层 200 mm

①钢筋混凝土板底；②ϕ6 天棚钢吊筋；③铝合金（嵌入式）方板龙骨（不上人型）面层规格 600 mm×600 mm；④铝合金（嵌入式）方板天棚面层 600 mm×600 mm 厚 0.6 mm。

11. 屋面：坡屋面（用于所有坡屋面）

①蓝灰色水泥瓦屋面；②挂瓦条 30 mm×25 mm，中距按瓦材规格；③顺水条 30 mm×25 mm，中距 500 mm；④25 mm 厚聚苯板保温层，嵌入顺水条间；⑤35 mm 厚 C15 细石混凝土（配 ϕ4@150 mm×150 mm 钢筋网）；⑥SBS 改性沥青防水卷材厚 3 mm，反边高 250 mm；⑦SBS 基层处理剂 1 遍；⑧15 mm 厚 1∶3 水泥砂浆找平层；⑨现浇钢筋混凝土屋面板；⑩板底抹灰。

注：屋面坡度大于 1∶2 时，全部瓦材均应采取固定加强措施，屋面坡度为 1∶2～1∶3 时，檐沟（口）处的两排瓦和屋脊两侧的一排瓦应采取固定加强措施。

12. 屋面：平屋面

①35 mm 厚 C15 细石混凝土（配 ϕ4@150 mm×150 mm 钢筋网）；②SBS 改性沥青防水卷材厚 3 mm，反边高 250 mm；③SBS 基层处理剂 1 遍；④15 mm 厚 1∶3 水泥砂浆找平层；⑤25 mm 厚聚苯板保温层；⑥冷底子油 2 遍隔汽层，反边高 250 mm；⑦15 mm 厚 1∶3 水泥

砂浆找平层;⑧现浇钢筋混凝土屋面板。

注:刚性屋面6 m间隔缝宽20 mm,油膏嵌缝。

6.1.3　图纸目录

表6-1-1　建筑施工图纸目录

序号	图　号	图纸名称	图幅
1	建施-01	门窗表及厨卫详图	A4
2	建施-02	车库层平面图	A4
3	建施-03	一层平面图	A4
4	建施-04	2~6层平面图	A4
5	建施-05	屋顶平面图	A4
6	建施-06	①-⑬立面图	A4
7	建施-07	⑬-①立面图	A4
8	建施-08	Ⓐ-Ⓙ立面图	A4
9	建施-09	Ⓙ-Ⓐ立面图	A4
10	建施-10	I-I剖面图	A4
11	建施-11	阳台立面详图	A4
12	建施-12	阳台平面详图	A4
13	建施-13	屋面构架平面详图	A4
14	建施-14	1-1剖面详图	A4
15	建施-15	3-3剖面详图	A4
16	建施-16	入口及腰线详图	A4
17	建施-17	5-5剖面及檐沟详图	A4
18	建施-18	2-2剖面、凸窗及山墙封檐详图	A4
19	建施-19	空调板详图	A4

6.1.4 施工图

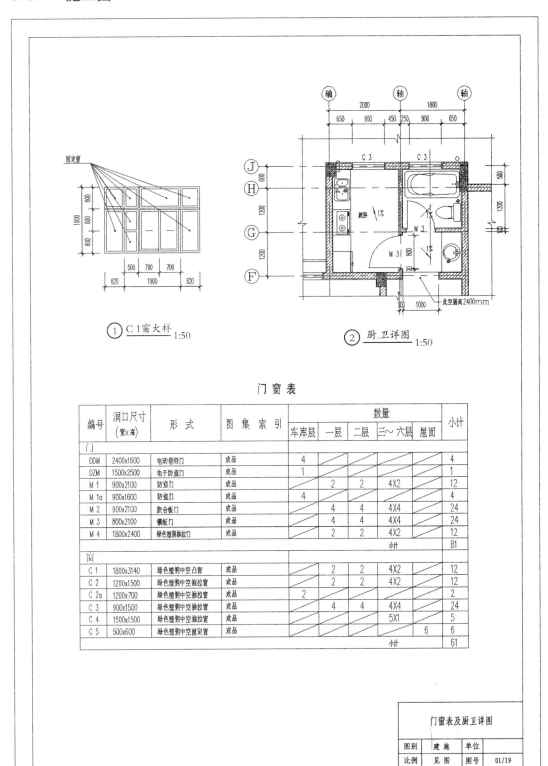

① C 1窗大样 1:50

② 厨.卫详图 1:50

门 窗 表

编号	洞口尺寸 (宽×高)	形 式	图集索引	数量					小计
				车库层	一层	二层	三~六层	屋面	
门									
DDM	2400×1600	电动卷帘门	成品	4					4
DZM	1500×2500	电子防盗门	成品	1					1
M 1	900×2100	防盗门	成品		2	2	4X2		12
M 1a	900×1600	防盗门	成品	4					4
M 2	900×2100	胶合板门	成品		4	4	4X4		24
M 3	800×2100	镶板门	成品		4	4	4X4		24
M 4	1800×2400	绿色塑钢推拉门	成品		2	2	4X2		12
								小计	81
窗									
C 1	1800×3140	绿色塑钢中空凸窗	成品		2	2	4X2		12
C 2	1200×1500	绿色塑钢中空推拉窗	成品		2	2	4X2		12
C 2a	1200×700	绿色塑钢中空推拉窗	成品	2					2
C 3	900×1500	绿色塑钢中空推拉窗	成品		4	4	4X4		24
C 4	1500×1500	绿色塑钢中空推拉窗	成品				5X1		5
C 5	500×600	绿色塑钢中空固定窗	成品					6	6
								小计	61

门窗表及厨卫详图		
图别	建 施	单位
比例	见 图	图号	01/19

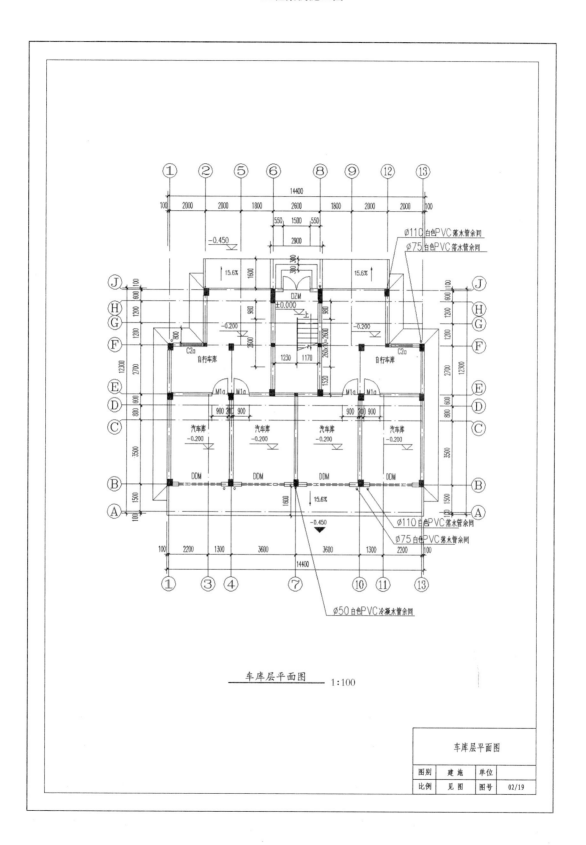

车库层平面图 1:100

车库层平面图		
图别	建 施	单位
比例	见 图	图号 02/19

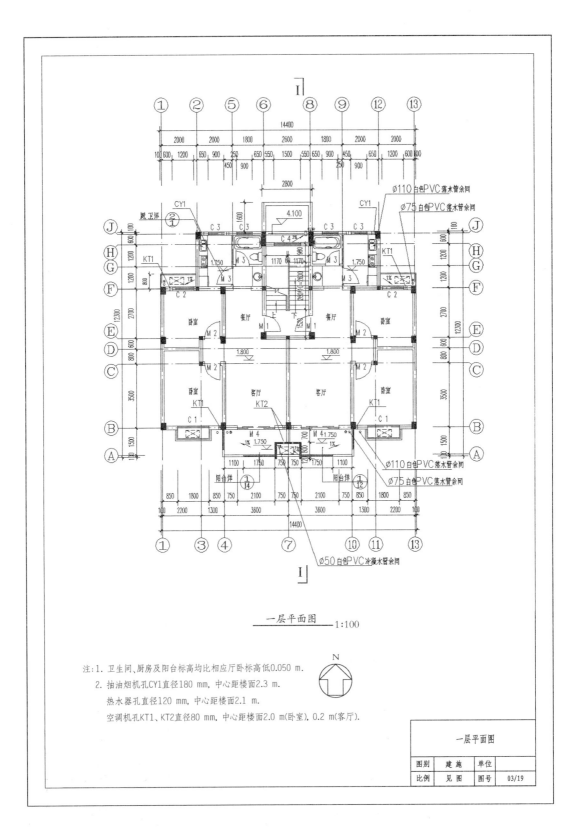

一层平面图 —— 1:100

注：1. 卫生间、厨房及阳台标高均比相应厅卧标高低0.050 m.
　　2. 抽油烟机孔CY1直径180 mm，中心距楼面2.3 m.
　　　热水器孔直径120 mm，中心距楼面2.1 m.
　　　空调机孔KT1、KT2直径80 mm，中心距楼面2.0 m(卧室)，0.2 m(客厅).

	一层平面图	
图别	建　施	单位
比例	见　图	图号 03/19

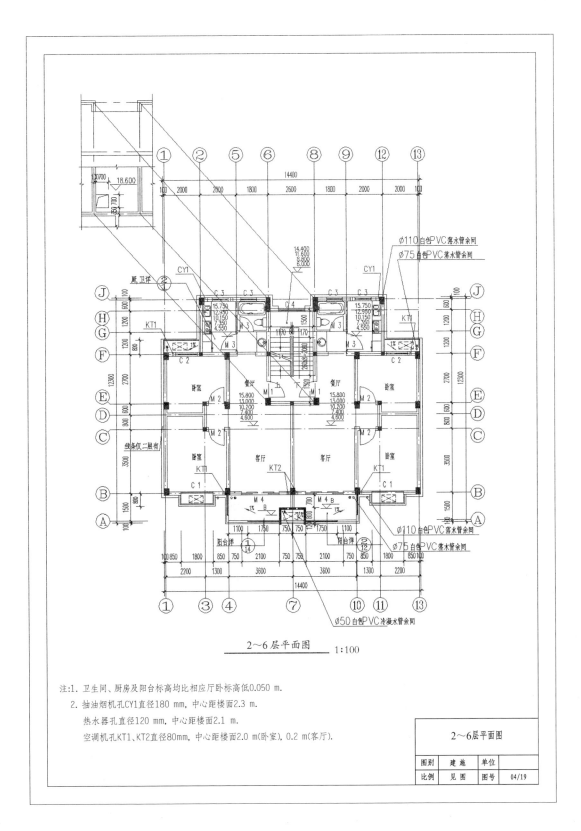

2～6层平面图　　1:100

注:1. 卫生间、厨房及阳台标高均比相应厅卧标高低0.050 m.
　　2. 抽油烟机孔CY1直径180 mm, 中心距楼面2.3 m.
　　　热水器孔直径120 mm, 中心距楼面2.1 m.
　　　空调机孔KT1、KT2直径80mm, 中心距楼面2.0 m(卧室), 0.2 m(客厅).

2～6层平面图		
图别	建　施	单位
比例	见　图	图号　04/19

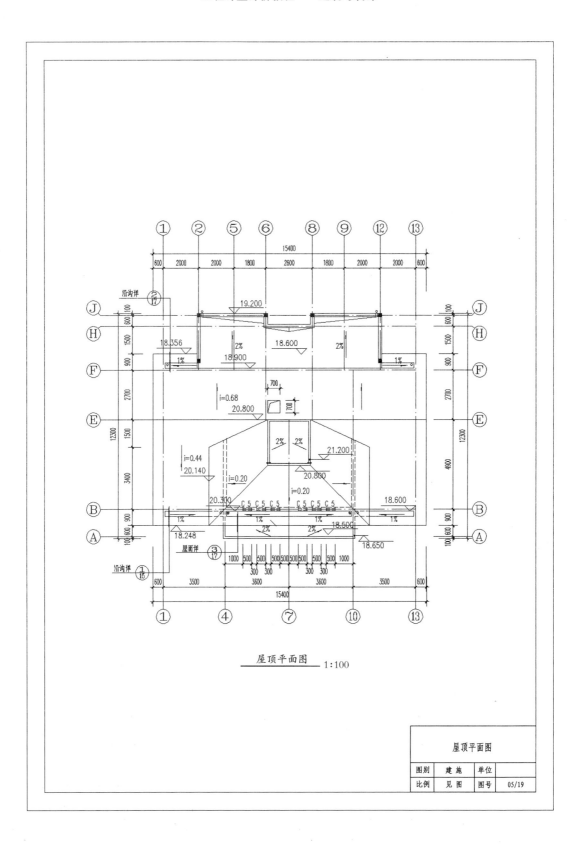

屋顶平面图 ── 1:100

图别	建施	单位	
比例	见 图	图号	05/19

屋顶平面图

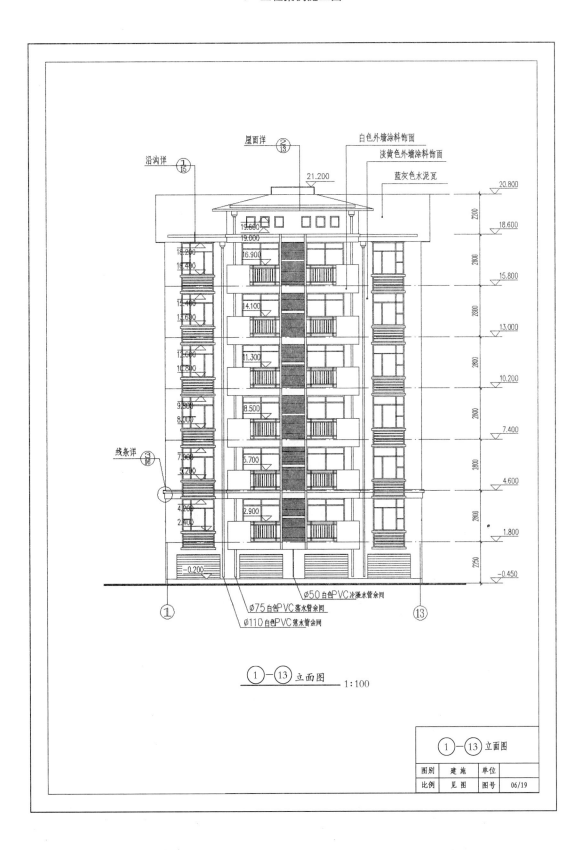

屋面详 ②/13

白色外墙涂料饰面

淡黄色外墙涂料饰面

蓝灰色水泥瓦

沿沟详 ①/15

线条详 ③/16

21.200

20.800

2200

19.600
19.000

18.600

18.200
16.400

16.900

2800

15.800

15.400
13.600

14.100

2800

13.000

12.600
10.800

11.300

2800

10.200

9.900
8.000

8.500

2800

7.400

7.000
5.200

6.700

2800

4.600

4.200
2.400

2.900

2800

1.800

−0.200

2250

−0.450

Ø50白色PVC冷凝水管余间

Ø75白色PVC落水管余间

Ø110白色PVC落水管余间

① ⑬

$\underline{①—⑬ 立面图}$　1:100

①—⑬ 立面图		
图别	建 施	单位	
比例	见 图	图号	06/19

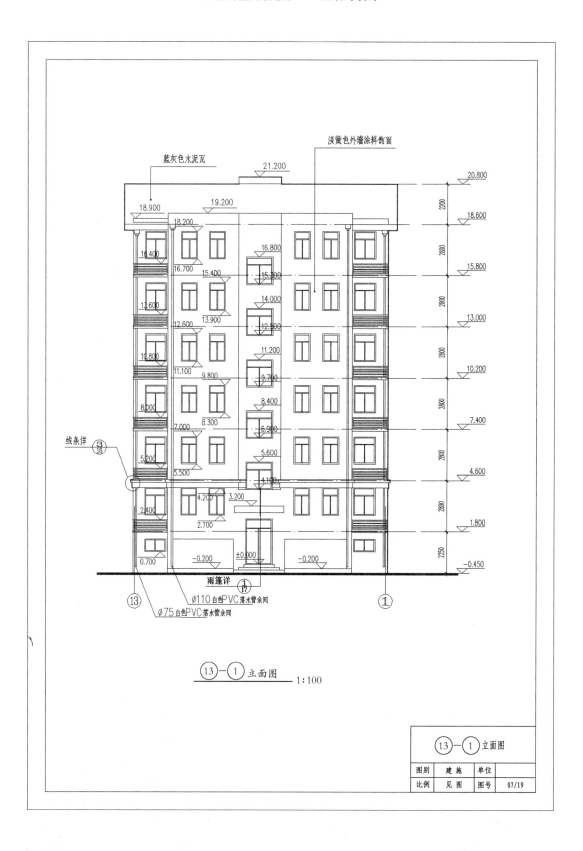

淡黄色外墙涂料饰面

蓝灰色水泥瓦

线条详

雨篷详

Ø110白色PVC落水管余同
Ø75白色PVC落水管余同

$\underline{⑬-①\ \text{立面图}}$ 1:100

⑬—① 立面图		
图别	建施	单位
比例	见图	图号 07/19

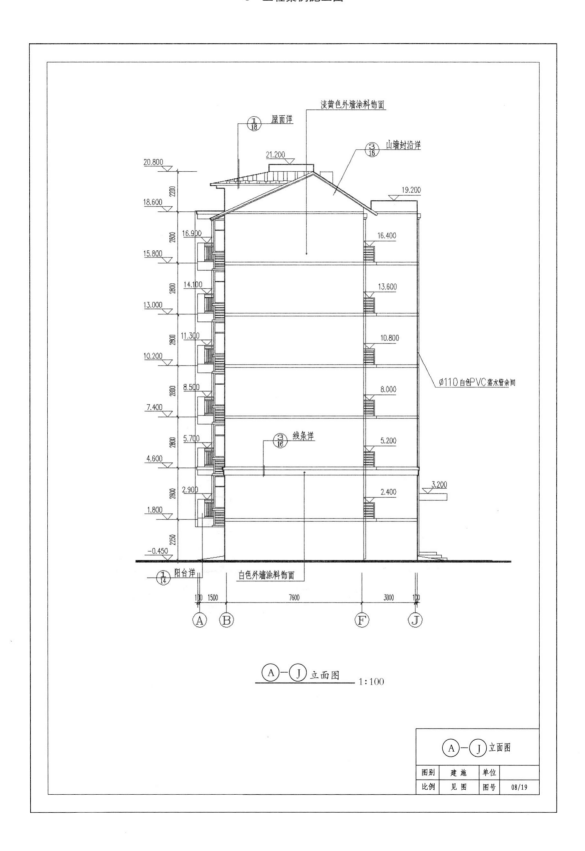

(A)—(J) 立面图 1:100

淡黄色外墙涂料饰面
① 屋面详
18
③ 山墙封沿详
18
21.200
20.800
18.600
16.900
15.800
14.100
13.000
11.300
10.200
8.500
7.400
5.700
4.600
2.900
1.800
-0.450
19.200
16.400
13.600
10.800
8.000
5.200
2.400
3.200
∅110白色PVC落水管余同
③ 线条详
16
① 阳台详
14
白色外墙涂料饰面

(A) (B) (F) (J)

	(A)—(J) 立面图	
图别	建 施	单位
比例	见 图	图号 08/19

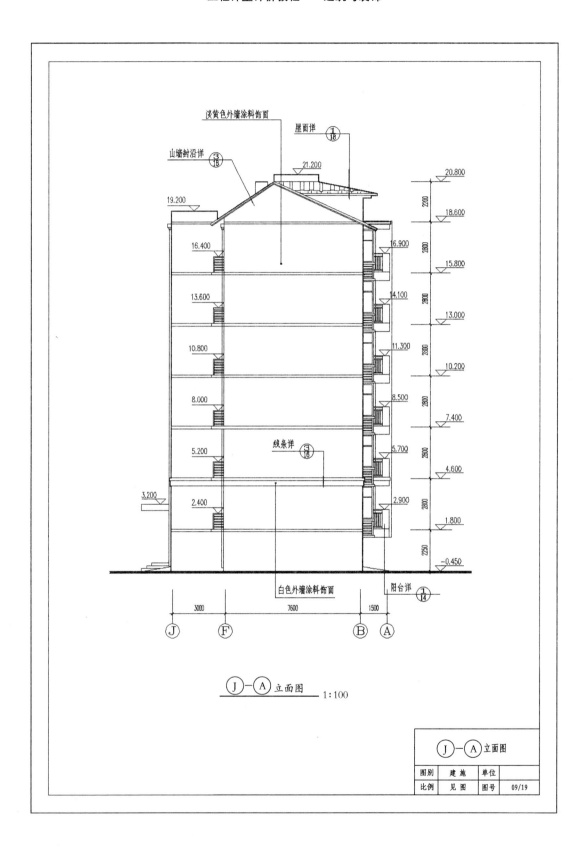

淡黄色外墙涂料饰面

屋面详 $\frac{1}{18}$

山墙封沿详 $\frac{3}{18}$

21.200

20.800

19.200

18.600

16.400　16.900

13.600　14.100

10.800　11.300

线条详 $\frac{3}{18}$

8.000　8.500

5.200　5.700

3.200　2.400　2.900

1.800

-0.450

白色外墙涂料饰面

阳台详 $\frac{1}{14}$

3000　7600　1500

Ⓙ　Ⓕ'　Ⓑ　Ⓐ

Ⓙ－Ⓐ 立面图　1:100

Ⓙ－Ⓐ 立面图

图别	建 施	单位	
比例	见 图	图号	09/19

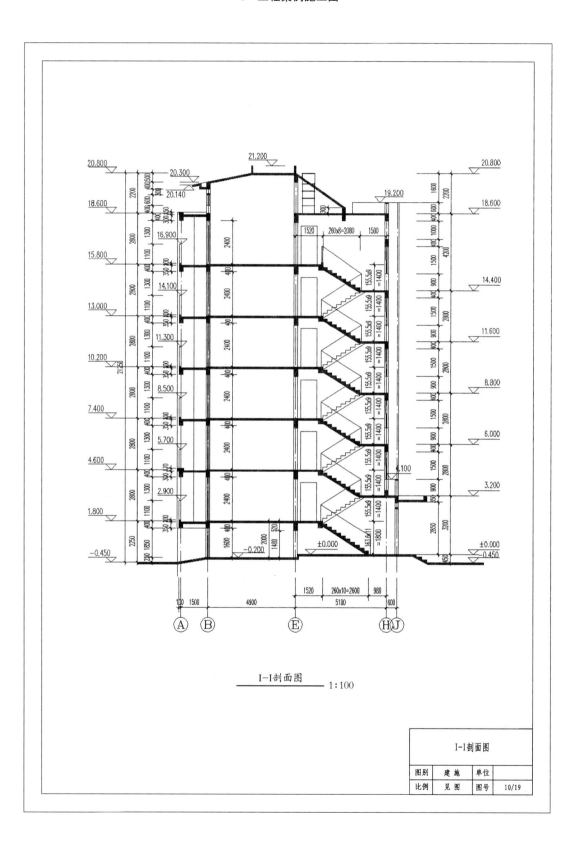

I-I剖面图 ———— 1:100

I-I剖面图		
图别	建 施	单位
比例	见 图	图号 10/19

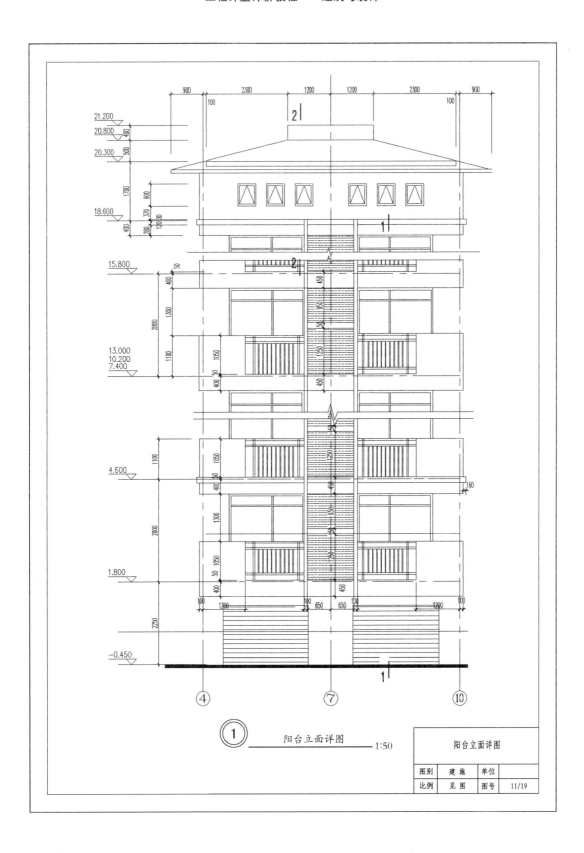

阳台立面详图 1:50

图别	建 施	单位	
比例	见 图	图号	11/19

阳台立面详图

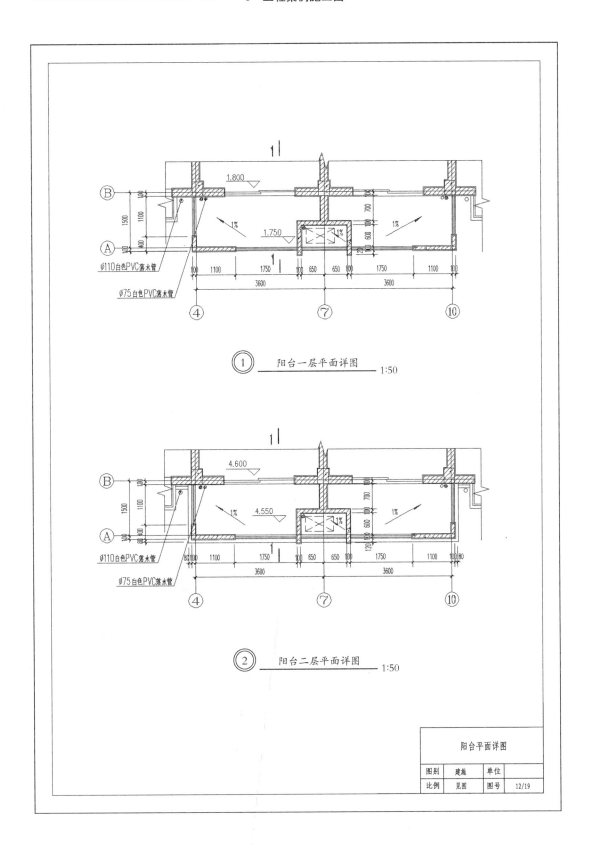

Ø110白色PVC落水管

Ø75白色PVC落水管

① 阳台一层平面详图 ——— 1:50

Ø110白色PVC落水管

Ø75白色PVC落水管

② 阳台二层平面详图 ——— 1:50

阳台平面详图		
图别	建施	单位	
比例	见图	图号	12/19

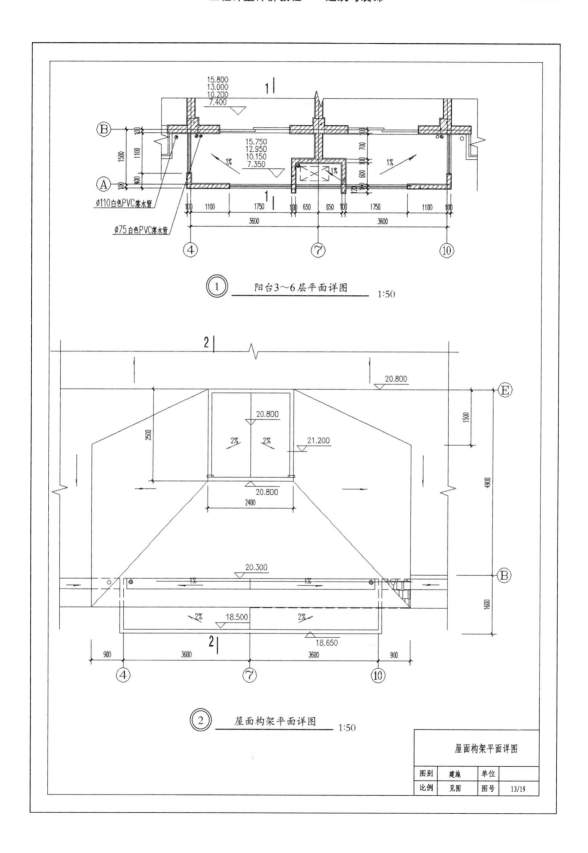

15.800
13.000
10.200
7.400

15.750
12.950
10.150
7.350

∅110白色PVC落水管

∅75白色PVC落水管

① 阳台3~6层平面详图　1:50

20.800

20.800

21.200

20.800

20.300

18.500

18.650

② 屋面构架平面详图　1:50

屋面构架平面详图			
图别	建施	单位	
比例	见图	图号	13/19

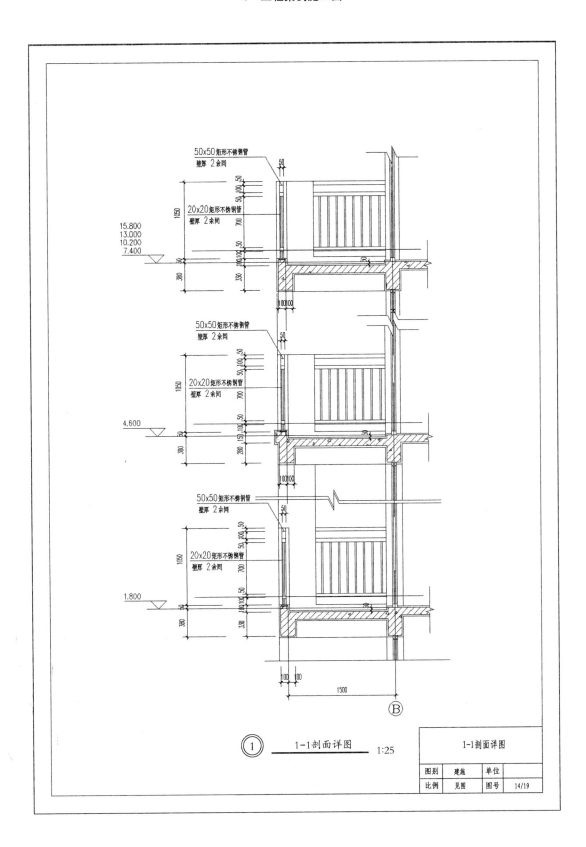

① <u>1-1剖面详图</u> 1:25

1-1剖面详图		
图别	建施	单位
比例	见图	图号 14/19

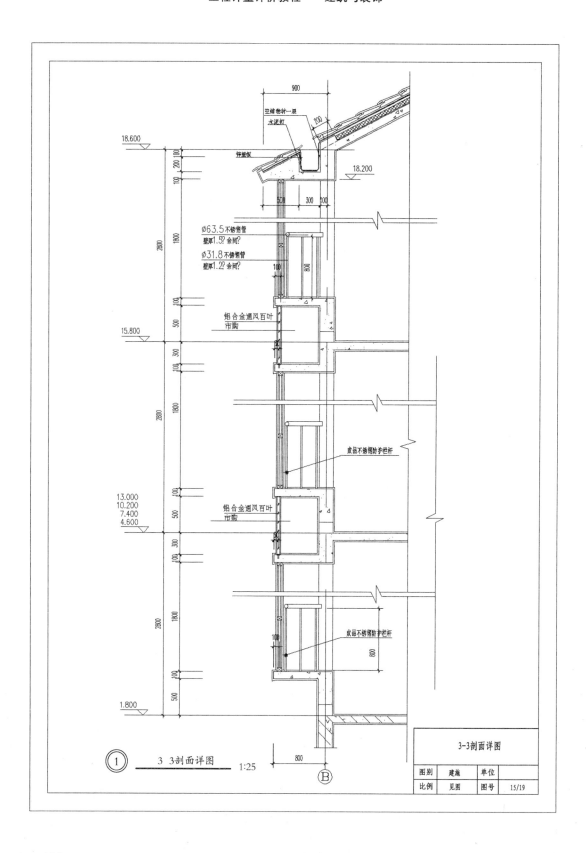

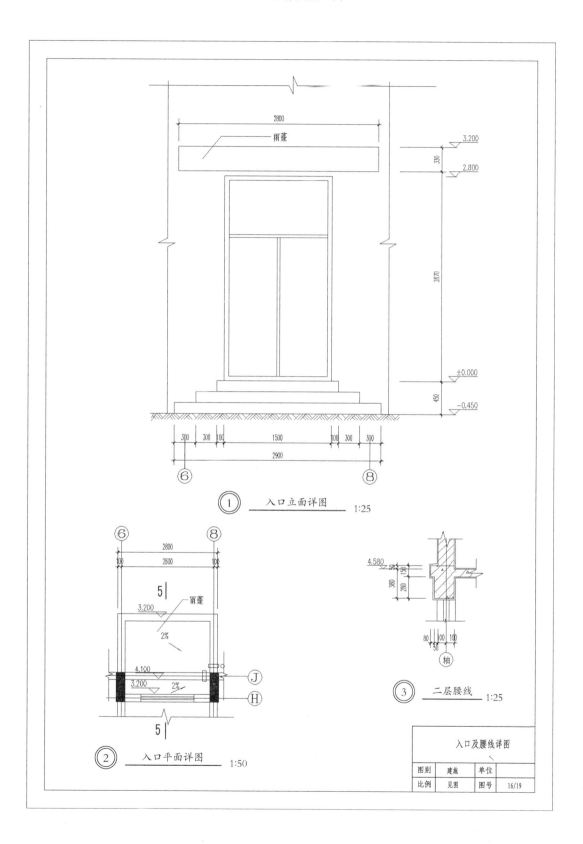

① 入口立面详图 1:25

② 入口平面详图 1:50

③ 二层腰线 1:25

入口及腰线详图		
图别	建施	单位	
比例	见图	图号	16/19

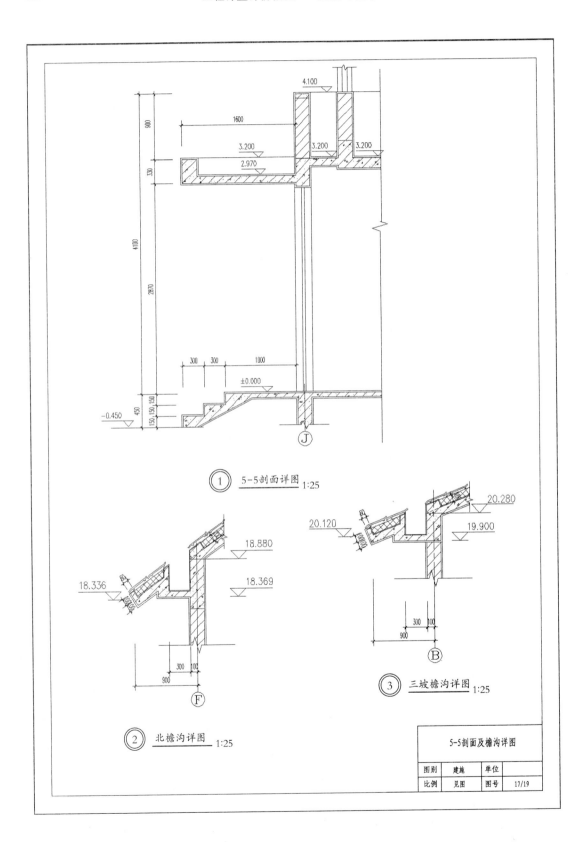

① 5-5剖面详图 1:25

③ 三坡檐沟详图 1:25

② 北檐沟详图 1:25

5-5剖面及檐沟详图		
图别	建施	单位	
比例	见图	图号	17/19

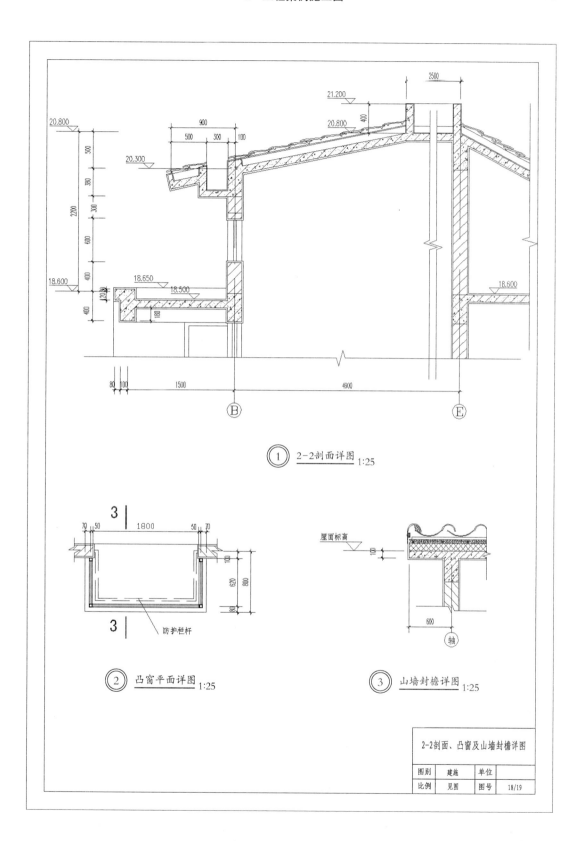

① 2-2剖面详图 1:25

② 凸窗平面详图 1:25

③ 山墙封檐详图 1:25

防护栏杆

屋面标高

2-2剖面、凸窗及山墙封檐详图

图别	建施	单位	
比例	见图	图号	18/19

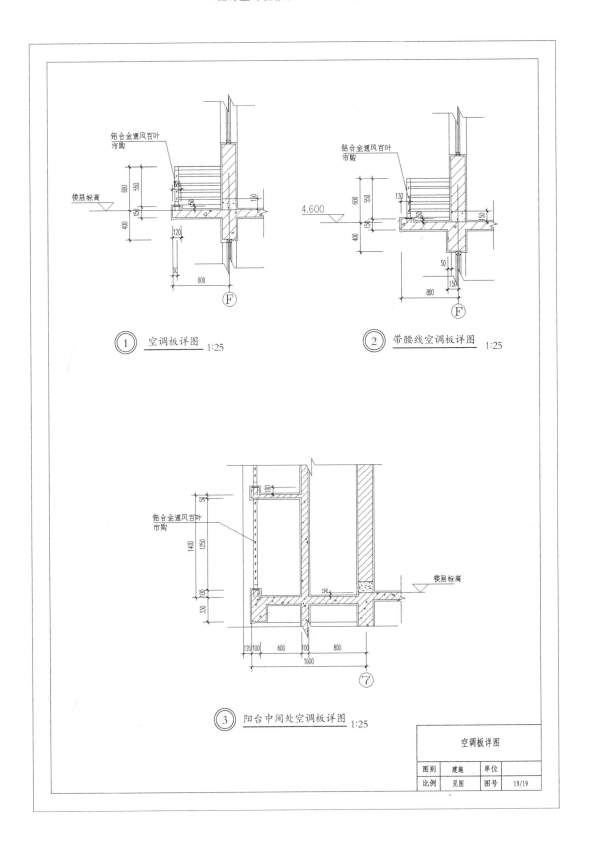

① 空调板详图 1:25

② 带腰线空调板详图 1:25

③ 阳台中间处空调板详图 1:25

空调板详图			
图别	建施	单位	
比例	见图	图号	19/19

6.2 结构施工图

6.2.1 设计说明

1. 总则

(1) 本工程主要使用功能:住宅。

(2) 本工程结构形式:框架结构。

抗震设防烈度:6度;抗震设防类别:丙类;框架抗震等级:4级;设计地震分组:第一组;建筑场地类别:Ⅱ类;上部混凝土结构的环境类别:一类;基础混凝土结构的环境类别:二a类;地基基础设计等级:丙级;建筑结构的安全等级:二级;设计使用年限为50年;基本风压:0.40kN/m²;地面粗糙度类别:B类;基本雪压:0.45kN/m²;采用中国建筑科学研究院研发的 PKPM 系列结构软件进行结构计算。

(3) 本工程活荷载取用情况如下:

阳台:2.5kN/m²;卫生间:4.0 kN/m²;上人屋面:2.0 kN/m²;不上人屋面:0.5 kN/m²;其他均为:2.0 kN/m²;使用荷载及施工堆载均严禁超过上述取值。

(4) 设计图中的尺寸,除注明者外,均以"mm"为单位,标高均以"m"为单位。

2. 基础结构设计

(1) 本工程的地质勘察报告由"××勘察设计研究院"提供,地下水对钢筋无腐蚀性。

(2) 具体设计及说明见有关基础部分图纸。

3. 上部结构混凝土工程部分

(1) 总则

① 材料

混凝土等级:除基础垫层为 C15 外,其余均为 C30。

钢筋:HPB300 级钢筋和 HRB335 级钢筋。

② 未注明受力钢筋的最小锚固长度 L_{aE}、最小搭接长度 L_{lE}、最小保护层厚度(从钢筋外边缘算起)、钢筋的接头、混凝土的自然养护等按 11G101-1《混凝土结构施工图平面整体表示方法制图规则和构造详图》等相关规定执行。

③ 拆模时间按下列要求进行:悬挑构件,跨度大于 8 m 的梁及短向跨度大于 4 m 的板,均应达到设计的混凝土强度标准值的 100%后拆模;其余构件均应达到设计的混凝土强度标准值的 75%后拆模。

④ 支模时按下列要求起拱:板短向跨度大于 4 m 时,起拱 1/400;梁跨度大于 4 m 时,起拱 1/500;梁跨度大于 6 m 时,起拱 3/1 000。

⑤ 凡混凝土构件与门窗、吊顶、卫生设备及各类管卡、支架的连接均应采取预埋件方式连接。

(2) 现浇板

① 板内未注明绑扎钢筋规定如下:$\phi6@200$。

② 板内钢筋的搁置规定:双向板板底钢筋,短向受力钢筋放于下层,长向受力钢筋放于上层;单向板板底钢筋,短向受力钢筋放于下层,长向分布钢筋放于上层;板面钢筋的搁置应

采取可靠措施,浇注混凝土前应复查板面钢筋位置,清理后浇注混凝土。

③ 板内分布钢筋锚入支座内 $5d$。

④ 楼板开洞小于 300 mm 时,若图中未特别注明,板上钢筋可从洞边绕过,不另设附加钢筋。

⑤ 板厚大于或等于 120 mm 及短向跨度大于 4 m 的双向板四角及所有端跨板阳角处板面均另设抗扭筋见图七。

⑥ 板中穿线管处无板负筋时板设加铁见图八*,严禁线管置于板底筋之下。

⑦ 板底纵向筋伸至梁中心线且$\geqslant 5d$。

(3) 现浇梁

① 本图采用梁平面整体配筋图画法,表达方式为平面注写方式。

② 梁平面整体配筋图制图规则详见 11G101-1《混凝土结构施工图平面整体表示方法制图规则和构造详图》中所述。

③ 施工中注意平面画法应与相应的构造详图配合施工。

(4) 现浇柱

① 本图采用柱平面整体配筋图画法,表达方式为列表注写方式。

② 柱平面整体配筋图制图规则详见 11G101-1《混凝土结构施工图平面整体表示方法制图规则和构造详图》中所述。

③ 施工中注意平面画法应与相应的构造详图配合施工。

4. 填充墙砌体结构部分

(1) 框架填充墙采用加气混凝土砌块。

(2) 填充墙砌体的产品规格,检验以及施工要求均应满足相关规定和要求。

(3) 各部分砌体砖标号及砂浆标号如下:

① −0.200 以下,M10 水泥砂浆砌筑 MU10 的 KM1 多孔砖;

② −0.200 以上的外墙,薄层砂浆砌筑 B06 级蒸压加气混凝土块;

③ −0.200 以上的内墙,薄层砂浆砌筑 B05 级蒸压加气混凝土块;

④ 女儿墙:M10 水泥砂浆砌筑 MU10 的 KM1 多孔砖。

(4) 填充墙与梁、板、柱的连接按规定施工。

① 墙长超过 5 m 的在中部增设 GZ,即柱距不大于 5 m;

② 墙高超过 4 m 的在中部增设 QL。

(5) 女儿墙每隔 3.5 m 设女儿墙构造柱 NGZ,压顶详大样。

(6) 图中未注明过梁(过梁上应无集中荷载),按以下规定施工:

① 门窗洞口宽度 $L<1\,500$ mm 时,过梁见图一,$L=L_0+500$;

② 门窗洞口宽度 $1\,500\,\text{mm}\leqslant L<2\,100$ mm 时,过梁见图二;

③ 门窗洞口宽度 $L\geqslant 2\,100$ mm 时,过梁见图三;

④ 当门窗洞顶离结构梁(或板)的高度小于上述各过梁的高度时,则过梁与结构梁(或板)浇成整体,见图四;

⑤ L_0为门窗洞口净宽度。

※ 是指结构施工图中"大样图一"和"大样图二"中的图一至图八。

5. 其他

（1）本结构施工图应与建筑、电气、给排水等专业的施工图密切配合，及时铺设各管线及套管，核对无误后进行下部施工。

（2）本工程楼面及屋面使用功能不得随意变动，若有变动应及时与设计单位联系。

（3）避雷：避雷接地详见电施工图有关节点构造，土建施工中应配合好接地和上部连接的处理。

（4）凡卫生间、厨房、盥洗间等四周墙体均设高 150 mm 素混凝土止水带，如图五。

（5）底层内隔墙未设基础者参见图六。

（6）应在施工前组织好外造型幕墙及金属构件的设计，并在相应位置混凝土浇筑时进行予埋。

（7）楼梯栏杆、门窗等预埋件请见有关建筑施工详图及厂方技术要求。

（8）柱边小于 120 mm 的墙垛用同标号素混凝土与柱同时浇注。

（9）120 mm 厚墙内设 $2\phi6@500$ 通长拉筋。

（10）未尽事宜按国家现行有关规范、规程等执行。

6.2.2　图纸目录

表 6-2-1　结构施工图纸目录

序号	图号	图纸名称	图幅
1	结施-01	大样图一	A4
2	结施-02	大样图二	A4
3	结施-03	大样图三	A4
4	结施-04	大样图四	A4
5	结施-05	基础设计说明、基础表及大样图	A4
6	结施-06	基础平面布置图	A4
7	结施-07	结构层高及框架柱表图	A4
8	结施-08	框架柱定位及编号图	A4
9	结施-09	基础梁配筋平面图	A4
10	结施-10	18.580 m 标高处梁配筋平面图	A4
11	结施-11	一层结构平面图	A4
12	结施-12	一层梁配筋平面图	A4
13	结施-13	2～6 层结构平面图	A4
14	结施-14	2～6 层梁配筋平面图	A4
15	结施-15	屋面结构平面图	A4
16	结施-16	屋面结构标高图	A4
17	结施-17	楼梯详图	A4
18	结施-18	屋面梁配筋平面图	A4

6.2.3 施工图

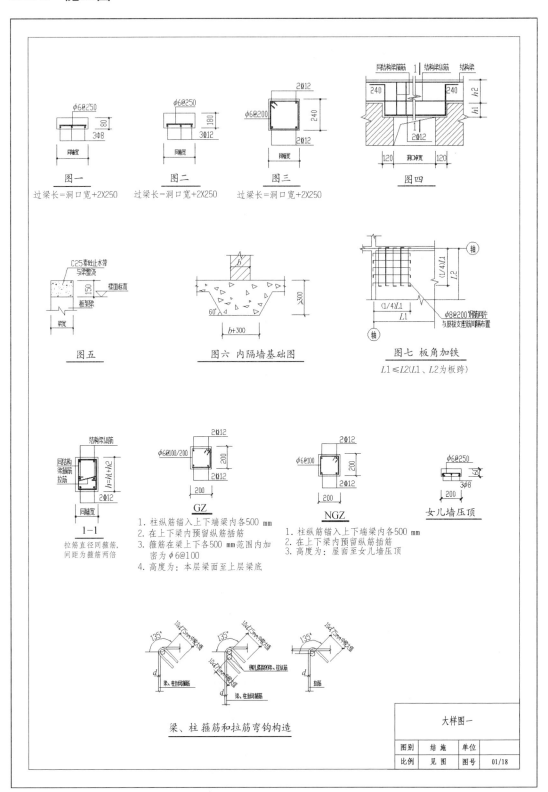

图一
过梁长=洞口宽+2×250

图二
过梁长=洞口宽+2×250

图三
过梁长=洞口宽+2×250

图四

图五

图六 内隔墙基础图

图七 板角加铁
L1≤L2(L1、L2为板跨)

1—1
拉筋直径同箍筋,
间距为箍筋两倍

GZ
1. 柱纵筋锚入上下端梁内各500 mm
2. 在上下梁内预留纵筋插筋
3. 箍筋在梁上下各500 mm范围内加密为φ6@100
4. 高度为:本层梁面至上层梁底

NGZ
1. 柱纵筋锚入上下端梁内各500 mm
2. 在上下梁内预留纵筋插筋
3. 高度为:屋面至女儿墙压顶

女儿墙压顶

梁、柱箍筋和拉筋弯钩构造

大样图一

图别	结 施	单位	
比例	见 图	图号	01/18

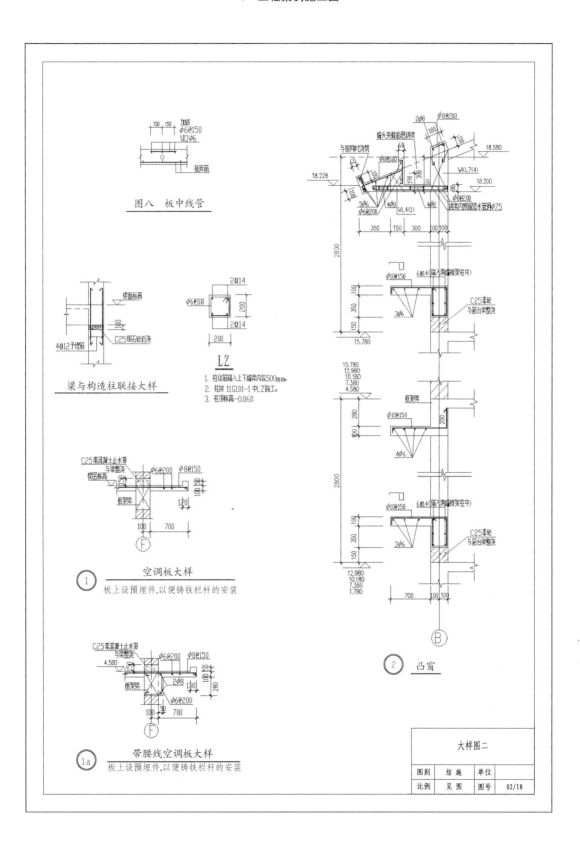

图八　板中线管

梁与构造柱联接大样

LZ
1. 柱纵筋插入上下端梁内各500mm。
2. 柱接11G101-1中LZ施工。
3. 柱顶标高-0.060

① 空调板大样
板上设预埋件,以便铸铁栏杆的安装

①a 带腰线空调板大样
板上设预埋件,以便铸铁栏杆的安装

② 凸窗

大样图二		
图别	结 施	单位
比例	见 图	图号 02/18

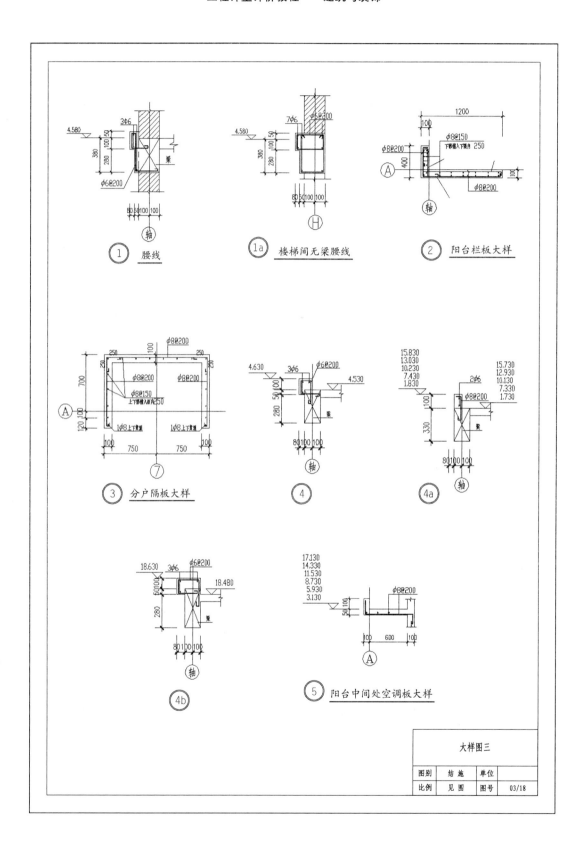

大样图三

图别	结 施	单位	
比例	见 图	图号	03/18

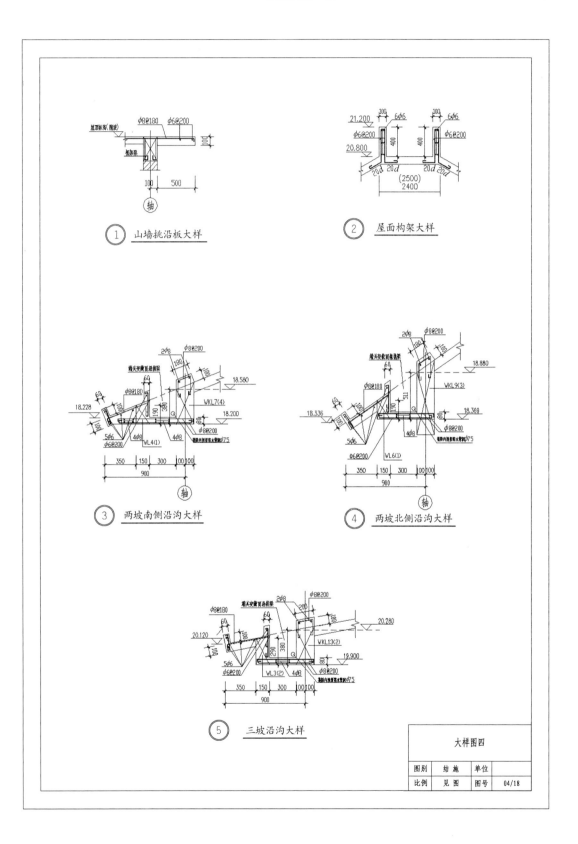

① 山墙挑沿板大样

② 屋面构架大样

③ 两坡南侧沿沟大样

④ 两坡北侧沿沟大样

⑤ 三坡沿沟大样

	大样图四	
图别	结 施	单位
比例	见 图	图号 04/18

基础设计说明:

1. 本工程暂时依据"某某勘察设计研究院"提供的"某某岩土工程勘察报告"（编号061181）中的孔201～206设计,基础形式为柱下独立基础。

2. 本工程±0.000相当于黄海高程10.637 m(暂定)。

3. 本工程基础持力层为第(5)层粉质黏土层,地基承载力特征值为fak=310 kPa。

4. 基槽开挖至设计标高时(注意不得超挖)应通知有关单位验槽合格后方可进行下步施工,严禁超挖、浸泡、暴晒,当基础持力层与设计不符时应及时通知有关单位处理。

5. 基槽深度在低于标高−2.500(黄海高程8.137)时应通知设计单位现场处理。

6. 车库−0.200以下墙体为M10水泥砂浆砌MU10的KM1多孔砖。
楼梯间±0.000以下墙体为M10水泥砂浆砌MU10的KM1多孔砖。

7. 钢筋:ϕ表示HPB300级钢,Φ表示HRB335级钢。基础钢筋保护层厚度40 mm。

8. 砼强度等级:独立柱基、基础梁及底层柱均为C30,垫层均为C15。

9. 基础施工完毕后应及时回填,回填土须采用黏性土,最优含水率由击实试验确定,压实系数λc≥0.94。

10. 图中▼所示为沉降观测点位置,应在施工期间及施工完毕使用期间定期进行沉降观测。

11. 凡本图未提及处均按国家现行的有关规范进行施工。

柱独立基础表

编号	A	B	h1	h2	a	b	Asx	Asy
J−1	1 400	1 600	300	100	详平面	详平面	Φ12@140	Φ12@140
J−2	1 600	1 900	300	200	详平面	详平面	Φ10@100	Φ12@140
J−3	1 500	1 800	300	150	详平面	详平面	Φ12@160	Φ12@140
J−4	1 700	2 000	300	200	详平面	详平面	Φ12@140	Φ12@140
J−5	2 000	2 400	300	250	详平面	详平面	Φ12@130	Φ14@150
J−6	1 800	2 200	300	250	详平面	详平面	Φ12@130	Φ12@130
J−7	2 000	2 300	300	250	详平面	详平面	Φ12@130	Φ14@150
J−8	2 300	2 800	300	350	详平面	详平面	Φ12@110	Φ14@130

注：J−1～J−8的独基形心与柱形心重合.

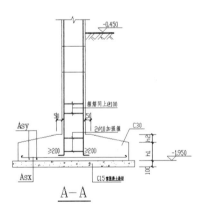

A—A

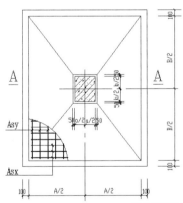

基础设计说明、基础表及大样图		
图别	结施	单位
比例	见图	图号 05/18

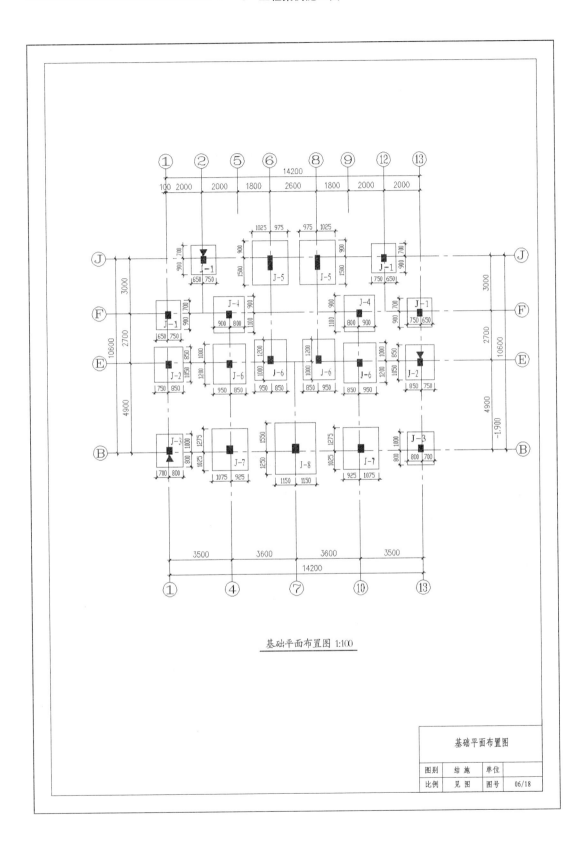

基础平面布置图 1:100

	基础平面布置图	
图别	结 施	单位
比例	见 图	图号 06/18

屋面	18.580~20.780	
6	15.780	2.800~5.000
5	12.980	2.800
4	10.180	2.800
3	7.380	2.800
2	4.580	2.800
1	1.780	2.800
	基础顶面	基础顶面~1.780
层 号	标高(m)	层高(m)

结构层楼面标高
结构层高

箍筋类型1

箍筋类型3

框架柱表

柱号	标高(m)	b×h	b1 b2	h1 h2	全部纵筋	角筋	b边一侧中部筋	h边一侧中部筋	箍筋类型号	箍筋
KZ1	基础顶−1.780	300x400	详平面图	详平面图	8Φ16				3	φ8@100/200
	1.780−18.580	300x400	详平面图	详平面图	8Φ16				3	φ6@100/200
KZ2	基础顶−1.780	300x400	详平面图	详平面图	8Φ16				3	φ8@100/200
	1.780−18.880	300x400	详平面图	详平面图	8Φ16				3	φ6@100/200
KZ3	基础顶−1.780	300x400	详平面图	详平面图		4Φ16	1Φ16	1Φ20	3	φ8@100/200
	1.780−20.780	300x400	详平面图	详平面图	8Φ16				3	φ6@100/200
KZ4	基础顶−1.780	350x450	详平面图	详平面图		4Φ20	1Φ18	1Φ22	3	φ8@100/200
	1.780−20.280	300x400	详平面图	详平面图	8Φ16				3	φ6@100/200
KZ5	基础顶−1.780	300x400	详平面图	详平面图		4Φ20	1Φ16	1Φ25	3	φ8@100/200
	1.780−20.780	300x400	详平面图	详平面图	8Φ16				3	φ6@100/200
KZ6	基础顶−1.780	400x500	详平面图	详平面图		4Φ22	1Φ16	2Φ20	3	φ8@100/200
	1.780−7.380	350x450	详平面图	详平面图		4Φ20	1Φ18	1Φ16	3	φ6@100/200
	7.380−20.280	300x400	详平面图	详平面图	8Φ16				3	φ6@100/200
KZ7	基础顶−1.780	250x800	详平面图	详平面图		4Φ22	1Φ18	3Φ25	1(3X5)	φ10@100
	1.780−15.780	250x800	详平面图	详平面图		4Φ20	1Φ18	3Φ16	1(3X5)	φ8@100
	15.780−18.580	250x800	详平面图	详平面图		4Φ20	1Φ18	3Φ16	1(3X5)	φ6@100

结构层高及框架柱表图

图别	结 施	单位	
比例	见 图	图号	07/18

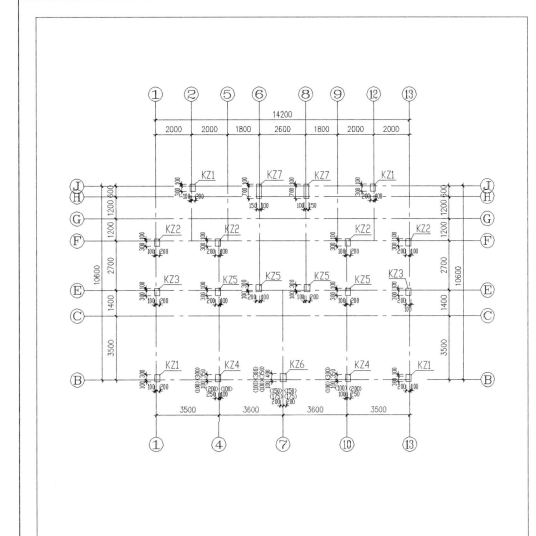

框架柱定位及编号图   1:100

注:1. ( )中定位尺寸用于1.780 m标高以上.

2. 柱平面整体配筋图制图规则详见"11G101-1".

3. 所有KZ的箍筋在基础顶面至0.500 m范围内加密,间距100 mm.

4. 所有KZ的箍筋在18.580 m至20.780 m范围内加密,间距100 mm.

5. 箍筋的设置须使纵筋每隔1根便有箍筋固定.

框架柱定位及编号图		
图别	结 施	单位
比例	见 图	图号 08/18

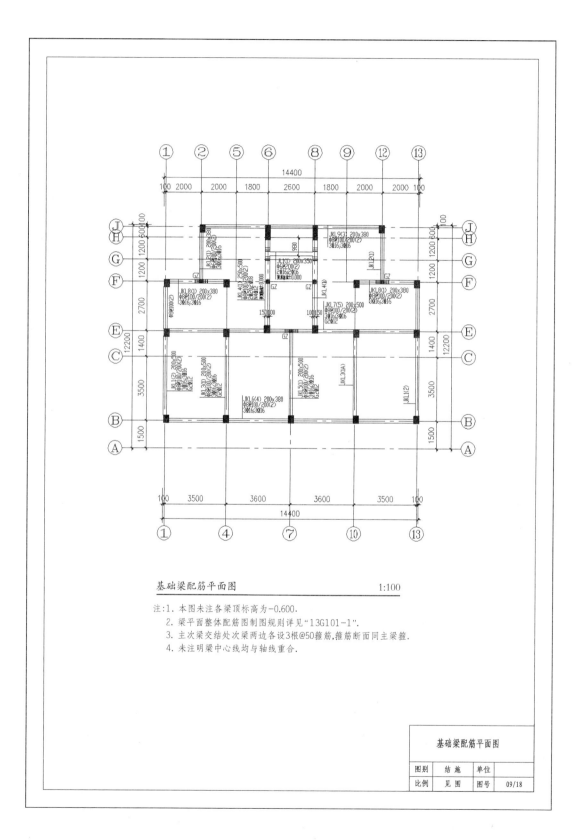

基础梁配筋平面图   1:100

注:1.本图未注各梁顶标高为−0.600.
　　2.梁平面整体配筋图制图规则详见"13G101−1".
　　3.主次梁交结处次梁两边各设3根@50箍筋,箍筋断面同主梁箍.
　　4.未注明梁中心线均与轴线重合.

基础梁配筋平面图		
图别	结 施	单位
比例	见 图	图号 09/18

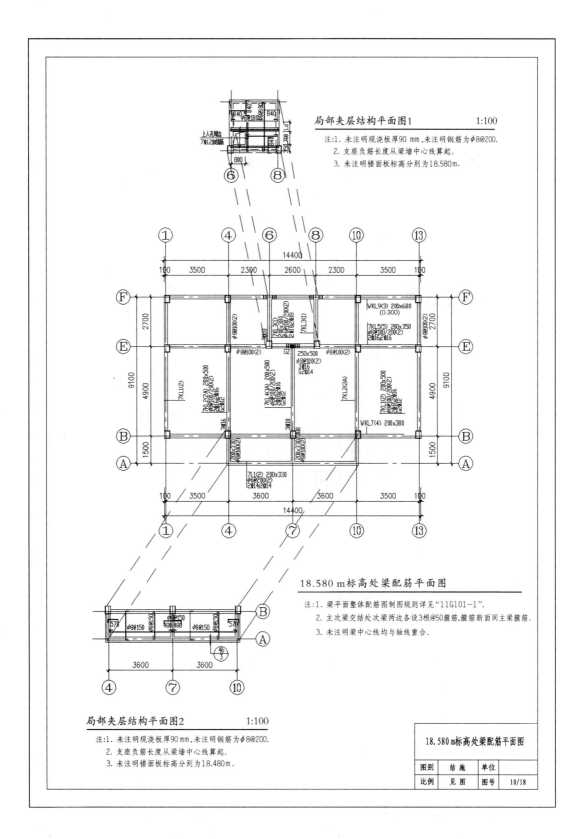

局部夹层结构平面图1　　1:100

注:1. 未注明现浇板厚90 mm,未注明钢筋为 ϕ8@200.
　　2. 支座负筋长度从梁墙中心线算起.
　　3. 未注明楼面板标高分别为18.580 m.

18.580 m标高处梁配筋平面图

注:1. 梁平面整体配筋制图规则详见"11G101-1".
　　2. 主次梁交结处次梁两边各设3根@50箍筋,箍筋断面同主梁箍筋.
　　3. 未注明梁中心线均与轴线重合.

局部夹层结构平面图2　　1:100

注:1. 未注明现浇板厚90 mm,未注明钢筋为 ϕ8@200.
　　2. 支座负筋长度从梁墙中心线算起.
　　3. 未注明楼面板标高分别为18.480 m.

图别	结 施	单位	
比例	见 图	图号	10/18

18.580 m标高处梁配筋平面图

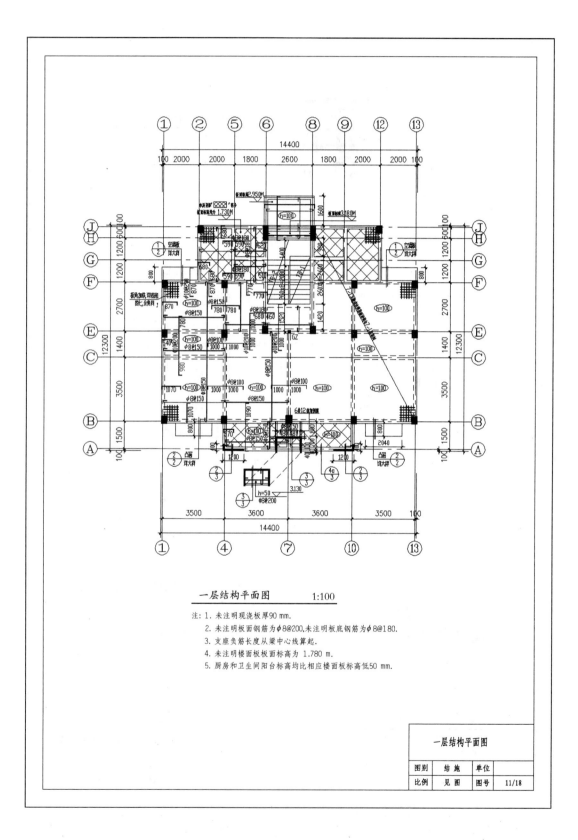

一层结构平面图   1:100

注: 1. 未注明现浇板厚90 mm.
    2. 未注明板面钢筋为φ8@200,未注明板底钢筋为φ8@180.
    3. 支座负筋长度从梁中心线算起.
    4. 未注明楼面板板面标高为 1.780 m.
    5. 厨房和卫生间阳台标高均比相应楼面板标高低50 mm.

一层结构平面图			
图别	结 施	单位	
比例	见 图	图号	11/18

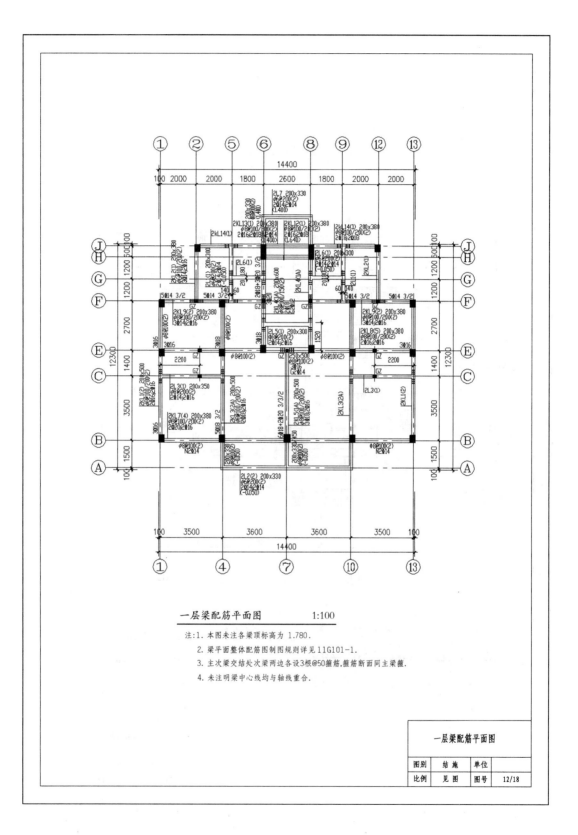

一层梁配筋平面图　　　　1:100

注:1. 本图未注各梁顶标高为 1.780.

2. 梁平面整体配筋图制图规则详见11G101-1.

3. 主次梁交结处次梁两边各设3根@50箍筋,箍筋断面同主梁箍.

4. 未注明梁中心线均与轴线重合.

	一层梁配筋平面图	
图别	结 施	单位
比例	见 图	图号	12/18

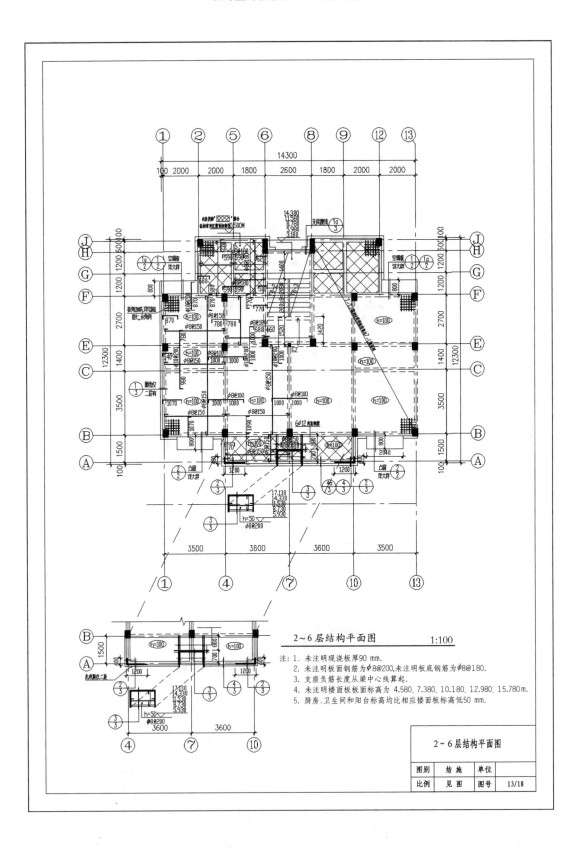

2~6层结构平面图　　1:100

注: 1. 未注明现浇板厚90 mm.
　　2. 未注明板面钢筋为φ8@200,未注明板底钢筋为φ8@180.
　　3. 支座负筋长度从梁中心线算起.
　　4. 未注明楼面板板面标高为 4.580、7.380、10.180、12.980、15.780 m.
　　5. 厨房、卫生间和阳台标高均比相应楼面板标高低50 mm.

2~6层结构平面图		
图别	结 施	单位	
比例	见 图	图号	13/18

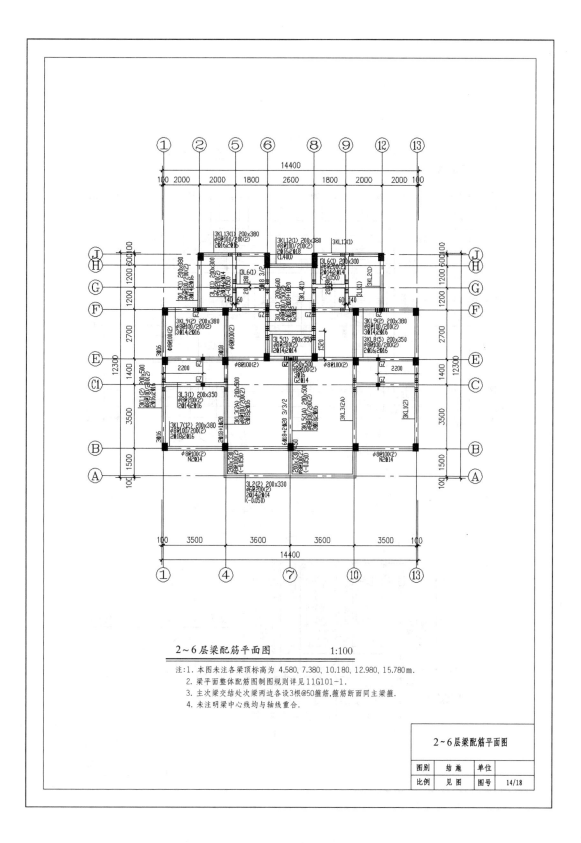

2~6层梁配筋平面图   1:100

注:1. 本图未注各梁梁顶标高为 4.580、7.380、10.180、12.980、15.780 m.
　　2. 梁平面整体配筋图制图规则详见11G101-1.
　　3. 主次梁交结处次梁两边各设3根@50箍筋,箍筋断面同主梁箍.
　　4. 未注明梁中心线均与轴线重合.

2~6层梁配筋平面图		
图别	结 施	单位
比例	见 图	图号 14/18

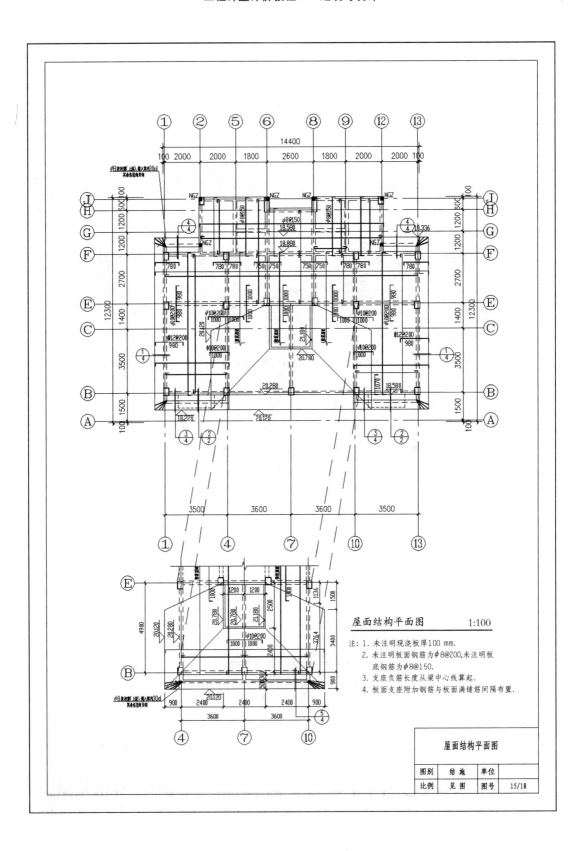

屋面结构平面图　　　1:100

注: 1. 未注明现浇板厚100 mm.
　　2. 未注明板面钢筋为φ8@200,未注明板
　　　　底钢筋为φ8@150.
　　3. 支座负筋长度从梁中心线算起.
　　4. 板面支座附加钢筋与板面满铺筋间隔布置.

屋面结构平面图		
图别	结施	单位
比例	见图	图号	15/18

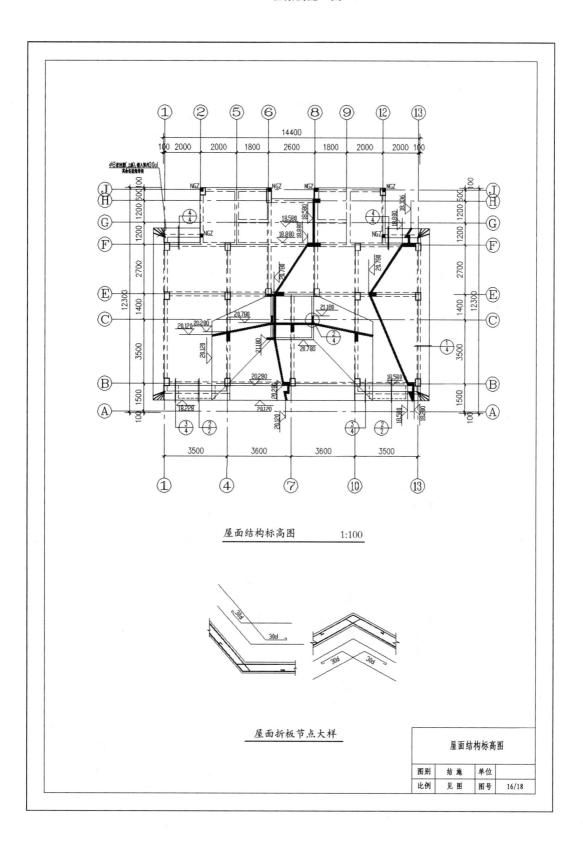

屋面结构标高图   1:100

屋面折板节点大样

屋面结构标高图		
图别	结施	单位
比例	见图	图号	16/18

梯段板参数列表：

编号	型号	b	h	n	B	H	L1	L2	L	δ	BG1	BG2	As1	As2
TB-1	Ⓐ	260	163.6	10	2600	1800	/	/	2600	140	±0.020	1.780	Φ12@160	Φ12@160
TB-2	Ⓐ	260	155.5	8	2080	1400	1400	/	3480	140	标高	标高	Φ12@160	Φ12@160
TB-3	Ⓑ	260	155.5	8	2080	1400	/	1400	3480	140	标高	标高	Φ12@160	Φ12@160

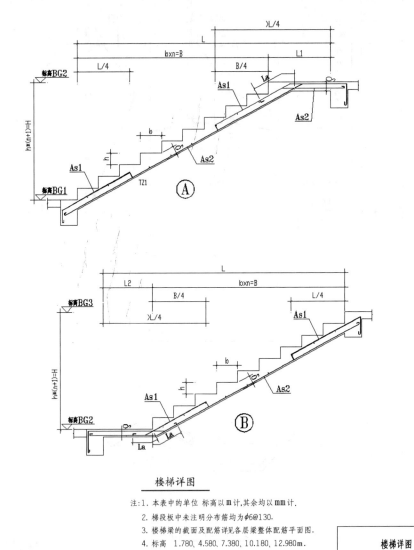

楼梯详图

注：1. 本表中的单位 标高以 m 计, 其余均以 mm 计.

2. 梯段板中未注明分布筋均为 φ6@130.

3. 楼梯梁的截面及配筋详见各层梁整体配筋平面图.

4. 标高 1.780、4.580、7.380、10.180、12.980 m.

标高 3.180、5.980、8.780、11.580、14.380 m.

楼梯详图		
图别	结 施	单位
比例	见 图	图号 17/18

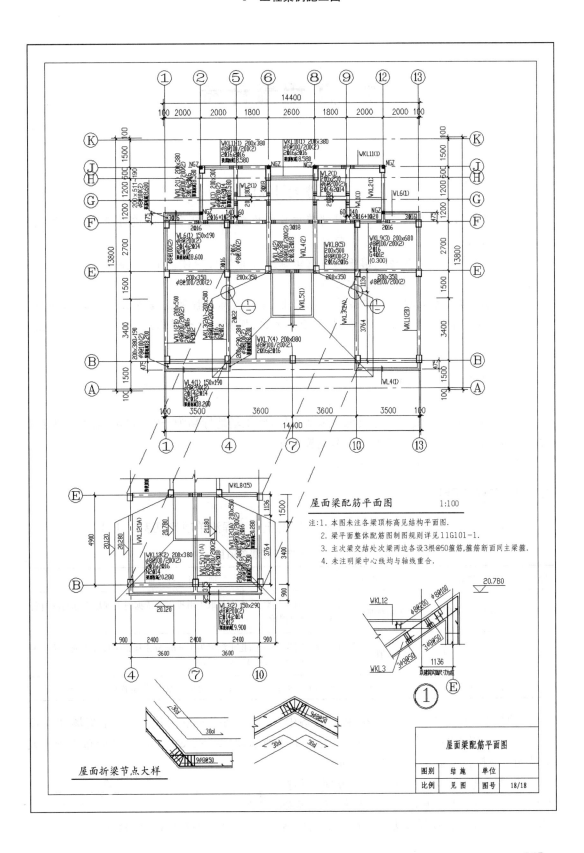

屋面梁配筋平面图　　　　1:100

注:1. 本图未注各梁标高见结构平面图.
　　2. 梁平面整体配筋图制图规则详见11G101-1.
　　3. 主次梁交结处次梁两边各设3根@50箍筋,箍筋断面同主梁箍.
　　4. 未注明梁中心线均与轴线重合.

屋面折梁节点大样

屋面梁配筋平面图

图别	结施	单位	
比例	见 图	图号	18/18

7 工程量计量

【学习目标】

　　1. 熟悉国家计量规范中工程量清单项目的设置,结合工程实际进行清单项目的确定,并能准确地描述相关清单项目特征;

　　2. 理解国家计量规范中清单项目的工程量计算规则和计量单位,结合工程设计图纸和相关文件,熟练地进行工程量计算;

　　3. 依据国家计价规范相关规定的基础上,结合实际工程熟练编制工程量清单(含分部分项工程量清单、措施项目清单、其他项目清单、规费和税金清单)。

7.1　土石方工程

　　工程案例:某住宅楼工程建设地点地势平坦,施工场地标高为－0.450 m,土壤为黏土和素填土组成,住宅楼施工图详见工程案例施工图。

　　要求:编制该土方工程的工程量清单。

7.1.1　清单项目

　　结合工程实际情况和施工设计图纸,确定的土方工程清单项目见表 7-1-1。

表 7-1-1　土方工程清单项目

序号	项目编码	项目名称	项　目　特　征
1	010101001001	平整场地	土壤类别为三类土;弃土和取土由投标人依据施工现场实际情况自行考虑,决定报价
2	010101002001	挖一般土方	土壤类别为三类土;挖土深度为1.6 m;弃土运距由投标人依据施工现场实际情况自行考虑,决定报价
3	010103001001	回填土方	回填土压实系数≥0.94;填土材料为原土;需购置缺方 3.15 m³

　　说明:① 平整场地项目是指施工准备中"三通一平"的重要项目,指建筑场地厚度≤±300 mm以内的挖、填、运、找平,如图 7-1-1 所示,厚度>±300 mm 的竖向布置挖土或山坡切土应按挖一般土方项目编码列项。

　　② 挖一般土方项目、挖沟槽土方项目和挖基坑土方适用于带形基础、独立基础、满堂基础(包括地下室基础)及设备基础、人工挖孔桩等

图 7-1-1　平整场地

各种基础土方开挖项目。沟槽、基坑、一般土方的划分为:底宽≤7 m且底长>3倍底宽为沟槽见图7-1-2;底长≤3倍底宽且底面积≤150 m² 为基坑见图7-1-3;超出上述范围则为一般土方,见图 7-1-4。

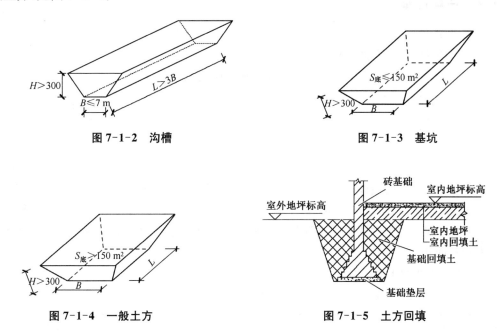

图 7-1-2　沟槽　　　　　　　　　　　　　图 7-1-3　基坑

图 7-1-4　一般土方　　　　　　　　　图 7-1-5　土方回填

　　工程案例依据设计图纸和常规施工方案,采用机械大开挖,估算底面积>150 m²,为挖一般土方。

　　③ 回填方项目包括场地回填、室内回填、基础回填,均可使用该项目列项(见图 7-1-5):场地回填土指施工场地内整体回填土方至设计室外地坪标高;基础回填是指在基础工程施工完成后,土方回填至设计室外地坪标高;室内回填是指地面施工前的室内土方回填,目的是地面施工完成后,形成室内地坪标高。

　　工程案例的场地标高等于室外标高-0.450 m,无需进行场地回填,故土方回填工作包括基础回填和室内回填。

　　④ 土壤的分类应按表7-1-2确定,如土壤类别不能准确划分时,招标人可注明为综合,由投标人根据地勘报告决定报价。工程案例中土壤为黏土和素填土组成,为三类土。

表 7-1-2　土壤分类表

土壤分类	土 壤 名 称	挖 开 挖 方 法
一、二类土	粉土、砂土(粉砂、细砂、中砂、粗砂、砾砂)、粉质黏土、弱中盐渍土、软土(淤泥质土、泥炭、泥炭质土)、软塑红黏土、冲填土	用锹,少许用镐、条锄开挖。机械能全部直接铲挖满载者
三类土	黏土、碎石土(圆砾、角砾)混合土、可塑红黏土、硬塑红黏土、强盐渍土、素填土、压实填土	主要用镐、条锄,少许用锹开挖。机械需部分刨松方能铲挖满载者或可直接铲挖但不能满载者
四类土	碎石土(卵石、碎石、漂石、块石)、坚硬红黏土、超盐渍土、杂填土	全部用镐、条锄挖掘,少许用撬棍挖掘。机械须普遍刨松方能铲挖满载者

　　注:本表土的名称及其含义按国家标准《岩土工程勘察规范》GB 50021—2001(2009 年版)定义

⑤ 弃、取土运距可以不描述,但应注明由投标人根据施工现场实际情况自行考虑,决定报价。

7.1.2 清单计量

依据计量规范的工程量计算规则、设计图纸和相关资料,土方工程清单计量如下。

1. 010101001001 平整场地(m²)

工程量计算规则:按设计图示尺寸以建筑物首层建筑面积计算。

序号	项目名称	单位	计算式	数量	合计
1	010101001001	m²			143.52
	平整场地		14.40×(10.6+0.2)−2.0×3.0×2	143.52	

说明:按照建筑面积计算规范,首层建筑面积应该外墙勒脚以上结构外围水平面积计算。计算式中 1~13 轴为 14.4 m,B~J 轴为 10.6 m,墙厚 0.2 m,扣除 1~2/F~J 轴及 12~13/F~J 轴之间的两个空缺。注意到北入口处雨篷及南双阳台的悬挑均不足 2.1 m,故不计入计算建筑面积。

2. 010101002001 挖一般土方(m³)

工程量计算规则:按设计图示尺寸以体积计算。

序号	项目名称	单位	计 算 式	数量	合计
2	010101002001	m³			355.80
	挖一般土方				
		m³	$V=1.6/6×(210.14+4×222.32+234.82)$		355.80
	底面积:A2	m²	(14.2+0.75×2+0.4×2)×(10.6+1.25+0.9+0.4×2)−(3−0.7−0.4+0.9+0.4)×(2−0.65−0.4+0.75+0.4)×2	210.14	
	顶面积:A1	m²	(16.5+0.4×2)×(13.55+0.4×2)−3.2×2.1×2	234.82	
	中截面积:A0	m²	(16.5+0.2×2)×(13.55+0.2×2)−3.2×2.1×2	222.32	

说明:按计量规范挖沟槽、基坑、一般土方因工作面和放坡增加的工程量(管沟工作面增加的工程量),是否并入各土方工程量中,按各省、自治区、直辖市或行业建设主管部门的规定实施,如并入各土方工程量中,办理工程结算时,按经发包人认可的施工组织设计规定计算。

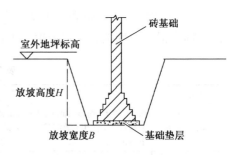

图 7-1-6 放坡示意图

(1) 编制工程量清单时,土方开挖可采用放坡来保证基坑边坡的稳定,放坡坡度为 $k=H/B$(如图 7-1-6),可按表 7-1-3 取定放坡系数,为保证基础施工顺利进行,通常情况在土方开挖时,应留出一定宽度的施工工作面,可按表 7-1-4 和表 7-1-5 取定。

表 7-1-3 放坡系数表

土类别	放坡起点(m)	人工挖土	机械挖土		
			在坑内作业	在坑上作业	顺沟槽在坑上作业
一、二类土	1.20	1:0.5	1:0.33	1:0.75	1:0.5
三类土	1.50	1:0.33	1:0.25	1:0.67	1:0.33
四类土	2.00	1:0.25	1:0.10	1:0.33	1:0.25

注:① 沟槽、基坑中土类别不同时,分别按其放坡起点、放坡系数,依不同土类别厚度加权平均计算。

② 计算放坡时,在交接处的重复工程量不予扣除,如图 7-1-7 所示,原槽、坑作基础垫层时,放坡自垫层上表面开始计算。

图 7-1-7 重复工程量示意图

表 7-1-4 基础施工所需工作面宽度计算表

基础材料	每边各增加工作面宽度(mm)
砖基础	200
浆砌毛石、条石基础	150
混凝土基础垫层支模板	300
混凝土基础支模板	300
基础垂直面做防水层	1 000(防水层面)

注:本表按《全国统一建筑工程预算工程量计算规则》GJDGZ-101-95 整理

表 7-1-5 管沟施工每侧所需工作面宽度计算表

管沟材料 \ 管道结构宽(mm)	≤500	≤1 000	≤2 500	>2 500
混凝土及钢筋混凝土管道(mm)	400	500	600	700
其他材质管道(mm)	300	400	500	600

注:① 本表按《全国统一建筑工程预算工程量计算规则》GJDGZ-101-95 整理。

② 管道结构宽:有管座的按基础外缘,无管座的按管道外径。

(2) 挖土方平均厚度应按自然地面测量标高至设计地坪标高间的平均厚度确定。基础土方开挖深度应按基础垫层底表面标高至交付施工场地标高确定,无交付施工场地标高,应按自然地面标高确定。

(3) 土方体积应按挖掘前的天然密实体积计算,非天然密实土应按表 7-1-6 进行折算。

表 7-1-6　土方体积折算表

天然密实度体积	虚方体积	夯实后体积	松填体积
0.77	1.00	0.67	0.83
1.00	1.30	0.87	1.08
1.15	1.50	1.00	1.25
0.92	1.20	0.80	1.00

注:① 虚方指未经碾压、堆积时间≤1年的土壤。
　　② 本表按《全国统一建筑工程预算工程量计算规则》GJDGZ-101-95 整理
　　③ 设计密实度超过规定的,填方体积按工程设计要求执行。无设计要求按各省、自治区、直辖市或行业建设行政主管部门规定的系数执行。

（4）在土方开挖计算中,常用的几何体形有沟槽、倒置棱台和不规则倒置棱台等,常用计算公式:

① 沟槽体积＝沟槽长度×沟槽截面积

其中:沟槽长度对于外墙按沟槽中心线长度计算,内墙则按沟槽底宽之间净长度计算,如图 7-1-8、7-1-9。

图 7-1-8　沟槽开挖示意图

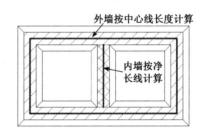

图 7-1-9　沟槽长度计算示意图

② 规则倒置棱台体积公式有:$V = \dfrac{H}{3}(AB + ab + \sqrt{AB \cdot ab})$ 或 $V = \dfrac{H}{6}[AB + (A + a)(B + b) + ab]$,其参数如图 7-1-10 所示。

③ 不规则倒置棱台的近似体积公式:$V = \dfrac{H}{6}(A_1 + 4A_0 + A_2)$,其参数如图 7-1-11 所示。

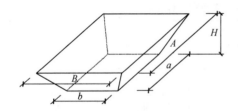

图 7-1-10　倒置棱台计算参数

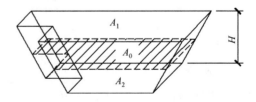

图 7-1-11　不规则倒置棱台计算参数

（5）工程案例采用柱下独立基础,考虑到基础比较密集及施工的方便,本土方施工可采用机械大开挖坑内作业,混凝土基础垫层支模板依据表 7-1-4 每边增加工作面宽度 300 mm,考虑到垫层每边宽出基础 100 mm,因此工作面基础底面每边宽出基础 400 mm。综合考虑开挖的经济性和可行性,基础土方开挖底部形状如图 7-1-12 所示,横向宽出 1 轴 J-2 基础、2 轴 J-1 基础各 400 mm,纵向宽出 B 轴 J-8 基础、J 轴 5 基础各 400 mm。

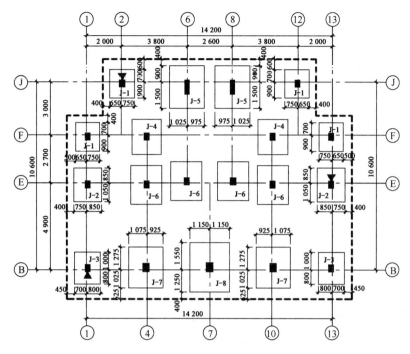

图 7-1-12 基础土方开挖底部形状

依据基础土方开挖深度计算规则,工程案例土方开挖深度 $H = 1.95 - 0.45 + 0.1 = 1.6$ m> 1.5 m(三类土的放坡起点),所以应考虑土方放坡开挖。查表 7-1-3,三类土,机械坑内作业,放坡系数为 1:0.25,所以土方开挖上口每边增加宽度为:$1.6 \times 0.25 = 0.4$ m。

综合基础土方开挖底部形状和放坡要求,其基础土方开挖几何体型符合不规则倒置棱台,可按其近似体积计算公式进行计算。

3. 010103001001 回填土方(m³)

工程量计算规则:按设计图示尺寸以体积计算。

(1) 场地回填:回填面积乘平均回填厚度。

(2) 室内回填:主墙间面积乘回填厚度,不扣除间隔墙。

(3) 基础回填:挖方体积减去自然地坪以下埋设的基础体积(包括基础垫层及其他构筑物)。

序号	项目名称	单位	计　算　式	数量	合计
3	010103001001	m³			312.13
	回填土方				
			1. 基础回填:回填至标高−0.450 m		309.39
			基础挖方量	355.80	
			扣减基础垫层(详见"混凝土工程"P189)	−8.34	
			扣减独立基础(详见"混凝土工程"P190)	−27.09	
			扣减基础柱(详见"混凝土工程"P194)	−2.56	
			扣减基础梁(详见"混凝土工程"P197)	−6.54	

续表

序号	项目名称	单位	计　算　式	数量	合计
			扣减基础墙含构造柱(详见"砌筑工程"P171)	−1.88	
			2. 室内回填:		2.74
			汽车库、自行车库:回填至标高−0.450 m	0	
			楼梯间:回填至标高−0.250 m 2.4×5.5×(0.45−0.25)−0.2×(0.35−0.25)×2.4	2.59	
			台阶平台:(2.9−0.3×3×2)×(1.6−0.3×3)×(0.45−0.25)	0.15	
			3. 缺方购置量:312.13×1.15−355.80=3.15		

说明:工程案例,回填土方中包括基础回填和室内回填,不含场地回填。

① 基础回填应回填土方至室外设计标高−0.450 m,应扣除基础垫层、独立基础以及在标高−0.450 m以下的基础柱和基础梁、基础墙,这些项目的工程量计算属于混凝土工程和砌体工程。

② 室内回填应回填至室内标高,但应扣除地面构造厚度250 mm。

ⅰ 对汽车库、自行车库应回填至标高−0.20−0.25＝−0.450 m,与室外标高一致,无须回填;

ⅱ 对楼梯间应从室外标高回填至标高±0.000−0.25＝−0.25 m,回填厚度为0.45−0.25＝0.2 m。考虑到楼梯间回填土应扣除部分JL1,只需扣除至标高−0.25 m,算式中−0.35 m是JL1底标高。

回填土方312.13 m³为夯实后体积,折算为天然密实度312.13×1.15＝358.95 m³,大于按天然密实度计算的挖方量355.80 m³,所以原土回填存在缺口,需缺方购置3.15 m³。

7.1.3　工程量清单

工程案例工程量清单如表7-1-7所示。

表7-1-7　土方工程量清单与计价表

工程名称:某住宅楼工程　　　　　　　　　　标段:　　　　　　　　　　第　页共　页

序号	项目编码	项目名称	项目特征描述	计量单位	工程量	金额(元)		
						综合单价	合价	其中暂估价
1	010101001001	平整场地	土壤类别为三类土;弃土和取土由投标人依据施工现场实际情况自行考虑,决定报价	m²	143.52			
2	010101002001	挖一般土方	土壤类别为三类土;挖土深度为1.6 m;弃土运距由投标人依据施工现场实际情况自行考虑,决定报价	m³	355.80			
3	010103001001	回填土方	回填土压实系数≥0.94;填土材料为原土;需购置缺方3.15 m³	m³	312.13			

7.1.4 知识、技能拓展

拓展案例 7-1-1: 某办公楼为砖混结构,建设地点地势平坦,施工场地和室外标高一致均为−0.330 m,土壤为二类土,地下水位标高为−2.500 m,基础施工图详见图 7-1-13、图 7-1-14,一层平面图见图 7-1-15,混凝土基础垫层支模板,土方采用人工放坡开挖,场内双轮车运土,运距 150 m,回填采用电动夯实机夯填,余土或缺土采用斗容量为 0.5 m³ 的反铲挖掘机开挖并装车,自卸汽车运输 2 km 至弃土场或取土场,底层地面构造厚度为 180 mm,台阶平台部分做法同地面。

要求: 计算土方工程清单工程量。

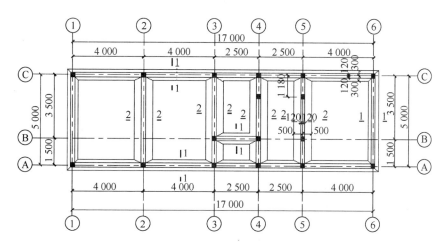

图 7-1-13 基础平面布置图

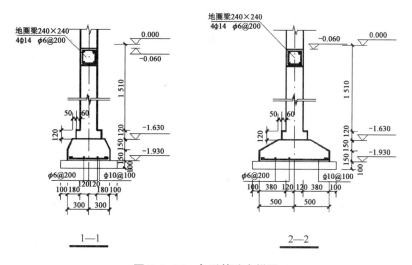

图 7-1-14 条形基础大样图

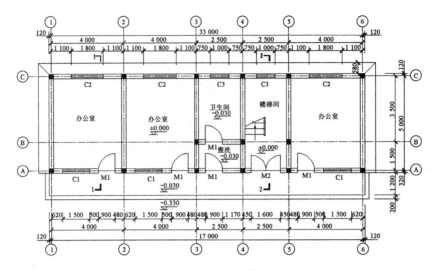

图 7-1-15　一层平面图

依据计量规范的工程量计算规则、拓展案例的设计图纸和相关信息,土方工程清单计量为:

序号	项目名称	单位	计　算　式	数量	合计
1	010101001001	m²			**90.34**
	平整场地		(17.00+0.24)×(5.00+0.24)	90.34	
2	010101004001	m³			**87.26**
	挖基坑土方		1/6×1.7×[7.92×7.52+(7.92+6.8)×(7.52+6.4)+6.8×6.4]	87.26	
3	010101003001	m³			115.73
	挖沟槽土方				
			1. 截面1-1:		101.29
			1、6、A、C轴:1/2×(1.4+2.52)×1.7×[5+(17-5-1.8)]×2	101.29	
			2. 截面2-2:		14.44
			2/A~C轴:1/2×(1.8+2.92)×1.7×(5-1.4)	14.44	
4	010103001001	m³			176.51
	回填方				
			1. 基础回填:		163.56
			挖方量:87.26+115.73	202.99	
			扣减基础垫层(详见"混凝土工程"扩展案例)	-5.64	
			扣减条形基础(详见"混凝土工程"扩展案例)	-12.32	
			扣减基础墙含构造柱(详见"砌体工程"扩展案例)	-21.47	

续表

序号	项目名称	单位	计　算　式	数量	合计
			2. 室内回填:		12.95
			办公室:(4−0.24)×(5−0.24)×(0.33−0.18)×3	8.05	
			楼梯间:(2.5−0.24)×(5−0.24)×(0.33−0.18)	1.61	
			卫生间:(3.5−0.24)×(2.5−0.24)×(0.3−0.18)	0.88	
			盥洗间:(2.5−0.24)×(2.5−0.24)×(0.3−0.18)	0.61	
			台阶回填:(17.24−0.30×2)×(1.20−0.30)×(0.3−0.18)	1.80	
5	010103002001	m³			0
	余方弃置				
			挖方量:87.26+115.73	202.99	
			回填方:−176.51×1.15(回填夯实的体积折算系数)	−202.99	

说明:① 平整场地工程量计算中,墙体厚度为 240 mm。

② 基坑土方开挖中,土壤类别为三类土,挖土深度 $H=1.93−0.33+0.1=1.7$ m 且 $>$ 1.5 m,需放坡开挖,其放坡系数为 1:0.33。考虑到混凝土基础垫层支模板,基础施工所需工作面取 300 mm,垫层宽出基础 100 mm,总计工作面宽出基础 400 mm。

　ⅰ 截面 1-1 沟槽下口宽:0.6+0.4×2=1.4 m,上口宽:1.4+1.7×0.33×2=2.52 m

　ⅱ 截面 2-2 沟槽下口宽:1+0.4×2=1.8 m,上口宽:1.8+1.7×0.33×2=2.92 m

扩展案例中条形基础,采用人工沟槽式开挖,但是 3、4 轴和 4、5 轴的间距为 2.50 m,小于 2-2 截面条基槽口宽度 2.92 m,已交错重叠,故 3、5~A、C 轴局部不满足沟槽的体型条件。因 $S_{底}=(5.00+1.40)×(5.00+1.80)=43.52$ m$^2<150$ m^2,应按基坑土方计算且可用规则倒置棱台计算公式计算,如图 7-1-16 所示。

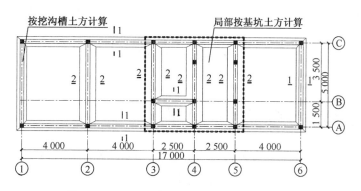

图 7-1-16　扩展案例工程基础开挖计算条件

③ 回填方计算中,因为施工场地标高与设计室外标高一致,所以无需场地回填,只有基础回填和室内回填。室外标高以下埋设的混凝土垫层、条形基础和基础墙均需扣除。

④ 回填方 176.51 m³ 是夯实后体积,折算成天然密实状态为 176.51×1.15=202.99 m³,是实际需要的天然密实度状态的回填土方量。挖方量 202.99 m³=回填土方量 202.99 m³,故余方弃置=0。

7.1.5 知识、技能评估

(1) 如图 7-1-17 及图 7-1-18 所示某建筑二类工程混凝土独立基础各 10 个,不考虑基础挖土的相互重叠,土壤为三类土,人工开挖,分别计算土方工程量。

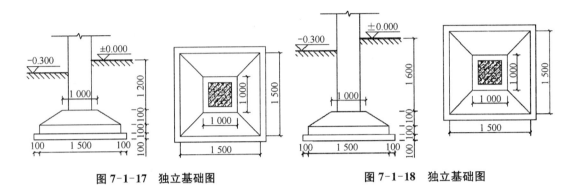

图 7-1-17 独立基础图　　　　图 7-1-18 独立基础图

(2) 如图 7-1-19 某建筑二类工程条形基础,土壤为三类土,基础墙厚 240 mm,人工开挖,计算土方工程量。

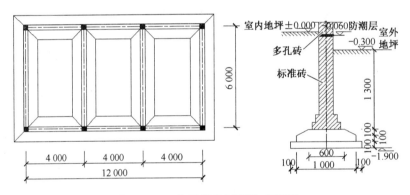

图 7-1-19 条形基础平面图、剖面图

7.2 地基处理与边坡支护工程

工程案例:某工程根据地质勘察报告的数据和现场情况,地层情况综合为三类土,场地标高为 -0.450 m,采用深层搅拌法(湿法)对地基进行加固处理。该深层搅拌桩选用强度等级为 42.5 级的普通硅酸盐水泥为固化剂,水泥掺量为 15%,水泥浆水灰比为 0.5,桩径为 500 mm,桩顶标高为 -1.850 m(含桩顶超搅长度为 0.5 m)。施工场地应事先平整,清除桩位处障碍物,基坑开挖时应将超搅桩头挖除并修平至标高 -2.350 m,人工级配砂石(最大粒径 20 mm),砂:碎石=3:7,夯实垫至基底,厚度为 300 mm,且压实系数要求 $\lambda_c \geqslant 0.95$,砂石垫层顶宽每边比基础宽度 300 mm。该深层搅拌桩的平面图和大样图如图 7-2-1 和图 7-2-2 所示。

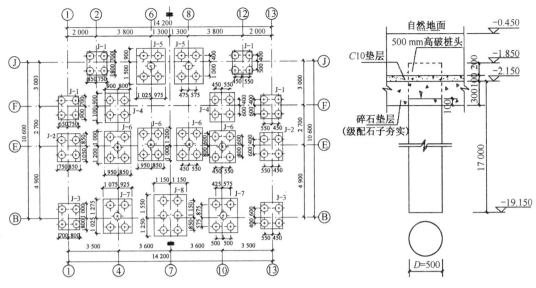

图 7-2-1 深层搅拌桩位平面图　　　　图 7-2-2 深层搅拌桩大样图

要求:编制该地基处理工程的工程量清单。

7.2.1 清单项目

结合工程实际情况和施工设计图纸,确定的地基处理清单项目见表 7-2-1。

表 7-2-1 地基处理工程清单项目

序号	项目编码	项目名称	项 目 特 征
1	010201009001	深层搅拌桩	地层情况为三类土,空桩长度 1.4 m,桩长 17.3 m,桩径 500 mm,水泥强度等级为 42.5 级,水泥掺量为 15%
2	010201017001	褥垫层	厚度 300 mm,人工级配砂石(最大粒径 20 mm),砂:碎石=3:7
3	010301004001	截(凿)桩头	桩类型为水泥土深层搅拌桩;桩头截面 500 mm,截桩高 500 mm;无钢筋

说明:① 项目特征描述的"地层情况"可按表土壤分类表和岩石分类表的规定,并根据岩土工程勘察报告按单位工程各地层所占比例(包括范围值)进行描述。对无法准确描述的地层情况,可注明由投标人根据岩土工程勘察报告自行决定报价。案例工程中地层情况综合为三类土。"空桩长度、桩长"的桩长指的是实际打桩桩长且包括桩尖,空桩长度=孔深-桩长。案例工程中,深层搅拌桩桩长=19.15-1.85=17.30 m;空桩长度=(19.15-0.45)-17.30=1.4 m。

② 褥垫层项目是指承台下设置的粒径为 30~80 mm 的碎石,其厚度一般为 300 mm,特殊情况为 500 mm。褥垫层是组成复合地基的重要组成部分,案例工程中,褥垫层用人工级配砂石(最大粒径 20 mm),砂:碎石=3:7,压实系数 $\lambda_c \geqslant 0.95$,夯实垫至基底标高,厚度为 300 mm。

③ 截(凿)桩头项目为桩基工程中项目,同样适用于地基处理工程。案例工程中,深层搅拌桩的截面直径为 500 mm,截除的桩头高 500 mm,桩头中无钢筋。

7.2.2 清单计量

依据计量规范的工程量计算规则、设计图纸和相关资料,地基处理工程清单计量如下。

1. 010201009001 深层搅拌桩（m）

工程量计算规则：按设计图示尺寸以桩长计算。

序号	项目名称	单位	计　算　式	数量	合计
1	010201009001	m			1 487.8
	深层搅拌桩		17.30×86	1 487.8	

说明：按照工程量计算规则，桩长 17.30 m，桩数 86 根。

2. 010201017001 褥垫层（m²/m³）

工程量计算规则：

（1）以"m²"计量，按设计图示尺寸以铺设面积计算；

（2）以"m³"计量，按设计图示尺寸以体积计算。

序号	项目名称	单位	计　算　式	数量	合计
2	010201017001	m³	117.52×0.3		35.26
	褥垫层	m²		117.52	
			J1(4)：(1.4+0.6)×(1.6+0.6)×4	17.60	
			J2(2)：(1.6+0.6)×(1.9+0.6)×2	11.00	
			J3(2)：(1.5+0.6)×(1.8+0.6)×2	10.08	
			J4(2)：(1.7+0.6)×(2.0+0.6)×2	11.96	
			J5(2)：(2.0+0.6)×(2.4+0.6)×2	15.60	
			J6(4)：(1.8+0.6)×(2.2+0.6)×4	26.88	
			J7(2)：(2.0+0.6)×(2.3+0.6)×2	15.08	
			J8(1)：(2.3+0.6)×(2.8+0.6)×1	9.86	
			扣减重叠面积：−0.1×2.6×2−0.05×0.2×2	−0.54	

说明：① 褥垫层每边宽出基础 300 mm，两边共计 600 mm，计算式中 J1(4) 代表基础 1，共 4 个，其余类推。

② 褥垫层及基础分布如图 7-2-3 所示，其中虚线部分为褥垫层，4～7/E～F 轴线间的阴影部分为重叠部分，应扣除。

3. 010301004001 截（凿）桩头（m³/根）

工程量计算规则：

（1）以"m³"计量，按设计桩截面乘以桩头长度以体积计算；

（2）以"根"计量，按设计图示

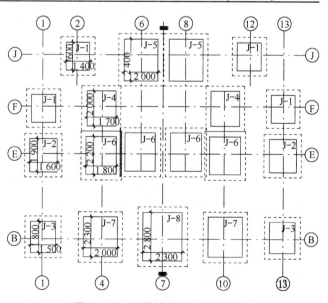

图 7-2-3　褥垫层及基础分布图

数量计算。

序号	项目名称	单位	计　算　式	数量	合计
3	010301004001	m³			8.44
	截(凿)桩头		$(1/4×\pi×0.5^2)×0.5×86$	8.44	

说明:① 工程中,截(凿)桩头一般对于预制桩常以"根",对于灌注桩常用"m³"计量。

② 案例工程中,截桩头高 500 mm,桩径 500 mm,且修平至标高 $-2.150-0.200=-2.350$ m 处,共 86 根桩。

7.2.3　工程量清单

工程案例工程量清单如表 7-2-2 所示。

表 7-2-2　地基处理工程量清单与计价表

工程名称:某工程　　　　　　　　　　　标段:　　　　　　　　　　　第　页共　页

序号	项目编码	项目名称	项目特征描述	计量单位	工程量	金额(元)		
						综合单价	合价	其中暂估价
1	010201009001	深层搅拌桩	地层情况为三类土,空桩长度 1.4 m,桩长 17.3 m,桩径 500 mm,水泥强度等级为 42.5 级,水泥掺量为 15%	m	1 487.8			
2	010201017001	褥垫层	厚度 300 mm,人工级配砂石(最大粒径 20 mm),砂:碎石=3:7	m³	35.26			
3	010301004001	截(凿)桩头	桩类型为水泥土深层搅拌桩,桩头截面 500 mm,截桩高 500 mm,无钢筋	m³	8.44			

7.2.4　知识、技能拓展

拓展案例 7-2-1:某基坑边坡支护工程采用土钉支护,根据岩土勘察报告,地层为带块石的碎石土,土钉成孔直径为 90 mm,采用 1 根 HRB335、直径 25 mm 的钢筋作为杆体,钻孔置入,成孔深度均为 10.0 m,土钉入射倾角为 15 度,杆筋送入钻孔后,压注素水泥浆 0.5 MPa。混凝土面板采用 C20 喷射混凝土,厚度为 120 mm,如图 7-2-4、图 7-2-5 所示。

要求:计算清单工程量(只考虑土钉和喷射混凝土)。

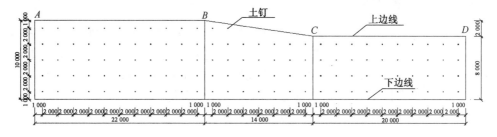

图 7-2-4　AD 段边坡立面图

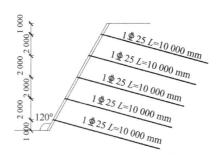

图 7-2-5 AD 段边坡剖面图

依据计量规范的工程量计算规则、拓展案例的设计图纸和相关信息,边坡支护工程清单计量为:

序号	项目名称	单位	计 算 式	数量	合计
1	010202008001	m			1 250
	土钉		AB 段:10×(11×5)	550	
			BC 段:10×(7×4+2)	300	
			CD 段:10×(10×4)	400	
2	010202009001	m²			584.27
	喷射混凝土		AB 段:10×22/sin60°	254.03	
			BC 段:(1/2)×(10+8)×14/sin60°	145.49	
			CD 段:8×20/sin60°	184.75	

说明:① 土钉项目的计量单位为"m"或"根",土钉的置入方法包括钻孔置入、打入或射入等,其工程量计算规则为:以"m"计量,按设计图示尺寸以钻孔深度计算;以"根"计量,按设计图示数量计算。

② 喷射混凝土项目工程量计算规则:按设计图示尺寸以面积计算。拓展案例中,土钉墙斜坡坡度为120°,应用三角函数关系将垂直面积折算为斜面积。

7.2.5 知识、技能评估

某工程基底为可塑黏土,不能满足设计承载力要求,采用灌注碎石桩进行地基处理,桩径为 400 mm,桩数为 52 根,设计桩长为 10 m,桩端进入硬塑黏土层不少于 1.5 m,桩顶在地面以下 1.5~2 m,碎石桩采用振动沉管灌注桩施工,桩顶采用 200 mm 厚人工级配砂石(碎石:砂=1:1.5,最大粒径 40 mm)电动夯实机夯实作为褥垫层,如图 7-2-6 和图 7-2-7 所示。分别计算灌注碎石桩、褥垫层的工程量。

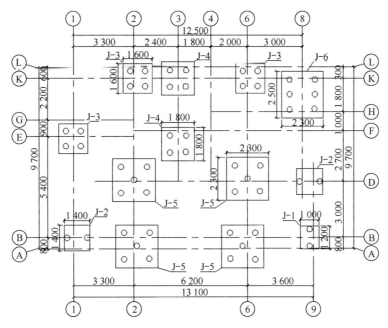

图 7-2-6 碎石桩平面布置图

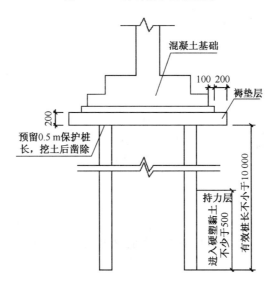

图 7-2-7 碎石桩详图

7.3 桩基工程

工程案例:某工程桩基础根据地质勘察报告的数据和现场情况,采用钻孔灌注桩桩径 ϕ500,设计桩长 15 m,自然地面标高为−0.300 m,地层情况为三类土,其中入岩深度 1.5 m 为较软岩。工程桩身混凝土为 C25,试桩为 C45,混凝土现场自拌,桩位平面布置图见图 7-3-1,大样图及承台剖面图见图 7-3-2。

要求:编制该桩基工程的工程量清单。

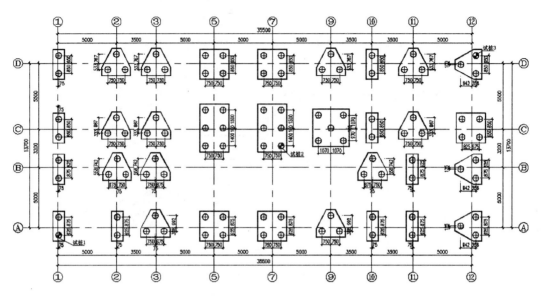

图 7-3-1 桩位平面布置图

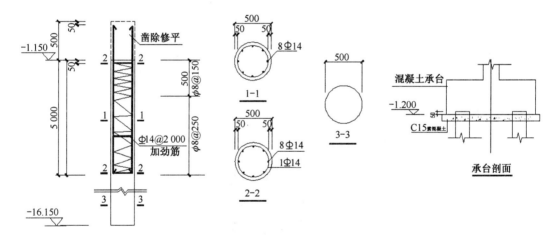

图 7-3-2 钻孔灌注桩大样图及承台剖面图

7.3.1 清单项目

结合工程实际情况和施工设计图纸,确定的桩基工程清单项目见表 7-3-1。

表 7-3-1 桩基工程清单项目

序号	项目编码	项目名称	项 目 特 征
1	010302001001	泥浆护壁成孔灌注桩	地层情况为三类土,其中入岩深度 1.5 m 为较软岩;空桩长度 0.35 m,桩长 15.5 m;桩径 500 mm;成孔方法为泥浆护壁旋转挖孔,护筒采用 5 mm 厚钢护筒,不少于 3 m;混凝土等级工程桩采用 C25,试桩为 C45,现场自拌水下混凝土
2	010301004001	截(凿)桩头	桩类型为混凝土灌注桩;桩头截面 500 mm;截桩高 500 mm;混凝土等级 C25;有钢筋

说明：① 泥浆护壁成孔灌注桩是指在泥浆护壁条件下成孔，采用水下灌注混凝土的桩。起成孔包括冲击钻成孔、冲抓锥成孔、回旋钻成孔、潜水钻成孔、泥浆护壁的旋挖成孔等。

② 案例工程中地层情况为三类土，其中入岩深度 1.5 m 为较软岩。"空桩长度、桩长"的桩长指的是实际打桩桩长且包括桩尖，空桩长度＝孔深－桩长。案例工程中混凝土灌注桩桩长 $= 16.15 - 1.15 + 0.5 = 15.5$ m；空桩长度 $= (16.15 - 0.30) - 15.5 = 0.35$ m。

③ 项目特征中的桩截面（桩径）、混凝土强度等级、桩类型等可直接用标准图集代号或设计桩型进行描述。

④ 混凝土种类：指清水混凝土、彩色混凝土、水下混凝土等，如在同一地区既使用预拌（商品）混凝土，又允许现场搅拌混凝土时，也应注明。

⑤ 混凝土灌注桩的钢筋笼制作、安装，按计量规范中混凝土及钢筋混凝土工程中相关项目编码列项。

7.3.2 清单计量

依据计量规范的工程量计算规则、设计图纸和相关资料，桩基工程清单计量为：

1. 010302001001 泥浆护壁成孔灌注桩（m/m³/根）

工程量计算规则：

① 以"m"计量，按设计图示尺寸以桩长（包括桩尖）计算；

② 以"m³"计量，按不同截面在桩上范围内以体积计算；

③ 以"根"计量，按设计图示数量计算。

序号	项目名称	单位	计　算　式	数量	合计
1	010302001001	m³			310.27
	泥浆护壁成孔灌注桩		$1/4 \times \pi \times 0.5^2 \times 15.5 \times (2 \times 10 + 3 \times 15 + 4 \times 5 + 5 \times 1 + 2 \times 6)$	310.27	

说明：① 如按"m³"计量，按照工程量计算规则，桩径 0.5 m，桩长 15.5 m；

② 桩数：2 桩承台 10 个，3 桩承台 15 个，4 桩承台 5 个，5 桩承台 1 个，6 桩承台 2 个，共 102 根桩。

2. 010301004001 截（凿）桩头（m³/根）

工程量计算规则：

① 以"m³"计量，按设计桩截面乘以桩头长度以体积计算；

② 以"根"计量，按设计图示数量计算。

序号	项目名称	单位	计　算　式	数量	合计
2	010301004001	m³			10.01
	截（凿）桩头		$(1/4 \times \pi \times 0.5^2) \times 0.5 \times 102$	10.01	

说明:案例工程中,破桩修平高度 500 mm,桩径 500 mm,共 102 根桩。

7.3.3 工程量清单

工程案例工程量清单如表 7-3-2 所示。

表 7-3-2　桩基工程量清单与计价表

工程名称:某工程　　　　　　　　　标段:　　　　　　　　第　页共　页

序号	项目编码	项目名称	项目特征描述	计量单位	工程量	金额(元)		
						综合单价	合价	其中暂估价
1	010302001001	泥浆护壁成孔灌注桩	地层情况为三类土,其中入岩深度1.5 m为较软岩;空桩长度0.35 m,桩长15.5 m;桩径 500 mm;成孔方法为泥浆护壁旋转挖孔;护筒采用 5 mm 厚钢护筒,不少于 3 m;混凝土等级工程桩采用 C25,试桩为 C45,现场自拌水下混凝土	m³	310.27			
2	010301004001	截(凿)桩头	桩类型为混凝土灌注桩;桩头截面500 mm;截桩高 500 mm;混凝土等级C25;有钢筋	m³	10.01			

7.3.4 知识、技能拓展

拓展案例 7-3-1:某工程桩基础根据工程地质勘察报告的数据和现场情况,其整体筏板下采用预应力混凝土管桩,参数如表 7-3-3 所示,桩位平面布置如图 7-3-3 所示,桩顶与筏板基础大样如图 7-3-4 所示。自然地面标高为−0.300 m(相当于黄海高程 4.300 m),地层情况为二类土,采用静力压桩施工,接桩采用电焊接桩,大样图如图 7-3-5 所示。

表 7-3-3　管桩参数表

序号	桩符号(图例)	图集 10G409 中的管桩编号	桩径(mm)	桩长(m)	桩顶标高(m)相对标高	桩顶标高(m)黄海高程	桩底持力层土	单桩承载力极限值估算值(kN)	单桩承载力特征值(kN)	桩数(根)	备注
1	⊕	PHC 600 AB 130-151514	600	44	−1.550	3.050	粉砂层	6 050	3 025	3	用于试桩
2	⊕	PHC 600 AB 130-15158	600	38	−7.550	−2.950	粉砂层	5 900	2 950	164	
3	⊕	PHC 600 AB 130-15158	600	38	−9.550	−4.950	粉砂层	6 100	3 050	8	用于电梯井下
4	⊕	PHC 600 AB 130-15157	600	37	−10.550	−5.950	粉砂层	6 050	3 025	12	用于集水坑下

要求:编制该桩基工程的工程量清单。

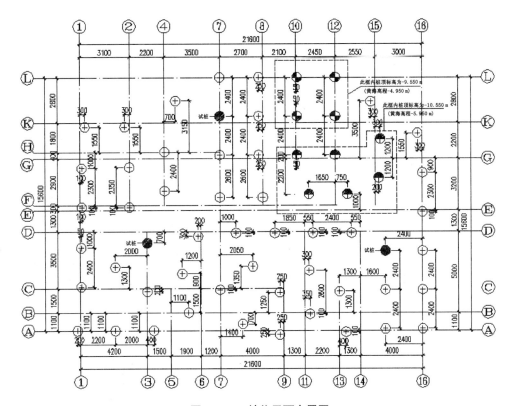

图 7-3-3 桩位平面布置图

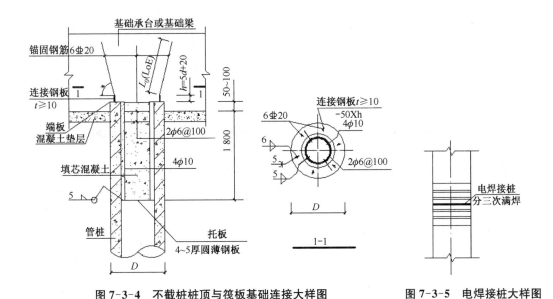

图 7-3-4 不截桩桩顶与筏板基础连接大样图　　　　图 7-3-5 电焊接桩大样图

依据计量规范的工程量计算规则、拓展案例的设计图纸和相关信息,桩基工程清单计量为:

序号	项目名称	单位	计　算　式	数量	合计
1	010301002001	根			3
	预制钢筋混凝土管桩		桩长 44 m,桩顶标高 −1.150 m,试桩	3	
2	010301002002	根			48
	预制钢筋混凝土管桩		桩长 38 m,桩顶标高 −7.550 m	48	
3	010301002003	根			4
	预制钢筋混凝土管桩		桩长 38 m,桩顶标高 −9.550 m	4	
4	010301002004	根			6
	预制钢筋混凝土管桩		桩长 37 m,桩顶标高 −10.550 m	6	

说明:① 预制钢筋混凝土管桩工程量计算规则:以"m"计量,按设计图示尺寸以桩长(包括桩尖)计,如图 7-3-6 所示;以"m³"计量,按设计图示尺寸乘以桩长(包括桩尖),以实体积计算。对于空心桩按实体积(即包括空心部分)计算,如管桩空心部分见图 7-3-7;以"根"计量,则按设计图示数量计算。

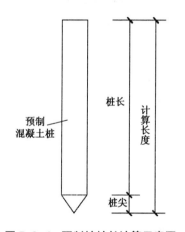

图 7-3-6　预制桩桩长计算示意图

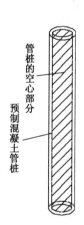

图 7-3-7　空心管桩计算示意图

拓展案例中,考虑到不同管桩的长度,桩顶标高不同,应分别计量。

② 打试验桩和打斜桩应按相应项目单独列项,并应在项目特征中注明试验桩或斜桩(斜率)。拓展案例中有 3 根试桩,故单独列项和计量。

③ 预制钢筋混凝土管桩桩顶与承台的连接构造应按规范中的"混凝土及钢筋混凝土工程"中相关项目列项。

7.3.5　知识、技能评估

某工程采用桩基础工程,采用预制 C40 混凝土方桩 250 mm×250 mm,桩长为两节,每节桩长 4 m,桩尖 0.30 m,采用方桩包钢板接桩,每个接头角钢设计用量为 55 kg。桩位平面如图 7-3-8 及详图如图 7-3-9 所示,工程设计室外标高同场地标高 −0.330 m,采用静力压桩施工,试计算该打桩工程量。

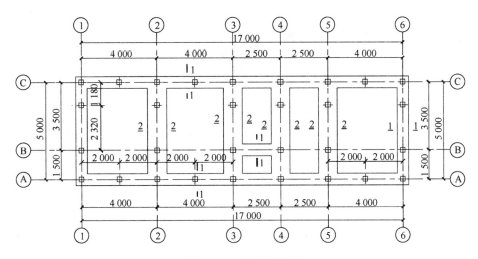

图 7-3-8 桩位平面图

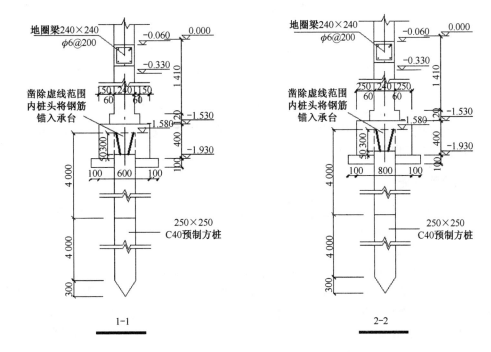

图 7-3-9 工程桩截面图

7.4 砌筑工程

工程案例:某住宅楼工程为 6 层框架结构。基础墙采用 MU10 级 KM1 多孔砖,M10 水泥砂浆砌筑。框架填充墙采用专用砌筑砂浆砌筑,其中:外墙为 B06 级蒸压加气混凝土块、内墙为 B05 级蒸压加气混凝土。女儿墙为 MU10 级 KM1 多孔砖,M10 水泥砂浆砌筑。该住宅楼施工图详见工程案例施工图。

要求:编制该砌筑工程的工程量清单。

7.4.1　清单项目

结合工程实际情况和施工设计图纸,确定的砌筑工程清单项目见表7-4-1。

表7-4-1　砌筑工程清单项目

序号	项目编码	项目名称	项 目 特 征
1	010401001001	砖基础(190)	MU10级KM1多孔砖;M10水泥砂浆砌筑;规格190 mm×190 mm×90 mm;防水砂浆防潮层厚20 mm
2	010402001001	加气混凝土砌块外墙(200)	B06级蒸压加气混凝土块;外墙;专用薄层砌筑砂浆;规格600 mm×200 mm×250 mm
3	010402001002	加气混凝土砌块内墙(200)	B05级蒸压加气混凝土块;内墙;专用薄层砂浆砌筑;规格600 mm×200 mm×250 mm
4	010402001003	加气混凝土砌块内墙(100)	B05级蒸压加气混凝土块;内墙;专用薄层砂浆砌筑;规格600 mm×100 mm×250 mm
5	010401004001	女儿墙(190)	MU10级KM1多孔砖;M10水泥砂浆砌筑;规格190 mm×190 mm×90 mm

说明:① 砖基础项目适用于各种类型砖基础:柱基础、墙基础、管道基础等。工程案例中,砖基础为车库层的墙基础,砌筑在基础梁(顶标高−0.600 m)上。

② 加气混凝土是砌块的一种,按砌块墙项目列项。为保证加气混凝土的砌筑质量,采用专用砌筑砂浆砌筑,同时外墙采用强度较高的B06级,内墙则使用强度较低的B05级。对于200 mm厚墙体采用规格600 mm×200 mm×250 mm砌块,而100 mm厚墙体采用规格600 mm×100 mm×250 mm的砌块。

③ 工程案例中女儿墙采用多孔砖,按多孔砖墙项目列项,多孔砖KM1实际墙厚190 mm。

④ 砖砌体内钢筋加固和砌体内加筋、墙体拉结的制作、安装,应按计量规范中的"混凝土及钢筋混凝土工程"中相关项目编码列项。

7.4.2　清单计量

依据计量规范的工程量计算规则、设计图纸和相关资料,砌筑工程清单计量如下。

1. 010401001001 砖基础(m³)

工程量计算规则:

按设计图示尺寸以体积计算。包括附墙垛基础宽出部分体积,扣除地梁(圈梁)、构造柱所占体积,不扣除基础大放脚T形接头处的重叠部分,如图7-4-1所示,及嵌入基础内的钢筋、铁件、管道、基础砂浆防潮层和单个面积≤0.3 m²的孔洞所占体积,如图7-4-2所示,靠墙暖气沟的挑檐不增加。基础长度:外墙按外墙中心线,内墙按内墙净长线计算。

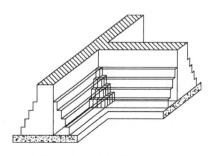

图7-4-1　大放脚T形接头

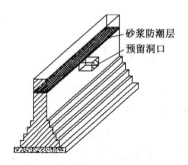

图7-4-2　基础防潮层及孔洞

可按公式计算:砖基础工程量＝(砖基础高度＋大放脚折加高度)×基础墙长×墙厚

说明:① 基础与墙身的划分:基础与墙身为同一种材料时,如图 7-4-3(a)所示,以设计室内地面为界(有地下室者,以地下室室内设计地坪为界),以下为基础,以上为墙(柱)身。

基础与墙身使用不同材料时,位于设计室内地面≤±300 mm 时,以不同材料为分界线,如图 7-4-3(b)所示,高度＞±300 mm,以设计室内地面为分界线,如图 7-4-3(c)所示。

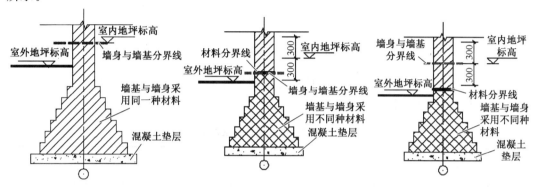

(a) 基础与墙身为同一种材料　(b) 基础与墙身为不同材料　　(c) 基础与墙身为不同材料
　　　　　　　　　　　　　　　(设计室内地坪±300 mm 以内)　(设计室内地坪±300 mm 以外)

图 7-4-3　基础与墙身划分

② 大放脚折加高度:大放脚是指砖基础根据砖的规格尺寸和刚性角的要求,砌成特定的台阶形断面。大放脚的形式有两种:等高式和间隔式,如图 7-4-4 所示。等高式大放脚是指每砌两皮砖收 1/4 砖(含灰缝),即 1/4 砖长＝(砖长 240＋灰缝 10)×(1/4)＝62.5 mm,砖高＝53×2＋10×2＝126 mm。间隔式大放脚是指每砌两皮砖收 1/4 砖(含灰缝)与每砌一皮砖收 1/4(含灰缝)砖长相间隔,即 1/4 砖长＝53＋10＝63 mm,砖高＝126 mm 或 63 mm。

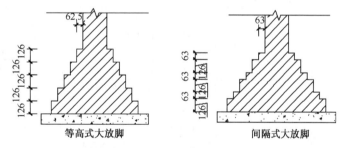

图 7-4-4　基础大放脚

大放脚折加高度＝大放脚两边截面面积/墙厚,也可查如表 7-4-2 所示常用等高式砖砌大放脚折加高度表等相关计算表格。

表 7-4-2　常用等高式砖砌大放脚折加高度表

放脚层数	1	2	3	4	5	6	7
240 墙单面系数	0.033	0.099	0.197	0.328	0.493	0.689	0.919
240 墙双面系数	0.066	0.197	0.394	0.656	0.985	1.378	1.838

③ 砖基础长度:一般情况下外墙墙基按外墙中心线长度计算,内墙墙基按内墙基最上一步净长度计算,如图 7-4-5 所示。

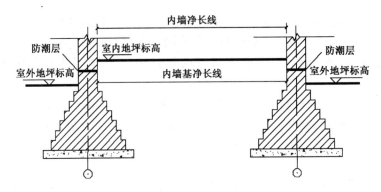

图 7-4-5　基础长度计算

④ 墙体厚度:墙厚按实际墙厚度计算,标准砖尺寸应为 240 mm×115 mm×53 mm,标准砖厚度应按表 7-4-3 计算。

表 7-4-3　标准墙计算厚度表

砖数(厚度)	1/4	1/2	3/4	1	1.5	2	2.5	3
计算厚度(mm)	53	115	180	240	365	490	615	740

工程案例工程砖基础工程量计算书:

序号	项目名称	单位	计　算　式	数量	合计
1	010401001001	m³			5.11
	砖基础(190)				
		m³	1. 砖基础:(24.40+2.88)×0.19		5.18
		m³	(1) H=0.4 m(标高−0.600~−0.200 m),对称性,面积合计:(2.54+2.04+1.32+1.38+2.64+1.08+1.70)×2+1.76	24.40	
			1~7/B轴:(3.5+3.6−0.2−0.25−0.1−0.2)×0.4	2.54	
			1~6/E轴:(3.5+2.3−0.2−0.3−0.2)×0.4	2.04	
			1~2/F轴:(3.5−0.2×2)×0.4	1.32	
			B~F/1轴:(2.7+4.9−0.3−0.3−0.4)×0.4	2.64	
			F~J/2轴:(3.0−0.3)×0.4	1.08	
			B~E/4轴:(4.9−0.35−0.3)×0.4	1.70	
			B~E/7轴(对称轴):(4.9−0.1−0.4)×0.4	1.76	
		m²	(2) H=0.6 m(楼梯间,标高−0.600~±0.000 m),面积合计:1.44+1.44	2.88	
			6~8/E轴:(2.6−0.1−0.1)×0.6	1.44	
			6~8/J轴:(2.6−0.1−0.1)×0.6	1.44	
		m³	2. 扣减构造柱		−0.07
			2/F、12/F轴:(0.19×0.19+0.19×0.03×2)×0.4×2	−0.04	
			7/E轴:(0.19×0.19+0.19×0.03×2)×0.6+0.19×0.03×0.4	−0.03	

说明:① 由工程案例施工图的车库层平面图可知:自行车库和汽车库地面标高为−0.200 m,且以下砌体材料为多孔砖;楼梯间地面标高为±0.000 m,且以下同为多孔砖。

根据基础与墙身的划分标准,满足基础与墙身为不同材料,但是满足≤±300 mm,因此以不同的材料为分界线。

② 由工程案例施工图可知,基础梁顶标高为−0.600 m(考虑管线布置的方便),基础墙从基础梁顶开始砌筑到室内地面标高位置−0.200 m 和±0.000 m,对应 $H=0.4$ m 和 $H=0.6$ m,基础墙的布置一般与上部墙身一致。

③ 按照工程量计算规则,基础墙工程量中应扣除构造柱(马牙槎)所占体积,其计算方法可见混凝土工程中相关内容。需注意是,7/E 处构造柱的地面标高存在不同,其中与 7 轴相嵌的马牙槎计算高度为 0.4 m。

④ 在工程案例的土方工程中,回填土计算中扣除的基础墙工程量(标高−0.450 m 以下,含构造柱)如下:

序号	项目名称	单位	计　算　式	数量	合计
1(1)	基础墙(回填土)	m³	−9.90×0.19		−1.88
	(−0.600～−0.450 m)				
		m²	面积合计:(0.95+0.77+0.50+0.99+0.41+0.64)×2+0.36+0.36+0.66	9.90	
			1～7/B轴:(3.5+3.6−0.2−0.25−0.1−0.2)×0.15	0.95	
			1～6/E轴:(3.5+2.3−0.2−0.3−0.2)×0.15	0.77	
			6～8/E轴(楼梯间):(2.6−0.1−0.1)×0.15	0.36	
			1～2/F轴:(3.5−0.2)×0.15	0.50	
			6～8/J轴(楼梯间):(2.6−0.1−0.1)×0.15	0.36	
			B～F/1轴:(2.7+4.9−0.3−0.3−0.4)×0.15	0.99	
			F～J/2轴:(3.0−0.3)×0.15	0.41	
			B～E/4轴:(4.9−0.35−0.3)×0.15	0.64	
			B～E/7轴(对称轴):(4.9−0.1−0.4)×0.15	0.66	

2. 010402001001 加气混凝土砌块外墙(m³)

工程量计算规则:按设计图示尺寸以体积计算。

扣除门窗、洞口,嵌入墙内的钢筋混凝土柱、梁、圈梁、挑梁、过梁及凹进墙内的壁龛、管槽、暖气槽、消火栓箱所占体积,不扣除梁头、板头、檩头、垫木、木楞头、沿椽木、木砖、门窗走头、砌块墙内加固钢筋、木筋、铁件、钢管及单个面积≤0.3 m² 的孔洞所占的体积。凸出墙面的腰线、挑檐、压顶、窗台线、虎头砖、门窗套的体积亦不增加。凸出墙面的砖垛并入墙体体积内计算。

(1)墙长度

外墙按中心线、内墙按净长计算。

(2)墙高度

① 外墙:斜(坡)屋面无檐口天棚者算至屋面板底;有屋架且室内外均有天棚者算至屋架下弦底另加 200 mm;无天棚者算至屋架下弦底另加 300 mm,出檐宽度超过 600 mm 时按实砌高度计算;与钢筋混凝土楼板隔层者算至板底;平屋面算至钢筋混凝土板底,如图 7-4-6 所示。

② 内墙:位于屋架下弦者,算至屋架下弦底;无屋架者算至天棚底另加 100 mm;有钢筋混凝土楼板隔层者算至楼板底;有框架梁时算至梁底,如图 7-4-7 所示。

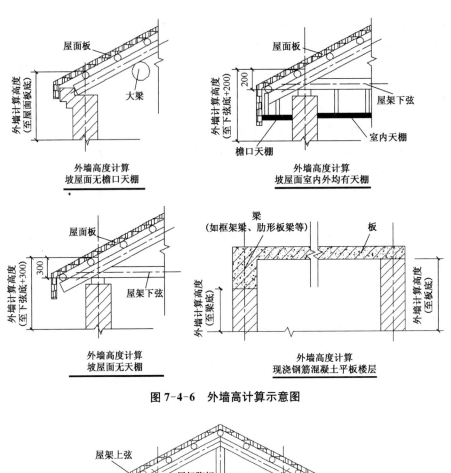

图 7-4-6　外墙高计算示意图

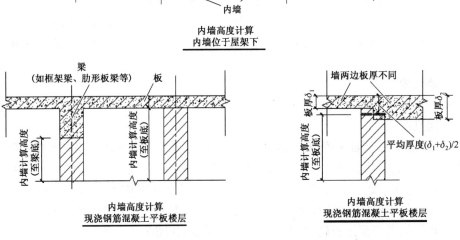

图 7-4-7　内墙高计算示意图

③ 女儿墙:从屋面板上表面算至女儿墙顶面(如有混凝土压顶时算至压顶下表面),如图 7-4-8 所示。

④ 内、外山墙:按其平均高度计算,如图 7-4-9 所示。

(3) 框架间墙

不分内外墙按墙体净尺寸以体积计算。

(4) 围墙

高度算至压顶上表面(如有混凝土压顶时算至压顶下表面),围墙柱并入围墙体积内。

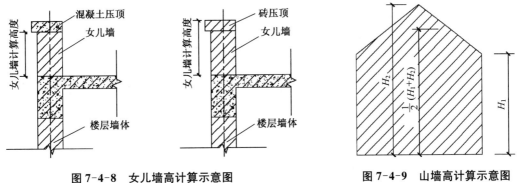

图 7-4-8 女儿墙高计算示意图　　　　图 7-4-9 山墙高计算示意图

(5) 墙厚按实际墙厚度计算,标准砖墙可按表 7-4-3 标准墙计算厚度表取值。

工程案例工程外墙工程量计算书:

序号	项目名称	单位	计　算　式	数量	合计
2	010402001001	m³			96.91
	加气混凝土砌块外墙(200)				
		m³	1. 车库层外墙 (-0.200~1.780 m,其中:楼梯间±0.000~3.180 m)		7.80
			(1) 车库层外墙:60.98×0.2		12.20
		m²	面积合计:(10.16+2.88+9.77+4.32)×2+6.72	60.98	
			1~7/B轴:(3.5+3.6-0.2-0.35-0.2)×(1.78+0.2-0.38)	10.16	
			1~2/F轴:(2.0-0.2)×(1.78+0.2-0.38)	2.88	
			6~8/J轴(楼梯间):(2.6-0.1-0.1)×(1.78+1.4-0.38)	6.72	
			B~F/1轴:(2.7+4.9-0.3-0.4-0.3)×(1.78+0.2-0.5)	9.77	
			F~J/2轴:(3.0-0.3)×(1.78+0.2-0.38)	4.32	
		m³	(2) 扣减门窗洞口:-20.79×0.2		-4.16
		m²	面积合计:1.68+15.36+3.75	20.79	
			C2a:1.2×0.7×2	1.68	
			DDM:2.4×1.6×4	15.36	
			DZM:1.5×2.5	3.75	
		m³	(3) 扣减构造柱		-0.17
			2/F、12/F轴:(0.2×0.2+0.2×0.03×2)×(0.2+1.78-0.38)×2	-0.17	

续表

序号	项目名称	单位	计　算　式	数量	合计
		m³	(4) 扣过梁		−0.07
			GL-DZM1(预制):0.2×0.18×(1.5+0.25×2)	−0.07	
		m³	2. 一层外墙(1.780~4.580 m)		13.61
			(1) 一层外墙:99.94×0.2		19.99
		m²	面积合计:(15.55+4.36+8.35+15.18+6.53)×2	99.94	
			1~7/B轴:(3.5+3.6−0.2−0.3−0.175)×(2.8−0.38)	15.55	
			1~2/F轴:(2.0−0.2)×(2.8−0.38)	4.36	
			2~6/J轴:(2+1.8−0.2−0.15)×(2.8−0.38)	8.35	
			B~F/1轴:(2.7+4.9−0.3−0.4−0.3)×(2.8−0.5)	15.18	
			F~J/2轴:(3.0−0.3)×(2.8−0.38)	6.53	
		m³	(2) 扣减门窗洞口:−24.12×0.2		−4.82
			面积合计:6.48+3.6+5.4+8.64	24.12	
			C1:1.8×1.8×2	6.48	
			C2:1.2×1.5×2	3.60	
			C3:0.9×1.5×2×2	5.40	
			M4:1.8×2.4×2	8.64	
		m³	(3) 扣减构造柱		−0.25
			2/F、12/F轴:(0.2×0.2+0.2×0.03×2)×(2.8−0.38)×2	−0.25	
		m³	(4) 扣减素混凝土止水带		−0.75
			1~4/B、10~13/B轴(窗台梁下素混凝土):结施2/2 0.15×0.2×(3.5−0.2−0.2)×2	−0.19	
			1~2/F、12~13/F轴(空调板边):0.15×0.2×(2.0−0.2−0.1)×2	−0.10	
			4~7/B、7~10/B轴(阳台边): 0.15×0.2×(3.6−0.1−0.175−1.8)×2	−0.09	
			(厨房、卫生间)		
			2~6/J、8~12/J轴:0.15×0.2×(2.0+1.8−0.2−0.15)×2	−0.21	
			F~J/2、F~J/12轴:0.15×0.2×(3.0−0.3−0.1)×2	−0.16	
		m³	(5) 扣减飘窗窗台梁		−0.56
			1~4/B、10~13/B轴:0.2×0.45×(3.5−0.2−0.2)×2	−0.56	
		m³	3. 二层外墙(4.580~7.380 m):同一层		13.61
		m³	4. 三层外墙(7.380~10.180 m)		13.63
			(1) 三层外墙:100.06×0.2		20.01
		m²	面积合计:(15.61+4.36+8.35+15.18+6.53)×2	100.06	
			1~7/B轴:(3.5+3.6−0.2−0.3−0.15)×(2.8−0.38)	15.61	

续表

序号	项目名称	单位	计 算 式	数量	合计
			1～2/F轴：同一层	4.36	
			2～6/J轴：同 层	8.35	
			B～F/1轴：同一层	15.18	
			F～J/2轴：同一层	6.53	
		m³	(2) 扣减门窗洞口：同一层		−4.82
		m³	(3) 扣减构造柱：同一层		−0.25
		m³	(4) 扣减素混凝土止水带：同一层		−0.75
			1～4/B、10～13/B轴窗台梁下素混凝土：同一层	−0.19	
			1～2/F、12～13/F轴（空调板边）：同一层	−0.10	
			4～7/B、7～10/B轴（阳台边）：0.15×0.2×(3.6−0.1−0.15−1.8)×2	−0.09	
			(厨房、卫生间)		
			2～6/J、8～12/J轴：同一层	−0.21	
			F～J/2、F～J/12轴：同一层	−0.16	
		m³	(5) 扣减飘窗窗台梁：同一层		−0.56
		m³	5. 四层外墙(10.180～12.980 m)：同三层		13.63
		m³	6. 五层外墙(12.980～15.780 m)：同三层		13.63
		m³	7. 六层外墙(15.780～18.580 m)：同三层		13.63
		m³	8. 六层外墙(18.580～20.780 m)		3.52
			(1) 六层外墙：19.90×0.2		3.98
		m²	面积合计：(4.42+2.63+1.72+1.18)×2	19.90	
			4～7/B轴：(3.6−0.1−0.15)×(20.28−18.58−0.38)	4.42	
			B～E/1轴(i=0.44)：1.52²/(2×0.44)，参见说明8	2.63	
			E～F/1轴(i=0.68)：1.53²/(2×0.68)，参见说明8	1.72	
			B～E/4轴出屋面部分(i=0.44)：1.02²/(2×0.44)，参见说明8	1.18	
		m³	(2) 扣减门窗洞口：−1.80×0.2		−0.36
		m²	C5：0.5×0.6×6	1.80	
		m³	(3) 扣过梁		−0.10
			GL-C5(预制)：0.2×0.08×(0.5+0.25×2)×6	−0.10	
		m³	9. 楼梯间外墙		3.85
			(1) 楼梯间外墙：30.91×0.2		6.18
		m²	面积合计：5.23+17.42+8.26	30.91	
			◇ 3.180～5.980 m		

续表

序号	项目名称	单位	计　算　式	数量	合计
			6～8/H 轴：$(2.6-0.1-0.1) \times [5.98-(1.78+1.64)-0.38]$	5.23	
			◇ 5.980～14.380 m		
			6～8/H 轴：$(2.6-0.1-0.1) \times (2.8-0.38) \times 3$	17.42	
			◇ 14.380～18.580 m		
			6～8/H 轴：$(2.6-0.1-0.1) \times (4.2-0.38-0.38)$	8.26	
		m³	(2) 扣减门窗洞口：-11.25×0.2		-2.25
		m²	C4：$1.5 \times 1.5 \times 5$	11.25	
		m³	(3) 扣减无梁腰线混凝土结施 1a/3：$(2.6-0.1-0.1-1.5) \times (0.38+0.05) \times 0.2$		-0.08

说明：① 墙体工程量计算时，可按"三步走"的策略进行：不同项目特征的墙体分别计算墙面面积；将面积乘以不同的墙厚，计算各墙体工程量；扣减或增加相关工程量，最后汇总得出墙体工程量。

② 工程量计算中要充分利用对称性，但要注明不能对称计算的项目（考虑计算的方便），如对称轴、楼梯间等相关项目。

③ 工程量计算中，为保证计算的条理性和准确性，可按轴线的顺序计算，如："×～×/A 轴"……、"×～×/1 轴"……。

④ 按工程量计算规则，框架间墙不分内外墙以净尺寸计算，但对项目特征不同的框架间墙需分开单独计算。

⑤ 在扣减门窗洞口上过梁时，应根据墙高判断是否需要设置过梁，如 C2 窗：2.80 m（层高）-0.02 m（楼地面）-0.90 m（窗台高）-1.50 m（窗高）-0.38 m（梁高）$=0$ m，故无须设过梁，由上部框架梁兼过梁。两端墙体具有搁置条件的，可设预制过梁；对于两端墙体中有一端无搁置条件的，可设现浇过梁，如：DZM 设预制过梁，M1 一侧靠柱设现浇过梁等。

⑥ 止水带的作用主要是防止水从墙体渗透到相邻的房间。工程案例中扣减素混凝土止水带，主要包括：厨房和卫生间的墙下、与空调板相连的墙下、与阳台相连的墙下，飘窗窗台梁下素混凝土（严格讲不是止水带，与窗台梁整体浇筑）也一并计入。

⑦ 工程案例中，KZ6 在 7.380 m 处变截面，由原来 1.780～7.380 m 的 350 mm × 450 mm，变成 7.380～20.280 m 的 300 mm × 400 mm，影响了局部外墙的工程量。因此外墙工程量：一层、二层相同；3～6 层（15.780～18.580 m）相同。

⑧ 六层（18.580～20.780 m）为坡屋顶，按内外山墙计算规则以平均高度计算，也可按实际情况灵活计算，关键在于理解各构件之间的组合关系，将二维图纸"三维化"。

① B～E/1 轴（$i=0.44$）和 E～F/1 轴（$i=0.68$），计算示意见图 7-4-10。

竖向高度：$H' = H \cdot C + ei$，$C = \sqrt{1+i^2}$

式中，H——斜梁高度；C——坡度延长系数；i——坡屋面坡度；e——坡顶至计算砌体边的水平距离。

B～E/1 轴（$i=0.44$）：

$$h_1 = 20.78 - 18.58 - H_1' = 20.78 - 18.58 - (0.5 \times \sqrt{1 + 0.44^2} + 0.3 \times 0.44)$$
$$= 1.52 \text{ m};$$

$$S_1 = \frac{1}{2}h_1 b_1 = \frac{1}{2}h_1 \frac{h_1}{i_1} = \frac{h_1^2}{2i_1} = 1.52^2/(2 \times 0.44) - 2.63 \text{ m}^2。$$

E~F/1 轴($i=0.68$)：

$$h_2 = 20.78 - 18.58 - H_2' = 20.78 - 18.58 - (0.5 \times \sqrt{1 + 0.68^2} + 0.1 \times 0.68)$$
$$= 1.53 \text{ m};$$

$$S_2 = \frac{1}{2}h_2 b_2 = \frac{1}{2}h_2 \frac{h_2}{i_2} = \frac{h_2^2}{2i_2} = 1.53^2/(2 \times 0.68) = 1.72 \text{ m}^2。$$

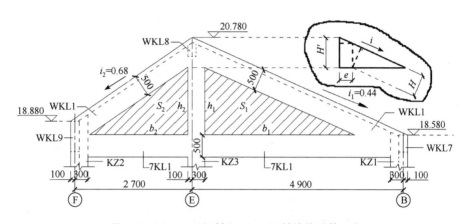

图 7-4-10　B~E/1 轴和 E~F/1 轴墙体计算示意

ⅱ) B~E/4 轴出屋面部分($i=0.44$)，计算示意图见图 7-4-11。

竖向高度：$H'' = ei$

式中，i——坡屋面坡度；e——坡底至计算砌体边的水平距离。

$$h = 20.28 - 18.58 - 0.5 - H'' = 20.28 - 18.58 - 0.5 - 0.4 \times 0.44 = 1.02 \text{ m};$$
$$S = \frac{1}{2}hb = \frac{1}{2}h\frac{h}{i} = \frac{h^2}{2i} = 1.02^2/(2 \times 0.44) = 1.18 \text{ m}^2。$$

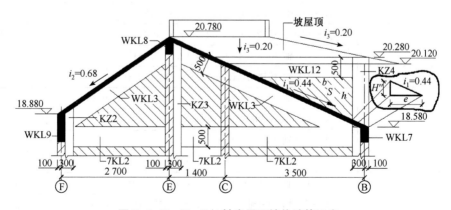

图 7-4-11　B~E/4 轴出屋面墙体计算示意

⑨ 楼梯间外墙中,休息平台导致墙体与楼层错开,同时底层和顶层的墙体往往具有特殊性,可单独计算。工程案例的二层腰线,在楼梯外墙处形成了无梁腰线,需扣除嵌入墙内部分。

3. 010402001002 加气混凝土砌块内墙(m³)

工程量计算规则:见加气混凝土砌块外墙。

序号	项目名称	单位	计 算 式	数量	合计
3	010402001002	m³			121.22
	加气混凝土砌块内墙(200)				
		m³	1. 车库层内墙		8.57
			(1) 车库层内墙:49.58×0.2		9.92
		m³	面积合计:(8.16+6.29+5.55)×2+3.07+6.51	49.58	
			1~6/E轴:(5.8−0.2−0.3−0.2)×(1.78+0.2−0.38)	8.16	
			6~8/E轴(楼梯间):(2.6−0.1−0.1)×(1.78−0.50)	3.07	
			B~E/4轴:(4.9−0.35−0.3)×(1.78+0.2−0.5)	6.29	
			J~E/6轴:(5.7−0.7−0.3)×(1.78−0.6)	5.55	
			B~E/7轴(对称轴):(4.9−0.1−0.4)×(1.78+0.2−0.5)	6.51	
		m³	(2) 扣减门窗洞口:−5.76×0.2		−1.15
		m²	M1a:0.9×1.6×4	5.76	
		m³	(3) 扣减构造柱		−0.20
			7/E轴:(0.2×0.2+0.2×0.03×2)×(1.78−0.5)+(0.2×0.03)×(1.78+0.2−0.5)	−0.08	
			6/F、8/F轴:(0.2×0.2+0.2×0.03×2)×(1.78−0.6)×2	−0.12	
		m³	2. 一层内墙(1.780~4.580 m)		17.33
			(1) 一层内墙:21.54+0.34		21.88
			◇200 mm 厚内墙:107.72×0.2	21.54	
		m²	面积合计:(3.19+5.40+2.94+7.99+3.24+7.59+5.29+10.34)×2+5.52+10.24	107.72	
			3~4/C轴:(1.3−0.1+0.1)×(2.8−0.35)	3.19	
			1~3/D轴:(2.2−0.1−0.1)×(2.8−0.1)	5.40	
			3~4/E轴:(1.3−0.2+0.1)×(2.8−0.35)	2.94	
			6~8/E轴(楼梯间):(2.6−0.1−0.1)×(2.8−0.5)	5.52	
			2~6/F轴:(2.0+1.8−0.1−0.3−0.1)×(2.8−0.38)	7.99	
			C~E/3轴:(0.8+0.6−0.1−0.1)×(2.8−0.1)	3.24	
			B~C/4轴:(3.5+0.1−0.3)×(2.8−0.5)	7.59	
			E~F/4轴:(2.7−0.3−0.1)×(2.8−0.5)	5.29	
			E~J/6轴:(2.7+3.0−0.3−0.7)×(2.8−0.6)	10.34	
			B~E/7轴(对称轴):(4.9−0.1−0.35)×(2.8−0.5)	10.24	

续表

序号	项目名称	单位	计　算　式	数量	合计
			◇200 mm 厚阳台分户墙:1.69×0.2	0.34	
			A～B/7 轴:0.7×[2.8−(0.33+0.45)/2]	1.69	
		m³	(2) 扣减门窗洞口(200 mm 厚墙):−16.14×0.2		−3.23
		m²	面积合计:3.78+7.56+4.8	16.14	
			M1:0.9×2.1×2	3.78	
			M2:0.9×2.1×2×2	7.56	
			空圈:1.0×2.4×2	4.80	
		m³	(3) 扣减构造柱		−0.94
			2/F、12/F 轴(马牙槎):(0.2×0.03×1)×(2.8−0.38)×2	−0.03	
			6/F、8/F 轴:[(0.2×0.2+0.2×0.03×2)×(2.8−0.6)+0.2×0.03×(2.8−0.38)]×2	−0.26	
			3/E、3/C、11/E、11/C 轴:[(0.2×0.2+0.2×0.03)×(2.8−0.35)+0.2×0.03×(2.8−0.1)]×2×2	−0.52	
			7/E 轴:(0.2×0.2+0.2×0.03×3)×(2.8−0.5)	−0.13	
		m³	(4) 扣减门窗过梁		−0.11
			GL-M1(现浇):(0.9+0.25)×0.2×0.08×2	−0.04	
			GL-M2(现浇、C轴):参见说明 1 (0.9+0.25+0.1)×0.2×0.08×2	−0.04	
			GL-M2(现浇、E轴):参见说明 1 (0.9+0.1)×0.2×0.08×2	−0.03	
		m³	(5) 扣减素混凝土止水带		−0.27
			2～6/F、8～12/F 轴:(2.0+1.8−0.1−0.3−0.1−1.0)×0.15×0.2×2	−0.14	
			F～J/6、F～J/8 轴:(3.0−0.7−0.1)×0.15×0.2×2	−0.13	
		m³	3. 二层内墙(4.580～7.380 m):同一层		17.33
		m³	4. 三层内墙(7.380～10.180 m)		17.36
			(1) 三层内墙:21.57+0.34		21.91
			◇200 mm 厚内墙:107.83×0.2	21.57	
		m²	面积合计:10.35+97.48	107.83	
			B～E/7 轴(对称轴):(4.9−0.1−0.30)×(2.8−0.5)	10.35	
			其余同一层:107.72−10.24	97.48	
			◇200 mm 厚分户墙:同一层 0.34 m³	0.34	
		m³	(2) 扣减门窗洞口(200 mm 厚墙):同一层		−3.23

续表

序号	项目名称	单位	计　　算　　式	数量	合计
			(3) 扣减构造柱:同一层		−0.94
			(4) 扣减门窗过梁:同一层		−0.11
			(5) 扣减素混凝土止水带:同一层		−0.27
			5. 四层内墙(10.180～12.980 m):同三层		17.36
			6. 五层内墙(12.980～15.780 m):同三层		17.36
		m³	7. 六层内墙(15.780～18.580 m)		17.66
			(1) 15.780～18.580 m:21.93+0.34		22.27
			◇200 mm 厚内墙:109.63×0.2	21.93	
		m²	面积合计:(3.38+5.20+2.94+7.99+3.12+7.59+5.29+11.37)×2+5.52+10.35	109.63	
			3～4/C 轴:(1.3−0.1+0.1)×(2.8−0.2)	3.38	
			1～3/D 轴:(2.2−0.1−0.1)×(2.8−0.2)	5.20	
			3～4/E 轴:(1.3−0.2+0.1)×(2.8−0.35)	2.94	
			6～8/E 轴(楼梯间):(2.6−0.1−0.1)×(2.8−0.5)	5.52	
			2～6/F 轴:(2.0+1.8−0.1−0.3−0.1)×(2.8−0.38)	7.99	
			C～E/3 轴:(0.8+0.6−0.1−0.1)×(2.8−0.2)	3.12	
			B～C/4 轴:(3.5+0.1−0.3)×(2.8−0.5)	7.59	
			E～F/4 轴:(2.7−0.3−0.1)×(2.8−0.5)	5.29	
			E～J/6 轴:(2.7+3.0−0.3−0.7)×(2.8−0.38)	11.37	
			B～E/7 轴(对称轴):(4.9−0.1−0.3)×(2.8−0.5)	10.35	
			◇200 mm 厚分户墙:1.71×0.2	0.34	
			A～B/7 轴:0.7×[2.8−(0.33+0.38)/2]	1.71	
		m³	(2) 扣减门窗洞口(200 mm 厚墙):同一层		−3.23
			(3) 扣减构造柱		−1.00
			2/F、12/F(马牙槎):(0.2×0.03×1)×(2.8−0.38)×2		−0.03
			6/F、8/F:[(0.2×0.2+0.2×0.03×2)×(2.8−0.38)+0.2×0.03×(2.8−0.38)]×2		−0.28
			3/C、11/C:(0.2×0.2+0.2×0.03×2)×(2.8−0.2(圈梁高))×2		−0.27
			3/E、11/E:[(0.2×0.2+0.2×0.03×2)×(2.8−0.35)+0.2×0.03×(2.8−0.2)]×2		−0.29
			7/E:(0.2×0.2+0.2×0.03×3)×(2.8−0.5)		−0.13

续表

序号	项目名称	单位	计　算　式	数量	合计
			(4) 扣减门窗过梁:同一层		−0.11
			(5) 扣减素混凝土止水带:同一层		−0.27
		m³	8. 六层内墙(18.580~20.780 m)		8.25
			(1) 六层内墙:43.38×0.2		8.68
		m²	面积合计:(1.93+3.67+2.22+2.14+2.63+1.72+1.74)×2+4.08+7.20	43.38	
			3~4/C 轴($i=0.44$):(1.3+0.1−0.1)×(20.78−18.58−1.4×0.44−0.10)	1.93	
			1~3/D 轴($i=0.44$):(2.2−0.1−0.1)×(20.78−18.58−0.6×0.44−0.10)	3.67	
			3~4/E 轴:(1.3−0.2+0.1)×(20.78−18.58−0.35)	2.22	
			6~8/E 轴(楼梯间):(2.6−0.1−0.1)×(20.78−18.58−0.5)	4.08	
			C~E/3 轴($i=0.44$):(2.05+1.52)×1.2×0.5,参见说明 4	2.14	
			B~E/4 轴($i=0.44$):1.52²/(2×0.44),参见说明 4	2.63	
			E~F/4 轴($i=0.68$):1.53²/(2×0.68),参见说明 4	1.72	
			E~F/6 轴($i=0.68$):1.54²/(2×0.68),参见说明 4	1.74	
			B~E/7 轴(对称轴 $i=0.20$):1.7×2.4+(1.27+1.7)×2.1×0.5	7.20	
		m³	(2) 扣减构造柱		−0.43
			3/C、11/C 轴($i=0.44$):(0.2×0.2+0.2×0.03×2)×[20.78−18.58−(0.8+0.6)×0.44−0.1]×2	−0.15	
			3/E、11/E 轴:[(0.2×0.2+0.2×0.03)×(20.78−18.58−0.5)+0.2×0.03×(20.78−18.58−0.1)]×2	−0.18	
			7/E轴:(0.2×0.2+0.2×0.03×3)×(20.78−18.58−0.5)	−0.10	

说明:① 门 M1a 上无须设置过梁,原因是 1.780+0.20−0.38−1.60=0.00 m。门 M2 上 2.80−2.1−0.35=0.35 m,同时考虑端部混凝土柱,故按图 7-4-12 设现浇过梁,GL-M2(E轴)长度:0.9+0.1=1.0 m,GL-M2(C 轴)长度 0.1+0.9+0.25=1.25 m。

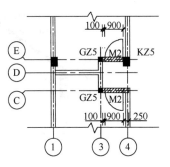

图 7-4-12　M2 现浇过梁设置示意图

② 扣减构造柱时,2/F、12/F 轴处构造柱本身在外墙中,但有一边马牙槎与内墙相嵌接,应扣除。由于构造柱上部梁高可能差异,所以计算时要注意马牙槎的计算高度也不同,如:一层 6/F、8/F 轴处构造柱,上部 6、8 轴方向梁 2KL4 高 600 mm,而 F 轴方向梁 2KL9 高 380 mm,所以构造柱工程量计算式为 [(0.2×0.2+0.2×0.03×2)×(2.8−0.6)+0.2×0.03×

$(2.8-0.38)]\times 2$。

③ A～B/7 轴阳台分户墙仅起到分户作用,按内墙计算。

④ 内墙计算时按工程量计算规则,对钢筋混凝土楼板隔层者算至楼板底。工程案例的内墙高:

ⅰ 1～3/D 轴和 C～E/3 轴:一至五层至楼板底均为 2.7 m;六层内墙(15.780～18.580 m)至圈梁底高 2.6 m;六层内墙(18.580～20.780 m)应至屋面板底,其中 1～3/D 轴内墙高为 $20.78-18.58-0.6\times 0.44-0.1=1.84$ m,C～E/3 轴内墙计算见图 7-4-13。

按外墙计算说明⑧中ⅰ竖向高度计算公式:

$$h_1 = 20.78-18.58-0.1\times\sqrt{1+0.44^2}-0.1\times 0.44 = 2.05 \text{ m};$$

$$h_2 = 20.78-18.58-0.1\times\sqrt{1+0.44^2}-(1.4-0.1)\times 0.44 = 1.52 \text{ m};$$

$$b = 1.4-0.1-0.1 = 1.2 \text{ m};$$

$$S = (2.05+1.52)\times 1.2\times 0.5 = 2.14 \text{ m}^2。$$

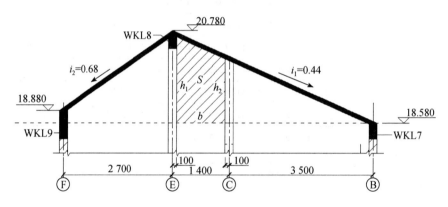

图 7-4-13　C～E/3 轴内墙计算示意

ⅱ B～E/4 轴和 E～F/4 轴:见图 7-4-14。

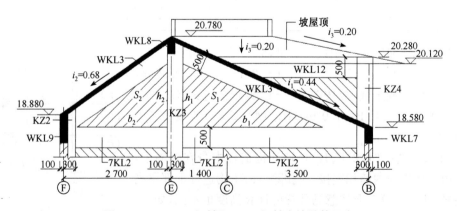

图 7-4-14　B～E/4 轴和 E～F/4 轴内墙计算示意

B～E/4 轴($i=0.44$):

$$h_1 = 20.78-18.58-0.5\times\sqrt{1+0.44^2}-0.3\times 0.44 = 1.52 \text{ m};$$

$$S_1 = \frac{h_1^2}{2i_1} = 1.52^2/(2 \times 0.44) = 2.63 \text{ m}^2。$$

E~F/4 轴($i=0.68$)：

$$h_2 = 20.78 - 18.58 - 0.5 \times \sqrt{1+0.68^2} - 0.1 \times 0.68 = 1.53 \text{ m};$$

$$S_2 = \frac{h_2^2}{2i_2} = 1.53^2/(2 \times 0.68) = 1.72 \text{ m}^2。$$

ⅲ E~F/6 轴($i=0.68$)：见图 7-4-15。

$$h = 20.78 - 18.58 - 0.38 \times \sqrt{1+0.68^2} - 0.3 \times 0.68 = 1.54 \text{ m};$$

$$S = \frac{h^2}{2i} = 1.54^2/(2 \times 0.68) = 1.74 \text{ m}^2。$$

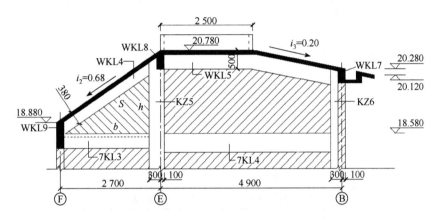

图 7-4-15　E~F/6 轴内墙计算示意

ⅳ B~E/7 轴（对称轴 $i=0.20$）：见图 7-4-16。

$h_1 = 20.78 - 18.58 - 0.5 \times \sqrt{1+0.20^2} - (4.9-2.5-0.3) \times 0.20 = 1.27 \text{ m}$, $b_1 = 4.9 - 2.5 - 0.3 = 2.1 \text{ m}$;

$h_2 = 20.78 - 18.58 - 0.5 = 1.7 \text{ m}$, $b_2 = 2.5 - 0.1 = 2.4 \text{ m}$;

$S = S_1 + S_2 = b_2 \times h_2 + (h_1+h_2) \times b_1 \times 0.5 = 1.7 \times 2.4 + (1.27+1.7) \times 2.1 \times 0.5 = 7.20 \text{ m}^2。$

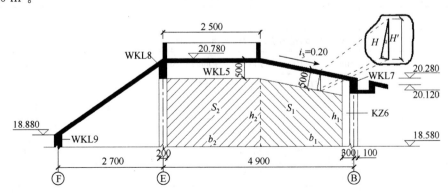

图 7-4-16　B~E/7 轴内墙计算示意

⑤ 在墙高超过 4 m 时,在墙中部设置圈梁,经过计算下列墙体中需设置圈梁 200 mm×200 mm,梁顶标高为 18.580 m:

ⅰ 3~4/C 轴:2.80 m(六层 15.780~18.580 m 部分)+1.58 m(六层 18.580~20.780 m 部分)=4.38 m>4 m;

ⅱ 1~3/D 轴:2.80 m(六层 15.780~18.580 m 部分)+1.94 m(六层 18.580~20.780 m 部分)=4.74 m>4 m;

ⅲ C~E/轴:2.80 m(六层 15.780~18.580 m 部分)+1.52~2.05 m(六层 18.580~20.780 m 部分)=4.32~4.85 m>4 m。

4. 010402001003 加气混凝土砌块内墙(m³)

工程量计算规则:见加气混凝土砌块外墙。

序号	项目名称	单位	计　算　式	数量	合计
4	010402001003	m³			8.67
	加气混凝土砌块内墙(100 mm)				
		m³	1. 一层内墙(1.780~4.580 m)		1.43
			(1) 100 mm 厚内墙(卫生间):22.26×0.1	2.23	
		m²	面积合计:(7.00+4.13)×2	22.26	
			F~J/5 轴:(3.0-0.1-0.1)×(2.8-0.30)	7.00	
			5~6/G 轴:(1.8-0.1-0.05)×(2.8-0.30)	4.13	
		m³	(2) 扣减门窗洞口(100 mm 厚墙):-6.72×0.1	-0.67	
		m²	M3:0.8×2.1×2×2	6.72	
		m³	(3) 扣减门窗过梁	-0.04	
			YGL—M3(预制):(0.8+2×0.25)×0.10×0.08×2×2	-0.04	
		m³	(4) 扣减素混凝土止水带	-0.09	
			5~6G、8~9/G 轴:(1.8-0.1-0.05-0.8)×0.15×0.1×2	-0.03	
			F~J/5、F~J/9 轴:(3.0-0.1-0.1-0.8)×0.15×0.1×2	-0.06	
			2. 二~五层内墙(4.580 m~15.78 m):1.43×4		5.72
		m³	3. 六层内墙(15.780~18.580 m)		1.52
		m³	(1) 100 mm 厚内墙(卫生间):22.86×0.1	2.29	
			面积合计:(7.14+4.29)×2	22.86	
			F~J/5 轴:(3.0-0.1-0.1)×(2.8-0.30+0.05)	7.14	
			5~6/G 轴:(1.8-0.1-0.05)×(2.8-0.25+0.05)	4.29	
		m³	(2) 扣减门窗洞口(100 mm 厚墙):同一层	-0.67	
		m³	(3) 扣减门窗过梁	-0.04	
		m³	(4) 扣减素混凝土止水带	-0.09	

5. 010401004001 女儿墙(m³)

工程量计算规则:见加气混凝土砌块外墙。

序号	项目名称	单位	计 算 式	数量	合计
5	010401004001	m³			1.94
	女儿墙(190)				
		m³	1. 女儿墙:10.98×0.19		2.09
		m²	面积合计:1.51+4.32+2.70+0.43+2.02	10.98	
			6~8/H轴:(2.6+0.1+0.1)×(0.6−0.06)	1.51	
			2~6/J、8~12/J轴:(1.8+2+0.1+0.1)×(0.6−0.06)×2	4.32	
			F~J/2、F~J/12轴:(0.9+1.5+0.6−0.1−0.3−0.1)×(0.6−0.06)×2	2.70	
			H~J/6、H~J/8轴:(0.6−0.1−0.1)×(0.6−0.06)×2	0.43	
			6~8/J轴(标高4.100 m):(2.6−0.1−0.1)×(4.10−3.20−0.06)	2.02	
		m³	2. 扣减构造柱		−0.15
			2/J、6/J、8/J、12/J轴:(0.19×0.19+0.19×0.03×2)×(0.6−0.06)×4	−0.10	
			F~H/2、F~H/12轴:(0.19×0.19+0.19×0.03)×(0.6−0.06)×2	−0.05	

说明:① 女儿墙每隔3.5 m设置女儿墙构造柱NGZ,工程案例中共设置6个。

② 按照计算规则,女儿墙上设置混凝土压顶,墙高计算时扣除压顶厚度(工程案例为60 mm)。

7.4.3 工程量清单

工程案例工程量清单如表7-4-4所示。

表7-4-4 砌筑工程量清单与计价表

工程名称:某工程　　　　　　　　　标段:　　　　　　　　　第　页共　页

序号	项目编码	项目名称	项目特征描述	计量单位	工程量	金额(元)		
						综合单价	合价	其中暂估价
1	010401001001	砖基础(190)	MU10级KM1多孔砖;M10水泥砂浆砌筑;规格190 mm×190 mm×90 mm;防水砂浆防潮层厚20 mm	m³	5.11			
2	010402001001	加气混凝土砌块外墙(200)	B06级蒸压加气混凝土块;外墙;专用薄层砂浆砌筑;规格600 mm×200 mm×250 mm	m³	96.91			
3	010402001002	加气混凝土砌块内墙(200)	B05级蒸压加气混凝土块;内墙;专用薄层砂浆砌筑;规格600 mm×200 mm×250 mm	m³	121.22			
4	010402001003	加气混凝土砌块内墙(100)	B05级蒸压加气混凝土块;内墙;专用薄层砂浆砌筑;规格600 mm×100 mm×250 mm	m³	8.67			
5	010401004001	女儿墙(190)	MU10级KM1多孔砖;M10水泥砂浆砌筑;规格190 mm×190 mm×90 mm	m³	1.94			

7.4.4 知识、技能拓展

拓展案例 7-4-1:某办公楼为砖混结构,室外标高为 -0.330 m, -0.060 m 处为 60 mm 防水混凝土防潮层,基础为混凝土条形基础,基础平面布置图和大样图详见图 7-1-12 和 7-1-13,一层平面见图 7-1-14。 ± 0.000 m 以下采用 MU15 标准砖 M10 水泥砂浆砌筑, ± 0.000 m 以上采用 MU15 多孔砖 M10 水泥砂浆砌筑。

要求:计算砖基础清单工程量。

依据计量规范的工程量计算规则、拓展案例的设计图纸和相关信息,砖基础工程清单计量为:

序号	项目名称	单位	计　算　式	数量	合计
1	010401001001	m³			21.02
	砖基础				
		m³	1. 截面 1-1		18.83
		m	砖基础高度:1.630＋0.066＝1.696		
		m³	1、6、A、C轴:[(17.00＋5.00)×2]×1.696×0.24	17.91	
			3～4/B轴:(2.50−0.24)×1.696×0.24	0.92	
		m³	2. 截面 2-2		7.75
			2、3、4、5轴:(5.0−0.24)×1.696×0.24×4	7.75	
		m³	3. 扣减圈梁:65.30×0.24×0.24		−3.76
		m	长度合计:	65.3	
			1、6、A、C轴:(17.00＋5.00)×2	44.0	
			3～4/B轴:2.50−0.24	2.26	
			A～C/2、A～C/3、A～C/4、A～C/3轴:(5.0−0.24)×4	19.04	
		m³	4. 扣减构造柱:		−1.80
			(0.24×0.24×17＋0.24×0.03×44)×(1.630−0.24)	−1.80	
1(1)	砖基础(回填土)	m³			−21.47
			1. 截面 1-1		−18.83
		m	砖基础高度:1.630−0.33＋0.066＝1.37		
		m³	1、6、A、C轴:[(17.00＋5.00)×2]×1.37×0.24	14.47	
			3～4/B轴:(2.50−0.24)×1.37×0.24	0.74	
			2. 截面 2-2		−6.26
			2、3、4、5轴:(5.0−0.24)×1.37×0.24×4	6.26	

说明:① 依据砖基础与墙身的划分标准,扩展案例中:

ⅰ 办公室: ± 0.000 m 处不仅是材料分界线,也是室内地面标高处,故 ± 0.000 m 是砖基础与墙身的分界线。

ⅱ 卫生间、盥洗间: -0.030 m 为地面标高, ± 0.000 m 是材料分界线,显然 $\pm 0.000 - (-0.030)=0.03$ m <0.30 m,仍然是 ± 0.000 m 为砖基础与墙身的分界线。

② 扩展案例中,砖基础有一层大放脚,查表 7-4-2 可知折加高度为 0.066 m,所以砖基础高度为 ±0.000－(－1.630)+0.066=1.696 m。

7.4.5 知识、技能评估

1. 计算图 7-1-19 中,某建筑二类工程中－0.060 m 以下采用标准砖水泥砂浆 M10,以上采用多孔砖混合砂浆 M10 砌筑,基础墙采用二层等高式大放脚,计算该基础墙工程量。

2. 某传达室为建筑三类工程,平面图、剖面图、墙身大样图见图 7-4-17。构造柱 240 mm×240 mm,有马牙槎与墙嵌接,圈梁 240 mm×300 mm,屋面板厚 100 mm,门窗上口无圈梁处设置过梁厚 120 mm,过梁长度为洞口尺寸两边各加 250 mm,窗台板厚 60 mm,长度为窗洞口尺寸两边各加 60 mm,窗两侧有 60 mm 宽砖砌窗套。砌体材料为 KP1 多孔砖 M5 混合砂浆砌筑,女儿墙为标准砖 M5 混合砂浆砌筑,且设置构造柱。计算该传达室砌体工程量。

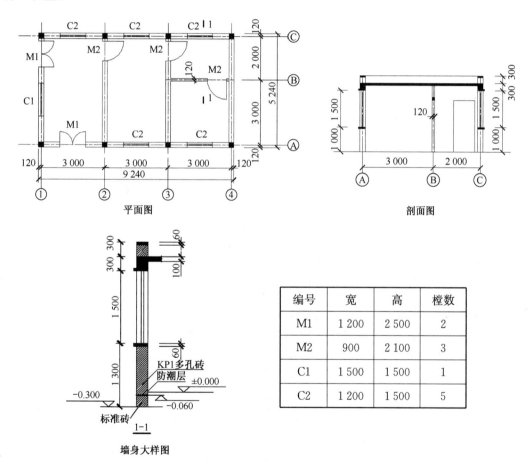

编号	宽	高	樘数
M1	1 200	2 500	2
M2	900	2 100	3
C1	1 500	1 500	1
C2	1 200	1 500	5

图 7-4-17 某传达室平面图、剖面图、墙身大样图

7.5 混凝土工程

工程案例:某住宅楼工程为 6 层框架结构,底层为车库,顶层为坡屋顶,抗震设防烈度 6

度,抗震设防类别丙类,框架抗震等级四级。混凝土上部结构环境类别为一类,基础混凝土结构环境类别为二a类,基础设计等级丙级。主体结构采用预拌泵送混凝土,二次结构及室外工程中采用自拌现浇混凝土。基础垫层、坡道为C15,散水为C20细石混凝土,其余均为C30。两端有搁置长度的洞口上方设置预制过梁,其余设置现浇过梁。该住宅楼施工图详见"第6章 工程案例施工图"。

要求:编制该混凝土工程的工程量清单。

7.5.1 清单项目

结合工程实际情况和施工设计图纸,确定的混凝土工程清单项目见表7-5-1。

表7-5-1 混凝土工程清单项目

序号	项目编码	项目名称	项 目 特 征
1	010501001001	垫层	混凝土种类为预拌泵送混凝土;强度等级C15
2	010501003001	独立基础	混凝土种类为预拌泵送混凝土;强度等级C30
3	010502001001	矩形框架柱	混凝土种类为预拌泵送混凝土;强度等级C30
4	010502002001	构造柱	混凝土种类为自拌现浇混凝土;强度等级C30
5	010503001001	基础梁	混凝土种类为预拌泵送混凝土;强度等级C30
6	010503002001	矩形框架梁	混凝土种类为预拌泵送混凝土;强度等级C30
7	010503004001	圈梁	混凝土种类为自拌现浇混凝土;强度等级C30
8	010503004002	窗台梁	混凝土种类为自拌现浇混凝土;强度等级C30
9	010503005001	现浇过梁	混凝土种类为自拌现浇混凝土;强度等级C30
10	010510003001	预制过梁	(1) YGL-DZM1:0.07 m³;安装高度:2.5 m;自拌现浇混凝土强度等级:C30 (2) YGL-C5:0.02 m³;安装高度:3.8 m;自拌现浇混凝土强度等级:C30 (3) YGL-M3:0.01 m³;安装高度:2.1 m;自拌现浇混凝土强度等级:C30
11	010505001001	有梁板	混凝土种类为预拌泵送混凝土;强度等级C30
12	010505006001	栏板	混凝土种类为自拌现浇混凝土;强度等级C30
13	010505007002	挑檐板	混凝土种类为预拌泵送混凝土;强度等级C30
14	010505007001	檐沟	混凝土种类为预拌泵送混凝土;强度等级C30
15	010505008001	悬挑板	混凝土种类为预拌泵送混凝土;强度等级C30
16	010505008002	雨篷板	混凝土种类为预拌泵送混凝土;强度等级C30
17	010505008003	阳台板	混凝土种类为预拌泵送混凝土;强度等级C30
18	010506001001	直形楼梯	混凝土种类为预拌泵送混凝土;强度等级C30
19	010507001001	散水	素土夯实;100 mm厚碎石;素水泥浆1遍;60 mm厚C20细石混凝土;20 mm厚1:2.5水泥砂浆面层压光
20	010507001002	坡道	素土夯实;150 mm厚碎石垫层;80 mm厚C15混凝土;斜坡地面上水泥砂浆搓牙
21	010507004001	台阶	踏步150 mm×300 mm(高×宽);混凝土种类为自拌现浇混凝土;强度等级C30
22	010507005001	压顶	断面尺寸60 mm×200 mm(高×宽);混凝土种类为自拌现浇混凝土;强度等级C30
23	010507007001	素混凝土止水带	素混凝土止水带;截面150 mm×200 mm(高×宽);混凝土种类为自拌现浇混凝土;强度等级C30;部位详见设计图
24	010507007002	线条	二层;混凝土腰线;截面详见设计图;混凝土种类为预拌泵送混凝土;强度等级C30
25	010507007003	上人孔	六层出屋面;详见设计图;混凝土种类为自拌现浇混凝土;强度等级C30

说明:① 混凝土种类是指清水混凝土、彩色混凝土等,如在同一地区既使用预拌(商品混凝土),又允许现场搅拌混凝土时,也应注明。

② 矩形框架梁是指不与板相连的框架梁。

③ 预制过梁的单件体积见清单计量相关内容,安装高度描述的是预制过梁梁底标高至相应楼层标高的高差。

④ 有梁板、无梁板和平板的区别:有梁板:常称"肋形楼板",指由一个或两个方向的梁和板连成一体构成;无梁板:无外凸的梁肋,直接或通过柱帽、托板支撑在柱上的板;平板:指板四边直接支撑在墙体上的板,通常四边与圈梁相连的板也视作平板。

⑤ 预制混凝土构件或预制钢筋混凝土构件,如施工图设计标注做法见标准图集时,项目特征注明标准图集的编码、页号及节点大样即可。

7.5.2 清单计量

依据计量规范的工程量计算规则、设计图纸和相关资料,混凝土工程清单计量如下。

1. 010501001001 垫层(m³)

工程量计算规则:按设计图示尺寸以体积计算。不扣除伸入承台基础的桩头所占体积,见图7-5-1。

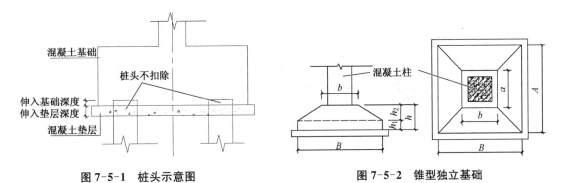

图7-5-1 桩头示意图   图7-5-2 锥型独立基础

工程案例——垫层工程量计算书:

序号	项目名称	单位	计 算 式	数量	合计
1	010501001001	m³			8.34
	垫层				
			D-1:(1.4+0.1×2)×(1.6+0.1×2)×0.1×4	1.15	
			D-2:(1.6+0.1×2)×(1.9+0.1×2)×0.1×2	0.76	
			D-3:(1.5+0.1×2)×(1.8+0.1×2)×0.1×2	0.68	
			D-4:(1.7+0.1×2)×(2.0+0.1×2)×0.1×2	0.84	
			D-5:(2.0+0.1×2)×(2.4+0.1×2)×0.1×2	1.14	
			D-6:(1.8+0.1×2)×(2.2+0.1×2)×0.1×4	1.92	
			D-7:(2.0+0.1×2)×(2.3+0.1×2)×0.1×2	1.10	
			D-8:(2.3+0.1×2)×(2.8+0.1×2)×0.1	0.75	

说明:计算垫层工程量时,对独立基础、筏板基础等采用:垫层工程量=(长×宽)×高;对条形基础采用:垫层工程量=(宽×高)×长。

2. 010501003001 独立基础(m³)

工程量计算规则:按设计图示尺寸以体积计算,不扣除伸入承台基础的桩头所占体积。

独立基础有长方体、正方体、截方锥体梯形(踏步)体、截圆锥体及平浅柱基础等形式。常见的锥形独立基础和杯形基础计算方法如下:

(1)锥形独立基础,由底部长方体 V_1 和上部棱台体 V_2 两部分组成,见图7-5-2,其体积公式为:

$$V_{独基} = V_1 + V_2 = ABh_1 + \frac{1}{6}h_2[AB + (A+a)(B+b) + ab]$$

(2)杯形基础,计算时可将底部长方体 V_1、中部棱台体 V_2、上部长方体 V_3 3个体积相加,再减去杯口内的虚空体积 V_4,见图7-5-3。

$$V_{杯基} = V_1 + V_2 + V_3 - V_4$$

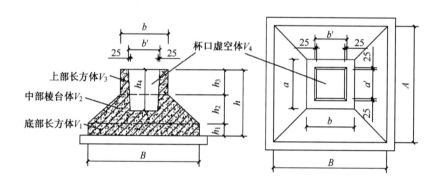

图7-5-3 杯形基础

工程案例——基础工程量计算书:

序号	项目名称	单位	计 算 式	数量	合计
2	010501003001	m³			27.09
	独立基础				
			J-1:{1.4×1.6×0.3+0.1/6×[1.4×1.6+(1.4+0.4)×(1.6+0.5)+0.4×0.5]}×4	3.10	
			J-2:{1.6×1.9×0.3+0.2/6×[1.6×1.9+(1.6+0.4)×(1.9+0.5)+0.4×0.5]}×2	2.36	
			J-3:{1.5×1.8×0.3+0.15/6×[1.5×1.8+(1.5+0.4)×(1.8+0.5)+0.4×0.5]}×2	1.98	
			J-4:{1.7×2.0×0.3+0.2/6×[1.7×2.0+(1.7+0.4)×(2.0+0.5)+0.4×0.5]}×2	2.63	
			J-5:{2.0×2.4×0.3+0.25/6×[2.0×2.4+(2.0+0.35)×(2.4+0.9)+0.35×0.9]}×2	3.95	

续表

序号	项目名称	单位	计　算　式	数量	合计
			J-6:{1.8×2.2×0.3+0.25/6×[1.8×2.2+(1.8+0.4)×(2.2+0.5)+0.4×0.5]}×4	6.44	
			J-7:{2.0×2.3×0.3+0.25/6×[2.0×2.3+(2.0+0.45)×(2.3+0.55)+0.45×0.55]}×2	3.75	
			J-8:2.3×2.8×0.3+0.35/6×[2.3×2.8+(2.3+0.5)×(2.8+0.6)+0.5×0.6]	2.88	

说明:① 工程案例中,柱下独立基础为典型的锥形独立基础可直接按公式计算。

② 现浇或预制混凝土和钢筋混凝土构件,不扣除构件内钢筋、螺栓、预埋铁件、张拉孔道所占体积,但应扣除劲性骨架的型钢所占体积。

3. 010502001001 矩形框架柱(m³)

工程量计算规则:按设计图示尺寸以体积计算,不扣除构件内钢筋,预埋铁件所占体积。型钢混凝土柱应扣除构件内型钢所占体积。

可按公式计算:柱工程量=断面尺寸×柱高。其中柱高见图7-5-4。

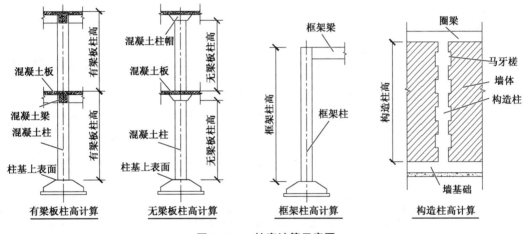

图 7-5-4　柱高计算示意图

(1) 有梁板的柱高,应自柱基上表面(或楼板上表面)至上一层楼板上表面之间的高度计算。

(2) 无梁板的柱高,应自柱基上表面(或楼板上表面)至柱帽下表面之间的高度计算。

(3) 框架柱的柱高:应自柱基上表面至柱顶高度计算。

(4) 构造柱按全高计算,值得注意的是,构造柱和圈梁相连时,构造柱通常以圈梁为节点分段施工,而圈梁往往整体浇注,所以在计算构造柱高时一般扣除与之相连圈梁的高度。嵌接墙体部分(马牙槎)并入柱身体积,见图7-5-5。为简化计算,可将锯齿状的马牙槎统一为厚30 mm的扁柱计算(图7-5-6)。

(5) 依附柱上的牛腿和升板的柱帽,并入柱身体积计算,见图7-5-7。

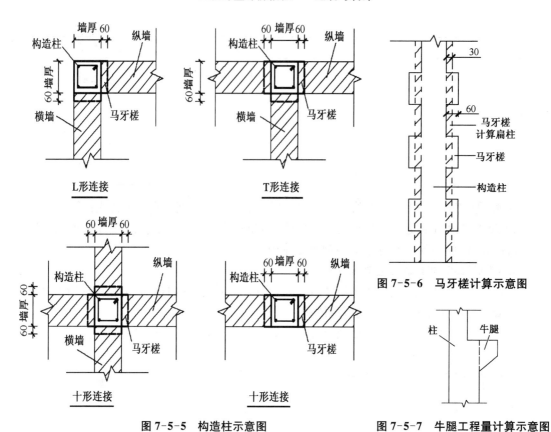

图 7-5-5 构造柱示意图

图 7-5-6 马牙槎计算示意图

图 7-5-7 牛腿工程量计算示意图

工程案例——框架柱工程量计算书：

序号	项目名称	单位	计　算　式	数量	合计
3	010502001001	m³			51.84
	矩形框架柱				
			(1) 车库层(各基础顶~1.780 m)		8.37
			KZ1(J-1 基础顶~1.780 m)：0.3×0.4×(1.78+1.95−0.3−0.1)×2	0.80	
			KZ1(J-3 基础顶~1.780 m)：0.3×0.4×(1.78+1.95−0.3−0.15)×2	0.79	-
			KZ2(J-1 基础顶~1.780 m)：0.3×0.4×(1.78+1.95−0.3−0.1)×2	0.80	
			KZ2(J-4 基础顶~1.780 m)：0.3×0.4×(1.78+1.95−0.3−0.2)×2	0.78	
			KZ3(J-2 基础顶~1.780 m)：0.3×0.4×(1.78+1.95−0.3−0.2)×2	0.78	
			KZ4(J-7 基础顶~1.780 m)：0.35×0.45×(1.78+1.95−0.3−0.25)×2	1.00	
			KZ5(J-6 基础顶~1.780 m)：0.3×0.4×(1.78+1.95−0.3−0.25)×4	1.53	
			KZ6(J-8 基础顶~1.780 m)：0.5×0.4×(1.78+1.95−0.3−0.35)×1	0.62	
			KZ7(J-5 基础顶~1.780 m)：0.25×0.8×(1.78+1.95−0.3−0.25)×2	1.27	

续表

序号	项目名称	单位	计 算 式	数量	合计
			(2) 一层(1.780～4.580 m)		6.92
			KZ1:0.3×0.4×2.80×4	1.34	
			KZ2:0.3×0.4×2.80×4	1.34	
			KZ3:0.3×0.4×2.80×2	0.67	
			KZ4:0.3×0.4×2.80×2	0.67	
			KZ5:0.3×0.4×2.80×4	1.34	
			KZ6:0.35×0.45×2.80×1	0.44	
			KZ7:0.25×0.80×2.80×2	1.12	
			(3) 二层(4.580～7.380 m):同一层		6.92
			(4) 三层(7.380～10.180 m):		6.82
			KZ1:0.3×0.4×2.80×4	1.34	
			KZ2:0.3×0.4×2.80×4	1.34	
			KZ3:0.3×0.4×2.80×2	0.67	
			KZ4:0.3×0.4×2.80×2	0.67	
			KZ5:0.3×0.4×2.80×4	1.34	
			KZ6:0.3×0.4×2.80×1	0.34	
			KZ7:0.25×0.80×2.80×2	1.12	
			(5) 四层(10.180～12.980 m):同三层		6.82
			(6) 五层(12.980～15.780 m):同三层		6.82
			(7) 六层(15.780 m～各柱顶):		9.17
			KZ1(15.780～18.580 m):0.3×0.4×(18.58－15.78)×4	1.34	
			KZ2(15.780～18.880 m):0.3×0.4×(18.88－15.78)×4	1.49	
			KZ3(15.780～20.780 m):0.3×0.4×(20.78－15.78)×2	1.20	
			KZ4(15.780～20.280 m):0.3×0.4×(20.28－15.78)×2	1.08	
			KZ5(15.780～20.780 m):0.3×0.4×(20.78－15.78)×4	2.40	
			KZ6(15.780～20.280 m):0.3×0.4×(20.28－15.78)×1	0.54	
			KZ7(15.780～18.580 m):0.25×0.80×(18.58－15.78)×2	1.12	

说明:① 工程案例中,框架柱为有梁板柱,整体柱高从基础顶至柱顶,如遇变截面则应加以注意,如 KZ4 和 KZ6。考虑到柱高的影响,柱工程量一般分层计算后汇总。

② 在工程案例的土方工程中,回填土计算中扣除的基础柱工程量(标高－0.450 m 以下)如下表:

序号	项目名称	单位	计　算　式	数量	合计
3(1)	基础柱(回填土)	m³			－2.56
			KZ1(基础顶～－0.450 m):0.3×0.4×(1.95－0.45－0.3－0.1)×2	0.26	
			KZ1(基础顶～－0.450 m):0.3×0.4×(1.95－0.45－0.3－0.15)×2	0.25	
			KZ2(基础顶～－0.450 m):0.3×0.4×(1.95－0.45－0.3－0.1)×2	0.26	
			KZ2(基础顶～－0.450 m):0.3×0.4×(1.95－0.45－0.3－0.2)×2	0.24	
			KZ3(基础顶～－0.450 m):0.3×0.4×(1.95－0.45－0.3－0.2)×2	0.24	
			KZ4(基础顶～－0.450 m):0.35×0.45×(1.95－0.45－0.3－0.25)×2	0.30	
			KZ5(基础顶～－0.450 m):0.3×0.4×(1.95－0.45－0.3－0.25)×4	0.46	
			KZ6(基础顶～－0.450 m):0.5×0.4×(1.95－0.45－0.3－0.35)	0.17	
			KZ7(基础顶～－0.450 m):0.25×0.8×(1.95－0.45－0.3－0.25)×2	0.38	

4. 010502002001 构造柱(m³)

工程量计算规则:见矩形框架柱中构造柱部分内容。

工程案例——工程构造柱工程量计算书:

序号	项目名称	单位	计　算　式	数量	合计
4	010502002001	m³			8.22
	构造柱				
		m³	1. 基础部分		0.07
			2/F、12/F 轴(－0.600～－0.200 m):(0.19×0.19＋0.19×0.03×2)×0.4×2	0.04	
			7/E 轴(－0.600～±0.000 m):(0.19×0.19＋0.19×0.03×2)×0.6＋0.19×0.03×0.4	0.03	
		m³	2. 车库层		0.37
			(1) 外墙		0.17
			2/F、12/F 轴:(2×0.2＋0.2×0.03×2)×(1.78＋0.2－0.38)×2	0.17	
			(2) 内墙		0.20
			7/E 轴:(0.2×0.2＋0.2×0.03×2)×(1.78－0.5)＋(0.2×0.03)×(1.78＋0.2－0.5)	0.08	
			(3) 内墙 6/F、8/F 轴:(0.2×0.2＋0.2×0.03×2)×(1.78－0.6)×2	0.12	
		m³	3. 一层		1.19

续表

序号	项目名称	单位	计 算 式	数量	合计
			(1) 外墙	0.25	
			2/F、12/F轴:(0.2×0.2+0.2×0.03×2)×(2.8−0.38)×2	0.25	
			(2) 内墙	0.94	
			2/F、12/F轴(马牙槎):(0.2×0.03×1)×(2.8−0.38)×2	0.03	
			6/F、8/F轴:[(0.2×0.2+0.2×0.03×2)×(2.8−0.6)+0.2×0.03×(2.8−0.38)]×2	0.26	
			3/E、3/C、11/E、11/C轴:[(0.2×0.2+0.2×0.03)×(2.8−0.35)+0.2×0.03×(2.8−0.1)]×2×2	0.52	
			7/E轴:(0.2×0.2+0.2×0.03×3)×(2.8−0.5)	0.13	
		m³	4. 二层:同一层		1.19
		m³	5. 三层:同一层		1.19
		m³	6. 四层:同一层		1.19
		m³	7. 五层:同一层		1.19
		m³	8. 六层 (15.780~18.580 m)		1.25
			(1) 外墙	0.25	
			2/F、12/F轴:(0.2×0.2+0.2×0.03×2)×(2.8−0.38)×2	0.25	
			(2) 内墙	1.00	
			2/F、12/F轴(马牙槎):(0.2×0.03×1)×(2.8−0.38)×2	0.03	
			6/F、8/F轴:[(0.2×0.2+0.2×0.03×2)×(2.8−0.38)+0.2×0.03×(2.8−0.38)]×2	0.28	
			3/C、11/C轴:(0.2×0.2+0.2×0.03×2)×(2.8−0.2)×2	0.27	
			3/E、11/E轴:[(0.2×0.2+0.2×0.03×2)×(2.8−0.35)+0.2×0.03×(2.8−0.2)]×2×2	0.29	
			7/E轴:(0.2×0.2+0.2×0.03×3)×(2.8−0.5)	0.13	
		m³	9. 六层 (18.580~20.780 m)		0.43
			内墙		
			3/C、11/C轴(i=0.44):(0.2×0.2+0.2×0.03×2)×[20.78−18.58−(0.8+0.6)×0.44−0.1]×2	0.15	
			3/E、11/E轴:[(0.2×0.2+0.2×0.03)×(20.78−18.58−0.5)+0.2×0.03×(20.78−18.58−0.1)]×2	0.18	
			7/E轴:(0.2×0.2+0.2×0.03×3)×(20.78−18.58−0.5)	0.10	
		m³	10. 女儿墙		0.15
			2/J、6/J、8/J、12/J轴:(0.19×0.19+0.19×0.03×2)×(0.6−0.06)×4	0.10	
			F~H/2、F~H/12 轴:(0.19×0.19+0.19×0.03)×(0.6−0.06)×2	0.05	

说明:① 构造柱工程量计算只需将砌筑工程中相关扣减的工程量进行合计即可。

② 工程案例的构造柱锚固于基础梁中,计算时底标高应从基础梁顶标高(-0.600 m)开始计算;

③ 应注意构造柱的马牙槎的数量与连接墙体的面数一致。

5. 010503001001 基础梁(m³)

工程量计算规则:按设计图示尺寸以体积计算。伸入墙内的梁头、梁垫并入梁体积内,见图 7-5-8。

可按公式计算:梁工程量=梁宽×梁高×梁长。

其中梁长:① 梁与柱连接时,梁长算至柱侧面,见图 7-5-9;② 主梁与次梁连接时,次梁长算至主梁侧面,见图 7-5-10。

一般情况下,当圈梁位于平板底部时,梁截面=(梁高-板厚)×梁宽,见图 7-5-11。

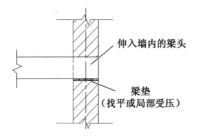

图 7-5-8 梁头,梁垫示意图

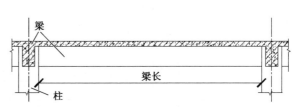

图 7-5-9 梁柱连接,梁长示意图

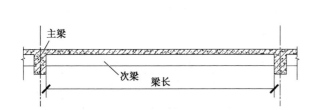

图 7-5-10 主次梁连接,梁长示意图

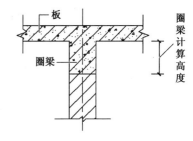

图 7-5-11 梁位于板底梁高计算示意图

工程案例——工程基础梁工程量计算书:

序号	项目名称	单位	计 算 式	数量	合计
5	010503001001	m³			7.60
	基础梁				
			JKL1:0.2×0.5×(4.9+2.7-0.3-0.4-0.3)×2	1.32	
			JKL2:0.2×0.38×(3.0-0.3-0.1)×2	0.40	
			JKL3:0.2×0.5×(4.9-0.3-0.35)×2	0.85	
			JKL4:0.25×0.5×(2.7+3.0-0.7-0.3)×2	1.18	
			JKL5:0.2×0.5×(4.9-0.1-0.4)	0.44	

续表

序号	项目名称	单位	计 算 式	数量	合计
			JKL6:0.2×0.38×(3.5+3.6−0.2−0.35−0.2)×2	0.97	
			JKL7:0.2×0.5×(3.5+3.6−0.2−0.3−0.3)×2	1.26	
			JKL8:0.2×0.38×(3.5−0.2−0.2)×2	0.47	
			JKL9:0.2×0.38×(3.8+2.6+3.8−0.2−0.25−0.25−0.2)	0.71	

说明:① 结构施工图中标注的梁高指的是梁的结构高度,工程案例中基础梁为基础框架梁,梁高为结构高度。

② 工程案例中,施工图中的 JL1 为楼梯基础,按楼梯工程量计算规则应计入楼梯工程量中。

③ 在工程案例的土方工程中,回填土计算中扣除的基础梁工程量(标高−0.450 m 以下),其中 JKL4 局部埋设、JL1 则未被埋设。具体计算书如下表。

序号	项目名称	单位	计 算 式	数量	合计
5(1)	基础梁(回填土)	m³			−6.54
			JKL1:0.2×0.5×(4.9+2.7−0.3−0.4−0.3)×2	1.32	
			JKL2:0.2×0.38×(3.0−0.3−0.1)×2	0.40	
			JKL3:0.2×0.5×(4.9−0.3−0.35)×2	0.85	
			JKL4:0.25×(0.5−0.45)×(2.7+3.0−0.7−0.3)×2	0.12	
			JKL5:0.2×0.5×(4.9−0.1−0.4)	0.44	
			JKL6:0.2×0.38×(3.5+3.6−0.2−0.35−0.2)×2	0.97	
			JKL7:0.2×0.5×(3.5+3.6−0.2−0.3−0.3)×2	1.26	
			JKL8:0.2×0.38×(3.5−0.2−0.2)×2	0.47	
			JKL9:0.2×0.38×(3.8+2.6+3.8−0.2−0.25−0.25−0.2)	0.71	

6. 010503002001 矩形框架梁(m³)

工程量计算规则:见基础梁计算规则。

工程案例——矩形框架梁工程量计算书:

序号	项目名称	单位	计 算 式	数量	合计
6	010503002001	m³			4.49
	矩形框架梁				
			(1) 六层(18.580~20.780 m)		4.31
			7KL1:0.2×0.5×(4.9+2.7−0.3−0.4−0.3)×2	1.32	
			7KL2:(0.2×0.5×4.9+2.7−0.3−0.4−0.3)×2	1.32	
			7KL4:0.2×0.5×(4.9−0.3−0.1)	0.45	
			7KL5(1~6/E、8~13/E 轴):0.2×0.35×(3.5+2.3−0.2−0.3−0.2)×2	0.71	
			WKL7(4~11/B 轴):0.2×0.38×(3.6+3.6−0.1−0.1−0.3)	0.51	
			(2) 楼梯间		0.18
			3KL12(标高 17.180 m):0.2×0.38×(2.6−0.2)	0.18	

说明：① 工程案例，标高 18.580 m 在 B~F/1~13 轴线中除 6~8/E~F(板厚 90 mm)外，均无楼板，故部分框架梁应按矩形框架梁计算工程量；

② 梁 7KL5(6~8/F)连接着板 B(6~8/E~F)，应计入有梁板，但其他部分 1~6/E、8~13/E 处，则应计入矩形框架梁；

③ 标高 17.180 m 处的 3KL12，按独立框架梁计量，其他位置的 3KL12 同时为休息平台梁，应计入楼梯工程量中。

7. 010503004001 圈梁(m³)

工程量计算规则：见基础梁计算规则。

工程案例——圈梁工程量计算书：

序号	项目名称	单位	计　算　式	数量	合计
7	010503004001	m³			0.36
	圈梁		六层 (15.780~18.580 m)		
			3~4/C、10~11/C 轴：0.2×0.2×(1.3+0.1−0.1)×2	0.10	
			1~3/D、11~13/D 轴：0.2×0.2×(2.2−0.1−0.1)×2	0.16	
			C~E/3、C~E/11 轴：0.2×0.2×(1.4−0.1−0.1)×2	0.10	

说明：工程案例中，圈梁为按规范要求，设置在高度超过 4 m 的墙中的梁，需要注意的是这些圈梁未与板相连，故计算高度无需扣除板厚。

8. 010503004002 窗台梁(m³)

工程量计算规则：见基础梁计算规则。

工程案例——窗台梁工程量计算书：

序号	项目名称	单位	计　算　式	数量	合计
8	010503004002	m³			3.43
	窗台梁		(1) 窗台梁		
			0.2×0.45×(3.5−0.2×2)×2×6	3.35	
			(2) 无梁腰线(与窗台梁施工一致)		
			0.2×0.43×(2.6−1.5−0.2)	0.08	

说明：工程案例中，窗台梁外连悬挑板形成飘窗窗台，以梁外边线为分界线，则梁外侧为悬挑板，梁内侧为窗台梁，故窗台梁计算时不扣除板厚。

9. 010503005001 现浇过梁(m³)

工程量计算规则：见基础梁计算规则。

工程案例——现浇过梁工程量计算书：

序号	项目名称	单位	计　算　式	数量	合计
9	010503005001	m³			0.70
	现浇过梁		GL-M1：0.2×0.08×(0.9+2×0.25)×2×6	0.27	
			GL-M2(C 轴)：0.2×0.08×(0.9+0.25+0.1)×2×6	0.24	
			GL-M2(E 轴)：0.2×0.08×(0.9+0.1)×2×6	0.19	

说明:工程案例中,现浇过梁工程量计算可将砌筑工程中相关扣减数值合计即可。

10. 010510003001 预制过梁(m³/根)

工程量计算规则:以"m³"计量,按设计图示尺寸以体积计算;以"根"计量,按设计图示尺寸以数量计算。

工程案例——预制过梁工程量计算书:

序号	项目名称	单位	计 算 式	数量	合计
10	010510003001	m³			0.42
	预制过梁				
			YGL-DZM1:0.2×0.18×(1.5+0.25×2)	0.07	
			YGL-C5:0.2×0.08×(0.5+0.25×2)×6	0.10	
			YGL-M3:0.1×0.08×(0.8+2×0.25)×2×2×6	0.25	

说明:工程案例中,预制过梁工程量计算可将砌筑工程中相关扣减数值合计即可。

11. 010505001001 有梁板(m³)

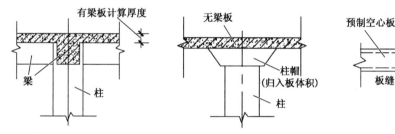

图 7-5-12 有梁板示意 **图 7-5-13 无梁板示意** **图 7-5-14 板头、板垫**

工程量计算规则:按设计图示尺寸以体积计算,不扣除构件内钢筋、预埋铁件及单个面积≤0.3 m²的柱、垛以及孔洞所占体积。压型钢板混凝土楼板扣除构件内压型钢板所占体积。有梁板(包括主、次梁与板)按梁、板体积之和计算,见图 7-5-12;无梁板按板和柱帽体积之和计算,见图 7-5-13;各类板伸入墙内的板头并入板体积内,见图 7-5-14;薄壳板的肋、基梁并入薄壳体积内计算。

可按公式计算:混凝土板工程量=板面面积×板厚。

工程案例——有梁板工程量计算书:

序号	项目名称	单位	计 算 式	数量	合计
11	010505001001	m³			142.57
	有梁板				
			1. 一层有梁板(1.780 m)		19.64
			(1) 梁:		8.96
			2KL1:0.2×0.5×(4.9+2.7-0.3-0.4-0.3)×2	1.32	
			2KL2:0.2×0.38×(1.2+1.2+0.6-0.1-0.3)×2	0.40	

续表

序号	项目名称	单位	计　算　式	数量	合计
			2KL3：0.2×0.5×(4.9+2.7−0.35−0.4−0.3)×2	1.31	
			2KL4：0.2×0.6×(2.7+1.2+1.2+0.6−0.3−0.7)×2	1.13	
			2KL5：0.2×0.5×(3.5+1.4−0.4−0.1)	0.44	
			2KL7：0.2×0.38×[(3.5+3.6−0.2−0.35−0.2)×2]	0.97	
			2KL8：[(3.5+3.6−1.3−0.2−0.3−0.2)×2]×0.2×0.38+(2.6−0.2)×0.25×0.5	1.08	
			2KL9：0.2×0.38×(2.0+2.0+1.8−1.3−0.2−0.3−0.1)×2	0.79	
			2KL14：0.2×0.38×(2.0+1.8−0.2−0.15)×2	0.52	
			2L1：0.2×0.30×(1.2+1.2+0.6−0.2)×2	0.34	
			2L3：0.2×0.35×(3.5−0.2)×2	0.46	
			2L6：0.2×0.3×(1.8−0.06−0.1)×2	0.20	
			(2) 板(90 mm)	2.86	
			E～F/4～6、E～F/8～10轴：(2.3−0.2)×(2.7−0.2)×0.09×2	0.95	
			F～J/2～5、F～J/9～12轴：(2.0−0.1−0.14)×(1.2+1.2+0.6−0.2)×0.09×2	0.89	
			F～G/5～6、F～G/8～9轴：(1.8−0.06−0.1)×(1.2−0.1−0.02)×0.09×2	0.32	
			G～J/5～6、G～J/8～9轴：(1.8−0.06−0.1)×(1.2+0.6−0.18−0.1)×0.09×2	0.45	
			E～F/6～8(楼梯连接)：(2.6−0.2)×(1.52−0.15−0.2)×0.09	0.25	
			(3) 板(100 mm)	7.82	
			B～C/1～4、B～C/10～13轴：(3.5−0.2)×(3.5−0.2)×0.1×2	2.18	
			C～E/1～4、C～E/10～13轴：(3.5−0.2)×(1.4−0.2)×0.1×2	0.79	
			B～E/4～7、B～E/7～10轴：(3.6−0.2)×(3.5+1.4−0.2)×0.1×2	3.20	
			E～F/1～4、E～F/10～13轴：(3.5−0.2)×(2.7−0.2)×0.1×2	1.65	
			2. 北入口 H～J/6～8(标高 3.180 m)	0.27	
			2KL13：0.2×0.38×(2.6−0.2)	0.18	
			板 H～J/6～8轴：(2.6−0.2)×(0.6−0.2)×0.09	0.09	
			3. 二层有梁板(4.580 m)	19.60	
			(1) 梁	8.92	
			3KL1：0.2×0.5×(3.5+1.4+2.7−0.3−0.4−0.3)×2	1.32	
			3KL2：0.2×0.38×(1.2+1.2+0.6−0.1−0.3)×2	0.40	
			3KL3：0.2×0.5×(3.5+1.4+2.7−0.3−0.4−0.3)×2	1.32	
			3KL4：0.2×0.6×(2.7+1.2+1.2+0.6−0.3−0.7)×2	1.13	
			3KL5：0.2×0.5×(3.5+1.4−0.35−0.1)	0.45	
			3KL7：0.2×0.38×[(3.5+3.6−0.2−0.3−0.175)×2]	0.98	
			3KL8：0.2×0.35×[(2.0+2.0+1.8−0.2−0.3−0.2)×2]+0.25×0.5×(2.6−0.2)	1.01	
			3KL9：0.2×0.38×(2.0+2.0+1.8−0.2−0.3−0.1)×2	0.79	
			3KL13：0.2×0.38×(2.0+1.8−0.2−0.15)×2	0.52	

续表

序号	项目名称	单位	计　算　式	数量	合计
			3L1：0.2×0.3×(1.2+1.2+0.6−0.2)×2	0.34	
			3L3：0.2×0.35×(3.5−0.2)×2	0.46	
			3L6：0.2×0.3×(1.8−0.06−0.1)×2	0.20	
			(2) 板(90 mm)：同一层	2.86	
			(3) 板(100 mm)：同一层	7.82	
			4. 三层有梁板(7.380 m)：同二层		19.60
			5. 四层有梁板(10.180 m)		19.60
			(1) 梁	8.92	
			3KL5：0.2×0.5×(3.5+1.4−0.3−0.1)	0.45	
			3KL7：0.2×0.38×[(3.5+3.6−0.2−0.3−0.15)×2]	0.98	
			其余梁同二层：8.92−0.45−0.98	7.49	
			(2) 板(90 mm)：同一层	2.86	
			(3) 板(100 mm)：同一层	7.82	
			6. 五层有梁板(12.980 m)：同四层		19.60
			7. 六层有梁板(15.780 m)：同四层		19.60
			8. 有梁板(18.580 m)		5.44
			(1) 梁	2.58	
			WKL2：0.2×0.38×(1.2+1.2+0.6−0.1−0.3)×2	0.40	
			WKL4(F～H/6、F～H/8轴)：0.2×0.38×(1.2+1.2−0.1−0.1)×2	0.33	
			WKL10：0.2×0.38×(2.6−0.2)	0.18	
			WKL11：0.2×0.38×(2.0+1.8−0.2−0.15)×2	0.52	
			WL1：0.2×0.3×(1.2+1.2+0.6−0.2)×2	0.34	
			WL2：0.2×0.25×(1.8−0.06−0.1)×2	0.16	
			7KL3：0.2×0.38×(2.7−0.3−0.1)×2	0.35	
			7KL5(6～8/E轴)：0.25×0.5×(2.6−0.2)	0.30	
			(2) 板(100 mm)	2.37	
			F～J/2～5、F～J/9～12 轴：(1.2+1.2+0.6−0.2)×(2.0−0.1−0.14)×0.1×2	0.99	
			F～G/5～6、F～G/8～9 轴：(1.8−0.06−0.1)×(1.2−0.1−0.02)×0.1×2	0.35	
			G～J/5～6、G～J/8～9 轴：(1.8−0.06−0.1)×(1.2+0.6−0.18−0.1)×0.1×2	0.50	
			F～H/6～8轴：(2.6−0.2)×(1.2+1.2−0.2)×0.1	0.53	
			(3) 板(90 mm)	0.49	
			6～8/E～F轴：(2.6−0.2)×(2.7−0.1−0.15)×0.09	0.53	
			扣减上人洞口：0.7×0.7×0.09	−0.04	

续表

序号	项目名称	单位	计　算　式	数量	合计
			9. 屋顶有梁板(两坡屋面)		14.46
			(1) 梁	3.22	
			WKL7(1~4/B、10~13/B轴):0.2×0.38×(3.5-0.2-0.2)×2	0.47	
			WKL8(E轴):0.2×0.5×(2.6-0.2)+0.2×0.35×(1.8+2.0+2.0-0.2-0.3-0.2)×2	0.95	
			WKL9(F轴):(3.5+3.6+3.6+3.5-0.2-0.3-0.3-0.2)×0.2×0.68	1.80	
			(2) 南侧梁板 $i=0.44$,$C=1.09$	5.76	
			梁	1.88	
			WKL1(B~E/1、B~E/13轴):0.2×0.5×(3.4+1.5-0.3-0.3)×1.09×2	0.94	
			WKL3(B~E/4、B~E/10轴):0.2×0.5×(3.5+1.4-0.3-0.3)×1.09×2	0.94	
			板(100 mm)	3.88	
			B~E/1~4、B~E/10~13轴:(3.5-0.2)×(3.4+1.5-0.2)×1.09×0.1×2	3.38	
			C~E/4~6、C~E/8~10轴:(3.6-1.3-0.1)×(1.136-0.1)×1.09×0.1×2	0.50	
			(3) 北侧梁板 $i=0.68$,$C=1.21$	5.48	
			梁	1.54	
			WKL1(E~F/1、E~F/13轴):0.2×0.5×(2.7-0.1-0.3)×1.21×2	0.56	
			WKL3(E~F/4、E~F/10轴):0.2×0.5×(2.7-0.1-0.3)×1.21×2	0.56	
			WKL4(E~F/6、E~F/8轴):0.2×0.38×(2.7-0.1-0.3)×1.21×2	0.42	
			板(100 mm)	3.94	
			E~F/1~4、E~F/10~13轴:(3.5-0.2)×(2.7-0.2)×1.21×0.1×2	2.00	
			E~F/4~6、E~F/8~10轴:(3.6-1.3-0.2)×(2.7-0.2)×1.21×0.1×2	1.27	
			E~F/6~8轴:(2.6-0.2)×(2.7-0.2)×1.21×0.1	0.73	
			扣减上人洞口:-0.7×0.7×1.21×0.1	-0.06	
			10. 气窗屋顶(三坡屋面):$i=0.2$,$C=1.02$		4.76
			(1) 梁	1.65	
			WKL12:0.2×0.5×(3.764-0.3)×2	0.69	
			WKL13:0.2×0.38×(3.6+3.6-0.1-0.3-0.1)	0.51	
			WKL5:0.2×0.5×(2.5-0.1)+0.2×0.5×(4.9-2.5-0.3)×1.02	0.45	
			(2) 板(100 mm)	3.11	
			B~E/4~7、B~E/7~10轴:1/2×[(2.5-0.1)+(3.764-0.1)]×(2.4-0.1)×0.1×1.02×2+1/2×[2.4+(3.6-0.1)×2]×(4.9-2.5-0.1)×0.1×1.02×2	2.53	
			B~E/6~8轴:2.4×(2.5-0.1)×0.1	0.58	

说明:① 有梁板工程量计算中,一般将梁和板分别计算后合计,为了计算的清晰和条理性,可将梁高算至梁顶、板算至两边,如图 7-5-15,当然,也可以按照其他方法快速计算有梁板工程量。

② 在计算中,注意柱变截面对相关工程量计算的影响,主要涉及 KZ4(基础顶~1.780 m 为 350 mm×450 mm;1.780~20.780 m 为 300 mm×400 mm)和 KZ6(基础顶~1.780 m 为 400 mm×500 mm;1.780~7.38 m 为 350 mm×450 mm;7.380~20.280 m 为 300 mm×400 mm),在计算书中已用"＿"线标出。

③ 板(E~F/6~8 轴)为楼层板,该板通过连接梁与楼梯相连,未包括在楼梯工程量中,应计入有梁板工程量内。

④ 北入口处雨篷,按雨篷工程量计算规则其范围为伸出墙外部分,所以 2KL13 未包括在该雨篷内。梁 2KL13 与板(H~J/6~8 轴),则组成局部有梁板,按有梁板计算工程量。

⑤ 有梁板(标高 18.580 m):包括六层厨房、卫生间、楼梯间 F~H/6~8 轴的屋顶(100 mm)和楼梯间隔层(E~F/6~8 轴)。楼梯间隔层(E~F/6~8 轴)有梁板由 2 根 7KL3、7KL5(6~8/E 轴)、WKL9(6~8/F 轴)和板(E~F/6~8 轴)组成。其中 WKL9(6~8/F 轴)同时与斜屋面板相连,见图 7-5-16,为了计算的方便性,本计算书中将 WKL9 统一算入斜屋面有梁板内,注意扣除上人洞口。

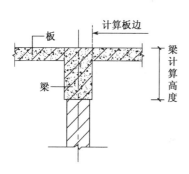

图 7-5-15　有梁板计算示意

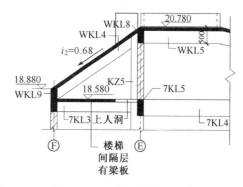

图 7-5-16　楼梯间隔层示意

⑥ 坡屋面有梁板计算时,将平面工程量乘以坡度延长系数 C 计算,其中 $C=\sqrt{1+i^2}$,式中 i 为坡度。

　ⅰ 斜梁工程量=长度×坡度延长系数(C)×截面×数量;

　ⅱ 斜板工程量=板面面积×坡度延长系数(C)×厚度×数量。

⑦ 对于坡屋面出檐部分,统一计入挑檐板内。

12. 010505006001 栏板(m³)

工程量计算规则:见有梁板计算规则。

可按公式计算:栏板工程量=长度×厚度×高度。

工程案例——栏板工程量计算书:

序号	项目名称	单位	计　算　式	数量	合计
12	010505006001	m³			7.41
	栏板				
			1. 分户隔板(结施3/3)		5.08
			1～5层: [(0.7+0.1+0.12+0.75−0.1)×2×0.1×(2.8−0.10)]×5	4.24	
			6层: (0.7+0.1+0.12+0.75−0.1)×2×0.1× [18.48−(15.78−0.05)−0.09]	0.84	
			2. 阳台栏板(结施2/3)		1.98
			(1.2+0.4−0.1)×0.1×1.1×2×6	1.98	
			3. 阳台中间空调板 50 mm(结施5/3)		0.35
			[(0.6+0.1)×0.05×1.3+0.1×0.1×1.3]×6	0.35	

说明:① 工程案例,阳台分隔板如图 7-5-17 所示,包括中间空调板和分户隔板本身考虑到边梁(封口梁)3L2(1-5F)和7L1(6F)和悬挑梁(牛腿)3KL5(1-5F)和7KL4(6F)与隔板的缺口工程量较少,且计算繁琐,故本计算书忽略。

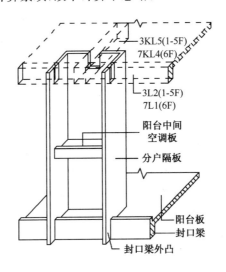

图 7-5-17　阳台分户隔板计算示意

② 阳台栏板可按公式直接计算。

13. 010505007002 挑檐板（m³）

工程量计算规则:见檐沟计算规则。

工程案例——挑檐板工程量计算书:

序号	项目名称	单位	计　算　式	数量	合计
13	010505007002	m³			**2.58**
	挑檐板				
		m³	1. 两侧山墙:10.68×0.1		1.07
		m²	面积合计:6.32+4.36	10.68	
			B~E轴侧($i=0.44$,$C=1.09$):(0.9+3.4+1.5)×0.5×1.09×2	6.32	
			E~F轴侧($i=0.68$,$C=1.21$):(2.7+0.9)×0.5×1.21×2	4.36	
		m³	2. 两坡屋面檐沟外侧:4.51×0.1		0.45
		m²	面积合计:1.69+2.82	4.51	
			1~2/F,12~13/F轴($i=0.68$,$C=1.21$):3.0×0.35×1.21×2	1.69	
			1~4/B,10~13/B轴($i=0.44$,$C=1.09$):3.5×0.35×1.09×2	2.82	
		m³	3. 气窗三坡屋面南侧檐沟外:10.59×0.1		1.06
		m²	面积合计:7.31+3.28	10.59	
			B~E/4、B~E/10轴(挑檐板 $i=0.2$,$C=1.02$):1/2×[(3.4+0.9)+(3.764+0.9)]×(0.9-0.1)×1.02×2	7.31	
			4~10/B轴(檐沟外挑檐板 $i=0.2$,$C=1.02$):(3.6+3.6+0.9+0.9+0.1+0.1)×0.35×1.02	3.28	

说明:① 工程案例,山墙挑檐板计算如图 7-5-18 所示,框架梁上部分并入屋面有梁板工程量内;

② 坡屋面檐沟外侧挑檐板工程量计算,如图 7-5-19 所示。

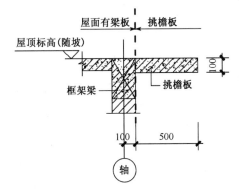

图 7-5-18　山墙挑檐板计算示意

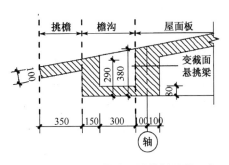

图 7-5-19　屋面檐沟及挑檐板计算示意

14. 010505007001 檐沟（m³）

工程量计算规则：按设计图示尺寸以墙外部分体积计算。

工程案例——檐沟工程量计算书：

序号	项目名称	单位	计　算　式	数量	合计
14	010505007001	m³			1.25
	檐沟				
		m³	1. 两坡屋面檐沟：		0.70
			(1) 1~4/B、10~13/B轴：	0.45	
			WL4：0.15×0.19×(3.5−0.2)×2	0.19	
			WKL1、WKL3（南悬挑）：1/2×(0.19+0.38)×(0.15+0.3)×0.2×2×2	0.10	
			B：(3.5−0.2)×0.3×0.08×2	0.16	
			(2) 1~2/F、12~13/F轴：	0.25	
			WL6：0.15×0.19×(2−0.2)×2	0.10	
			WKL12（北悬挑）：1/2×(0.19+0.51)×(0.15+0.3)×0.2×2	0.06	
			B：(2−0.2)×0.3×0.08×2	0.09	
		m³	2. 气窗三坡屋面檐沟 4~10/B轴：		0.55
			WL3：0.15×0.29×(3.6+3.6−0.2−0.2)	0.30	
			WKL12（南悬挑）：1/2×(0.29+0.38)×(0.15+0.3)×0.2×2	0.06	
			WKL5（南悬挑）：1/2×(0.29+0.38)×(0.15+0.3)×0.2	0.03	
			B：(3.6+3.6−0.2−0.2)×0.3×0.08	0.16	

说明：① 工程案例，斜坡屋面采用的隐藏式的檐沟，主要包括两坡屋面两侧的1~2/F轴、12~13/F轴处和气窗三坡屋面的4~10/B轴处。

② 檐沟工程量计算如图7-5-18所示，包括檐沟的水平部分，竖向部分和变截面悬挑梁组成。

15. 010505008001 悬挑板（m³）

工程量计算规则：按设计图示尺寸以墙外部分体积计算。包括伸出墙外的牛腿和雨篷反挑檐的体积。

工程案例——悬挑板工程量计算书：

序号	项目名称	单位	计　算　式	数量	合计
15	010505008001	m³			5.28
	悬挑板				
		m³	1. 窗台挑板100 mm		1.71
			(0.8−0.1)×2.04×0.1×2×6	1.71	
		m³	2. 飘窗下空调挑板100 mm		1.71

续表

序号	项目名称	单位	计 算 式	数量	合计
			$(0.8-0.1)\times2.04\times0.1\times2\times6$	1.71	
		m³	3. 1~2/F轴、空调挑板100 mm		1.86
			1、3~6层：$[0.7\times2.0\times0.1+0.12\times0.05\times(0.7+2.0-0.12)]\times2\times5$	1.55	
			2层（带腰线）：$[0.7\times2.0\times0.1+0.13\times0.05\times(0.7+2.0-0.13)]\times2$	0.31	

说明：工程案例的空调板工程量计算，应分带腰线和不带腰线两种情况计算，详见结构施工图的空调板大样图和带腰线空调板大样图，同时在计算中将空调板翻边合并入总工程量。

16. 010505008002 雨篷板（m³）

工程量计算规则：见悬挑板计算规则。

工程案例——雨篷板工程量计算书：

序号	项目名称	单位	计 算 式	数量	合计
16	010505008002	m³			2.29
	雨篷板				
		m³	1. 北入口雨篷（3.200 m）		0.73
			板（$B=100$ mm）：$(1.6-0.1)\times(2.6-0.2)\times0.1$	0.36	
			2KL4：$0.2\times0.33\times1.6\times2$	0.21	
			2L7：$0.2\times0.33\times(2.6-0.2)$	0.16	
		m³	2. 阳台顶部雨篷（18.600 m）		1.56
			板（$B=90$ mm）：$(3.6-0.2)\times2\times(1.5-0.2)\times0.09$	0.80	
			7KL2：$0.2\times0.33\times1.5\times2$	0.20	
			7KL4：$0.2\times1/2\times(0.33+0.38)\times1.5$	0.11	
			7L1：$0.2\times0.33\times(3.6+3.6-0.2-0.2)$	0.45	

说明：工程案例中，共有2处雨篷，分别为北入口处和六层阳台的顶盖雨篷。

17. 010505008003 阳台板（m³）

工程量计算规则：同悬挑板计算规则。

工程案例——阳台板工程量计算书：

序号	项目名称	单位	计 算 式	数量	合计
17	010505008003	m³			9.90
	阳台板				
		m³	1. 阳台板1层		1.65
			板（$B=100$ mm）：$(3.6+3.6-0.2-0.2)\times(1.5-0.2)\times0.10$	0.88	
			2KL3：$0.2\times0.33\times1.5\times2$	0.20	

续表

序号	项目名称	单位	计 算 式	数量	合计
			2KL5：0.2×(0.45+0.33)×0.5×1.5	0.12	
			2L2：0.2×0.33×(3.6+3.6−0.2−0.2)	0.45	
		m³	2. 阳台板 2~6 层：1.65×5		8.25
			板(B=100 mm)：(3.6+3.6−0.2−0.2)×(1.5−0.2)×0.10	0.88	
			3KL3：0.2×0.33×1.5×2	0.20	
			3KL5：0.2×(0.45+0.33)×0.5×1.5	0.12	
			3L2：0.2×0.33×(3.6+3.6−0.2−0.2)	0.45	

说明：在阳台板的计算中，需注意计算范围，须与栏板和楼层有梁板区别开，见图 7-5-20。

18. 010506001001 直形楼梯（m²/m³）

工程量计算规则：

（1）以"m²"计量，按设计图示尺寸以水平投影面积计算。不扣除宽度≤500 mm 的楼梯井，伸入墙内部分不计算。

常见的梁式和板式整体楼梯工程量计算示意，见图 7-5-21 和图 7-5-22。整体楼梯（包括直形楼梯、弧形楼梯）水平投影面积包括休息平台、平台梁、斜梁和楼梯的连接梁。当整体楼梯与现浇楼板无梯梁连接时，以楼梯的最后一个踏步边缘加 300 mm 为界，见图 7-5-23。

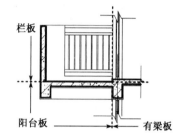

图 7-5-20 阳台板计算示意

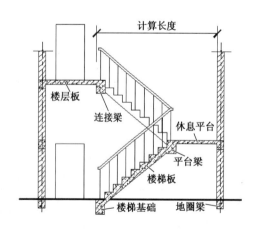

图 7-5-21 板式楼梯示意

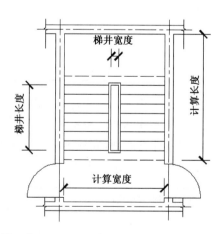

可按公式计算：

① 当楼梯井宽度≤500 mm 时，楼梯的水平投影面积=计算长度×计算宽度；

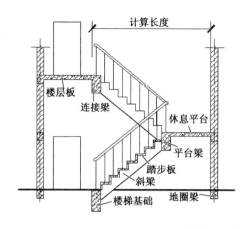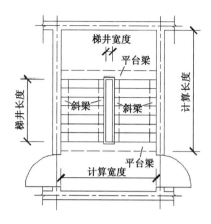

图 7-5-22　梁式楼梯示意

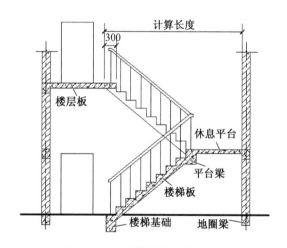

图 7-5-23　无梯梁连接计算长度

② 当楼梯井宽度＞500 mm 时,楼梯的水平投影面积＝计算长度×计算宽度－梯井长度×梯井宽度。

(2) 以"m³"计量,按设计图示尺寸以体积计算。

工程案例——直形楼梯工程量计算书(以"m²"计量):

序号	项目名称	单位	计　　算　　式	数量	合计
18	010506001001	m²			47.67
	直形楼梯				
			1. 车库层直形楼梯		3.51
			1.17×(0.2+2.6+0.2)	3.51	
			2. 直形楼梯1～5层		44.16
			[(2.6−0.2)×(0.2+2.08+1.4)]×5	44.16	

说明:车库层直形楼梯 2 个 0.2 m 分别是楼梯连接梁和楼梯基础梁的宽度。

工程案例——直形楼梯工程量计算书(以"m³"计量):

序号	项目名称	单位	计 算 式	数量	合计
18(1)	010506001001	m³			11.18
	直形楼梯				
			1. 楼梯基础		0.17
			JL1:0.2×0.35×(2.6−0.1−0.1)	0.17	
			2. TB1(A),共1个:		0.77
			踏步(n=10):1/2×0.26×0.163 6×1.17×10	0.25	
			斜板(δ=140):(1.8²+2.6²)^{1/2}×0.14×1.17	0.52	
			3. TB2(A),共5个:		3.00
			踏步(n=8):1/2×0.26×0.155 5×1.17×8×5	0.95	
			斜板(δ=140):(1.4²+2.08²)^{1/2}×0.14×1.17×5	2.05	
			4. TB3(B),共5个:		3.00
			踏步(n=8):1/2×0.26×0.155 5×1.17×8×5	0.95	
			斜板(δ=140):(1.4²+2.08²)^{1/2}×0.14×1.17×5	2.05	
			5. 平台板,共5个		2.35
			平板(δ=140):1.4×(2.6−0.2)×0.14×5	2.35	
			6. 楼层与楼梯的连接梁		0.98
			2L5(共1个):0.2×0.3×(2.6−0.2)	0.14	
			3L5(共5个):0.2×0.35×(2.6−0.2)×5	0.84	
			7. 平台梁		0.91
			2KL12(共1个):0.2×0.38×(2.6−0.2)	0.18	
			3KL12(共4个):0.2×0.38×(2.6−0.2)×4	0.73	

19. 010507001001 散水(m²)

工程量计算规则:按设计图示尺寸以面积计算。不扣除单个≤0.3 m² 的孔洞所占面积。

工程案例——散水工程量计算书:

序号	项目名称	单位	计 算 式	数量	合计
19	010507001001	m²			23.04
	散水				
			[0.8+(3.5+0.8+0.6+2.7+0.2)+2.0+(1.2+1.2+0.6+0.8)]× 0.8×2	23.04	

20. 010507001002 坡道（m²）

工程量计算规则：见散水计算规则。

工程案例——坡道工程量计算书：

序号	项目名称	单位	计　算　式	数量	合计
20	010507001002	m²			35.20
	坡道				
			1. 北侧坡道		12.16
			(2.0+1.8)×1.6×2	12.16	
			2. 南侧坡道		23.04
			14.4×1.6	23.04	

21. 010507004001 台阶（m²/m³）

工程量计算规则：

（1）以"m²"计量，按设计图示尺寸水平投影面积计算。

一般情况下，平台与台阶的分界线以最上层台阶的外口减300 mm宽度为准，台阶宽以外部分并入地面工程量计算，如图7-5-24所示。

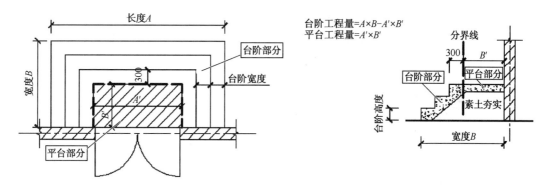

台阶工程量=A×B−A'×B'
平台工程量=A'×B'

图7-5-24　混凝土台阶示意

（2）以"m³"计量，按设计图示尺寸以体积计算。

工程案例——台阶工程量计算书（以 m² 计量）：

序号	项目名称	单位	计　算　式	数量	合计
21	010507004001	m²			3.87
	台阶				
			2.9×1.6−(2.9−0.3×3×2)×(1.6−0.3×3)	3.87	

22. 010507005001 压顶（m³）

工程量计算规则：

① 以"m"计量，按设计图示的延长米计算

② 以"m³"计量，按设计图示尺寸以体积计算。

工程案例——压顶工程量计算书：

序号	项目名称	单位	计　算　式	数量	合计
22	010507005001	m³			0.23
	压顶				
			1. 6～8/J(标高 4.100 m)		0.03
			0.2×0.06×(2.6－0.2)	0.03	
			2. 女儿墙压顶		0.20
			6～8/H轴：(2.6+0.1+0.1)×0.2×0.06	0.03	
			2～6/J、8～12/J轴：(1.8+2+0.1+0.1)×0.2×0.06×2	0.10	
			F～J/2、F～J/12轴：(0.9+1.5+0.6－0.1－0.3－0.1)×0.2×0.06×2	0.06	
			H～J/6、H～J/8轴：(0.6－0.1－0.1)×0.2×0.06×2	0.01	

23. 010507007001 素混凝土止水带（m³）

工程量计算规则(其他构件)：按设计图示尺寸以体积计算。

工程案例——素混凝土止水带工程量计算书：

序号	项目名称	单位	计　算　式	数量	合计
23	010507007001	m³			6.66
	素混凝土止水带				
			1. 外墙1～2层：0.75×2		1.50
			合计：	0.75	
			1～4/B、10～13/B轴(窗台梁下素混凝土)：0.15×0.2×(3.5－0.2－0.2)×2	0.19	
			1～2/F、12～13/F轴(空调板边)：0.15×0.2×(2.0－0.2－0.1)×2	0.10	
			4～7/B、7～10/B轴(阳台边)：0.15×0.2×(3.6－0.1－0.175－1.8)×2	0.09	
			(厨房、卫生间)		
			2～6/J、8～12/J轴：0.15×0.2×(2.0+1.8－0.2－0.15)×2	0.21	
			F～J/2、F～J/12轴：0.15×0.2×(3.0－0.3－0.1)×2	0.16	
			2. 外墙3～6层：0.75×4		3.00
			合计：	0.75	
			4～7/B、7～10/B轴(阳台边)：0.15×0.2×(3.6－0.1－0.15－1.8)×2	0.09	
			其余同1～2层外墙	0.66	
			3. 内墙1～6层：0.36×6		2.16
			合计：	0.36	
			5～6/G、8～9/G轴：0.15×0.1×(1.8－0.1－0.05－0.8)×2	0.03	
			F～J/5、F～J/9轴：0.15×0.1×(3.0－0.1－0.1－0.8)×2	0.06	
			2～6/F、8～12/F轴：0.15×0.2×(2.0+1.8－0.1－0.3－1.0－0.1)×2	0.14	
			F～J/6、F～J/8轴：0.15×0.2×(3.0－0.7－0.1)×2	0.13	

说明：素混凝土止水带工程量计算只需将砌筑工程中相关扣减的工程量进行合计即可。

24. 010507007002 线条（m³）

工程量计算规则（其他构件）：按设计图示尺寸以体积计算。

工程案例——线条工程量计算书：

序号	项目名称	单位	计 算 式	数量	合计
24	010507007002	m³			1.77
	线条				
		m³	1. 二层外墙腰线（结施 1/3，1a/3）： 33.70×[(0.38+0.05)×0.05+(0.1+0.05)×0.08]		1.13
		m	长度合计：	33.70	
			1~4/B、10~13/B 轴：(2.2+1.3−1.80)×2	3.40	
			B~F/1、B~F/13 轴：(3.5+0.8+0.6+2.7+0.2)×2	15.60	
			G~J/2、G~J/12 轴：(1.2+1.2+0.6−0.8+0.1)×2	4.60	
			2~6/J、8~12/J 轴：(2+1.8+0.2)×2	8.00	
			H~J/6、H~J/8 轴：0.6×2	1.20	
			6~8/J 轴（楼梯外墙）：2.6−0.2−1.5	0.90	
		m³	2. 二层空调板边（结施 1a/2）：5.4×(0.38−0.1)×0.05		0.08
		m	长度合计：	5.40	
			F~G/1、F~G/13 轴：(0.8−0.1)×2	1.40	
			1~2/F、12~13/F 轴：2.0×2	4.0	
		m³	3. 二层阳台线条（结施 4/3）：10.40×[0.08×0.05+0.1×(0.08+0.1)]		0.23
		m	长度：1.5×2+3.6×2+0.2	10.40	
		m³	4. 六层雨篷线条（结施 4b/3）：10.40×[0.08×0.05+0.1×(0.08+0.2)]		0.33
		m	长度：1.5×2+3.6×2+0.2	10.40	

说明：工程案例中，均为混凝土线条，详见建筑立面图和相关大样。

25. 010507007003 上人孔（m³）

工程量计算规则（其他构件）：按设计图示尺寸以体积计算。

工程案例——上人孔工程量计算书：

序号	项目名称	单位	计 算 式	数量	合计
25	010507007003	m³			0.15
	上人孔		$i=0.68$		
			[(0.7+0.1)×4]×(0.7×0.68)×0.1	0.15	

说明：工程案例中上人孔，主要是指上人孔的侧边工程量，见图 7-5-25，工程量＝上人孔中心线长×平均高度×厚度。

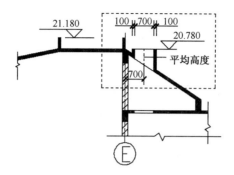

图 7-5-25 上人孔计算示意

7.5.3 工程量清单

工程案例——工程量清单如表 7-5-2 所示。

表 7-5-2 混凝土工程量清单与计价表

工程名称:某住宅楼工程　　　　　　　　标段:　　　　　　　第　页共　页

序号	项目编码	项目名称	项目特征描述	计量单位	工程量	金额(元)		
						综合单价	合价	其中暂估价
1	010501001001	垫层	混凝土种类为预拌泵送混凝土;强度等级 C15	m³	8.34			
2	010501003001	独立基础	混凝土种类为预拌泵送混凝土;强度等级 C30	m³	27.09			
3	010502001001	矩形框架柱	混凝土种类为预拌泵送混凝土;强度等级 C30	m³	51.84			
4	010502002001	构造柱	混凝土种类为自拌现浇混凝土;强度等级 C30	m³	8.22			
5	010503001001	基础梁	混凝土种类为预拌泵送混凝土;强度等级 C30	m³	7.60			
6	010503002001	矩形框架梁	混凝土种类为预拌泵送混凝土;强度等级 C30	m³	4.49			
7	010503004001	圈梁	混凝土种类为自拌现浇混凝土;强度等级 C30	m³	0.36			
8	010503004002	窗台梁	混凝土种类为自拌现浇混凝土;强度等级 C30	m³	3.43			
9	010503005001	现浇过梁	混凝土种类为自拌现浇混凝土;强度等级 C30	m³	0.70			
10	010510003001	预制过梁	(1) YGL-DZM1;0.07 m³;安装高度:2.5 m;自拌现浇混凝土强度等级:C30 (2) YGL-C5;0.02 m³;安装高度:3.8 m;自拌现浇混凝土强度等级:C30 (3) YGL-M3;0.02 m³;安装高度:2.1 m;自拌现浇混凝土强度等级:C30	m³	0.42			

续表

序号	项目编码	项目名称	项目特征描述	计量单位	工程量	金额(元)		
						综合单价	合价	其中暂估价
11	010505001001	有梁板	混凝土种类为预拌泵送混凝土;强度等级 C30	m³	142.57			
12	010505006001	栏板	混凝土种类为自拌现浇混凝土;强度等级 C30	m³	7.41			
13	010505007002	挑檐板	混凝土种类为预拌泵送混凝土;强度等级 C30	m³	2.58			
14	010505007001	檐沟	混凝土种类为预拌泵送混凝土;强度等级 C30	m³	1.25			
15	010505008001	悬挑板	混凝土种类为预拌泵送混凝土;强度等级 C30	m³	5.28			
16	010505008002	雨篷板	混凝土种类为预拌泵送混凝土;强度等级 C30	m³	2.29			
17	010505008003	阳台板	混凝土种类为预拌泵送混凝土;强度等级 C30	m³	9.90			
18	010506001001	直形楼梯	混凝土种类为预拌泵送混凝土;强度等级 C30	m²	47.67			
19	010507001001	散水	素土夯实;100 厚碎石;素水泥浆一道;60 mm 厚 C20 细石混凝土;20 mm 厚 1:2.5 水泥砂浆面层压光	m²	23.04			
20	010507001002	坡道	素土夯实;150 mm 厚碎石垫层;80 mm 厚 C15 混凝土;斜坡地面上水泥砂浆搓牙	m²	35.20			
21	010507004001	台阶	踏步 150 mm×300 mm(高×宽);混凝土种类为自拌现浇混凝土;强度等级 C30	m²	3.87			
22	010507005001	压顶	断面尺寸 60 mm×200 mm(高×宽);混凝土种类为自拌现浇混凝土;强度等级 C30	m³	0.23			
23	010507007001	素混凝土止水带	素混凝土止水带;截面 150 mm×200 mm(高×宽);混凝土种类为自拌现浇混凝土;强度等级 C30;部位详见设计图	m³	6.66			
24	010507007002	线条	二层;混凝土腰线;截面详见设计图;混凝土种类为预拌泵送混凝土;强度等级 C30	m³	1.77			
25	010507007003	上人孔	六层出屋面;详见设计图;混凝土种类为自拌现浇混凝土;强度等级 C30	m³	0.15			

7.5.4 知识、技能拓展

拓展案例 7-5-1:某办公楼为砖混结构,基础墙与墙身的分界线为±0.000,混凝土条形基础,垫层为素混凝土 C15,其他混凝土等级均为 C25,采用现浇自拌混凝土,基础平面布置图和大样图详见图 7-1-13 和图 7-1-14。

要求:计算混凝土垫层、条形基础、构造柱(基础部分)和地圈梁的清单工程量。

依据计量规范的工程量计算规则、拓展案例的设计图纸和相关信息,混凝土工程清单计量为:

序号	项目名称	单位	计　算　式	数量	合计
1	010501001001	m³			5.64
	垫层				
			1. 截面 1-1		3.62
			1、6、A、C 轴:0.80×0.10×[(17+5)×2]	3.52	
			3~4/B 轴: 0.80×0.10×(2.5—1.2)	0.10	
			2. 截面 2-2		2.02
			2、3、4、5 轴:1.2×0.10×(5—0.8)×4	2.02	
2	010501002001	m³			12.34
	带形基础				
			1. 截面 1-1		7.74
			(1) 矩形部分:		4.10
			1、6、A、C 轴:0.60×0.15×[(17+5)×2]	3.96	
			3~4/B 轴:0.60×0.15×(2.5—1.0)	0.14	
			(2) 梯形部分:		3.64
			1、6、A、C 轴:0.5×(0.46+0.60)×0.15×[(17+5)×2]	3.50	
			3~4/B 轴:0.5×(0.46+0.60)×0.15×[2.5—(0.46+1.0)/2]	0.14	
			2. 截面 2-2		4.60
			(1) 矩形部分:		2.64
			2、3、4、5 轴:1.00×0.15×[(5.00—0.60)×4]	2.64	
			(2) 梯形部分:		1.96
			2、3、4、5 轴:[0.5×(0.46+1.0)×0.15]×[5.0—(0.46+0.6)/2]×4	1.96	
3	010503004001	m³			3.76
	地圈梁				
			1、6、A、C 轴:0.24×0.24×[(17.00+5.00)×2]	2.53	
			2、3、4、5 轴:0.24×0.24×[(5.00—0.24)×4]	1.10	
			3~4/B 轴:0.24×0.24×(2.50—0.24)	0.13	
4	010502002001	m³			1.80
	构造柱				
			(0.24×0.24×17+0.24×0.03×44)×(1.630—0.24)	1.80	

说明：① 扩展案例中，带形垫层工程量＝（宽×高）×长，其中：长度对外墙按中心线长度计算，内墙按内墙净长计算。

② 带形基础工程量应按规则矩形或梯形截面分别计算。带形基础长度，外墙按中心线，内墙垂直面部分按净长度，斜面部分按斜面中心线计算，如图 7-5-26 所示。

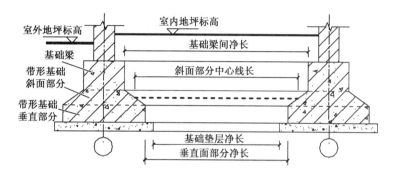

图 7-5-26　内墙基础间净长计算示意图

③ 地圈梁按圈梁截面乘以长度计算，其中长度同样是外墙按中心线，内墙按净长线。计算时注意，圈梁连续计算，与之相连的构造柱要扣除圈高度，也就是圈梁与构造柱相交部分计入圈梁。

④ 按拓展案例的条件，±0.000 以下为基础，因此构造柱（基础部分）只需计算±0.000 以下部分。

拓展案例 7-5-2：某办公楼一电梯井道平面如图 7-5-27 所示，层高 3 m，楼层板厚 120 mm，共 10 层，门洞尺寸 1 000 mm×2 000 mm，两侧为突出混凝土墙面的附墙柱，混凝土强度等级均为 C25，采用现场自拌混凝土。

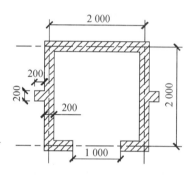

图 7-5-27　某一电梯井道平面图

要求：计算该电梯井道的的清单工程量。

序号	项目名称	单位	计　算　式	数量	合计
1	010504001001	m³			44.38
	直形墙				
			1. 井道工程量		48.38
			(2.0×4×0.2+0.2×0.2×2)×(3−0.12)×10	48.38	
			2. 扣减门洞		−4.00
			(1.0×2.0×0.2)×10	−4.00	

说明：① 本扩展案例中，电梯井道为现浇混凝土墙体，应按直形墙进行列项。若满足短肢剪力墙，需满足截面厚度不大于 300 mm、各肢截面高度与厚度之比的最大值大于 4 但不

大于 8 的剪力墙;若满足各肢截面高度与厚度之比的最大值不大于 4 的剪力墙按柱项目编码列项。

② 直形墙的工程量计算规则:按设计图示尺寸以体积计算。扣除门窗洞口及单个面积 >0.3 m² 的孔洞所占体积,墙垛及突出墙面部分并入墙体体积计算内。

③ 现浇混凝土墙也可按公式计算:墙工程量=墙长×墙高×墙厚。

其中:墙长,外墙按图示中心线,内墙按净长计算,弧形墙为弧线长度;墙高,一般情况下如图 7-5-28 所示进行取值。

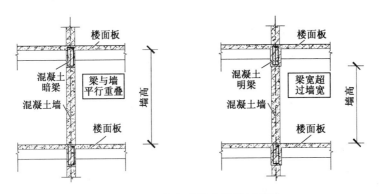

图 7-5-28　混凝土墙高计算示意图

ⅰ 墙与梁平行重叠,墙高算至梁顶面;当设计梁宽超过墙宽时,梁、墙分别按相应项目计算。

ⅱ 墙与板相交,墙高算至板底面。

7.5.5　知识、技能评估

(1) 某建筑三类工程中除素混凝土垫层为 C10 外,其余均采用 C25 现浇自拌混凝土,计算图 7-5-29 中基础部分的混凝土垫层、条形基础、构造柱及圈梁工程量。

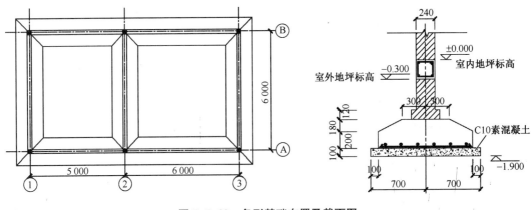

图 7-5-29　条形基础布置及截面图

(2) 某建筑三类工程阳台平面图中,混凝土均采用 C25 现浇自拌混凝土,计算图 7-5-

30 中混凝土阳台板、圈梁、M1 过梁、B2 板工程量。

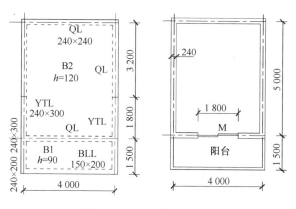

图 7-5-30　阳台平面图

（3）计算图 7-5-31 和图 7-5-32 中,混凝土楼梯、台阶工程量。

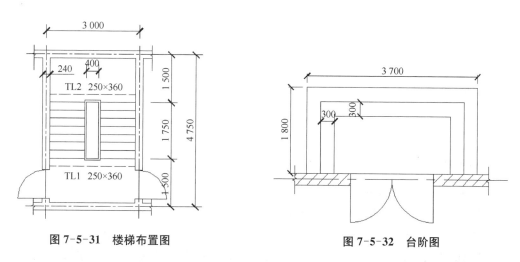

图 7-5-31　楼梯布置图　　　　　　图 7-5-32　台阶图

（4）某建筑三类工程中,现浇混凝土框架如图 7-5-33 所示,均采用现浇自拌 C30 混凝土,计算混凝土柱、梁、板工程量。

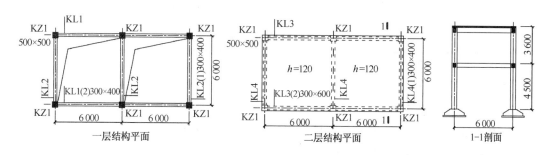

图 7-5-33　框架结构图

7.6 钢筋工程

工程案例：某住宅楼工程为 6 层框架结构，抗震设防烈度 6 度，抗震设防类别丙类，框架抗震等级四级，设计地震分组为第一组，建筑场地类别为Ⅱ类，上部混凝土结构的环境类别为一类，基础混凝土结构的环境类别为二 a 类，基础设计等级丙级。该住宅楼施工图详见工程案例施工图。

要求：以 J-1、KZ1(1/B 轴)、2KL1 各 1 个为例，编制钢筋工程工程量清单。

7.6.1 清单项目

结合工程实际情况和施工设计图纸，确定的钢筋工程清单项目见表 7-6-1。

表 7-6-1 钢筋工程清单项目

序号	项目编码	项目名称	项 目 特 征
1	010515001001	现浇构件钢筋	钢筋种类：HPB300；钢筋直径：6 mm
2	010515001002	现浇构件钢筋	钢筋种类：HPB300；钢筋直径：8 mm
3	010515001003	现浇构件钢筋	钢筋种类：HRB335；钢筋直径：12 mm
4	010515001004	现浇构件钢筋	钢筋种类：HRB335；钢筋直径：16 mm

说明：钢筋工程清单项目设置应按照钢筋种类和直径分别编码列项。

7.6.2 清单计量

1. 钢筋工程清单计算规则

按设计图示钢筋(网)长度(面积)乘单位理论质量计算，常见的钢筋单位理论质量见表 7-6-2，也可按公式计算：理论重量$(kg/m) = 0.006\ 165d^2$，d 为钢筋直径(mm)。

注意：① 现浇构件中伸出构件的锚固钢筋应并入钢筋工程量内，除设计(包括规范规定)标明的搭接外，其他施工搭接不计算工程量，在综合单价中综合考虑。

② 现浇构件中固定位置的支撑钢筋、双层钢筋用的"铁马"在编制工程量清单时，如果设计未明确，其工程数量可为暂估量，结算时按现场签证数量计算。

表 7-6-2 常见的钢筋单位理论质量表

公称直径(mm)	6	8	10	12	14	16	18	20	22	25	28
理论重量(kg/m)	0.222	0.395	0.617	0.888	1.21	1.58	2.00	2.47	2.98	3.85	4.83

2. 钢筋直(弯)、弯钩、圆柱、柱螺旋箍筋及其他长度的计算

(1) 梁、板为简支，钢筋为Ⅱ、Ⅲ时，可按下列规定计算

① 直钢筋净长 $= L - 2c$，如图 7-6-1 所示。

② 弯起钢筋净长 $= L - 2c + 2 \times 0.414H'(\theta = 45°)$，如图 7-6-2 所示：

当 θ 为 30° 时,公式内 0.414 改为 0.268;

当 θ 为 60° 时,公式内 0.414 改为 0.577。

③ 弯起钢筋两端带直钩净长 $= L - 2c + 2H'' + 2 \times 0.414 H' (\theta = 45°)$,如图 7-6-3 所示;

当 θ 为 30° 时,公式内 0.414 改为 0.268;

当 θ 为 60° 时,公式内 0.414 改为 0.577。

④ 末端需作 90°、135° 弯折时,其弯起部分长度按设计尺寸计算。

当采用①②③中采用Ⅰ级钢时,除按上述计算长度外,在钢筋末端应设弯钩,每只弯钩增加 6.25d。

(2) 箍筋末端应作 135° 弯钩,弯钩平直部分的长度 e,一般不应小于箍筋直径的 5 倍;对有抗震要求的结构不应小于箍筋直径的 10 倍,如图 7-6-4 所示:

当平直部分为 5d 时,箍筋长度 $L = (a - 2c) \times 2 + (b - 2c) \times 2 + 14d$;

当平直部分为 10d 时,箍筋长度 $L = (a - 2c) \times 2 + (b - 2c) \times 2 + 24d$。

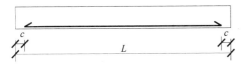

图 7-6-1 直钢筋净长

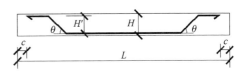

图 7-6-2 弯起钢筋净长

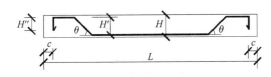

图 7-6-3 弯起钢筋两端带直钩净长

图 7-6-4 箍筋钢筋长度计算

(3) 弯起钢筋终弯点外应留有锚固长度,在受拉区不应小于 20d;在受压区不应小于 10d。弯起钢筋斜长按表 7-6-3 系数计算。

表 7-6-3 弯起钢筋斜长系数表

弯起角度	$\theta = 30°$	$\theta = 45°$	$\theta = 60°$
斜边长度	$2h_0$	$1.414h_0$	$1.155h_0$
底边长度	$1.732h_0$	h_0	$0.577h_0$
斜长比底长增加	$0.268h_0$	$0.414h_0$	$0.577h_0$

(4) 箍筋、板筋排列根数 $= \dfrac{L - 100\ \text{mm}}{\text{设计间距}} + 1$,但在加密区的根数按设计另增。

上式中:$L=$ 柱、梁、板净长。柱、梁净长计算方法同混凝土,其中柱不扣板厚。板净长指主(次)梁与主(次)梁之间的净长。计算中有小数时,向上舍入(如:4.11 取 5)。

(5) 圆桩、柱螺旋箍筋长度计算:$L = \sqrt{[(D - 2C + 2d)\pi]^2 + h^2} \times n$

上式中:$D=$ 圆桩、柱直径;$C=$ 主筋保护层厚度;$d=$ 箍筋直径;$h=$ 箍筋间距;$n=$ 箍筋道数＝柱、桩中箍筋配置长度/h＋l。

（6）其他：有设计者按设计要求，当设计无具体要求时，柱底插筋和斜筋挑钩分别按图7-6-5、图7-6-6计算。

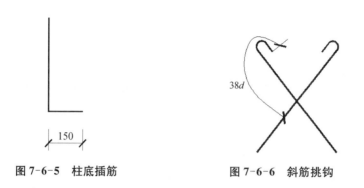

图7-6-5　柱底插筋　　　　　　　图7-6-6　斜筋挑钩

3. 基础J-1钢筋工程量

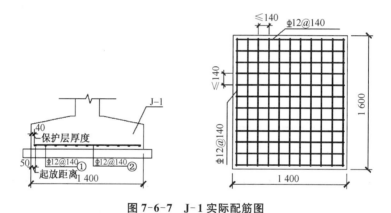

图7-6-7　J-1实际配筋图

工程案例：1个J-1钢筋工程量计算书，J-1的实际配筋如图7-6-7所示。

序号	钢筋简图	规格	长度(m)	根数	重量(kg)
1	1520	$d=12$	$1.6-0.04\times2=1.52$	11	$0.888\times1.52\times11=14.847$
2	1320	$d=12$	$1.4-0.04\times2=1.32$	12	$0.888\times1.32\times12=14.066$

说明：① J-1底板钢筋长度＝基础宽度（长度）－保护层厚度×2。对于基础底板钢筋的保护层厚度，有混凝土垫层时应从垫层顶面算起，且不应小于40 mm；无垫层时不应小于70 mm。

② J-1底板钢筋数量＝［基础宽度（长度）－起放距离（50 mm）×2］/间距，计算结果应进位取整。

4. 柱KZ1钢筋工程量

工程案例：1个KZ1(1/B轴)钢筋工程量计算书，KZ1的实际配筋如图7-6-8所示。

序号	钢筋简图	规格	长度(m)	根数	重量(kg)
1	240 ⌐ 1 786	$d=16$	$0.24+(0.9+0.5+0.3+0.15-0.04-0.012\times2)=2.026$	4	$1.58\times2.026\times4=12.804$
2	240 ⌐ 2 346	$d=16$	$0.24+(0.56+0.9+0.5+0.3+0.15-0.04-0.012\times2)=2.586$	4	$1.58\times2.586\times4=16.344$
3	2 380	$d=16$	$1.780-(-0.600)=2.380$	8	$1.58\times2.380\times8=30.083$
4	2 800	$d=16$	2.800	$8\times5=40$	$1.58\times2.800\times40=176.960$
5	317 ⌐ 2 275	$d=16$	$(2.8-0.5-0.025)+[1.5\times33\times0.016-(0.5-0.025)]=2.592$	1	$1.58\times2.592\times1=4.095$
6	437 ⌐ 2 275	$d=16$	$(2.8-0.5-0.025)+[1.5\times33\times0.016-(0.38-0.025)]=2.712$	2	$1.58\times2.712\times2=8.570$
7	192 ⌐ 2 275	$d=16$	$(2.8-0.5-0.025)+12\times0.016=2.467$	1	$1.58\times2.467\times1=3.898$
8	317 ⌐ 1 715	$d=16$	$(2.8-0.5-0.025-0.56)+[1.5\times33\times0.016-(0.5-0.025)]=2.032$	1	$1.58\times2.032\times1=3.211$
9	437 ⌐ 1 715	$d=16$	$(2.8-0.5-0.025-0.56)+[1.5\times33\times0.016-(0.38-0.025)]=2.152$	1	$1.58\times2.152\times1=3.400$
10	192 ⌐ 1 715	$d=16$	$(2.8-0.5-0.025-0.56)+12\times0.016=1.907$	2	$1.58\times1.907\times2=6.026$
11	250 350 80	$d=8$	$(0.35+0.25)\times2+24\times0.008=1.392$	31	$0.395\times1.392\times31=17.045$
12	215 80	$d=8$	$0.215\times4+24\times0.008=1.052$	29	$0.395\times1.052\times29=12.051$
13	250 350 60	$d=6$	$(0.35+0.25)\times2+24\times0.006=1.344$	133	$0.222\times1.344\times133=39.683$
14	215 60	$d=6$	$0.215\times4+24\times0.006=1.004$	133	$0.222\times1.004\times133=29.644$

说明：① 依据图集柱插筋保护层厚度 $>5d$，$h_j=450$ mm $\leqslant l_{aE}=33d=33\times16=528$ mm，故插筋水平长度为 $15d=15\times16=240$ mm，同时比较设计图纸的 $\geqslant200$ mm，插筋水平长度应取 240 mm。图集中要求底层柱插筋的竖向长度 $\geqslant H_n/3$（其中 H_n 为柱净高，指嵌固部位至梁底高度）$=(1.78+1.95-0.38-0.45)/3=0.967$ m，同时考虑焊点位于 JKL 以上 $\max(H_n/6、h_c、500)=500$ mm，所以①钢筋的竖向长度 $=(0.9+0.5+0.3+0.15-0.04-0.012\times2)=1.786$ m，其中 0.04 m 为保护层厚度，0.012 m 为底

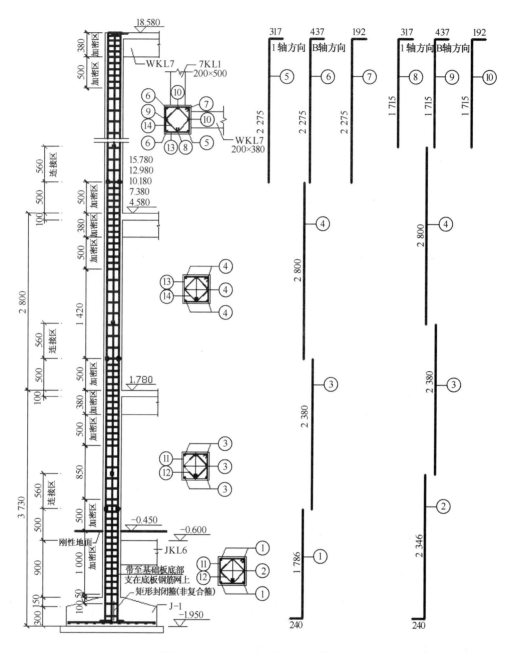

图 7-6-8 **KZ1(1/B 轴)实际配筋图**

板钢筋直径。柱相邻纵向钢筋连接接头相互错开,在同一截面内钢筋接头的百分率不宜大于 50%,连接区长度为 $\max(35d、500)=560\,\mathrm{mm}$,故②钢筋的竖向长度 $=1.786+0.56$ $=2.346\,\mathrm{m}$。

② ③钢筋长度为 JKL6 顶标高上 $0.500\,\mathrm{m}$ 至标高 $1.780\,\mathrm{m}$ 上 $0.500\,\mathrm{m}$ 处。④钢筋长度为相邻楼层框架梁上 $0.500\,\mathrm{m}$ 的间距,即为楼层高度。

③ KZ1(1/B 轴)为抗震角柱,从梁底算起 $1.5l_{abE}=1.5\times33d=792\,\mathrm{mm}$,对于 1 轴方向:(梁高 500 -保护层厚度 25)+(柱宽 400 -保护层厚度 25)$=850\,\mathrm{mm}>792\,\mathrm{mm}$,未超过

柱内侧的边缘,所以⑤钢筋的水平段长度 $\max[792-(500-25)、15d]=\max(317、240)=$ 317 mm;对于 B 轴方向:(梁高 380－保护层厚度 25)＋(柱宽 300－保护层厚度 25)＝ 630 mm<792 mm,超过了柱内侧的边缘,所以⑥钢筋的水平段长度 792－(380－25)＝ 437 mm。⑦钢筋为柱内侧纵筋同中柱柱顶纵向钢筋构造,考虑到柱顶有不小于 100 mm 厚 的现浇屋面板,水平段长度 $12d=192$ mm。⑤⑥⑦钢筋的竖向长度均为 2.80－0.50－ 0.025＝2.275 m,而⑧⑨⑩钢筋的竖向长度则均为 2.275－0.56＝1.715 m。

④　⑪钢筋为矩形箍筋,⑫钢筋为菱形箍筋,考虑到抗震要求平直段长度为 $\max(10d、$ 75)。⑪钢筋长度＝$[(400-25\times2)+(300-25\times2)]\times2+24\times8=1\,392$ mm,⑫钢筋长度 $=1/2\times\sqrt{350^2+250^2}\times4+24\times16=215\times4+24\times8=1\,052=1\,052$ mm,其中 8 mm 为箍 筋直径。同理可计算⑬⑭钢筋,其直径为 6 mm。

⑤　箍筋计算如下:

ⅰ　标高 1.780 m 以下,⑪、⑫箍筋的直径为 8 mm:

基础顶面下 100 mm 处按图集需设一道箍筋,该箍筋以下按间距≤500 mm 设置,且基 础内不少于两道矩形封闭箍筋(非复合箍),所以基础内有 2 个⑪箍筋;

底层柱根加密区≥Hn/3＝2.90/3＝0.967 m,同时底层刚性地面上下各加密 0.50 m, 综合这些因素柱根加密区长度为 1.55 mm(从基础起算)。故底层柱根加密区中⑪、⑫箍筋 数量＝(1.55－0.05)/0.1＋1＝16 个;

底层柱顶加密区＝$\max$(柱长边尺寸、Hn/6、0.5 m)＝0.5 m,⑪、⑫箍筋数量＝0.5/ 0.1＋1＝6 个;

梁柱节点加密区＝0.38 m,⑪、⑫箍筋数量＝0.38/0.1－1＝3 个;

底层柱非加密区＝1.78－(－0.45)－0.5×2－0.38＝0.85 m,⑪、⑫箍筋数量＝0.85/ 0.2－1＝4 个;

综上:标高 1.780 m 以下,⑪箍筋数量为 2＋16＋6＋3＋4＝31 个;⑫箍筋数量为 16＋ 6＋3＋4＝29 个。

ⅱ　标高 1.780 m 至 4.580 m,⑬、⑭箍筋的直径为 6 mm:

柱根加密区＝$\max$(柱长边尺寸、Hn/6、0.5 m)＝0.5 m,⑬、⑭箍筋数量＝0.5/0.1＋1 ＝6 个;

柱顶加密区＝$\max$(柱长边尺寸、Hn/6、0.5 m)＝0.5 m,⑬、⑭箍筋数量＝0.5/0.1＋1 ＝6 个;

梁柱节点加密区＝0.38 m,⑪、⑫箍筋数量＝0.38/0.1－1＝3 个;

柱中非加密区＝2.8－0.5×2－0.38＝1.42 m,⑬、⑭箍筋数量＝1.42/0.2－1＝7 个。

综上:标高 1.780 m 至 4.580 m,⑬、⑭箍筋数量各为 6＋6＋3＋7＝22 个。

ⅲ　标高 4.580 m 至 15.780 m,⑬、⑭箍筋的直径为 6 mm,数量各为 22×4＝88 个。

ⅳ　标高 15.780 m 至 18.580 m,⑬、⑭箍筋的直径为 6 mm:

柱根加密区＝$\max$(柱长边尺寸、Hn/6、0.5 m)＝0.5 m,⑬、⑭箍筋数量＝0.5/0.1＋1 ＝6 个;

柱顶加密区＝$\max$(柱长边尺寸、Hn/6、0.5 m)＝0.5 m,⑬、⑭箍筋数量＝0.5/0.1＋1 ＝6 个;

梁柱节点加密区＝0.38 m,⑬、⑭箍筋数量＝0.38/0.1＋1＝4 个;

柱中非加密区＝2.8－0.5×2－0.38＝1.42 m，⑬、⑭箍筋数量＝1.42/0.2－1＝7个。

综上：标高 15.780～18.580 m，⑬、⑭箍筋数量各为 6＋6＋4＋7＝23个。

5. 梁 2KL1 钢筋工程量

工程案例：1个 2KL1(1/B轴)钢筋工程量计算书，2KL1 的实际配筋如图 7-6-9 所示。

序号	钢筋简图	规格	长度(m)	根数	重量(kg)
1	240 7 702 240	$d=16$	$15×0.016×2＋(0.4－0.025－0.008－0.016)×2＋0.4＋4.3＋2.3＝8.182$	2	$1.58 × 8.182 × 2＝25.855$
2	240 1 784	$d=16$	$15×0.016＋(0.4－0.025－0.008－0.016)＋4.3/3＝2.024$	1	$1.58 × 2.024 × 1＝3.198$
3	3 266	$d=16$	$4.3/3×2＋0.4＝3.267$	1	$1.58 × 3.267 × 1＝5.162$
4	240 5 163	$d=16$	$15×0.016＋(0.4－0.025－0.008－0.016×2)＋4.3＋33×0.016＝5.403$	2	$1.58 × 5.403 × 2＝17.073$
5	3 163 240	$d=16$	$33×0.016＋2.3＋(0.4－0.025－0.008－0.016×2)＋15×0.016＝3.403$	2	$1.58 × 3.403 × 2＝10.753$
6	450 80 150	$d=8$	$(0.45＋0.15)×2＋24×0.008＝1.392$	58	$0.395 × 1.392 × 58＝31.891$

说明：① ①钢筋为通长钢筋，其弯锚水平长度应伸至柱外侧纵筋内侧 ＝ 400(柱宽)－25(保护层厚度)－8(柱箍直径)－16(柱筋直径) ＝ 351 mm，且 351 mm ≥ $0.4l_{abE}$ ＝ 0.4×33×16 ＝ 211 mm；弯锚竖向长度 ＝ 15d ＝ 15×16 ＝ 240 mm，故总长 ＝ 240＋351＋4 300＋400＋2 300＋351＋240 ＝ 8 182 mm ＝ 8.182 m。

② ②钢筋为边跨上部非贯通钢筋，其弯锚水平长度 351 mm 和竖向长度 240 mm 与①钢筋相同，伸入梁中截断长度 ＝ $l_{n1}/3$ ＝ 4 300/3 ＝ 1 433 mm，其中 l_{n1} 为边跨的净长，故总长 ＝ 240＋351＋1 433 ＝ 2 024 mm ＝ 2.024 m。

③ ③钢筋为中跨上部非贯通钢筋，两端伸入梁中截断长度均为 ＝ $l_n/3$ ＝ max(4 300/3，2 300/3) ＝ 1 433 mm，其中 l_n 为左右净跨中较大值，故总长 ＝ 1 433＋400(柱宽)＋1 433 ＝ 3 266 mm ＝ 3.266 m。

④ ④钢筋为底部纵向钢筋，一端为弯锚，弯锚水平长度应伸至梁上部纵筋弯钩段内侧或柱外侧纵筋内侧，考虑到上部钢筋和底部纵筋的竖向部分重叠(15d×2 ＝ 15×16×2 ＝ 480 mm ＞ 500－25×2 ＝ 450 mm)，故应伸至上部纵筋弯钩段内侧，其弯锚水平长度 ＝ 400(柱宽)－25(保护层厚度)－8(柱箍直径)－16(柱筋直径)－16(上部梁纵筋直径) ＝

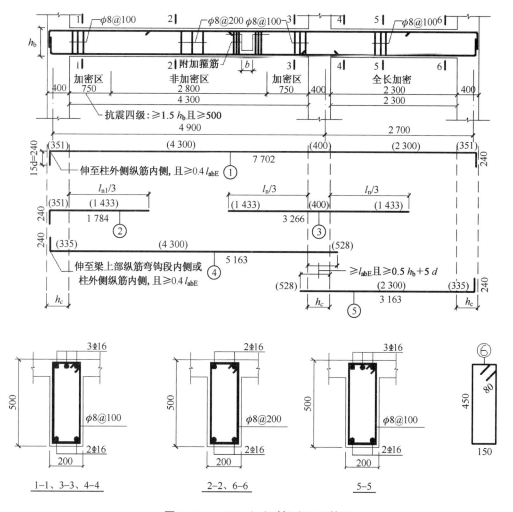

图 7-6-9 2KL1(1/B 轴)实际配筋图

335 mm,且 335 mm $\geqslant 0.4 l_{abE} = 0.4 \times 33 \times 16 = 211$ mm;弯锚竖向长度 $= 15d = 15 \times 16 = 240$ mm;另一端为直锚,直锚长度 $= \max(l_{abE}、0.5h_c + 5d) = \max(\zeta_{aE}\zeta_a l_{ab} = 33d = 33 \times 15 = 528、0.5 \times 400 + 5 \times 16 = 280) = 528$ mm,故总长度 $= 240 + 335 + 4\,300 + 528 = 5\,403$ mm $= 5.403$ m。

⑤ ⑤钢筋也为底部纵向钢筋,弯锚水平长度 335 mm 和竖向长度 240 mm 与④钢筋相同,故总长度 $= 240 + 335 + 2\,300 + 528 = 3\,403$ mm $= 3.403$ m。

⑥ ⑥为矩形箍筋,钢筋长度 $= [(500 - 25 \times 2) + (200 - 25 \times 2)] \times 2 + 24 \times 8 = 1\,392$ mm。

⑦ 箍筋数量:加密区 $\times 2 = [(750 - 50)/100 + 1] \times 2 = 16$ 个;非加密区 $\times 1 = (2\,800/200 - 1) \times 1 = 13$ 个;全长加密 $\times 1 = [(2\,300 - 50 \times 2)/100 + 1] \times 1 = 23$ 个;附加箍筋 $= 6$ 个(附加箍筋范围内梁正常箍筋或加密区箍筋照设),故箍筋总数 $= 16 + 13 + 23 + 6 = 58$ 个。

6. 钢筋工程量清单计算书(汇总)

序号	项目名称	单位	计 算 式	数量	合计
1	010515001001	t			0.069
	现浇构件钢筋		($d=6$ mm)		
			KZ1:39.683+29.644=69.327 kg	0.069	
2	010515001002	t			0.061
	现浇构件钢筋		($d=8$ mm)		
			KZ1:17.054+12.051=29.105 kg	0.029	
			2KL1:31.891 kg	0.032	
3	010515001003	t			0.029
	现浇构件钢筋		($d=12$ mm)		
			J-1:14.847+14.066=28.913 kg	0.029	
4	010515001004	t			0.327
	现浇构件钢筋		($d=16$ mm)		
			KZ1:12.804+16.344+30.083+176.960+4.095+8.570+3.898+3.211+3.400+6.026=265.391 kg	0.265	
			2KL1:25.855+3.198+5.162+17.073+10.753=62.041 kg	0.062	

说明:编制钢筋工程量清单时,应对不同种类和型号的钢筋进行分类汇总,一般可先进行部分汇总,然后进行总量汇总。

7.6.3 工程量清单

工程案例:工程量清单如表7-6-4所示。

表7-6-4 钢筋工程量清单与计价表

工程名称:某住宅楼工程　　　　　　　　　标段:　　　　　　　　第 页共 页

序号	项目编码	项目名称	项目特征描述	计量单位	工程量	金额(元)		
						综合单价	合价	其中暂估价
1	010515001001	现浇构件钢筋	钢筋种类:HPB300;钢筋直径:6 mm	t	0.069			
2	010515001002	现浇构件钢筋	钢筋种类:HPB300;钢筋直径:8 mm	t	0.061			
3	010515001003	现浇构件钢筋	钢筋种类:HRB335;钢筋直径:12 mm	t	0.029			
4	010515001004	现浇构件钢筋	钢筋种类:HRB335;钢筋直径:16 mm	t	0.327			

7.6.4 知识、技能拓展

拓展案例 7-6-1:某住宅楼工程为 6 层框架结构,抗震设防烈度 6 度,抗震设防类别丙类,框架抗震等级四级,设计地震分组为第一组,上部混凝土结构的环境类别为一类。该住宅楼中某板结构平面图如图 7-6-10 所示。

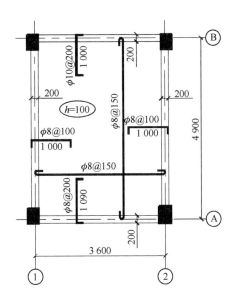

图 7-6-10 板结构平面图

要求:计算该板中钢筋的清单工程量。

依据计量规范的工程量计算规则、拓展案例的设计图纸和相关信息,拓展案例中板的实际配筋如图 7-6-11 所示,钢筋清单工程量为:

序号	钢筋简图	规格	长度(m)	根数	重量(kg)
1	120 ⌐ 1 059 ⌐ 60	d=10	0.12+0.059+1.0+0.060=1.239	18	0.617×1.239×18 =13.760
2	120 ⌐ 1 149 ⌐ 60	d=8	0.12 + 0.059 + 1.09 + 0.060 =1.329	18	0.395×1.329×18 =9.449
3	120 ⌐ 1 059 ⌐ 60	d=8	0.12+0.059+1.0+0.060=1.239	47	0.395×1.239×47 =23.002
4	120 ⌐ 1 059 ⌐ 60	d=8	0.12+0.059+1.0+0.060=1.239	47	0.395×1.239×47 =23.002
5	4 900	d=8	4.9+6.25×0.008×2=5.000	23	0.395×5.000×23 =45.425
6	3 600	d=8	3.6+6.25×0.008×2=3.700	32	0.395×3.700×32 =46.768
7	1 900	d=6	3.6−1.0×2+0.15×2=1.900	10	0.222×1.900×10 =4.218
8	3 200	d=6	4.9−1.0×2+0.15×2=3.200	10	0.222×3.200×10 =7.104

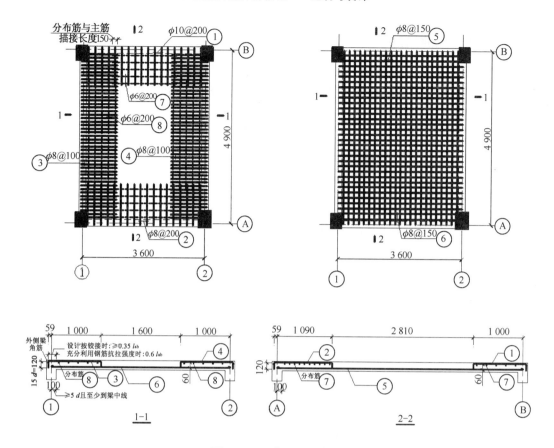

图 7-6-11　板实际配筋图

说明：① ①钢筋一端弯锚水平段长度(过梁中线)＝100(1/2 梁宽)－25(梁保护层)－16(外侧梁角筋直径)＝59 mm，弯锚竖向长度＝15d＝15×8＝120 mm；另一端直角弯头长度＝100(板厚)－20(板保护层)×2＝60 mm。故该钢筋总长＝120＋59＋1 000＋60＝1 239 mm＝1.239 m。①钢筋数量＝(3 600－200－50×2)/200＋1＝18 根。

② ②钢筋的弯锚水平段长度(过梁中线)＝59 mm，弯锚竖向长度＝120 mm；直角弯头长度＝60 mm 与①钢筋相同，钢筋总长＝120＋59＋1 090＋60＝1 329 mm＝1.329 m。②钢筋数量＝(3 600－200－50×2)/200＋1＝18 根。

③ ③、④钢筋长度与①钢筋相同，钢筋总长均＝1.239 m，③、④钢筋数量均＝(4 900－200－50×2)/100＋1＝47 根。

④ ⑤钢筋两端直锚长度≥5d 且至少到梁中线，即 max(5d、200/2)＝max(5×8、100)＝100 mm，同时两端 135 度弯钩，每支弯钩增加长度＝6.25d＝6.25×8＝50 mm，故钢筋总长＝100×2＋4 700＋50×2＝5 000 mm＝5.00 m。⑤钢筋数量＝(3 600－200－50×2)/150＋1＝23 根。

⑤ ⑥钢筋两端直锚长度＝100 mm，每个弯钩增加长度＝50 mm，均与⑤相同钢筋，故⑥钢筋总长＝100×2＋3 400＋50×2＝3 700 mm＝3.70 m。⑥钢筋数量＝(4 900－200－50×2)/150＋1＝32 根。

⑥ ⑦、⑧钢筋均为分布钢筋，与受力主筋的搭接长度均为 150 mm，如图 7-6-11 所示虚

线。⑦钢筋长度＝3 600－1 000－1 000＋150×2＝1 900 mm＝1.9 m(其中1 000 mm为③和④钢筋在支座中线向跨内的伸出长度)，数量＝5×2＝10根。⑧长度＝4 900－1 000－1 090＋150×2＝3 200 mm＝3.2 m(其中1 000 mm为①钢筋和1 090 mm为②钢筋在支座中线向跨内的伸出长度)，数量＝5×2＝10根。

7.6.5 知识、技能评估

(1) 某建筑一类工程有10根单梁，配筋如图7-6-12所示，梁的保护层厚度为25 mm，要求抗震，计算该钢筋工程量。

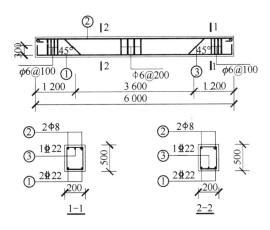

图7-6-12 单梁配筋图

(2) 某建筑三类工程的现浇钢筋混凝土独立基础配筋(如图7-6-13所示)，共有20个，保护层厚度为40 mm，计算该钢筋工程量。

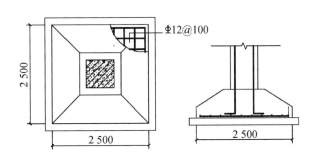

图7-6-13 独立基础配筋图

7.7 金属结构工程

工程案例:某钢结构厂房的单式垂直剪力撑如图7-7-1所示，钢材品种为Q235并刷一遍防锈漆，采用焊接连接。该剪力撑由施工单位附属钢结构加工厂制作，并安装就位。

要求：编制该金属结构工程的工程量清单。

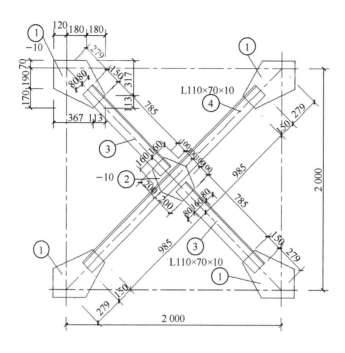

图 7-7-1 单式垂直剪力撑示意图

7.7.1 清单项目

依据设计图纸，确定的金属结构工程清单项目见表 7-7-1。

表 7-7-1 金属结构工程清单项目

序号	项目编码	项目名称	项 目 特 征
1	010606001001	钢支撑	钢材品种为 Q235；构件类型为单式的垂直剪刀撑；油漆要求为刷一遍防锈漆；制作完成后安装就位

说明：① 钢支撑、钢拉条类型指单式、复式；钢檩条类型指型钢、格构式；钢漏斗形式指方形、圆形；天沟形式指矩形沟或半圆形沟。

② 防火要求指耐火极限。

7.7.2 清单计量

依据计量规范的工程量计算规则、设计图纸和相关资料，金属结构工程清单计量如下。

010606001001 钢支撑（t）

工程量计算规则：按设计图示尺寸以质量计算，不扣除孔眼的质量，焊条、铆钉、螺栓等不另增加质量。

工程案例金属结构工程量计算书：

序号	项目名称	单位	计　算　式	数量	合计
1	010606001001	t			0.111
	钢支撑				
			1. 节点板 1（$t=10$ mm, 4件）	0.044	
			$[(0.12+0.18+0.18)\times(0.17+0.19+0.07)-0.5\times0.317\times0.18-0.5\times0.367\times0.17-0.5\times0.113\times0.113]\times78.5\times4=44.05$ kg		
			2. 节点板 2（$t=10$ mm, 1件）	0.008	
			$[(0.16+0.16)\times(0.2+0.2)-0.5\times0.2\times0.08\times4]\times78.5\times1=7.54$ kg		
			3. 构件 3（L110×70×10, 2件）	0.028	
			$(0.15+0.785+0.1)\times13.476\times2=27.90$ kg		
			4. 构件 4（L110×70×10, 1件）	0.031	
			$(0.985+0.985+0.15+0.15)\times13.476\times1=30.59$ kg		

说明:① 金属构件的切边,不规则及多边形钢板发生的损耗在综合单价中考虑,故工程量清单工程量计算应按设计面积计算。

② 1、2 号节点板计算中 78.5 kg/m² 和 3、4 号构件计算中 13.476 kg/m,均可通过相关计算手册查询。

7.7.3　工程量清单

工程案例工程量清单如表 7-7-2 所示。

表 7-7-2　金属结构工程量清单与计价表

工程名称:某工程　　　　　　　　标段:　　　　　　　　第　页共　页

序号	项目编码	项目名称	项目特征描述	计量单位	工程量	金额（元）		
						综合单价	合价	其中暂估价
1	010606001001	钢支撑	钢材品种为 Q235;构件类型为单式的垂直剪刀撑;油漆要求为刷一遍防锈漆;制作完成后安装就位	t	0.111			

7.7.4　知识、技能拓展

拓展案例 7-7-1:焊接 H 形钢梁如图 7-7-2 所示,共 10 根,其中:10 mm 厚钢板理论质量 78.5 kg/m²,16 mm 厚钢板理论质量为 125.6 kg/m²。

要求:计算该焊接 H 形钢梁的清单工程量。

依据计量规范的工程量计算规则、拓展案例的设计图纸和相关信息,金属结构工程清单计量为:

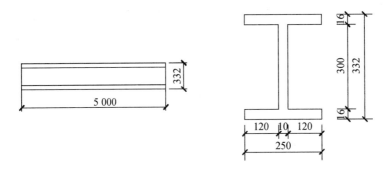

图 7-7-2　焊接 H 形钢梁

序号	项目名称	单位	计　算　式	数量	合计
1	010604001001	t			4.318
	钢梁				
			1. 翼缘:0.25×5.0×2×125.6×10=3 140 kg	3.140	
			2. 腹板:0.3×5.0×78.5×10=1 177.5 kg	1.178	

7.7.5　知识、技能评估

某建筑三类工程中一榀梯形钢屋架总重为 0.8 t,其中一腹杆如图 7-7-3 所示。10 mm 厚钢板理论质量 78.5 kg/m²,L110×70×10 理论质量为 13.476 kg/m,计算钢腹杆工程量。

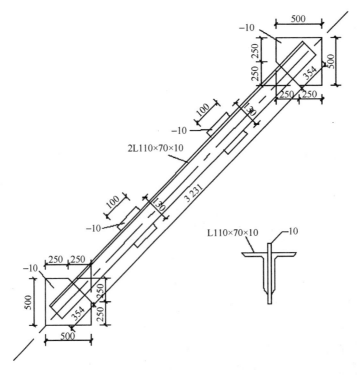

图 7-7-3　钢腹杆图

7.8 门窗工程

工程案例:某住宅楼门窗工程详见工程案例施工图。

要求:编制该门窗工程的工程量清单。

7.8.1 清单项目

结合工程实际情况和施工设计图纸,确定的门窗工程清单项目见表7-8-1。

表 7-8-1 门窗工程清单项目

序号	项目编码	项目名称	项 目 特 征
1	010803001001	金属卷帘门(DDM)	铝合金成品电动卷帘门;尺寸2 400 mm×1 600 mm
2	010802004001	电子防盗门(DZM)	钢制成品电子防盗门;尺寸1 500 mm×2 500 mm
3	010802004002	防盗门(M1)	钢制成品防盗门;尺寸900 mm×2 100 mm
4	010802004003	防盗门(M1a)	钢制成品防盗门;尺寸900 mm×1 600 mm
5	010801001001	胶合板门(M2)	木质成品胶合板门;尺寸900 mm×2 100 mm
6	010801001002	镶板木门(M3)	木质成品镶板木门;尺寸800 mm×2 100 mm
7	010802001001	塑钢推拉门(M4)	绿色塑钢推拉门;16 mm厚中空玻璃;尺寸1 800 mm×2 400 mm
8	010807007001	塑钢凸窗(C1)	绿色塑钢凸窗;16 mm厚中空玻璃;尺寸1 800 mm×3 140 mm;外形分格见大样
9	010807001001	塑钢窗(C2)	绿色塑钢推拉窗;16 mm厚中空玻璃;尺寸1 200 mm×1 500 mm
10	010807001002	塑钢窗(C2a)	绿色塑钢推拉窗;16 mm厚中空玻璃;尺寸1 200 mm×700 mm
11	010807001003	塑钢窗(C3)	绿色塑钢推拉窗;16 mm厚中空玻璃;尺寸900 mm×1 500 mm
12	010807001004	塑钢窗(C4)	绿色塑钢推拉窗;16 mm厚中空玻璃;尺寸1 500 mm×1 500 mm
13	010807001005	塑钢窗(C5)	绿色塑钢固定窗;16 mm厚中空玻璃;尺寸500 mm×600 mm

说明:① 以"樘"计量时,项目特征必须描述洞口尺寸,没有洞口尺寸必须描述门框、扇或窗框外围尺寸;以"m²"计量时,项目特征可不描述洞口尺寸、扇的外围尺寸。

② "木质门"项目应区分镶板木门、企口木板门、实木装饰门、胶合板门、夹板装饰门、木纱门、全玻门(带木质扇框)、木质半玻门(带木质扇框)等项目,分别编码列项。工程案例中,分别以"010801001001胶合板门""010801001002镶板木门"编码列项。

③ "金属门"项目应区分金属平开门、金属推拉门、金属地弹门、全玻门(带金属扇框)、金属半玻门(带扇框)等项目,分别编码列项。工程案例中,以"010802001001塑钢推拉门"编码列项。

④ "金属窗"项目应区分金属组合窗、防盗窗等项目,分别编码列项。工程案例中塑钢窗也按该项目编码列项。

⑤ 金属橱窗、飘(凸)窗以"樘"计量,项目特征必须描述框外围展开面积。

7.8.2 清单计量

依据计量规范的工程量计算规则、设计图纸和相关资料,门窗工程清单计量为。

1. 门工程量计量(樘、m²)

工程量计算规则:

(1) 以"樘"计量,按设计图示数量计量;

(2) 以"m²"计量,按设计图示洞口尺寸以面积计算,无设计图示洞口尺寸,按门框、扇外围以面积计算,如防护铁丝门、钢质花饰大门。

其中:门锁安装,按设计图示数量(个或套)计算。

工程案例:门窗工程量(门)计算书。

序号	项目名称	单位	计 算 式	数量	合计
1	010803001001	m²			15.36
	金属卷帘门(DDM)		2.4×1.6×4	15.36	
2	010802004001	m²			3.75
	电子防盗门(DZM)		1.5×2.5	3.75	
3	010802004002	m²			22.68
	防盗门(M1)		0.9×2.1×12	22.68	
4	010802004003	m²			5.76
	防盗门(M1a)		0.9×1.6×4	5.76	
5	010801001001	m²			45.36
	胶合板门(M2)		0.9×2.1×24	45.36	
6	010801001002	m²			40.32
	镶板木门(M3)		0.8×2.1×24	40.32	
7	010802001001	m²			51.84
	塑钢推拉门(M4)		1.8×2.4×12	51.84	

2. 窗工程量计量(樘、m²)

工程量计算规则:

(1) 以"樘"计量,按设计图示数量计量;

(2) 以"m²"计量,按设计图示洞口尺寸以面积计算,无设计图示洞口尺寸,按窗框外围以面积计算,如木纱窗、金属纱窗。

其中:木橱窗、金属(塑钢、断桥)橱窗和金属(塑钢、断桥)飘(凸)窗,以"m²"计量,按设计图示尺寸以框外围展开面积计算。

工程案例工程门窗工程量(窗)计算书:

序号	项目名称	单位	计 算 式	数量	合计
8	010807007001	m²			67.82
	塑钢凸窗(C1)		3.14×1.8×12	67.82	
9	010807001001	m²			21.60
	塑钢窗(C2)		1.2×1.5×12	21.60	
10	010807001002	m²			1.68
	塑钢窗(C2a)		1.2×0.7×2	1.68	
11	010807001003	m²			32.40
	塑钢窗(C3)		0.9×1.5×24	32.40	
12	010807001004	m²			11.25
	塑钢窗(C4)		1.5×1.5×5	11.25	
13	010807001005	m²			1.80
	塑钢窗(C5)		0.5×0.6×6	1.80	

7.8.3 工程量清单

工程案例:工程量清单如表 7-8-2 所示。

表 7-8-2 门窗工程量清单与计价表

工程名称:某住宅楼工程　　　　　　　　标段:　　　　　　　　第　页共　页

序号	项目编码	项目名称	项目特征描述	计量单位	工程量	综合单价	合价	其中暂估价
						金额(元)		
1	010803001001	金属卷帘门(DDM)	铝合金成品电动卷帘门; 尺寸2 400 mm×1 600 mm	m²	15.36			
2	010802004001	电子防盗门(DZM)	钢制成品电子防盗门; 尺寸1 500 mm×2 500 mm	m²	3.75			
3	010802004002	防盗门(M1)	钢制成品防盗门; 尺寸900 mm×2 100 mm	m²	22.68			
4	010802004003	防盗门(M1a)	钢制成品防盗门; 尺寸900 mm×1 600 mm	m²	5.76			
5	010801001001	胶合板门(M2)	木质成品胶合板门; 尺寸900 mm×2 100 mm	m²	45.36			
6	010801001002	镶板木门(M3)	木质成品镶板木门; 尺寸800 mm×2 100 mm	m²	40.32			

续表

序号	项目编码	项目名称	项目特征描述	计量单位	工程量	综合单价	合价	其中暂估价
						金额（元）		
7	010802001001	塑钢推拉门（M4）	绿色塑钢推拉门；16 mm 厚中空玻璃；尺寸 1 800 mm×2 400 mm	m²	51.84			
8	010807007001	塑钢凸窗（C1）	绿色塑钢凸窗；16 mm 厚中空玻璃；尺寸 1 800 mm×3 140 mm；外形分格见大样	m²	67.82			
9	010807001001	塑钢窗（C2）	绿色塑钢推拉窗；16 mm 厚中空玻璃；尺寸 1 200 mm×1 500 mm	m²	21.60			
10	010807001002	塑钢窗（C2a）	绿色塑钢推拉窗；16 mm 厚中空玻璃；尺寸 1 200 mm×700 mm	m²	1.68			
11	010807001003	塑钢窗（C3）	绿色塑钢推拉窗；16 mm 厚中空玻璃；尺寸 900 mm×1 500 mm	m²	32.40			
12	010807001004	塑钢窗（C4）	绿色塑钢推拉窗；16 mm 厚中空玻璃；尺寸 1 500 mm×1 500 mm	m²	11.25			
13	010807001005	塑钢窗（C5）	绿色塑钢固定窗；16 mm 厚中空玻璃；尺寸 500 mm×600 mm	m²	1.80			

7.8.4 知识、技能拓展

拓展案例 7-8-1：某工程墙面装饰立面图，如图 7-8-1 所示，窗台板、成品门套和成品窗套大样图如图 7-8-2、图 7-8-3、图 7-8-4 所示。

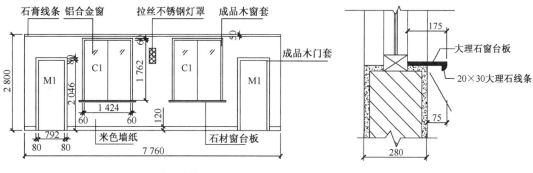

图 7-8-1 墙面装饰立面图

图 7-8-2 窗台板大样图

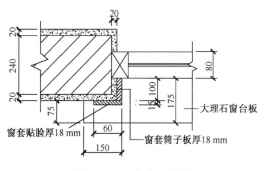

图 7-8-3 窗套大样图

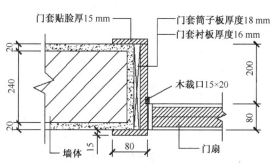

图 7-8-4 门套大样图

要求：计算成品木门套、木窗套和石材窗台板的清单工程量。

依据计量规范的工程量计算规则、拓展案例的设计图纸和相关信息，门窗工程清单计量为：

序号	项目名称	单位	计　算　式	数量	合计
1	010808007001	m²			4.36
	成品木门套				
			1. M1(2樘)：(0.81+1.37)×2		4.36
			(1) 贴脸：[(2.046+0.08)×2+0.792]×0.08×2	0.81	
			(2) 筒子板：(2.046×2+0.792)×0.28	1.37	
2	010808007002	m²			1.58
	成品木窗套				
			1. C1(2樘)：(0.30+0.49)×2		
			(1) 贴脸：[(1.762+0.06)×2+1.424]×0.06	0.30	
			(2) 筒子板：(1.762×2+1.424)×0.10	0.49	
3	010809004001	m²			0.56
	石材窗台板				
			1. C1 窗台板(2套)：0.28×2		0.56
			(1.424+0.15×2)×0.175−[0.10×(0.15−0.018)]×2	0.28	

说明：① 成品木门窗套工程量计算规则：以"樘"计量，按设计图示数量计算；以"m²"计量，按设计图示尺寸以展开面积计算；以"m"计量，按设计图示中心线以延长米计算。

② 木门窗套适用于单独门窗套的制作、安装。

③ 石材窗台板工程量计算规则：按设计图示尺寸以展开面积计算。

7.8.5　知识、技能评估

某建筑三类工程中，门窗如图 7-8-1 所示，窗为铝合金双扇推拉窗，实际外框尺寸为 1 750 mmm×1 450 mm，门为铝合金单扇平开门，实际外框尺寸为 850 mm×2 075 mm，型材均采用 90 系列 1.4 mm 厚，计算门窗工程量。

7.9　屋面及防水工程

工程案例：某住宅楼屋面及防水工程详见"第 6 章　工程案例施工图"，SBS 改性沥青防水卷材采用单层热熔满铺法施工。有组织排水采用：①檐沟部位：φ110 白色 PVC 落水管，φ110 白色 PVC 水斗，铸铁圆形落水口直通式；②女儿墙部位：φ110 白色 PVC 落水管，φ110 白色 PVC 水斗，铸铁方形落水口弯头式，檐沟和雨篷粘贴 SBS 改性沥青防水卷材。

要求：编制该屋面及防水工程的工程量清单。

7.9.1 清单项目

结合工程实际情况和施工设计图纸,确定的屋面及防水工程清单项目见表7-9-1。

表 7-9-1 屋面及防水工程清单项目

序号	项目编码	项目名称	项 目 特 征
1	010901001001	水泥瓦屋面	蓝灰色水泥瓦,尺寸 420 mm×332 mm;木质挂瓦条 30 mm×25 mm;木质顺水条 30 mm×25 mm
2	010902003001	屋面刚性层	C15 细石混凝土,厚度 35 mm;内配 $\phi 4@150$ mm 钢筋网;6 m 间隔缝宽 20 mm,油膏嵌缝
3	010902001001	SBS 屋面卷材防水	SBS 改性沥青防水卷材,厚度 3 mm;单层热熔满铺法施工;一道 SBS 基层处理剂
4	011101006001	屋面水泥砂浆找平层	1:3 水泥砂浆找平层,厚度 15 mm
5	010902002001	屋面涂膜隔汽层	冷底子油两遍,隔汽层
6	010902004001	$\phi 110$ 屋面排水管	(1) 檐沟部位:$\phi 110$ 白色 PVC 落水管,$\phi 110$ 白色 PVC 水斗,$\phi 110$ 铸铁弯头落水口; (2) 女儿墙部位:$\phi 110$ 白色 PVC 落水管,$\phi 110$ 白色 PVC 水斗,女儿墙铸铁弯头落水口。
7	010902004002	$\phi 75$ 屋面排水管	$\phi 75$ 白色 PVC 落水管;$\phi 75$ 白色 PVC 水斗;$\phi 75$ 铸铁弯头落水口;$\phi 50$ 阳台白色 PVC 通水落管
8	010902007001	卷材檐沟、雨篷	SBS 改性沥青防水卷材,厚度 3 mm;单层热熔满铺法施工;一道 SBS 基层处理剂
9	011101006002	檐沟、雨篷水泥砂浆找平层	1:3 水泥砂浆找平层,厚度 15 mm
10	010904002001	楼面聚氨酯防水	聚氨酯防水涂料两道,厚度 2 mm;无纺布增强,反边高 300 mm

说明:① 瓦屋面若是在木基层上铺瓦,项目特征不必描述黏结层砂浆的配合比,瓦屋面铺设防水层,应按屋面防水及其他中相关项目编码列项。工程案例中,除瓦材防水外,还有屋面刚性层、SBS 屋面卷材防水等,需另编码列项。

② 屋面刚性层如果未配钢筋,则其钢筋项目特征不必描述。工程案例中,屋面刚性层内配 $\phi 4@150$ mm 的钢筋网,则需要单独描述。

③ 屋面找平层按楼地面装饰工程“平面砂浆找平层”项目编码列项。工程案例中,屋面找平层应按“平面砂浆找平层”编码列项。

④ 屋面保温找坡层按规范中保温、隔热、防腐工程“保温隔热屋面”项目编码列项。工程案例中,屋面设置保温层在“7.10 保温、隔热、防腐工程”中编码列项。

7.9.2 清单计量

依据计量规范的工程量计算规则、设计图纸和相关资料,屋面及防水工程清单计量为:

1. 010901001001 水泥瓦屋面（m²）

工程量计算规则：按设计图示尺寸以斜面积计算。不扣除房上烟囱、风帽底座、风道、小气窗、斜沟等所占面积。小气窗的出檐部分不增加面积，见图7-9-1。

计算公式：屋面斜面积＝水平投影面积×屋面坡度延长系数C，见图7-9-2，其中，屋面坡度延长系数$C=\sqrt{1+i^2}=\sqrt{1+\tan^2\alpha}$。

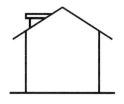

图7-9-1 小气窗出檐示意

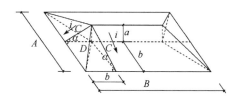

图7-9-2 屋面工程量计算示意

工程案例——水泥瓦屋面工程量计算书：

序号	项目名称	单位	计 算 式	数量	合计
1	010901001001	m²			147.16
	水泥瓦屋面				
			1. 南侧坡屋面：$i=0.44$，$C=1.09$		51.51
			$[(0.9+3.4+1.5)\times(0.6+3.5-0.1)\times2+1/2\times1.136\times(3.6-1.2+0.1)\times2]\times1.09$	53.67	
			扣减屋面檐沟：$-(3.5-0.2)\times0.3\times2\times1.09$	−2.16	
			2. 北侧坡屋面：$i=0.68$，$C=1.21$		55.71
			$[15.4\times(2.7+0.1)+(0.9-0.1)\times(2.0+0.6-0.1)\times2]\times1.21$	57.02	
			扣减屋面檐沟：$-(2.0-0.2)\times0.3\times2\times1.21$	−1.31	
			3. 气窗屋顶（三坡屋面）：$i=0.2$，$C=1.02$		39.94
			$[(3.6\times2+0.9\times2)\times(4.9+0.9)-2.4\times2.5-0.5\times(3.6-1.2+0.9)\times1.5\times2]\times1.02$	42.08	
			扣减屋面檐沟：$-(3.6\times2-0.2)\times0.3\times1.02$	−2.14	

2. 010902003001 屋面刚性层（m²）

工程量计算规则：按设计图示尺寸以斜面积计算。不扣除房上烟囱、风帽底座、风道等所占面积。

工程案例——屋面刚性层工程量计算书：

序号	项目名称	单位	计 算 式	数量	合计
2	010902003001	m²			179.50
	屋面刚性层				
			1. 坡屋面刚性层		147.16

续表

序号	项目名称	单位	计 算 式	数量	合计
			同水泥瓦屋面工程量	147.16	
			2. 平屋面刚性层,标高 18.600 m		26.32
			$(2.0+1.8-0.2)\times(0.9+1.5+0.6-0.2)\times2+(2.6+0.2)\times(0.9+1.5-0.2)$	26.32	
			3. 平屋面刚性层		6.02
			(1) 标高 20.800 m:$(2.5-0.2)\times(2.4-0.2)$	5.06	
			(2) 标高 3.200 m,6~8/H~J 轴线:$(2.6-0.2)\times(0.6-0.2)$	0.96	

3. 010902001001 SBS 屋面卷材防水(m²)

工程量计算规则(按设计图示尺寸以面积计算):

(1) 斜屋顶(不包括平屋顶找坡)按斜面积计算,平屋顶按水平投影面积计算;

(2) 不扣除房上烟囱、风帽底座、风道、屋面小气窗和斜沟所占面积;

(3) 屋面的女儿墙、伸缩缝和天窗等处的弯起部分,并入屋面工程量内。

工程案例——SBS 屋面卷材防水工程量计算书:

序号	项目名称	单位	计 算 式	数量	合计
3	010902001001	m²			195.41
	SBS 屋面卷材防水				
			1. 坡屋面 SBS 卷材防水(平面部分)		147.16
			平面部分 SBS 卷材防水=水泥瓦屋面工程量	147.16	
			2. 坡屋面 SBS 卷材防水(弯起部分,弯起高度 250 mm)		5.46
			(1) 4/B~E,10/B~E(C=1.09):$(0.1+3.4+1.5-1.136)\times0.25\times2\times1.09$	2.11	
			(2) 上人孔四边:$(0.7+0.2)\times4\times0.25$	0.90	
			(3) 气窗顶栏板四边:$(2.4+2.5)\times2\times0.25$	2.45	
			3. 平屋面 SBS 卷材防水,标高 18.600 m		33.12
			(1) 平面部分 SBS 卷材防水=平屋面刚性层	26.32	
			(2) 弯起部分 SBS 卷材防水(弯起高度 250 mm):$\{[(0.2+0.9-0.3+1.5+0.6-0.1)+(2.0-0.1+1.8-0.1)+0.6]\times2+(2.6+0.2)+[(2.0+1.8)\times2+2.6+0.2]\}\times0.25$(女儿墙内侧和F轴外侧)	6.80	
			4. 平屋面 SBS 卷材防水,标高 20.800 m		7.31
			(1) 平面部分 SBS 卷材防水=平屋面刚性层	5.06	
			(2) 弯起部分 SBS 卷材防水(弯起高度 250 mm):$[(2.5-0.1-0.1)+(2.4-0.1-0.1)]\times2\times0.25$	2.25	

续表

序号	项目名称	单位	计　算　式	数量	合计
			5．平屋面 SBS 卷材防水，标高 3.200 m		2.36
			（1）平面部分 SBS 卷材防水＝平屋面刚性层	0.96	
			（2）弯起部分 SBS 卷材防水（弯起高度 250 mm）：[（2.6－0.2）＋（0.6－0.2）]×2×0.25	1.40	

说明：SBS 卷材防水弯起部分即上反部分，弯起高度应按设计要求确定，如无图纸无规定，伸缩缝、女儿墙的弯起高度可按 250 mm 计算，天窗弯起高度可按 500 mm 计算并入屋面工程量内。

4. 011101006001 屋面水泥砂浆找平层（m²）

工程量计算规则：按设计图示尺寸以面积计算。

工程案例——屋面水泥砂浆找平层工程量计算书：

序号	项目名称	单位	计　算　式	数量	合计
4	011101006001	m²			211.84
	屋面水泥砂浆找平层				
			1．坡屋面水泥砂浆找平层（1 道）		147.16
			坡屋面找平层＝水泥瓦屋面工程量×1	147.16	
			2．平屋面水泥砂浆找平层（2 道），标高 18.600 m		52.64
			平屋面找平层＝平屋面刚性层×2＝26.32×2	52.64	
			3．平屋面水泥砂浆找平层（2 道），标高 20.800 m		10.12
			平屋面找平层＝平屋面刚性层×2＝5.06×2	10.12	
			4．平屋面水泥砂浆找平层（2 道），6～8/H～J 轴线，标高 3.200 m		1.92
			平屋面找平层＝平屋面刚性层×2＝0.96×2	1.92	

说明：按坡屋面做法，有一道 1∶3 水泥砂浆找平层，而平屋面的做法有两道水泥砂浆找平层，故需乘以系数 2。

5. 010902002001 屋面涂膜隔汽层（m²）

工程量计算规则：同屋面卷材防水。

工程案例——屋面涂膜隔汽层工程量计算书：

序号	项目名称	单位	计　算　式	数量	合计
5	010902002001	m²			42.79
	屋面涂膜隔汽层				
			1．平屋面涂膜隔汽，标高 18.600 m		33.12
			（1）平面部分刷冷底子油：同 SBS 卷材	26.32	

续表

序号	项目名称	单位	计 算 式	数量	合计
			(2) 弯起部分刷冷底子油:同 SBS 卷材	6.80	
			2. 平屋面涂膜隔汽,标高 20.800 m		7.31
			(1) 平面部分刷冷底子油:同 SBS 卷材	5.06	
			(2) 弯起部分刷冷底子油:同 SBS 卷材	2.25	
			3. 平屋面涂膜隔汽,标高 3.200 m		2.36
			(1) 平面部分刷冷底子油:同 SBS 卷材	0.96	
			(2) 弯起部分刷冷底子油:同 SBS 卷材	1.40	

说明:屋面涂膜防水与卷材防水均应弯起,可参考卷材防水。

6. 010902004001 φ110 屋面排水管(m)

工程量计算规则:按设计图示尺寸以长度计算,排水管如图 7-9-3 所示。如设计未标注尺寸,以檐口至设计室外散水上表面垂直距离计算。

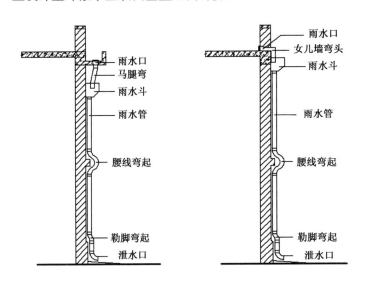

图 7-9-3 排水管示意图

工程案例——屋面排水管工程量计算书:

序号	项目名称	单位	计 算 式	数量	合计
6	010902004001	m			74.56
	φ110 屋面排水管				
			1. 南侧雨水管(2 根):(18.20+0.08+0.2)×2	36.96	
			2. 北侧雨水管(2 根):(18.60+0.2)×2	37.60	

说明:工程案例中,落水管形式有两种分别是檐沟直通式和女儿墙弯头式。在工程量计算中,对于檐沟直通式应算至檐沟板上表面标高=檐沟底面标高+檐沟板厚,对于女儿墙弯头式则算至屋面板标高。

7. 010902004002 φ75 屋面排水管(m)

工程量计算规则:见屋面排水管。

工程案例——屋面排水管工程量计算书:

序号	项目名称	单位	计 算 式	数量	合计
7	010902004002	m			78.16
	φ75 屋面排水管				
			1. 南侧雨水管(2根):(19.90+0.08+0.2)×2	40.36	
			2. 北侧雨水管(2根):(18.369+0.08+0.45)×2	37.80	

8. 010902007001 卷材檐沟、雨篷(m²)

工程量计算规则按设计图示尺寸以展开面积计算。

工程案例——卷材檐沟、雨篷工程量计算书:

序号	项目名称	单位	计 算 式	数量	合计
8	010902007001	m²			37.97
	卷材檐沟、雨篷				
			1. 两坡屋面南檐沟		5.35
			$[(0.168+0.3+0.3)×(3.5-0.2)+1/2×(0.168+0.3)×0.3×2(两边堵头)]×2$	5.35	
			2. 两坡屋面北檐沟		3.84
			$[(0.227+0.3+0.431)×(2.0-0.2)+1/2×(0.227+0.431)×0.3×2(两边堵头)]×2$	3.84	
			3. 三坡屋面南檐沟		12.08
			$[(0.24+0.3+0.3)×(3.6+3.6-0.2)+1/2×(0.24+0.3)×0.3×2(两边堵头)]×2$	12.08	
			4. 雨篷,标高 18.480 m		11.59
			$[(3.6+3.6-0.2)+(1.5-0.2)]×2×(0.05+0.1)(雨篷内侧)+(3.6+3.6-0.2)×(1.5-0.2)(雨篷上表面)$	11.59	
			5. 雨篷,标高 3.200 m		5.11
			$[(1.6-0.2)+(2.6-0.2)]×2×(0.33-0.1)(雨篷内侧)+(1.6-0.2)×(2.6-0.2)(雨篷上表面)$	5.11	

说明:① 卷材檐沟工程量＝檐沟截面展开宽度×檐沟长度＋檐沟端部堵头×2。工程案例中,3个檐沟计算截面如图7-9-4所示。

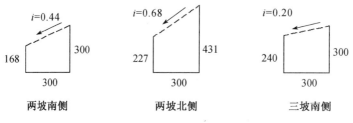

图 7-9-4　檐沟计算截面图

② 卷材雨篷工程量＝雨篷平面面积＋弯起部分面积,工程案例中,两个雨篷的弯起高度分别为 0.05＋0.1＝0.15 m、0.33－0.1＝0.23 m。

9. 011101006002 檐沟、雨篷水泥砂浆找平层(m²)

工程量计算规则按设计图示尺寸以面积计算。

工程案例——檐沟、雨篷水泥砂浆找平层工程量计算书:

序号	项目名称	单位	计　算　式	数量	合计
9	011101006002	m²			37.97
	檐沟、雨篷水泥砂浆找平层		工程量同"卷材檐沟、雨篷"	37.97	

说明:卷材檐沟、雨篷同卷材屋面相同,先做水泥砂浆找平层,后进行卷材施工。

10. 010904002001 楼面聚氨酯防水(m²)

工程量计算规则(按设计图示尺寸以面积计算):

(1) 楼(地)面防水:按主墙间净空面积计算,扣除凸出地面的构筑物、设备基础等所占面积,不扣除间壁墙及单个面积≤0.3 m² 柱、垛、烟囱和孔洞所占面积;

(2) 楼(地)面防水反边高度 ≤300 mm 算作地面防水,反边高度＞300 mm 按墙面防水计算。

工程案例——楼面聚氨酯防水工程量计算书:

序号	项目名称	单位	计　算　式	数量	合计
10	010904002001	m²			177.24
	楼面聚氨酯防水				
			(1) 楼面聚氨酯防水(平面):共12套 (5.18＋2.64＋1.82)×12		115.68
			厨房:(2.0－0.15)×(1.2＋1.2＋0.6－0.2)	5.18	
			卫生间:(1.8－0.15)×(1.2＋0.6－0.2)	2.64	
			盥洗间:(1.8－0.15)×(1.2－0.1)	1.82	

续表

序号	项目名称	单位	计　算　式	数量	合计
			(2) 楼面聚氨酯防水(反边):共12套 (2.55+1.71+0.87)×12		61.56
			厨房:{[(2.0-0.15)+(1.2+1.2+0.6-0.2)]×2-0.8}×0.3	2.55	
			卫生间:{[(1.8-0.15)+(1.2+0.6-0.2)]×2-0.8}×0.3	1.71	
			盥洗间:{[(1.8-0.15)+(1.2-0.1)]×2-0.8×2-1.0}×0.3	0.87	

7.9.3　工程量清单

工程案例——工程量清单如表7-9-2所示。

表7-9-2　屋面及防水工程量清单与计价表

工程名称:某住宅楼工程　　　　　　　标段:　　　　　　　　第　页共　页

序号	项目编码	项目名称	项目特征描述	计量单位	工程量	综合单价	合价	其中暂估价
1	010901001001	水泥瓦屋面	蓝灰色水泥瓦,尺寸420 mm×332 mm;木质挂瓦条30 mm×25 mm;木质顺水条30 mm×25 mm	m²	147.16			
2	010902003001	屋面刚性层	C15细石混凝土,厚度35 mm;内配φ4@150 mm钢筋网;6 m间隔缝宽20 mm,油膏嵌缝	m²	179.50			
3	010902001001	SBS屋面卷材防水	SBS改性沥青防水卷材,厚度3 mm;单层热熔满铺法施工;一道SBS基层处理剂	m²	195.41			
4	011101006001	屋面水泥砂浆找平层	1:3水泥砂浆找平层,厚度15 mm	m²	211.84			
5	010902002001	屋面涂膜隔汽层	冷底子油两遍,隔汽层	m²	42.79			
6	010902004001	φ110屋面排水管	(1) 檐沟部位:φ110白色PVC落水管,φ110白色PVC水斗,φ110铸铁弯头落水口; (2) 女儿墙部位:φ110白色PVC落水管,φ110白色PVC水斗,女儿墙铸铁弯头落水口.	m	74.56			
7	010902004002	φ75屋面排水管	φ75白色PVC落水管;φ75白色PVC水斗;φ75铸铁弯头落水口;φ50阳台白色PVC通水落管	m	78.16			
8	010902007001	卷材檐沟、雨篷	SBS改性沥青防水卷材,厚度3 mm;单层热熔满铺法施工;一道SBS基层处理剂	m²	37.97			
9	011101006002	檐沟、雨篷水泥砂浆找平层	1:3水泥砂浆找平层,厚度15 mm	m²	37.97			
10	010904002001	楼面聚氨酯防水	聚氨酯防水涂料两道,厚度2 mm;无纺布增强,反边高300 mm	m²	177.24			

7.9.4 知识、技能拓展

拓展案例 7-9-1:某办公楼屋面工程如图 7-9-5 所示,屋面采用有保温层刚性防水屋面具体做法:

(1) 40 厚 C20 细石混凝土,内配 $\phi4@150$ 双向钢筋;

(2) SBS 改性沥青防水卷材隔离层;

(3) 20 厚 1:3 水泥砂浆找平层;

(4) 30 厚聚苯乙烯泡沫板保温层;

(5) 20 厚 1:3 水泥砂浆找平层;

(6) 现浇钢筋混凝土屋面。

刚性屋面 6 m 间距分隔缝宽 20 mm,与女儿墙之间留缝 30 mm,油膏嵌缝,卷材均采用单层热熔满铺法进行施工。

要求:计算屋面卷材防水、屋面刚性层、屋面卷材檐沟和雨篷的清单工程量。

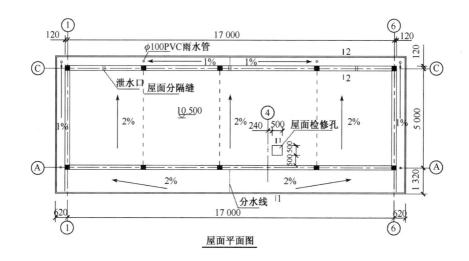

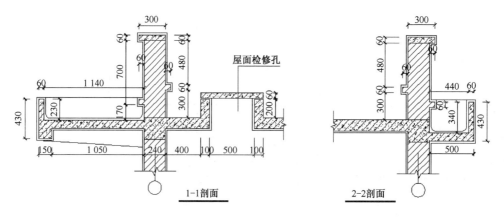

图 7-9-5 屋顶平面图及剖面图

依据计量规范的工程量计算规则、拓展案例的设计图纸和相关信息,屋面及防水工程清单计量为:

序号	项目名称	单位	计　算　式	数量	合计
1	010902001001	m²			92.76
	屋面卷材防水		1. 平屋面 SBS 卷材平面部分： $(5-0.24)\times(17.00-0.24)-(0.50+0.10\times2)^2$	79.29	
			2. 女儿墙弯起部分(至泛水底)： $[(5-0.24)+(17.00-0.24)]\times2\times0.30$	12.91	
			3. 屋面检修孔弯起部分($h=200$ mm)： $(0.50+0.10\times2)\times4\times0.20$	0.56	
2	010902003001	m²			79.29
	屋面刚性层		$(5-0.24)\times(17.00-0.24)-(0.50+0.10\times2)^2$	79.29	
3	010902007001	m²			59.28
	屋面卷材檐沟、雨篷		1. 雨篷部分含弯起：$(0.23+1.14+0.17)\times17.24$	26.55	
			2. 雨篷与檐沟高差：$0.11\times1.14\times2$	0.25	
			3. 檐沟女儿墙弯起：$(5.24\times2+17.24)\times(0.34-0.06)$	7.76	
			4. 檐沟平面部分：$[(5+0.12+1.32-0.06)\times2+17.24+(0.50-0.06)\times2]\times(0.50-0.06)$	13.58	
			5. 檐沟侧壁弯起部分：$[(0.50-0.06)\times2+(5+0.12+1.32+0.50-0.06)\times2+(17.24+0.50\times2-0.06\times2)]\times0.34$	11.14	

说明：防水卷材反边弯起部分如有泛水应粘贴至泛水下边。

7.9.5　知识、技能评估

（1）某建筑三类工程，屋面为四坡屋面如图 7-9-6 所示，分别按下列情况计算瓦屋面工程量。

① 同坡屋面，$\alpha=\alpha'=45°$，当 $A=6$ m，$B=10$ m；

② 非同坡屋面，$a:b'=1:1$，$a:b=1:2$，$A=6$ m，$B=10$ m。

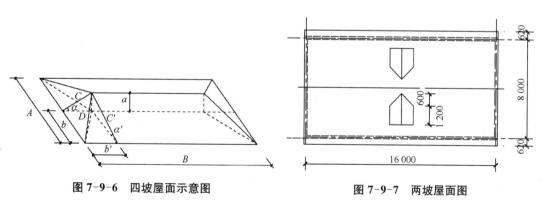

图 7-9-6　四坡屋面示意图　　　　图 7-9-7　两坡屋面图

（2）某建筑三类工程两坡屋面如图 7-9-7 所示，两面出檐 0.5 m，屋面坡度 1:1.5，墙体厚度 240 mm，屋面挂瓦条上铺设黏土瓦。黏土瓦规格为 400 mm×332 mm，长向搭接 75 mm，宽向搭接 32 mm，脊瓦规格为 432 mm×228 mm，长向搭接 75 mm，计算瓦屋面工程量。

（3）某建筑三类工程的平屋面、檐沟做法如图 7-9-8 所示,室内外高差 300 mm,计算卷材防水、刚性防水、排水管和卷材檐沟工程量。

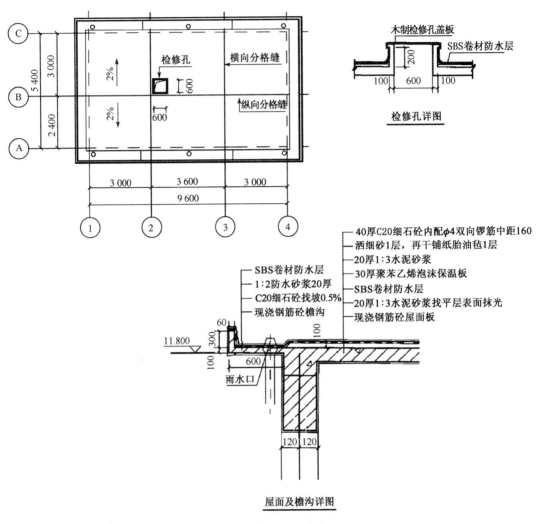

图 7-9-8　平屋面及檐沟图

7.10　保温、隔热、防腐工程

工程案例: 某住宅楼屋面保温做法详见工程案例施工图,采用 25 mm 厚聚苯板嵌入顺水条内。

要求: 编制该屋面保温工程的工程量清单。

7.10.1　清单项目

结合工程实际情况和施工设计图纸,确定的屋面保温工程清单项目见表 7-10-1。

表 7-10-1 保温工程清单项目

表 7-10-1 保温工程清单项目

序号	项目编码	项目名称	项 目 特 征
1	011001001001	保温隔热坡屋面	聚苯保温板厚度 25 mm
2	011001001002	保温隔热平屋面	聚苯保温板厚度 25 mm

说明:保温隔热屋面中有隔汽层的,应在项目特征中进行说明。

7.10.2 清单计量

依据计量规范的工程量计算规则、设计图纸和相关资料,保温工程清单计量如下。

1. 011001001001 保温隔热坡屋面(m²)

工程量计算规则:按设计图示尺寸以面积计算。扣除面积>0.3 m² 孔洞及占位面积。

工程案例——工程屋面保温工程量计算书:

序号	项目名称	单位	计 算 式	数量	合计
1	011001001001	m²			147.16
	保温隔热坡屋面		同 010901001001 水泥瓦屋面	147.16	

2. 011001001002 保温隔热平屋面(m²)

工程量计算规则:同保温隔热坡屋面。

工程案例工程屋面保温工程量计算书:

序号	项目名称	单位	计 算 式	数量	合计
2	011001001002	m²			32.34
	保温隔热平屋面		见 010902003001 屋面刚性层,同平屋面刚性层工程量: 26.32+5.06+0.96	32.34	

7.10.3 工程量清单

工程案例——工程量清单如表 7-10-2 所示。

表 7-10-2 保温工程量清单与计价表

工程名称:某住宅楼工程　　　　　　　　　标段:　　　　　　　　　第 页共 页

序号	项目编码	项目名称	项目特征描述	计量单位	工程量	金额(元)		
						综合单价	合价	其中暂估价
1	011001001001	保温隔热坡屋面	聚苯保温板厚度 25 mm	m²	147.16			
2	011001001002	保温隔热平屋面	聚苯保温板厚度 25 mm	m²	32.34			

7.10.4 知识、技能拓展

拓展案例 7-10-1:某具有耐酸要求的生产车间及仓库为砖混结构,无突出墙面的柱和梁,墙厚均为 240 mm。门窗尺寸详见门窗表,双向平开门立墙中线,单向平开门立开启方向墙面齐平,窗均立墙中线,平面图、剖面图见图 7-10-1。

车间:地面基层上贴 300 mm×200 mm×20 mm 铸石板,墙面粘贴 150 mm×150 mm×20 mm 瓷板至板底,结合层均为 6 mm 厚钠水玻璃胶泥,灰缝宽度为 3 mm。

仓库:地面基层上贴 300 mm×200 mm×20 mm 铸石板,踢脚线高 200 mm 为 300 mm×200 mm×20 mm 铸石板,结合层均为 6 mm 厚钠水玻璃胶泥,灰缝宽度为 3 mm。墙面为 20 mm 厚钠水玻璃耐酸砂浆面层至板底。

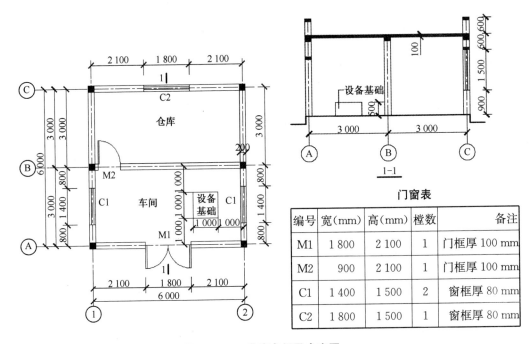

门窗表

编号	宽(mm)	高(mm)	樘数	备注
M1	1 800	2 100	1	门框厚 100 mm
M2	900	2 100	1	门框厚 100 mm
C1	1 400	1 500	2	窗框厚 80 mm
C2	1 800	1 500	1	窗框厚 80 mm

图 7-10-1 生产车间及仓库图

要求:计算块料防腐面层和防腐砂浆面层的清单工程量。

依据计量规范的工程量计算规则、拓展案例的设计图纸和相关信息,防腐工程清单计量为:

序号	项目名称	单位	计　算　式	数量	合计
1	011002006001	m²			30.80
	铸石板防腐地面				
			1. 仓库地面:(6−0.24)×(3−0.24)	15.90	
			2. 车间地面:(6−0.24)×(3−0.24)−1.0×1.0	14.90	
2	011002006002	m²			41.61
	瓷板防腐墙面				
			1. 车间墙面:[(6−0.24)+(3−0.24)]×2×(3−0.1)	49.42	
			2. 扣除门窗洞口	−9.87	
			M1:−1.8×2.1	−3.78	
			M2:−0.9×2.1	−1.89	

续表

序号	项目名称	单位	计 算 式	数量	合计
			C1：−1.4×1.5×2	−4.20	
			3. 增加门窗侧壁		2.06
			M1：(1.8+2.1×2)×0.5×(0.24−0.1)	0.42	
			M2：(0.9+2.1×2)×(0.24−0.1)	0.71	
			C1：(1.4+1.5)×2×0.5×(0.24−0.08)×2	0.93	
3	011105003001	m			16.14
	铸石板防腐踢脚线				
			1. 仓库踢脚线(h=200 mm)：[(6−0.24)+(3−0.24)]×2	17.04	
			2. 扣除门窗洞口	−0.90	
			M2：−0.90	−0.90	
4	011105002001	m²			41.95
	防腐砂浆面层				
			1. 仓库墙面：[(6−0.24)+(3−0.24)]×2×(3−0.1−0.2)	46.01	
			2. 扣除门窗洞口	−4.59	
			M2：−0.9×2.1	−1.89	
			C2：−1.8×1.5	−2.7	
			3. 增加门窗侧壁		0.53
			C2：(1.8+1.5)×2×0.5×(0.24−0.08)	0.53	

说明：① 块料防腐面层和防腐砂浆面层的工程量计算规则：按设计图示尺寸以面积计算。平面防腐：扣除凸出地面的构筑物、设备基础等以及面积＞0.3 m² 孔洞、柱、垛所占面积，门洞、空圈、暖气包槽、壁龛的开口部分不增加面积；立面防腐：扣除门、窗、洞口以及面积＞0.3 m² 孔洞、梁所占面积，门、窗、洞口侧壁、垛突出部分按展开面积并入墙面积内。

② 防腐踢脚线，应按规范楼地面装饰工程"踢脚线"项目编码列项。

③ 踢脚线工程量计算规则：以"m²"计量，按设计图示"长度×高度"以面积计算；以"m"计量，按延长米计算。

7.10.5 知识、技能评估

(1) 某建筑三类工程的平屋面、檐沟做法如图 7-9-8 所示，计算保温隔热屋面工程量。

(2) 某建设三类的车间如图 7-10-2 所示，地面和墙面进行防腐处理。地面：采用环氧树脂胶泥粘贴瓷板(150 mm×150 mm×30 mm)；墙面墙裙高 1.8 m：采用环氧树脂胶泥粘贴瓷板(150 mm×150 mm×20 mm)，门侧需粘贴，计算防腐面层工程量。

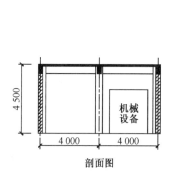
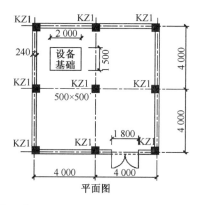

图 7-10-2　化工车间图

7.11　楼地面装饰工程

工程案例:某住宅楼工程的楼地面工程做法详见工程案例施工图。

要求:编制该楼地面工程的工程量清单。

7.11.1　清单项目

结合工程实际情况和施工设计图纸,确定的楼地面工程清单项目见表 7-11-1。

表 7-11-1　楼地面工程清单项目

序号	项目编码	项目名称	项　目　特　征
1	010404001001	地面碎石垫层	100 mm 厚碎石垫层夯实
2	010501001001	地面素混凝土垫层	120 mm 厚 C15 素混凝土垫层
3	011101001001	水泥砂浆地面	20 mm 厚 1:3 水泥砂浆找平层;10 mm 厚 1:2 水泥砂浆面层压实抹光
4	011101001002	水泥砂浆楼面	20 mm 厚 1:3 水泥砂浆找平层;10 mm 厚 1:2 水泥砂浆面层压实抹光
5	011106004001	水泥砂浆楼梯面	20 mm 厚 1:3 水泥砂浆找平层;10 mm 厚 1:2 水泥砂浆面层压实抹光
6	011102003001	地砖块料楼面(厨、卫间)	20 mm 厚 1:3 水泥砂浆找平层;300 mm×300 mm 白色地砖用 1:2 水泥细砂浆粘贴
7	011105001001	水泥砂浆踢脚线(除厨、卫外内墙)	12 mm 厚 1:3 水泥砂浆打底扫毛;8 mm 厚 1:2 水泥砂浆罩面压实抹光
8	011107004001	水泥砂浆台阶面	20 mm 厚 1:3 水泥砂浆找平层;10 mm 厚 1:2 水泥砂浆面层压实抹光

说明:① 水泥砂浆面层处理是拉毛还是提浆压光应在面层做法要求中描述,工程案例要求压实抹光。

② 楼地面混凝土垫层另按"混凝土工程"中垫层项目编码列项,除混凝土外的其他材料垫层按"砌筑工程"中垫层项目编码列项。

③ 石材、块料与黏结材料的结合面刷防渗材料的种类在防护材料种类中描述。

④ 平面砂浆找平层项目只适用于仅做找平层的平面抹灰。工程案例中,楼地面中水泥砂浆找平层则属于水泥砂浆楼地面的一部分。

7.11.2　清单计量

依据计量规范的工程量计算规则、设计图纸和相关资料,楼地面装饰工程清单计量如下。

1. 010404001001 地面碎石垫层(m^3)

工程量计算规则:按设计图示尺寸以"m^3"计算。

工程案例地面碎石垫层工程量计算书:

序号	项目名称	单位	计　算　式	数量	合计
1	010404001001	m^3	127.99×0.1		12.80
	地面碎石垫层				
			1. 地面碎石垫层面积:$13.20+51.04+62.98+0.77$	127.99	
			(1) 楼梯间:$(2.6-0.20)\times(3.0+2.7-0.2)$	13.20	
			(2) 自行车库: $[(2.0+1.8-0.2)\times(3.0+0.2)+(2.7-0.2)\times(2.0+2.0+1.8-0.2)]\times2$	51.04	
			(3) 汽车库:$(4.9-0.2)\times(3.5-0.2)\times2+(4.9-0.2)\times(3.6-0.2)\times2$	62.98	
			(4) 台阶平台:$(2.9-0.3\times3\times2)\times(1.6-0.3\times3)$	0.77	

说明:装饰工程计量中,通常以一个"封闭空间"(如不同房间)作为单位计算,原因是同一空间的装饰往往是一致的且计算条理相对较易做到清晰。在确定"封闭空间"时,如遇到门则采用"关门"方法进行分配门洞开口处的工程量。

2. 010501001001 地面素混凝土垫层(m^3)

工程量计算规则:按设计图示尺寸以"m^3"计算,不扣除伸入承台基础的桩头所占体积。

工程案例地面素混凝土垫层工程量计算书:

序号	项目名称	单位	计　算　式	数量	合计
2	010501001001	m^3			15.36
	地面素混凝土垫层				
			地面碎石垫层(面积同地面碎石垫层):127.99×0.12	15.36	

3. 011101001001 水泥砂浆地面(m^2)

工程量计算规则:按设计图示尺寸以"m^2"计算。扣除凸出地面构筑物、设备基础、室内管道、地沟等所占面积,不扣除间壁墙及$\leqslant0.3\ m^2$的柱、垛、附墙烟囱及孔洞所占面积。门洞、空圈、暖气包槽、壁龛的开口部分不增加面积,见图7-11-1。

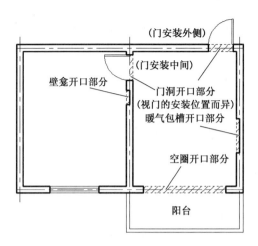

图 7-11-1　水泥砂浆楼地面计算示意

工程案例——水泥砂浆地面工程量计算书：

序号	项目名称	单位	计　算　式	数量	合计
3	011101001001	m²			127.99
	水泥砂浆地面				
			水泥砂浆地面（面积同地面碎石垫层）	127.99	

4. 011101001002 水泥砂浆楼面（m²）

工程量计算规则：同水泥砂浆地面。

工程案例——水泥砂浆楼面工程量计算书：

序号	项目名称	单位	计　算　式	数量	合计
4	011101001002	m²			612.72
	水泥砂浆楼面				
			1. 一层水泥砂浆楼面		102.12
			餐厅：2.7×(2.3−0.2)×2	11.34	
			客厅：[(4.9−0.2)×(3.6−0.2)+1.3×(1.4−0.2)]×2	35.08	
			南卧室：[(3.5−0.2)×(3.5−0.2)+(2.2−0.2)×0.8]×2	24.98	
			北卧室：[(3.5−0.2)×(2.7−0.2)+(2.2−0.2)×0.6]×2	18.90	
			阳台：[(3.6−0.1)×(1.5−0.1)−(0.75−0.1)×0.7]×2	8.89	
			楼梯口：(1.52−0.1−0.2)×(2.6−0.2)	2.93	
			2. 2～6 层		510.60
			每层楼面同一层：102.12×5	510.60	

5. 011106004001 水泥砂浆楼梯面（m²）

工程量计算规则：按设计图示尺寸以楼梯（包括踏步、休息平台及≤500 mm 的楼梯井）水平投影面积计算。楼梯与楼地面相连时,算至梯口梁内侧边沿；无梯口梁者,算至最上一层踏步边沿加 300 mm,见图 7-11-2。

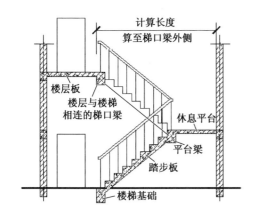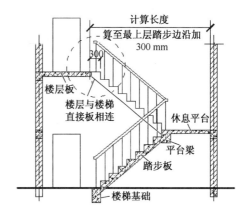

图 7-11-2　水泥砂浆楼梯面计算示意

工程案例——水泥砂浆楼梯面工程量计算书:

序号	项目名称	单位	计　算　式	数量	合计
5	011106004001	m²			47.67
	水泥砂浆楼梯面				
			1. 车库层楼梯面:(2.6+0.2)×1.17	3.51	
			2. 1~5层楼梯面:		
			[(2.6-0.2)×(0.2+2.08+1.4)]×5	44.16	

6. 011102003002 地砖块料楼面(m²)

工程量计算规则:按设计图示尺寸以"m²"计算。门洞、空圈、暖气包槽、壁龛的开口部分并入相应的工程量内。

工程案例——地砖块料楼面工程量计算书:

序号	项目名称	单位	计　算　式	数量	合计
6	011102003002	m²			116.94
	地砖块料楼面(厨、卫间)				
			1. 1层块料楼面		19.49
			厨房:[(2.0-0.15)×(3.0-0.2)-(0.3-0.2)×(0.4-0.2)]×2	10.32	
			卫生间:[(1.8-0.15)×(1.8-0.2)-(0.25-0.2)×(0.8-0.2)]×2	5.22	
			盥洗间:[(1.8-0.15)×(1.2-0.1)+0.8×0.1×2]×2	3.95	
			2. 2~6层楼梯面:同一层　19.49×5		97.45

说明:在装饰工程计量中,块料面层要求比整体面积计算更详细,这是由其价值所决定的。工程案例计量中,厨房和卫生间应扣除突出的柱垛所占楼面面积,M3 门洞开口处楼面面积统一计入盥洗间,同时盥洗间则应计入 M3 门洞开口处面积。因为楼面高差的原因,所

以空圈开口处楼面工程量不计入盥洗间。

7. 011105001001 水泥砂浆踢脚线（除厨、卫外内墙）(m²/m)

工程量计算规则：

① 以"m²"计量，按设计图示长度乘高度以面积计算；

② 以"m"计量，按延长米计量，见图 7-11-3。

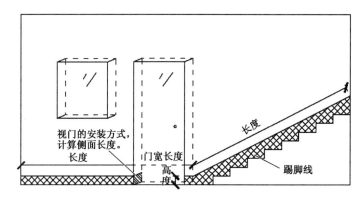

图 7-11-3 水泥砂浆踢脚线计算示意

工程案例——水泥砂浆踢脚线工程量计算书：

序号	项目名称	单位	计　算　式	数量	合计
7	011105001001	m			846.25
	水泥砂浆踢脚线（除厨、卫外内墙）				
			1. 车库层踢脚线		124.16
			自行车库：[(3.5+2.3-0.2)+(2.7+3.0)+(2.7-0.2+2.0+3.0+0.2)]×2+(0.3+0.4)×2×2(KZ2侧面)	40.80	
			楼梯间：[(2.7+3.0-0.2)+(2.6-0.2)]×2+[(2.6)²+(1.8)²]$\frac{1}{2}$	18.96	
			汽车库：{[(3.5-0.2)+(4.9-0.2)]×2+[(3.6-0.2)+(4.9-0.2)]×2}×2	64.40	
			2. 一层踢脚线		122.05
			南卧室：[(3.5-0.2)+(4.3-0.2)]×2×2	29.60	
			北卧室：[(3.5-0.2)+(3.3-0.2)]×2×2	25.60	
			餐厅：[2.7×2+3.3-0.2]×2	17.00	
			客厅：{(3.5+0.8+0.6-0.2)×2+[(1.3+3.6-0.2)×2-(1.8-0.2)]}×2	34.40	
			楼梯间：{(1.52-0.1)+[(2.08)²+(1.4)²]$\frac{1}{2}$+(1.5-0.1)+(2.6-0.2)}×2	15.45	
			3. 2~5层踢脚线		488.20

续表

序号	项目名称	单位	计 算 式	数量	合计
			每层同一层踢脚线:122.05×4	488.20	
			4. 六层踢脚线		111.84
			南卧室:同一层	29.60	
			北卧室:同一层	25.60	
			餐厅:同一层	17.00	
			客厅:同一层	34.40	
			楼梯间(楼面平台):(1.52−0.1)×2+(2.6−0.2)	5.24	

说明:通常在计算踢脚线工程量时,对整体面层如水泥砂浆、水磨石踢脚线等,在计算延长米时,其洞口、门口长度不予扣除,洞口、门口、垛、附墙烟囱等侧壁也不增加;对块料面层踢脚线按图示尺寸以实贴延长米计算,门洞扣除,侧壁另加。工程案例,踢脚线工程量以延长米计量,楼梯计量中的开方部分为斜梯段长度。

8. 011107004001 水泥砂浆台阶面(m²)

工程量计算规则:按设计图示尺寸以台阶(包括最上层踏步边沿加300 mm)水平投影面积计算。

工程案例——水泥砂浆台阶面工程量计算书:

序号	项目名称	单位	计 算 式	数量	合计
6	011107004001	m²			3.87
	水泥砂浆台阶面				
			2.9×1.6−(2.9−0.3×3×2)×(1.6−0.3×3)	3.87	

说明:水泥砂浆台阶面计算,相关内容可参见第7.5节中混凝土台阶计量。

7.11.3 工程量清单

工程案例——工程量清单如表7-11-2所示。

表7-11-2 楼地面工程量清单与计价表

工程名称:某住宅楼工程　　　　　　　　标段:　　　　　　　　　第　页共　页

序号	项目编码	项目名称	项目特征描述	计量单位	工程量	金额(元)		
						综合单价	合价	其中暂估价
1	010404001001	地面碎石垫层	100 mm厚碎石垫层夯实	m³	12.80			
2	010501001001	地面素混凝土垫层	120 mm厚C15素混凝土垫层	m³	15.36			
3	011101001001	水泥砂浆地面	20 mm厚1:3水泥砂浆找平层;10 mm厚1:2水泥砂浆面层压实抹光	m²	127.99			

续表

序号	项目编码	项目名称	项目特征描述	计量单位	工程量	综合单价	合价	其中暂估价
						金额(元)		
4	011101001002	水泥砂浆楼面	20 mm厚1:3水泥砂浆找平层;10 mm厚1:2水泥砂浆面层压实抹光	m²	612.72			
5	011106004001	水泥砂浆楼梯面	20 mm厚1:3水泥砂浆找平层;10 mm厚1:2水泥砂浆面层压实抹光	m²	47.67			
6	011102003001	地砖块料楼面(厨、卫间)	20 mm厚1:3水泥砂浆找平层;300 mm×300 mm白色地砖用1:2水泥细砂浆粘贴	m²	116.94			
7	011105001001	水泥砂浆踢脚线(除厨、卫外内墙)	12 mm厚1:3水泥砂浆打底扫毛;8 mm厚1:2水泥砂浆罩面压实抹光	m	846.25			
8	011107004001	水泥砂浆台阶面	20 mm厚1:3水泥砂浆找平层;10 mm厚1:2水泥砂浆面层压实抹光	m²	3.87			

7.11.4 知识、技能拓展

拓展案例 7-11-1:某单独装饰工程中的客厅楼面采用免漆免刨木地板和成品木踢脚线,厨房和卫生间采用干硬性水泥砂浆粘贴 300 mm×300 mm 防滑地砖。门窗尺寸详见门窗表,推拉门立墙中线,单向平开门立开启方向墙面齐平,窗均立墙中线,平面图、剖面图见图 7-11-4。

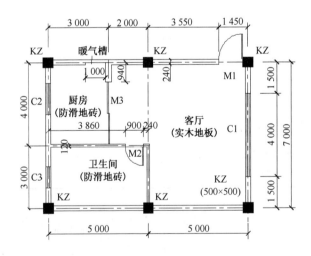

门窗表

编号	宽 mm	高 mm	樘数	备注
M1	1 200	2 100	1	门框厚 100 mm
M2	900	2 100	1	门框厚 100 mm
M3	3 000	2 600	1	门框厚 100 mm
C1	4 000	1 800	1	窗框厚 80 mm
C2	900	1 800	1	窗框厚 80 mm
C3	3 000	1 800	1	窗框厚 80 mm

图 7-11-4 平面图

要求:计算木地板、防滑地砖和木踢脚线的清单工程量。

依据计量规范的工程量计算规则、拓展案例的设计图纸和相关信息,楼地面工程清单计量为:

序号	项目名称	单位	计 算 式	数量	合计
1	011104002001	m²			40.63
	木地板				
			1. 实木地板： $(4-0.12-0.06)\times(2-0.12+0.06)+(7-0.24)\times(5-0.12-0.06)$		39.99
			2. 扣减柱垛：$-(0.25-0.12)\times(0.25-0.12)\times2-(0.25-0.12)\times$ $(0.25-0.06)-(0.25-0.12)\times0.5$		−0.12
			3. 增加门洞开口		0.76
			M1：1.2×0.24	0.29	
			M2：0.9×0.12	0.11	
			M3：$3\times0.24/2$	0.36	
2	011102003001	m²			24.55
	防滑地砖				
			1. 厨房		11.00
			厨房地砖：$(4-0.12-0.06)\times(3-0.24)$	10.54	
			扣减柱垛：$-(0.25-0.12)\times(0.25-0.12)$	−0.02	
			增加门洞开口 M3：$3\times0.24/2$	0.36	
			增加暖气槽开口：1.0×0.12	0.12	
			2. 卫生间		13.55
			卫生间地砖：$(3-0.12-0.06)\times(5-0.12-0.06)$	13.59	
			扣减柱垛： $-(0.25-0.12)\times(0.25-0.12)-(0.25-0.12)\times(0.25-0.06)$	−0.04	
3	011105005001	m			22.66
	木踢脚线				
			1. 实木踢脚线：$(5-0.12-0.06)+(7-0.24)+[(2+5-0.24)+(0.25$ $-0.12)\times2]+(4-0.12-0.06)+(2-0.12+0.06)+(3-0.12+0.06)$		27.30
			2. 扣减门洞		−5.10
			M1：-1.20	−1.20	
			M2：-0.90	−0.90	
			M3：-3.00	−3.00	
			3. 增加门洞侧面		0.46
			M1：$(0.24-0.1)\times2$	0.28	
			M2：$(0.12-0.1)\times2$	0.04	
			M3：$(0.24-0.10)/2\times2$	0.14	

说明:① 实木地板工程量计算规则:按设计图示尺寸以面积计算。门洞、空圈、暖气包槽、壁龛的开口部分并入相应的工程量内。

② 木质踢脚线工程量计算规则:以"m²"计量,按设计图示"长度×高度"以面积计算;以"m"计量,按延长米计量。

③ 值得注意的是:墙角的阴、阳角在计算踢脚线长度是等同的,可简化计算。拓展案例计算实木踢脚线时,在熟练掌握时,也可采用该方法。

7.11.5　知识、技能评估

某单独装饰工程的楼面平面为图 7-12-13 所示,楼面装饰做法为:

① 客厅:干硬性水泥砂浆铺贴 800 mm×800 mm 地砖,地砖踢脚线高 120 mm;

② 卧室:免刨免漆硬木地板,成品木踢脚线高 100 mm;

③ 厨卫:干硬水泥砂浆铺贴 300 mm×300 mm 防滑地砖。

要求:分别计算各地砖、木地板和踢脚线的工程量。

7.12　墙、柱面装饰与隔断、幕墙工程

工程案例:某住宅楼工程的墙、柱面装饰做法详见工程案例施工图。

要求:编制该墙、柱面装饰工程的工程量清单。

7.12.1　清单项目

结合工程实际情况和施工设计图纸,确定的墙、柱面装饰工程清单项目见表 7-12-1。

表 7-12-1　墙、柱面装饰工程清单项目

序号	项目编码	项目名称	项 目 特 征
1	011201001001	外墙面一般抹灰	专用界面剂;4 mm 厚聚合物抗裂砂浆;紧贴砂浆表面压入一层耐碱玻纤网格布;12 mm 厚 1:3 水泥砂浆打底;8 mm 厚 1:2 水泥砂浆粉面
2	011201001002	其他混凝土面一般抹灰	素水泥浆一道;12 mm 厚 1:3 水泥砂浆打底;8 mm 厚 1:2.5 水泥砂浆粉面
3	011201001003	内墙面一般抹灰	专用界面剂;15 mm 厚 1:1:6 水泥石灰砂浆打底;5 mm 厚 1:0.3:3 水泥石灰砂浆
4	011204003001	面砖块料墙面	专用界面剂;12 mm 厚 1:3 水泥砂浆底层;8 mm 厚 1:0.1:2.5 混合砂浆黏结层;5 mm 厚 200 mm×300 mm 面砖白水泥擦缝

说明:① 墙面抹石灰砂浆、水泥砂浆、混合砂浆、聚合物水泥砂浆、麻刀石灰浆、石膏灰浆等,应按墙面一般抹灰列项;墙面水刷石、斩假石、干粘石、假面石等,应按墙面装饰抹灰列项。

② 墙面块料面层安装方式可描述为砂浆或黏结剂粘贴、挂贴、干挂等,不论哪种安装方式,都要详细描述与组价相关的内容。

7.12.2 清单计量

依据计量规范的工程量计算规则、设计图纸和相关资料,墙、柱装饰工程清单计量如下。

1. 011201001001 外墙面一般抹灰(m²)

工程量计算规则:按设计图示尺寸以"m²"计算。扣除墙裙、门窗洞口及单个>0.3 m²的孔洞面积,不扣除踢脚线、挂镜线和墙与构件交接处的面积,门窗洞口和孔洞的侧壁及顶面不增加面积,见图7-12-1。附墙柱、梁、垛、烟囱侧壁并入相应的墙面面积内。

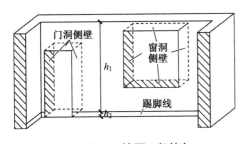

图 7-12-1 墙面一般抹灰

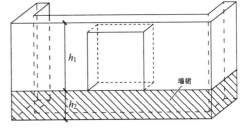

图 7-12-2 墙抹灰高度

(1)外墙抹灰面积按外墙垂直投影面积计算;

(2)外墙裙抹灰面积按其长度乘以高度计算,见图7-12-2。

工程案例——外墙面一般抹灰工程量计算书:

序号	项目名称	单位	计　算　式	数量	合计
1	011201001001	m²			838.85
	外墙面一般抹灰				
			1. 立面1~13轴		163.47
			(1)立面面积	271.35	
			标高-0.200~18.200 m(至檐沟底):14.4×(18.20+0.20-0.43)	258.77	
			标高18.200~19.900 m(至檐沟底):(3.6+3.6+0.2)×(19.90-18.20)	12.58	
			(2)扣减门窗洞口	-107.88	
			DDM:-2.4×1.6×4	-15.36	
			M4:-1.8×2.4×2×6	-51.84	
			C1:-1.8×1.8×2×6	-38.88	
			C5:-0.5×0.6×6	-1.80	
			2.13~1 和 F~J轴立面		342.85
			(1)立面面积	424.57	
			标高-0.450~4.100 m:[14.40+(1.2+1.2+0.6)×2]×(4.1+0.45)	92.82	
			标高3.200~4.100 m,6~8/H轴女儿墙内侧及压顶:[(2.6-0.2)+(0.6-0.2)]×2×(4.1-3.2)+(2.6-0.2)×0.2(压顶顶面)	5.52	
			1~2/F、12~13/F轴(标高4.100~18.369 m至檐沟底):2.0×(18.369-4.1-0.43)×2	55.36	

续表

序号	项目名称	单位	计　算　式	数量	合计
			2~12/J、F~J/2、F~J/12 轴(标高 4.100~18.600 m平屋面至檐沟底)：[(2.0+1.8+0.2)×2+(2.6-0.2)+0.6×2+3×2]×(18.6-4.1-0.43)	247.63	
			标高 18.600~19.200 m 女儿墙内外侧及顶面:[(2.0+1.8)×2+2.6+(0.9-0.1-0.3+1.5+0.6)×2+0.6×2]×[(19.2-18.6)×2+0.2]	23.24	
			(2) 扣减门窗洞口	-81.72	
			DZM：-1.5×2.5	-3.75	
			自行车过人洞：-(1.8+2.0-0.15-0.2)×(1.78+0.2-0.38)×2	-11.04	
			C2a：-1.2×0.7×2	-1.68	
			C2：-1.2×1.5×2×6	-21.60	
			C3：-0.9×1.5×4×6	-32.40	
			C4：-1.5×1.5×1×5	-11.25	
			3. B~F/1轴立面		156.59
			B~E轴:(4.9+0.1)×0.5×[(18.60+0.45-0.43)+(20.8+0.45-0.43)]	98.60	
			E~F轴:(2.7+0.1)×0.5×[(18.88+0.45-0.43)+(20.8+0.45-0.43)]	55.61	
			B~D/4轴(气楼):0.5×(3.764-0.1)×(19.9-18.6)	2.38	
			4. B~F/13轴立面		156.59
			同 B~F/1轴立面	156.59	
			5. 阳台分户墙		19.35
			1~5 层(A~B/7轴):0.7×(2.8-0.5)×2×5	16.10	
			六层(A~B/7轴):0.7×(2.7-0.38)×2	3.25	

说明：① 在计算墙、柱面抹灰工程量中,应结合油漆、涂料、裱糊工程的特点,使其结果或中间结果通用,以减少计算工作量。工程案例中,对于浅黄色涂料饰面和白色涂料饰面,可以分开计算,以备外墙涂料中使用,同时也不影响外墙抹灰的计算。

② 1~13 轴立面外墙抹灰计算主要包括主体立面和气窗立面,应分别计算。主体外墙抹灰从标高-0.200 m 起(主要考虑坡道的原因),至标高 18.200 m 处(参见南侧沿沟大样图),其中扣除的 0.38+0.05=0.43 m 为二层腰线条的宽度。在计算中依据计算规则,不扣除与外墙面相交的阳台、雨篷、凸窗等相交面积。气窗立面从标高 18.200 m 起,至标高19.900 m(参见三坡沿沟大样图)。

③ 13~1 和 F~J 轴立面外墙抹灰计算中,按照立面改变处(标高 4.100 m)主要分成两部分计算,其中标高 3.200~4.100 m 处形成的女儿墙内侧抹灰和标高 18.600~19.200 m的屋顶女儿墙抹灰也一并计算在内。标高 4.100~18.600 m 的外墙抹灰计算中,1~2/F轴和 12~13/F 轴从标高-0.450 m 起,至标高 18.369 m 处(参见北侧沿沟大样图),其余部分至屋顶女儿墙底部。

④ 外山墙 B~F/1 轴和 B~F/13 轴立面完全相同,由于山墙两端高度不同,故以屋脊 E 轴为线分成两部分,山墙计算均采用公式:抹灰工程量＝宽度×平均高度。

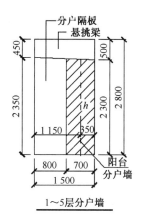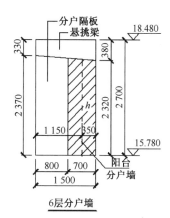

图 7-12-3　阳台分户墙示意

⑤ 阳台分户墙抹灰工程量计算见图 7-12-3 中阴影部分,本计算书用矩形简化计算。

2. 011201001002 其他混凝土面一般抹灰（m²）

工程量计算规则:见外墙抹灰。

工程案例——其他混凝土一般抹灰工程量计算书:

序号	项目名称	单位	计　算　式	数量	合计
2	011201001002	m²			296.06
	其他混凝土面一般抹灰				
			1. 栏板抹灰		45.96
			侧面:(1.2+0.4)×2×(1.05+0.1)×2×6	44.16	
			顶面:(0.1×0.4+0.1×1.1)×2×6	1.80	
			2. 混凝土线条(长度见 010507007002 线条)		38.97
			(1) 2层外墙腰线:33.70×[(0.05+0.08)×2+0.38+0.05]	23.25	
			(2) 2层空调板边:5.40×(0.05+0.28+0.15+0.13+0.05)	3.56	
			(3) 2层阳台线条:10.40×(0.08+0.15+0.18+0.1)	5.30	
			(4) 6层雨篷线条:10.40×(0.08+0.15+0.28+0.15)	6.86	
			3. 阳台		28.62
			1层、3~6层栏杆下嵌:(1.1+1.75)×2×(0.1+0.1+0.1)×5	8.55	

续表

序号	项目名称	单位	计　算　式	数量	合计
			1层、3～6层阳台侧面：0.33×[1.5×2+(3.6+0.1)×2]×5	17.16	
			2层阳台侧面：0.28×[1.5×2+(3.6+0.1)×2]	2.91	
			4. 雨篷		6.01
			6层雨篷侧面：[1.5×2+(3.6+0.1)×2]×0.28	2.91	
			入口雨篷侧面：(1.6×2+2.8)×0.33	1.98	
			入口雨篷反梁顶面：1.6×2.8−(1.6−0.2)×(2.8−0.2×2)	1.12	
			5. 阳台分户隔板		105.04
			1～5层：[(0.12+0.1+0.7+0.75×2)×2+(0.12+0.7)×2]×(2.8−0.1)×5	87.48	
			6层：[(0.12+0.1+0.7+0.75×2)×2+(0.12+0.7)×2]×(2.8−0.09)	17.56	
			6. 阳台中间处空调板		7.41
			(0.6+0.1+0.1+0.15)×(0.65+0.65)×6	7.41	
			7. 悬挑板		64.05
			(1) 凸窗		42.52
			凸窗窗台悬挑板侧面、顶面：[0.1×(0.8×2+2.04)+0.7×2.04]×2×6	21.26	
			凸窗顶悬挑板(兼空调板)侧面、顶面：[0.1×(0.7×2+2.04)+0.7×2.04]×2×6	21.26	
			(2) 北侧空调板(F轴)		21.53
			1层、3～6层的空调板顶面及侧面：[0.7×2.0+(0.05+0.15)×(0.7+2.0)]×2×5	19.40	
			2层的空调板顶面(其余已在2层空调板边计算)：(0.7−0.13)×(2.0−0.13)×2	2.13	

说明：① 混凝土线条主要包括二层腰线条(标高 4.600 m 处详见"二层腰线大样图")、六层雨篷线条(标高 18.600 m 处详见"2-2 剖面详图")和阳台分户隔板外凸线条(详见"阳台中间空调板详图")。线条抹灰工程量均以结构尺寸展开面积计算,公式为:线条抹灰工程量=线条长度×截面展开宽度。

② 阳台表面有顶面、侧面和底面 3 部分,计算示意如图 7-12-4 所示。

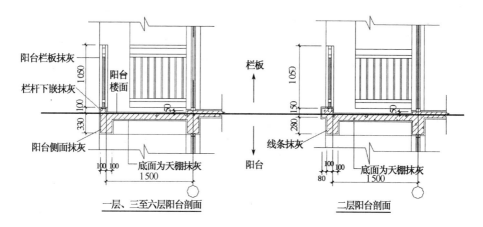

图 7-12-4 阳台抹灰计算示意

顶面部分为楼面,应在楼地面装饰工程中计量;侧面部分应计入一般抹灰工程量,一层、三至六层阳台抹灰包括栏杆下嵌抹灰和阳台侧面抹灰,二层阳台侧面为腰线下高 280 mm;底面部分为天棚,应在天棚工程中计量。

③ 雨篷表面有顶面、侧面和底面 3 部分,计算示意如图 7-12-5 所示。顶面部分为卷材雨篷的找平层;侧面为线条下高 280 mm,只需计算侧面抹灰;底面则为天棚抹灰。

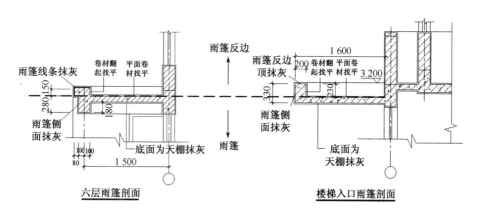

图 7-12-5 雨篷抹灰计算示意

④ 阳台分户隔板抹灰详见"阳台平面详图",由于板厚和标高的差异,单独计算六层的抹灰高度。

⑤ 阳台中间处空调板详见大样图,是指楼层中间处空调板标高分别为各楼层标高增加 1.400 m,其底部则计入天棚工程内。

⑥ 凸窗的窗台悬挑板和窗顶悬挑板只需计算顶面和侧面抹灰,其底面抹灰则属于天棚工程。计算中需注意,六层凸窗无窗顶悬挑板直接安装在屋面沿沟底面,详见"3-3 剖面详图"。北侧空调板(F 轴)同样计算顶面和侧面,底面计入天棚工程内。

3. 011201001003 内墙面一般抹灰(m²)

工程量计算规则:按设计图示尺寸以面积计算。扣除墙裙、门窗洞口及单个＞0.3 m² 的孔洞面积,不扣除踢脚线、挂镜线和墙与构件交接处的面积,门窗洞口和孔洞的侧壁及顶面不增加面积。附墙柱、梁、垛、烟囱侧壁并入相应的墙面面积内。

（1）内墙抹灰面积按主墙间的净长乘以高度计算：

① 无墙裙的，高度按室内楼地面至天棚底面计算；

② 有墙裙的，高度按墙裙顶至天棚底面计算。

（2）内墙裙抹灰面按内墙净长乘以高度计算。

工程案例——内墙面抹灰工程量计算书：

序号	项目名称	单位	计　算　式	数量	合计
3	011201001003	m²			2 000.63
	内墙面一般抹灰				
			1. 车库层（楼梯间除外）		169.28
			（1）自行车库：(32.17－3.72＋6.24)×2		69.38
			◇墙面	32.17	
			F～J/2轴:(3.0＋0.1－0.3)×(1.78＋0.2－0.05(降板)－0.09)	5.15	
			1～2/F轴:(2.0－0.2＋0.1)×(1.78＋0.2－0.10)	3.57	
			E～F/1轴:(2.7－0.1－0.3)×(1.78＋0.2－0.10)	4.32	
			1～4/E轴:(3.5－0.1)×(1.78＋0.2－0.10)	6.39	
			4～6/E轴:(2.3－0.2)×(1.78＋0.2－0.09)	3.97	
			E～F/6轴:(2.7－0.3)×(1.78＋0.2－0.09)	4.54	
			F～J/6轴:(1.2＋1.2－0.1)×(1.78＋0.2－0.05(降板)－0.09)	4.23	
			◇扣减门窗洞口	－3.72	
			M1a:－1.6×0.9×2	－2.88	
			C2a:－1.2×0.7	－0.84	
			◇突出墙面柱、梁面	6.24	
			KZ1(2/J):(0.4＋0.1)×(1.78＋0.2－0.05－0.09)	0.92	
			KZ7(6/J):(0.8＋0.05)×(1.78＋0.2－0.05－0.09)	1.56	
			KZ2(1/F):(0.2＋0.1)×(1.78＋0.2－0.10)	0.56	
			KZ2(4/F):[(0.3＋0.4)×2]×(1.78＋0.2－0.10)	2.63	
			KZ5(6/E):(0.1＋0.2)×(1.78＋0.2－0.09)	0.57	
			（2）汽车库（开间3.5 m）:(27.63－5.28＋2.43)×2		49.56
			◇墙面	27.63	
			1～4/B轴:(3.5－0.2－0.25)×(1.78＋0.2－0.10)	5.73	
			1～4/E轴:(3.5－0.2－0.2)×(1.78＋0.2－0.10)	5.83	
			B～E/1轴:(4.9－0.3－0.30)×(1.78＋0.2－0.10)	8.08	
			B～E/4轴:(4.9－0.3－0.35)×(1.78＋0.2－0.10)	7.99	
			◇扣减门窗洞口	－5.28	

续表

序号	项目名称	单位	计 算 式	数量	合计
			DDM：−2.4×1.6	−3.84	
			M1a： 0.9×1.6	−1.44	
			◇突出墙面柱、梁面	2.43	
			KZ3(1/E)：(0.1+0.2)×(1.78+0.2−0.10)	0.56	
			KZ1(1/B)：(0.1+0.2)×(1.78+0.2−0.10)	0.56	
			KZ4(4/B)：(0.15+0.25)×(1.78+0.2−0.10)	0.75	
			KZ5(4/E)：(0.1+0.2)×(1.78+0.2−0.10)	0.56	
			(3) 汽车库(开间 3.6 m)：(29.7−5.28+0.75)×2		50.34
			◇墙面	29.7	
			4～7/B 轴：(3.6−0.1−0.2)×(1.78+0.2−0.10)	6.20	
			4～7/E 轴：(3.6−0.1−0.1)×(1.78+0.2−0.10)	6.39	
			B～E/4 轴：(4.9−0.1−0.1)×(1.78+0.2−0.10)	8.84	
			B～E/7 轴：(4.9−0.4−0.1)×(1.78+0.2−0.10)	8.27	
			◇扣减门窗洞口	−5.28	
			DDM：−2.4×1.6	−3.84	
			M1a：−0.9×1.6	−1.44	
			◇突出墙面柱、梁面	0.75	
			KZ6(7/B)：(0.1+0.3)×(1.78+0.2−0.10)	0.75	
			2. 一至五层(楼梯间除外)：(69.66+62.82+109.30)×5		1 208.90
			(1) 大卧室：(38.34−5.13+1.62)×2		69.66
			◇墙面	38.34	
			1～4/B 轴：(3.5−0.2−0.2)×(2.8−0.1)	8.37	
			1～4/D-C 轴：(3.5−0.1−0.1)×(2.8−0.1)	8.91	
			B～D/1 轴：(4.3−0.3−0.1)×(2.8−0.1)	10.53	
			B～D/3-4 轴：(4.3−0.3−0.1)×(2.8−0.1)	10.53	
			◇扣减门窗洞口	−5.13	
			M2：−0.9×2.1	−1.89	
			C1：−1.8×1.8	−3.24	
			◇突出墙面柱、梁面	1.62	
			KZ1(1/B)：(0.1+0.2)×(2.8−0.1)	0.81	
			KZ4(4/B)：(0.1+0.2)×(2.8−0.1)	0.81	
			(2) 小卧室：(31.86−3.69+3.24)×2		62.82
			◇墙面	31.86	
			1～4/D-E 轴：(3.5−0.1−0.1)×(2.8−0.1)	8.91	
			1～4/F 轴：(3.5−0.2−0.2)×(2.8−0.1)	8.37	

续表

序号	项目名称	单位	计　算　式	数量	合计
			D～F/1 轴：(3.3−0.1−0.4−0.3)×(2.8−0.1)	6.75	
			D～F/3-4 轴：(3.3−0.1−0.3)×(2.8−0.1)	7.83	
			◇扣减门窗洞口	−3.69	
			M2：−0.9×2.1	−1.89	
			C2：−1.2×1.5	−1.80	
			◇突出墙面柱、梁面	3.24	
			KZ3(1/E)：(0.1+0.1+0.4)×(2.8−0.1)	1.62	
			KZ2(1/F)：(0.1+0.2)×(2.8−0.1)	0.81	
			KZ2(4/F)：(0.1+0.2)×(2.8−0.1)	0.81	
			(3) 客厅、餐厅：(63.46−12.39+3.58)×2		109.30
			◇墙面	63.46	
			4～7/B 轴：(3.6−0.1−0.175)×(2.8−0.1)	8.98	
			B～E/7 轴：(4.9−0.35−0.1)×(2.8−0.1)	12.02	
			6～7/E 轴：(1.3−0.1−0.2)×(2.8−0.1)	3.78	
			E～F/6 轴：(2.7−0.3−0.1)×(2.8−0.09)	6.23	
			4～6/F 轴：(2.3−0.1−0.1)×(2.8−0.09)	5.69	
			E～F/4 轴：(2.7−0.1−0.1)×(2.8−0.09)	7.86	
			3～4/E 轴：(1.3−0.2−0.1)×(2.8−0.1)	2.70	
			C～E/3 轴：(1.4−0.1−0.1)×(2.8−0.1)	3.24	
			3～4/C 轴：1.3×(2.8−0.1)	3.51	
			C～B/4 轴：3.5×(2.8−0.1)	9.45	
			◇扣减门窗洞口	−12.39	
			M4：−1.8×2.4	−4.32	
			M1：−0.9×2.1	−1.89	
			空圈(F 轴)：−1.0×2.4	−2.40	
			M2(2 樘)：−0.9×2.1×2	−3.78	
			◇突出墙面柱、梁面	3.58	
			KZ6(7/B)：(0.25+0.075)×(2.8−0.1)	0.88	
			KZ5(6/E)：(0.4+0.1)×(2.8−0.1)	1.35	
			KZ5(5/E)：(0.3+0.2)×(2.8−0.1)	1.35	
			3. 六层(楼梯间除外)：98.08+97.78+187.08		382.94
			(1) 大卧室：(52.49−5.13+1.68)×2		98.08
			◇墙面	52.49	
			1～4/B 轴：(3.5−0.2−0.2)×2.8	8.68	
			B～D/1 轴(i=0.44)：(3.5+0.8−0.3−0.1)×{4.9−0.5×0.44×[(0.6+0.1)+(3.5+1.4−0.3)]}	14.56	

续表

序号	项目名称	单位	计 算 式	数量	合计
			1~3/D 轴($i=0.44$)：$(2.2-0.1-0.1)\times[4.9-0.44\times(0.6+0.1)]$	9.18	
			C~D/3 轴($i=0.44$)： $0.8\times\{4.9-0.5\times0.44\times[(0.6+0.1)+(1.4+0.1)]\}$	3.53	
			3~4/C 轴($i=0.44$)：$1.3\times[4.9-0.44\times(1.4+0.1)]$	5.51	
			B~C/4 轴($i=0.44$)：$(3.5-0.3-0.1)\times\{4.9-0.5\times0.44\times[(1.4+0.1)+(3.5+1.4-0.3)]\}$	11.03	
			◇扣减门窗洞口	−5.13	
			M2：-0.9×2.1	−1.89	
			C1：-1.8×1.8	−3.24	
			◇突出墙面柱、梁面	1.68	
			KZ1(1/B)：$(0.1+0.2)\times2.8$	0.84	
			KZ4(4/B)：$(0.1+0.2)\times2.8$	0.84	
			(2) 小卧室：$(47.80-3.69+4.78)\times2$		97.78
			◇墙面	47.80	
			3~4/E 轴($i=0.68$)：$1.3\times[4.9-0.68\times(0.1)]$	6.28	
			D~E/3 轴($i=0.44$)：$0.6\times\{4.9-0.5\times0.44\times[(0)+(0.6-0.1)]\}$	2.87	
			1~3/D 轴($i=0.44$)：$(2.2-0.1-0.1)\times[4.9-0.44\times(0.6-0.1)]$	9.36	
			D~E/1 轴($i=0.44$)： $(0.6-0.1-0.3)\times\{4.9-0.5\times0.44\times[(0.3)+(0.6-0.1)]\}$	0.94	
			E~F/1 轴($i=0.68$)： $(2.7-0.1-0.3)\times\{4.9-0.5\times0.68\times[(0.1)+(2.7-0.3)]\}$	9.32	
			1~4/F 轴($i=0.68$)：$(3.5-0.2-0.2)\times[4.9-0.68\times(2.7-0.1)]$	9.71	
			E~F/4 轴($i=0.68$)： $(2.7-0.1-0.3)\times\{4.9-0.5\times0.68\times[(0.1)+(2.7-0.3)]\}$	9.32	
			◇扣减门窗洞口	−3.69	
			M2：-0.9×2.1	−1.89	
			C2：-1.2×1.5	−1.8	
			◇突出墙面柱、梁面	4.78	
			KZ3(1/E) ($i=0.44$)：$(0.1+0.1+0.4)\times[4.9-0.44\times(0)]$	2.94	
			KZ2(1/F) ($i=0.68$)：$(0.1+0.2)\times[4.9-0.68\times(2.7)]$	0.92	
			KZ2(4/F) ($i=0.68$)：$(0.1+0.2)\times[4.9-0.68\times(2.7)]$	0.92	
			(3) 客厅、餐厅：$(100.83-13.29+6.00)\times2$		187.08
			◇墙面	100.83	
			E~F/6 轴($i=0.68$)： $(2.7-0.3-0.1)\times\{4.9-0.5\times0.68\times[(0.3)+(2.7-0.1)]\}$	9.00	
			4~6/F 轴($i=0.68$)：$(2.3-0.1-0.1)\times[4.9-0.68\times(2.7-0.1)]$	6.58	
			E~F/4 轴($i=0.68$)： $(2.7-0.1+0.3)\times\{4.9-0.5\times0.68\times[0+(2.7-0.1)]\}$	11.65	

续表

序号	项目名称	单位	计　算　式	数量	合计
			3～4/E轴(i=0.44)：(1.3−0.2−0.1)×4.9	4.90	
			C～E/3轴(i=0.44)： (1.4−0.1−0.1)×{4.9−0.5×0.44×[(0.1)+(1.4−0.1)]}	5.51	
			3～4/C轴(i=0.44)：1.3×[4.9−0.44×(1.4−0.1)]	5.63	
			B～C/4轴(i=0.44)：3.5×[2.8+(20.28−18.58−0.1)]	15.40	
			4～7/B轴：(3.6−0.15−0.1)×[2.8+(20.28−18.58−0.1)]	14.74	
			B～E/7轴斜坡部分(i=0.20)： (4.9−0.3−2.5)×{4.9−0.5×0.20×[(2.5)+(4.9−0.3)]}	8.80	
			B～E/7轴平顶部分：(2.5−0.1)×4.9	11.76	
			6～7/E轴：(1.3−0.1+0.2)×4.9	6.86	
			◇扣减门窗洞口	−13.29	
			M4：−1.8×2.4	−4.32	
			M1：−0.9×2.1	−1.89	
			空圈(F轴)：−1.0×2.4	−2.40	
			M2(2樘)：−0.9×2.1×2	−3.78	
			C5(3樘)：−0.5×0.6×3	−0.90	
			◇突出墙面柱、梁面	6.00	
			KZ6(7/B)：(0.20+0.05)×[2.8+(20.28−18.58−0.1)]	1.10	
			KZ5(6/E)：(0.4+0.1)×4.9	2.45	
			KZ5(4/E)：(0.3+0.2)×4.9	2.45	
			4. 楼梯间		239.51
			(1) ±0.000～3.200 m		47.17
			E～J/6轴、E～J/8轴：(5.7−0.1−0.1)×(3.18−0.14)×2	33.44	
			6～8/J轴：(2.6−0.1−0.1)×(3.18−0.14)	7.30	
			6～8/E轴：(2.6−0.1−0.1)×(3.18−0.5)	6.43	
			(2) 3.200～14.400 m		151.89
			E～J/6轴、E～J/8轴：[(5.1−0.1−0.1)×(2.8−0.14)×2]×4	104.27	
			6～8/J轴：(2.6−0.1−0.1)×(2.8−0.14)×4	25.54	
			6～8/E轴：(2.6−0.1−0.1)×(2.8−0.5)×4	22.08	
			(3) 14.400～18.600 m		58.90
			E～J/6轴、E～J/8轴：(5.1−0.1−0.1)×(18.6−14.4−0.1)×2	40.18	
			6～8/J轴：(2.6−0.1−0.1)×(18.6−14.4−0.1)	9.84	
			6～8/E轴：(2.6−0.1−0.1)×(18.6−14.4−0.5)	8.88	
			(4) 18.600～20.800 m		11.51
			E～F/6轴、E～F/8轴(i=0.68)：(2.7−0.1−0.1)×{(20.78−18.58−0.1)−0.5×0.68×[(0.1)+(2.7−0.1)]}×2	5.91	

续表

序号	项目名称	单位	计　算　式	数量	合计
			6～8/F轴:(2.6−0.1−0.1)×0.3	0.72	
			6～8/E轴(i=0.68):(2.6−0.1−0.1)×[(20.78−18.58−0.1)−0.68×(0.1)]	4.88	
			(5) 扣除门窗洞口		−37.68
			DZM(1樘):−1.5×2.5	−3.75	
			C4(5樘):−1.5×1.5×5	−11.25	
			M1(12樘):−0.9×2.1×2×6	−22.68	
			(6) 突出墙面柱、梁面		7.72
			2KL8(6～8/E轴):[(0.25−0.2)+(0.5−0.09)]×(2.6−0.2)	1.10	
			3KL8(6～8/E轴):[(0.25−0.2)+(0.5−0.09)]×(2.6−0.2)×5	5.52	
			7KL5(6～8/E轴):[(0.25−0.2)+(0.5−0.09)]×(2.6−0.2)	1.10	

说明:① 在计算内墙面抹灰工程量时,可结合计价的特点适当调整。依据《江苏省建筑与装饰工程计价定额》将突出墙面柱单独计算,以便计价时汇总。考虑到楼梯间和普通楼层相错开的特点,将楼梯间单独计量以做到条理清晰。

② 车库层(楼梯间除外)的自行车库内墙面抹灰中,F～J/2～5轴内对应上层为厨卫间,其楼板厚为90 mm,同时楼板降低50 mm,所以相应的墙面抹灰计算高度为:1.78(一层楼面标高)−0.05(一层楼板降50 mm)+0.20(自行车库地面标高−0.200 m)−0.09(一层楼板厚)=1.84 m。在E～J/6轴中,考虑到抹灰墙面高度的不同分为E～F/6轴和F～J/6轴两部分计算。

③ 上部楼层墙面抹灰工程量计算中共分为3部分:一至五层、六层和楼梯间,主要考虑建筑结构的变化,但KZ6的变截面从350 mm×450 mm到300 mm×400 mm,不影响抹灰计算,而六层为坡屋面。

ⅰ 一至二层墙面抹灰:1～4/D-C轴是指1～3/D轴和3～4/C轴,其余类推。

ⅱ 三至五层墙面抹灰:与一至二层基本相同,主要差别为墙面(4～7/B轴、B～E/7轴)的长度和突出墙面柱面KZ6(7/B)长度。

ⅲ 六层墙面抹灰:B～F轴中间为坡屋顶,坡屋顶内墙抹灰计算比较繁琐。考虑到计算的统一和方便,可统一按公式计算,如图7-12-6所示:

坡屋顶内横墙抹灰面积计算:

$$S = b_2\left[h_1 - \frac{1}{2}i_1(b_1 + b_3)\right]。$$

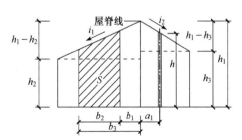

图 7-12-6　坡屋顶内墙抹灰计算示意

例如B～D/1轴中,$b_2 = 3.5 + 0.8 − 0.3 − 0.1 = 3.9$ m,$h_1 = 2.8 + 20.78 − 18.58 − 0.1$(屋面板厚)$= 4.9$ m,$i_1 = 0.44$,$b_1 = 0.6 + 0.1 = 0.7$ m,$b_3 = 3.5 + 1.4 − 0.3 = 4.6$ m,代入公式可得:

$S=3.9\times[4.9-0.5\times0.44\times(0.7+4.6)]=14.56\ \text{m}^2$。

坡屋顶内纵墙抹灰高度计算：$h=h_1-i_2a_1$。

例如 $1\sim3/D$ 轴中：$h_1=2.8+20.78-18.58-0.1$（屋面板厚）$=4.9\ \text{m}$，$i_2=0.44$，$a_1=0.6+0.1=0.7\ \text{m}$，代入公式可得 $h=4.9-0.44\times0.7=4.59\ \text{m}$，再乘以墙面净长 $2.2-0.1-0.1=2\ \text{m}$ 可得 $9.18\ \text{m}^2$。

ⅳ 楼梯间墙面抹灰：由于楼梯间的复杂性统一扣除板厚 140 mm，同时计算时应注意 2KL8、3KL8 和 7KL5 在 $6\sim8$ 轴间梁宽为 250 mm 且向楼梯间凸出，属于突出墙的梁。

4. 011204003001 面砖块料墙面（m^2）

工程量计算规则：按镶贴表面积计算。

相比墙体抹灰，块料墙面工程量计算要更复杂，按镶贴表面积计算则应考虑块料面层和粘贴厚度后的建筑尺寸计算，如图 7-12-7 所示。

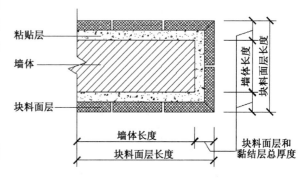

图 7-12-7　块料表面积计算示意

工程案例——工程面砖块料墙面工程量计算书：

序号	项目名称	单位	计　算　式	数量	合计
4	011204003001	m²			505.52
	面砖块料墙面				
			1. 厨房（共 12 套）：$(22.84-2.79+0.39)\times12$		245.28
			(1) 墙面	22.84	
			$[(2.0-0.15-0.025\times2)+(3.0-0.2-0.025\times2)]\times2\times(2.8-0.09-0.2)$	22.84	
			(2) 扣除门窗洞口	−2.79	
			C3：$-(0.9-0.025\times2)\times(1.5-0.025\times2)$	−1.23	
			M3：$-(0.8-0.025\times2)\times(2.1-0.025)$	−1.56	
			(3) 增加门窗侧面	0.39	
			C3：$[(0.9-0.025\times2)+(1.5-0.025\times2)]\times2\times(0.2/2+0.025-0.08/2)$	0.39	
			2. 卫生间（共 12 套）：$(15.81-2.79+0.39)\times12$		160.92
			(1) 墙面	15.81	
			$[(1.8-0.15-0.025\times2)+(1.8-0.2-0.025\times2)]\times2\times(2.8-0.09-0.2)$	15.81	
			(2) 扣除门窗洞口	−2.79	
			C3：$-(0.9-0.025\times2)\times(1.5-0.025\times2)$	−1.23	

续表

序号	项目名称	单位	计　算　式	数量	合计
			M3：－(0.8－0.025×2)×(2.1－0.025)	－1.56	
			(3) 增加门窗侧面	0.39	
			C3：[(0.9－0.025×2)＋(1.5－0.025×2)]×2×(0.2/2＋0.025－0.08/2)	0.39	
			3. 盥洗间(共12套)：(13.30－5.51＋0.32)×12		97.32
			(1) 墙面	13.30	
			[(1.8－0.15－0.025×2)＋(1.2－0.1－0.025×2)]×2×(2.8－0.09－0.2)	13.30	
			(2) 扣除门窗洞口	－5.51	
			M3(2 樘)：－[(0.8－0.025×2)×(2.1－0.025)]×2	－3.11	
			空圈(F 轴)：－1.0×2.4	－2.40	
			(3) 增加门窗侧面	0.32	
			M3(2 樘)： [(0.8－0.025×2)×2＋(2.1－0.025)]×(0.1－0.08＋0.025)×2	0.32	

说明：① 依据块料墙面做法，块料墙面总厚度为 25 mm，C3 窗框和 M3 门框的厚度均为80 mm，C3 窗洞口块料计算见图 7-12-8 所示，M3 门洞口块料计算见图 7-12-9 所示。

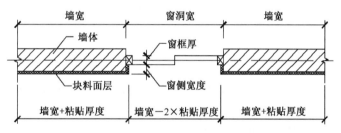

图 7-12-8　窗洞粘贴块料计算示意

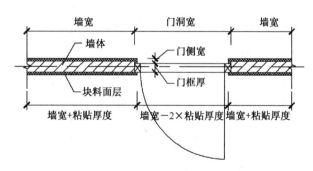

图 7-12-9　门洞粘贴块料计算示意

② 依据天棚吊顶做法，混凝土板底至吊顶面层高 200 mm，故块料墙面粘贴高度为 $h=2.8$(层高)-0.09(板厚)-0.2(吊顶空间高)$=2.51$ m。考虑到 2.51 m$>$2.4 m$=0.9$(窗台高)$+1.5$(C3 窗高)，所以计算工程量时要注意到块料贴到了窗上口以上。

7.12.3 工程量清单

工程案例——工程量清单如表7-12-2所示。

表7-12-2 墙、柱面装饰工程量清单与计价表

工程名称:某住宅楼工程　　　　　　　　　标段:　　　　　　　　　第　页共　页

序号	项目编码	项目名称	项目特征描述	计量单位	工程量	金额(元)		
						综合单价	合价	其中暂估价
1	011201001001	外墙面一般抹灰	专用界面剂;4厚聚合物抗裂砂浆;紧贴砂浆表面压入一层耐碱玻纤网格布;12 mm厚1:3水泥砂浆打底;8 mm厚1:2水泥砂浆粉面	m²	838.85			
2	011201001002	其他混凝土面一般抹灰(阳台、雨篷等)	素水泥浆一道;12 mm厚1:3水泥砂浆打底;8 mm厚1:2.5水泥砂浆粉面	m²	296.06			
3	011201001003	内墙面一般抹灰	专用界面剂;15 mm厚1:1:6水泥石灰砂浆打底;5 mm厚1:0.3:3水泥石灰砂浆	m²	2 000.63			
4	011204003001	面砖块料墙面	专用界面剂;12 mm厚1:3水泥砂浆底层;8 mm厚1:0.1:2.5混合砂浆黏结层;5 mm厚200 mm×300 mm面砖白水泥擦缝	m²	503.52			

7.12.4 知识、技能拓展

拓展案例7-12-1:某单独装饰工程中的会议室墙面采用木装饰墙面,立、剖面图分别见图7-12-10、图7-12-11和图7-12-12。

要求:计算墙、柱饰面的清单工程量。

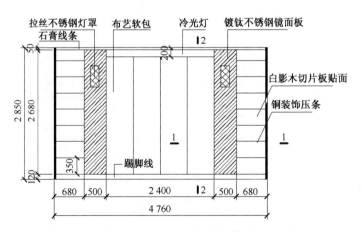

图7-12-10 装饰墙面立面图

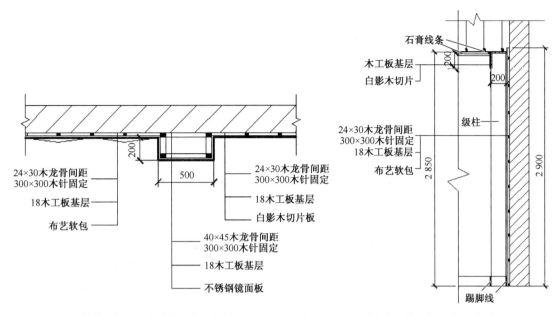

图 7-12-11 装饰墙面 1-1 剖面图　　图 7-12-12 装饰墙面 2-2 剖面图

依据计量规范的工程量计算规则、拓展案例的设计图纸和相关信息,墙、柱饰面工程清单计量为:

序号	项目名称	单位	计　算　式	数量	合计
1	011207001001	m²			3.64
	白影木墙面装饰		0.68×2.68×2	3.64	
2	011207001002	m²			6.43
	布艺软包墙面装饰		2.40×2.68	6.43	
3	011208001001	m²			4.82
	不锈钢柱面装饰		(0.20×2+0.50)×2.68×2	4.82	

说明:① 依据拓展案例设计图纸,墙面装饰板有两种类型:白影木墙面装饰和布艺软包墙面,应分别编码列项。拓展案例中柱为附墙假柱,其基层为木龙骨,面层为不锈钢镜面板。

② 墙面装饰板工程量计算规则:按设计图示墙净长乘净高以"m²"计算。扣除门窗洞口及单个>0.3 m²的孔洞所占面积。

③ 柱(梁)面装饰工程量计算规则:按设计图示饰面外围尺寸以"m²"计算。柱帽、柱墩并入相应柱饰面工程量内。

7.12.5　知识、技能评估

某单独装饰工程的平面图 7-12-13,楼层净高 2.8 m,窗台高 800 mm,墙体均为砖墙,墙面装饰做法为：

① 客厅：15 mm 厚混合砂浆 1:1:6,5 mm 厚混合砂浆 1:0.3:3；

② 卧室：12 mm 厚混合砂浆 1:1:6,8 mm 厚混合砂浆 1:0.3:3；

③ 厨卫：墙裙高 1.5 m,砂浆粘贴 200 mm×300 mm 面砖。

要求：计算墙面抹灰、面砖墙裙工程量。

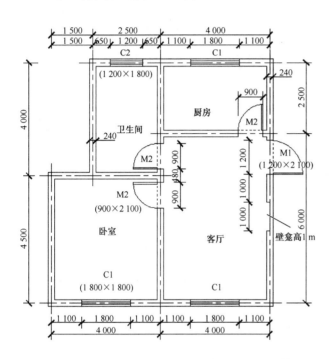

门窗表

编号	宽 mm	高 mm	樘数	备注
M1	1 200	2 100	1	门框厚 100 mm
M2	900	2 100	3	门框厚 100 mm
C1	1 800	1 800	3	窗框厚 80 mm
C2	1 200	1 800	1	窗框厚 80 mm

图 7-12-13　楼面平面图

7.13　天棚工程

工程案例：某住宅楼工程的天棚工程做法详见工程案例施工图。

要求：编制该天棚工程的工程量清单。

7.13.1　清单项目

结合工程实际情况和施工设计图纸,确定的天棚工程清单项目见表 7-13-1。

表 7-13-1　天棚工程清单项目

序号	项目编码	项目名称	项 目 特 征
1	011301001001	天棚抹灰	钢筋混凝土板底；素水泥浆(内加 10% 的 901 胶)1 遍；6 mm 厚 1:0.3:0.3 混合砂浆打底；6 mm 厚 1:0.3:0.3 混合砂浆面层
2	011302001001	铝合金方板天棚吊顶	φ6 天棚钢吊筋；铝合金(嵌入式)方板龙骨(不上人型)面层规格 600 mm×600 mm；铝合金(嵌入式)方板天棚面层 600 mm×600 mm 厚 0.6 mm

7.13.2 清单计量

依据计量规范的工程量计算规则、设计图纸和相关资料,天棚工程清单计量如下。

1. 011301001001 天棚抹灰(m^2)

工程量计算规则:按设计图示尺寸以水平投影面积计算。不扣除间壁墙、垛、柱、附墙烟囱、检查口和管道所占的面积,带梁天棚的梁两侧抹灰面积并入天棚面积内(如图 7-13-1 所示),板式楼梯底面抹灰按斜面积计算,锯齿形楼板底板抹灰按展开面积计算(如图 7-13-2 所示)。

图 7-13-1 带梁天棚

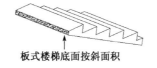
图 7-13-2 楼梯底面

工程案例天棚抹灰工程量计算书:

序号	项目名称	单位	计 算 式	数量	合计
1	011301001001	m²			1 030.03
	天棚抹灰				
			1. 车库层(楼梯间除外)		128.16
			(1) 自行车库:30.94×2	61.88	
			板底:(2.0+1.8-0.2)×(2.7+3.0-0.2)+2.0×(2.7-0.2)	24.80	
			2L1 侧面:(3.0-0.2)×(0.30-0.09)×2-0.2×(0.3-0.09)	1.13	
			2L6 侧面:(1.8-0.16)×(0.3-0.09)×2	0.69	
			2KL14 南侧面:(2.0+1.8-0.2-0.15)×(0.38-0.09-0.05(降板))-0.2×(0.3-0.09)	0.79	
			2KL9 北侧面:(2.0+1.8-0.1-0.3-0.1)×(0.38-0.09-0.05(降板))-0.2×(0.3-0.09)	0.75	
			2KL9 南侧面:(2.0+1.8-0.1-0.3-0.1)×(0.38-0.1)	0.92	
			2KL3 侧面:(2.7-0.1-0.3)×[(0.5-0.1)+(0.5-0.09)]	1.86	
			(2) 汽车库(开间 3 500):17.16×2	34.32	
			板底:(3.5-0.2)×(4.9-0.2)	15.51	
			2L3 侧面:(3.5-0.2)×(0.35-0.1)×2	1.65	
			(3) 汽车库(开间 3 600):15.98×2	31.96	
			板底:(3.6-0.2)×(4.9-0.2)	15.98	
			2. 一层		97.82
			(1) 餐厅:(5.25+0.92)×2	12.34	
			板底:(2.7-0.2)×(2.3-0.2)	5.25	
			3KL8 北侧面和底面:(2.3-0.1-0.2)×(0.35-0.09+0.2)	0.92	
			(2) 客厅:(17.30+0.5+1.0)×2	37.60	

续表

序号	项目名称	单位	计 算 式	数量	合计
			板底:$(0.8+0.6-0.2)\times(1.3-0.2)+(4.9-0.2)\times(3.6-0.2)$	17.30	
			3KL8 南侧面:$(2.3-0.1-0.2)\times(0.35-0.1)$	0.50	
			3KL3 侧面:$(0.6+0.8-0.1-0.3)\times[(0.5-0.1)\times2+0.2]$	1.00	
			(3) 大卧室:$(12.49+1.00)\times2$	26.98	
			板底:$(2.2-0.2)\times0.8+(3.5-0.2)\times(2.2+1.3-0.2)$	12.49	
			3L3 侧面:$(2.2-0.2)\times(0.35-0.1)\times2$	1.00	
			(4) 小卧室:$(9.45+1.00)\times2$	20.90	
			板底:$(2.2-0.2)\times0.6+(2.7-0.2)\times(2.2+1.3-0.2)$	9.45	
			3KL8 侧面:$(2.2-0.2)\times(0.35-0.1)\times2$	1.00	
			3. 二至五层		391.28
			每层同一层,共 4 层:97.82×4	391.28	
			4. 六层		113.24
			(1) 餐厅:$(6.35+2.20+1.40)\times2$	19.90	
			板底 $C_2=1.21$:$(2.7-0.2)\times(2.3-0.2)\times1.21$	6.35	
			7KL5 单梁四个面:$(2.3-0.1-0.2)\times(0.35\times2+0.2\times2)$	2.20	
			WKL8 侧面和底面:$(2.3-0.1-0.2)\times[(0.35-0.10)\times2+0.2]$	1.40	
			(2) 客厅:$(2.64+1.70+1.68+1.31+1.19+12.50)\times2$	42.04	
			屋顶平台板底:$(1.2-0.1)\times(2.5-0.1)$	2.64	
			卧室间走廊板底 $C_1=1.09$:$(0.8+0.6-0.2)\times1.3\times1.09$	1.70	
			7KL2 单梁四个面:$(0.8+0.6-0.2)\times[0.2\times2+0.5\times2]$	1.68	
			WKL3(C~E/4)侧面和底面 $C_1=1.09$: $(0.8+0.6-0.2)\times[(0.5-0.1)\times2+0.2]\times1.09$	1.31	
			E 轴南侧坡度三角形板底 $C_1=1.09$: $0.5\times(2.3-0.2)\times(1.136-0.1)\times1.09$	1.19	
			扣除屋顶平台和三角形后,其余板底 $C_3=1.02$: $[(4.9-0.2)\times(3.6-0.2)-(1.2-0.1)\times(2.5-0.1)-0.5\times(2.3-0.2)\times(1.136-0.1)]\times1.02$	12.50	
			(3) 大卧室:13.47×2	26.94	
			板底 $C_1=1.09$: $(2.2-0.2)\times0.8+(3.5-0.2)\times(2.2+1.3-0.2)\times1.09$	13.47	
			(4) 小卧室:$(10.85+1.33)\times2$	24.36	
			板底 $C_1=1.09,C_2=1.21$: $(2.2-0.2)\times(0.6-0.2)\times1.09+(2.7-0.2)\times(2.2+1.3-0.2)\times1.21$	10.85	
			WKL8 侧面和底面:$(2.2-0.2-0.1)\times[(0.35-0.1)\times2+0.2]$	1.33	
			5. 楼梯间		98.95

续表

序号	项目名称	单位	计　算　式	数量	合计
			(1) ±0.000～3.200 m	16.76	
			楼层平台板底:(1.52－0.15)×(2.6－0.2)	3.29	
			2L5 梁侧:(2.6－0.2)×[(0.3－0.09)+(0.3－0.14)]	0.89	
			TB-1 板底:$(2.6^2+1.8^2)^{1/2}$×1.17	3.70	
			TB-2 板底:$(2.08^2+1.4^2)^{1/2}$×1.17	2.93	
			休息平台板底:(2.6－0.2)×(1.5+0.6+0.1)	5.28	
			2KL13 南侧面:(2.6－0.2)×(0.38－0.1)	0.67	
			(2) 3.200～18.600 m	74.93	
			楼层平台板底:(1.52－0.15)×(2.6－0.2)×5	16.44	
			3L5 梁侧:(2.6－0.2)×[(0.35－0.09)+(0.35－0.14)]×5	5.64	
			TB-2 板底:$(2.08^2+1.4^2)^{1/2}$×1.17×4	11.73	
			TB-3 板底:$(2.08^2+1.4^2)^{1/2}$×1.17×5	14.67	
			休息平台板底:(2.6－0.2)×(1.5－0.1)×4	13.44	
			屋顶板底:(5.1－0.15－0.1)×(2.6－0.2)	11.64	
			WKL9 侧面:(2.6－0.2)×[(0.68－0.3)×2－0.1－0.09]	1.37	
			(3) 18.600～20.800 m	7.26	
			坡屋面板底C_2=1.21:(2.6－0.2)×(2.7－0.2)×1.21	7.26	
			6. 阳台板底		84.06
			(1) 一层	14.01	
			板底:(3.6+3.6+0.2)×1.5	11.10	
			2L2 内侧:[(3.6－0.2)×2]×(0.33－0.1)	1.56	
			2KL3 内侧:(1.5－0.2)×(0.33－0.1)×2	0.60	
			2KL5 侧面:(1.5－0.2)×[(0.45－0.1)+(0.33－0.1)]/2×2	0.75	
			(2) 二至六层	70.05	
			每层同一层:14.01×5	70.05	
			7. 雨篷板底		17.92
			(1) 六层阳台顶棚(结施4b/3)	13.44	
			板底:(3.6+3.6+0.2)×1.5	11.10	
			7L1 内侧:[(3.6－0.2)×2]×(0.33－0.05－0.09)	1.29	
			7KL2 内侧:(1.5－0.2)×(0.33－0.05－0.09)×2	0.49	
			7KL4 侧面:(1.5－0.2)×[(0.38－0.05－0.09)+(0.33－0.05－0.09)]/2×2	0.56	
			(2) 北入口雨篷	4.48	
			雨篷板底为平面:1.6×2.8	4.48	

续表

序号	项目名称	单位	计 算 式	数量	合计
			8. 阳台中间处空调板底		5.46
			$0.7×(0.65+0.65)×6$	5.46	
			9. 悬挑板底		51.07
			(1) 凸窗悬挑板底:$(0.8-0.1)×2.04×2×6×2$	34.27	
			(2) 北侧空调板底(F轴):$(0.8-0.1)×2.0×2×6$	16.80	
			10. 坡屋面出檐口板底及板侧		42.07
			(1) 山墙封檐板底及板侧		12.81
			E轴南侧($C_1=1.09$)板底:$[(0.9+3.4+1.5)×0.5×1.09]×2$	6.32	
			E轴南侧($C_1=1.09$)板侧:$[(0.9+3.4+1.5+0)×0.1×1.09]×2$	1.26	
			E轴北侧($C_2=1.21$)板底:$[(2.7+0.9)×0.5×1.21]×2$	4.36	
			E轴北侧($C_2=1.21$)板侧:$[(2.7+0.9)×0.1×1.21]×2$	0.87	
			(2) 两坡南侧出檐板底及板侧		6.40
			出檐板底:$(0.9-0.1)×3.5×2$	5.60	
			出檐板侧:$[(3.5+0.6-0.1)×0.1]×2$	0.80	
			(3) 两坡北侧出檐板底及板侧		5.39
			出檐板底($C_2=1.21$):$[(0.9-0.1)+0.35×1.21]×2.0×2$	4.89	
			出檐板侧:$[(2.0+0.6-0.1)×0.1]×2$	0.50	
			(4) 三坡出檐板底		14.95
			出檐板底(4、10轴)($C_3=1.02$): $0.5×[(0.9+3.4)+(0.9+3.764)]×0.8×1.02×2$	7.31	
			出檐板侧(4、10轴):$(0.9+3.4)×0.1×2$	0.86	
			出檐板底(B轴)($C_3=1.02$):$[(0.9-0.1)+0.35×1.02]×(3.6×2+0.2)$	8.56	
			出檐板侧(B轴):$(3.6+3.6+0.2)×0.1$	0.74	

　　说明:① 天棚抹灰工程计算板底面积时,一般对于有梁板均已包括梁底面积,在计算梁侧面积时应注意板厚的变化、楼层降板等情况。工程案例的自行车库梁侧高计算:2L1 梁侧高度为 0.30(梁高)-0.09(板厚)$=0.21$ m,2KL9 梁北侧高度为 0.38(梁高)-0.09(板厚)-0.05(降板)$=0.24$ m,而该梁南侧高度为 0.38(梁高)-0.1(板厚)$=0.28$ m。

　　② 六层坡屋顶板底工程量计算中,坡屋顶板底面积=水平投影面积×坡度延长系数 C。工程案例中:两坡南侧 $i=0.44$、$C_1=\sqrt{1+0.44^2}=1.09$;两坡北侧 $i=0.68$、$C_2=\sqrt{1+0.68^2}=1.21$;三坡屋面 $i=0.2$、$C_3=\sqrt{1+0.20^2}=1.02$。六层客厅天棚板底抹灰考虑到屋顶的不同情况分为 4 部分进行计算(如图 7-13-3 所示):屋顶平台板底;卧室间走廊板底;E轴南侧坡度三角形板底;其余板底。

③ 楼梯间标高 18.580 m 和出屋顶上人孔，按天棚抹灰工程量计算规则均不扣除。标高 18.580 m 屋面板中，WKL9 梁侧抹灰高度为 0.68（梁高）－0.3（屋面上反高）－0.1（屋面板厚）F 轴北＝0.28 m。

④ 坡屋面出檐板底及板侧，各檐口构造详见工程案例施工图中各檐口大样图，山墙封檐板构造详见工程案例施工图中山墙封檐详图，包括檐沟的平板底和挑檐斜底面。

2. 011302001001 铝合金方板天棚吊顶（m²）

工程量计算规则：按设计图示尺寸以水平投影面积计算。天棚面中的灯槽及跌级、锯齿形、吊挂式、藻井式天棚面积不展开计算。不扣除间壁墙、检查口、附墙烟囱、柱垛和管道所占面积，扣除单个＞0.3 m² 的孔洞、独立柱及与天棚相连的窗帘盒所占的面积。

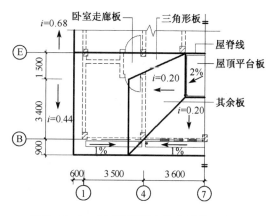

图 7-13-3 客厅屋面板底抹灰计算示意

工程案例天棚吊顶工程量计算书：

序号	项目名称	单位	计　算　式	数量	合计
2	011302001001	m²			120.96
	铝合金方板天棚吊顶				
			(2+1.8−0.2)×(1.2+1.2+0.6−0.2)×2×6	120.96	

说明：间壁墙是指墙厚≤120 mm 的墙。工程案例厨卫间的隔墙厚 100 mm，可视为间壁墙，故吊顶工程量内不扣除。

7.13.3 工程量清单

工程案例工程量清单如表 7-13-2 所示。

表 7-13-2 天棚工程量清单与计价表

工程名称：某住宅楼工程　　　　　　　　　标段：　　　　　　　　　第　页共　页

序号	项目编码	项目名称	项目特征描述	计量单位	工程量	金额（元）		
						综合单价	合价	其中暂估价
1	011301001001	天棚抹灰	钢筋混凝土板底；素水泥浆（内加10%的901胶）一道； 6 mm 厚 1:0.3:0.3 混合砂浆打底； 6 mm 厚 1:0.3:0.3 混合砂浆面层	m²	1 030.03			
2	011302001001	铝合金方板天棚吊顶	φ6天棚钢吊筋；铝合金（嵌入式）方板龙骨（不上人型）面层规格 600 mm×600 mm；铝合金（嵌入式）方板天棚面层 600 mm×600 mm 厚0.6 mm	m²	120.96			

7.13.4　知识、技能拓展

拓展案例 7-13-1:某单独装饰工程中的会议室吊顶,其吊顶平面、剖面分别如图 7-13-4、图 7-13-5 所示。

要求:计算天棚吊顶的清单工程量。

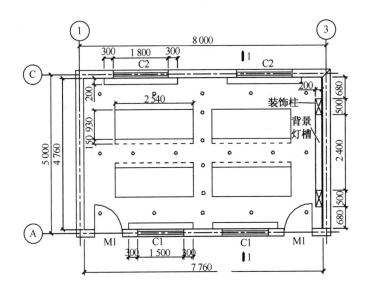

图 7-13-4　吊顶平面图

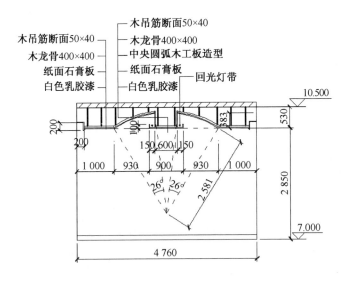

图 7-13-5　吊顶 1-1 剖面图

依据计量规范的工程量计算规则、拓展案例的设计图纸和相关信息,天棚工程清单计量为:

序号	项目名称	单位	计　算　式	数量	合计
1	011302001001	m²			34.46
	纸面石膏板吊顶				
			1. 吊顶水平投影面积:7.76×4.76		36.94
			2. 扣减窗帘盒、假柱等		−2.48
			C1 窗帘盒(2套):−(1.5+0.3×2)×0.2×2	−0.84	
			C2 窗帘盒(2套):−(1.8+0.3×2)×0.2×2	−0.96	
			假柱及其中间部分:−(2.4+0.5×2)×0.2	−0.68	

　　说明:依据吊顶天棚的工程量计算规则,拓展案例中吊顶中间圆弧形部分不展开计算,窗帘盒需扣除,同时装饰假柱及其中间灯槽部分也应扣除。

7.13.5　知识、技能评估

　　(1)某单独装饰工程天棚吊顶平面图和剖面图详见图7-13-6。天棚吊顶采用 $\phi6$ 钢吊筋、装配式 U 型(不上人型)面层规格 400 mm×400 mm 轻钢龙骨、纸面石膏板天棚面层安装在 U 型轻钢龙骨上。试计算该天棚吊顶工程量。

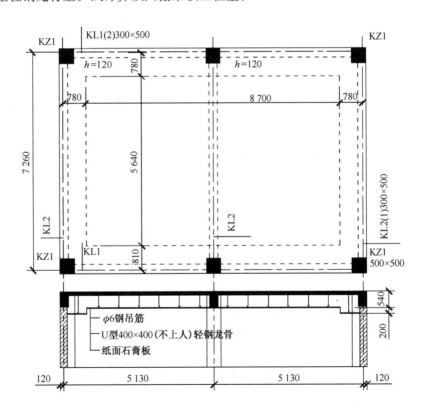

图 7-13-6　天棚吊顶

　　(2)上题中,若天棚采用混合砂浆抹灰,底层采用 8 mm 厚混合砂浆 1:0.3:3,面层采用 10 mm 厚混合砂浆 1:0.3:3,试计算该抹灰工程量。

7.14 油漆、涂料、裱糊工程

工程案例:某住宅楼工程的油漆、涂料、裱糊工程做法详见工程案例施工图。

要求:编制该油漆、涂料、裱糊工程的工程量清单。

7.14.1 清单项目

结合工程实际情况和施工设计图纸,确定的油漆、涂料、裱糊工程清单项目见表7-14-1。

表7-14-1 油漆、涂料、裱糊工程清单项目

序号	项目编码	项目名称	项 目 特 征
1	011401001001	胶合板门油漆	胶合板门,M2;洞口尺寸900 mm×2 100 mm;底油1遍,普通腻子2遍,米黄色调和漆2遍
2	011401001002	镶板门油漆	镶板门,M3;洞口尺寸800 mm×2 100 mm;底油1遍,普通腻子2遍,米黄色调和漆2遍
3	011403001001	木扶手油漆	底油1遍,普通腻子2遍,栗色调和漆2遍
4	011407001001	外墙刷淡黄色涂料	抹灰面基层;外墙抗裂腻子2遍;底漆1遍,淡黄色外墙高档弹性涂料2遍
5	011407001002	外墙刷白色涂料	抹灰面基层;外墙抗裂腻子2遍;底漆1遍,白色外墙高档弹性涂料2遍
6	011407001003	内墙刷白色乳胶漆	抹灰面基层;批白水泥腻子2遍;刷白色乳胶漆2遍
7	011407002001	天棚刷白色乳胶漆	抹灰面基层;批白水泥腻子2遍;刷白色乳胶漆2遍

说明:① 木门油漆应区分木大门、单层木门、双层(一玻一纱)木门、双层(单裁口)木门、全玻自由门、半玻自由门、装饰门及有框门或无框门等项目,分别编码列项。

② 木扶手应区分带托板与不带托板,分别编码列项,若是木栏杆带扶手,木扶手不应单独列项,应包含在木栏杆油漆中。

③ 满刮腻子项目适用于仅做满刮腻子项目,不得将抹灰面油漆和刷涂料中"刮腻子"内容单独分出执行满刮腻子项目。

7.14.2 清单计量

依据计量规范的工程量计算规则、设计图纸和相关资料,油漆、涂料、裱糊工程清单计量如下。

1. 011401001001 胶合板门油漆(樘/m²)

工程量计算规则:

(1) 以"樘"计量,按设计图示数量计量;

(2) 以"m²"计量,按设计图示洞口尺寸以面积计算。

工程案例——胶合板门油漆工程量计算书:

序号	项目名称	单位	计 算 式	数量	合计
1	011401001001	m²			45.36
	胶合板门油漆		同门窗工程(M2):0.9×2.1×24	45.36	

说明:油漆、涂料、裱糊工程中,尽可能利用已有工程量,以减少工作量。

2. 011401001002 镶板门油漆(樘/m²)

工程量计算规则:同胶合板门油漆。

工程案例 镶板门油漆工程量计算书:

序号	项目名称	单位	计 算 式	数量	合计
2	011401001002	m²			40.32
	镶板门油漆		同门窗工程(M3):0.8×2.1×24	40.32	

3. 011403001001 木扶手油漆(m)

工程量计算规则:按设计图示尺寸以长度计算。

工程案例——木扶手油漆工程量计算书:

序号	项目名称	单位	计 算 式	数量	合计
3	011403001001	m			30.07
	木扶手油漆				
			1. TB-1 扶手(1个):$(1.8^2+2.6^2)^{1/2}$	3.16	
			2. TB-2 扶手(5个):$(1.4^2+2.08^2)^{1/2}×5$	12.54	
			3. TB-3 扶手(5个):$(1.4^2+2.08^2)^{1/2}×5$	12.54	
			4. 梯井水平段(10个):0.06×10	0.60	
			5. 顶层水平段(1个):1.17+0.06	1.23	

4. 011407001001 外墙刷淡黄色涂料(m²)

工程量计算规则:按设计图示尺寸以面积计算。

工程案例——外墙刷淡黄色涂料工程量计算书:

序号	项目名称	单位	计 算 式	数量	合计
4	011407001001	m²			838.85
	外墙刷淡黄色涂料		同 011201001001 外墙面一般抹灰	838.85	

5. 011407001002 外墙刷白色涂料(m²)

工程量计算规则:按设计图示尺寸以面积计算。

工程案例——外墙刷白色涂料工程量计算书:

序号	项目名称	单位	计 算 式	数量	合计
5	011407001002	m²			296.06
	外墙刷白色涂料		同 011201001002 其他混凝土面一般抹灰	296.06	

6. 011407001003 内墙刷白色乳胶漆(m²)

工程量计算规则:按设计图示尺寸以面积计算。

工程案例——内墙刷白色乳胶漆工程量计算书:

序号	项目名称	单位	计　算　式	数量	合计
6	011407001003	m²			2 000.63
	内墙刷白色乳胶漆		同 011201001003 内墙面抹灰	2 000.63	

7. 011407002001 天棚刷白色乳胶漆(m²)

工程量计算规则:按设计图示尺寸以面积计算。

工程案例——天棚刷白色乳胶漆工程量计算书:

序号	项目名称	单位	计　算　式	数量	合计
7	011407002001	m²			1 030.03
	天棚刷白色乳胶漆		同 011301001001 天棚抹灰	1 030.03	

7.14.3　工程量清单

工程案例——工程量清单如表 7-14-2 所示。

表 7-14-2　油漆、涂料、裱糊工程量清单与计价表

工程名称:某住宅楼工程　　　　　　　　　　标段:　　　　　　　　　　　第　页　共　页

序号	项目编码	项目名称	项目特征描述	计量单位	工程量	综合单价	合价	其中暂估价
1	011401001001	胶合板门油漆	胶合板门,M2;洞口尺寸 900 mm×2 100 mm;底油 1 遍,普通腻子 2 遍,米黄色调和漆 2 遍	m²	45.36			
2	011401001002	镶板门油漆	镶板门,M3;洞口尺寸 800 mm×2 100 mm;底油 1 遍,普通腻子 2 遍,米黄色调和漆 2 遍	m²	40.32			
3	011403001001	木扶手油漆	底油 1 遍,普通腻子 2 遍,栗色调和漆 2 遍	m	30.07			
4	011407001001	外墙刷淡黄色涂料	抹灰面基层;外墙抗裂腻子 2 遍;底漆 1 遍,淡黄色外墙高档弹性涂料 2 遍	m²	838.85			
5	011407001002	外墙刷白色涂料	抹灰面基层;外墙抗裂腻子 2 遍;底漆 1 遍,白色外墙高档弹性涂料 2 遍	m²	296.06			
6	011407001003	内墙刷白色乳胶漆	抹灰面基层;批白水泥腻子 2 遍;刷白色乳胶漆 2 遍	m²	2 000.63			
7	011407002001	天棚刷白色乳胶漆	抹灰面基层;批白水泥腻子 2 遍;刷白色乳胶漆 2 遍	m²	1 030.03			

7.14.4 知识、技能拓展

拓展案例 7-14-1：某工程中的墙面不对花粘贴墙纸,立面图见图 7-8-1。

要求：计算墙纸裱糊的清单工程量。

依据计量规范的工程量计算规则、拓展案例的设计图纸和相关信息,裱糊工程清单计量为：

序号	项目名称	单位	计　　算　　式	数量	合计
1	011408001001	m²			10.96
	米色墙纸				
			1. 墙面面积:7.76×(2.8−0.12−0.05)	20.41	
			2. 扣减门窗面积	−9.45	
			C1 及窗套(2 套):−(1.424+0.06×2)×(1.762+0.06)×2	−5.63	
			M1 及门套(2 套):−(0.792+0.08×2)×(2.046+0.08−0.12)×2	−3.82	

说明：墙纸裱糊工程量计算规则:按设计图示尺寸以面积计算。

7.14.5 知识、技能评估

某单独装饰工程中墙面对花粘贴蓝色花纹墙纸如图 7-14-1 所示,计算该墙面墙纸裱糊的工程量。

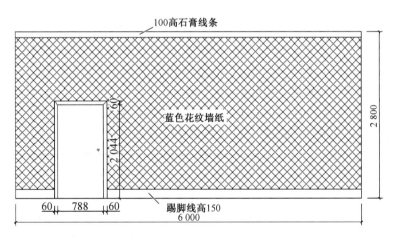

图 7-14-1 墙装饰图

7.15 其他装饰工程

工程案例：某住宅楼工程的其他装饰工程做法详见工程案例施工图。

要求：编制该其他装饰工程的工程量清单。

7.15.1 清单项目

结合工程实际情况和施工设计图纸,确定的其他装饰工程清单项目见表 7-15-1。

表 7-15-1 其他装饰工程清单项目

序号	项目编码	项目名称	项 目 特 征
1	011503001001	阳台不锈钢扶手栏杆	50 mm×50 mm 矩形不锈钢管壁厚 2 mm 扶手;20 mm×20 mm 矩形不锈钢管壁厚 2 mm 栏杆
2	011503001002	凸窗不锈钢防护栏杆	ϕ63.5 圆形不锈钢管壁厚 1.5 mm 扶手;ϕ31.8 圆形不锈钢管壁厚 1.2 mm 栏杆
3	011503002001	楼梯硬木扶手钢栏杆	成品硬木扶手;ϕ18 圆钢栏杆
4	011504003001	铝合金通风百叶	成品铝合金通风百叶

说明:工程案例中,铝合金通风百叶使用金属暖气罩项目进行编码列项。

7.15.2 清单计量

依据计量规范的工程量计算规则、设计图纸和相关资料,其他装饰工程清单计量如下。

1. 011503001001 阳台不锈钢扶手栏杆(m)

工程量计算规则:按设计图示以扶手中心线长度(包括弯头长度)计算。

工程案例——阳台不锈钢扶手栏杆工程量计算书:

序号	项目名称	单位	计 算 式	数量	合计
1	011503001001	m			34.20
	阳台不锈钢扶手栏杆		(1.1+1.75)×2×6	34.20	

说明:阳台不锈钢扶手栏杆计量,详见工程案例施工图中阳台平面详图。

2. 011503001002 凸窗不锈钢防护栏杆(m)

工程量计算规则:按设计图示以扶手中心线长度(包括弯头长度)计算。

工程案例——凸窗不锈钢防护栏杆工程量计算书:

序号	项目名称	单位	计 算 式	数量	合计
2	011503001002	m			36.48
	凸窗不锈钢防护栏杆		(1.8+0.62×2)×2×6	36.48	

说明:凸窗不锈钢防护栏杆计量,详见工程案例施工图中凸窗平面详图。

3. 011503002001 楼梯硬木扶手钢栏杆(m)

工程量计算规则:按设计图示以扶手中心线长度(包括弯头长度)计算。

工程案例——楼梯硬木扶手栏杆工程量计算书:

序号	项目名称	单位	计 算 式	数量	合计
3	011503002001	m			30.07
	楼梯硬木扶手钢栏杆		同 011403001001 木扶手油漆	30.07	

4. 011504003001 铝合金通风百叶（m²）

工程量计算规则:按设计图示尺寸以垂直投影面积(不展开)计算。

工程案例——楼梯硬木扶手栏杆工程量计算书:

序号	项目名称	单位	计 算 式	数量	合计
4	011504003001	m²			68.00
	铝合金通风百叶				
			1. 空调板:(0.7+2.0)×0.55×2×6	17.82	
			2. 凸窗下:(0.7×2+2.04)×0.8×2×6	33.02	
			3. 阳台中间:1.3×(1.25+0.95)×6	17.16	

7.15.3 工程量清单

工程案例——工程量清单如表 7-15-2 所示。

表 7-15-2 其他装饰工程量清单与计价表

工程名称:某住宅楼工程　　　　　　　　标段:　　　　　　　　　　第　页共　页

序号	项目编码	项目名称	项目特征描述	计量单位	工程量	金额(元)		
						综合单价	合价	其中暂估价
1	011503001001	阳台不锈钢扶手栏杆	50 mm×50 mm 矩形不锈钢管壁厚 2 mm 扶手;20 mm×20 mm 矩形不锈钢管壁厚 2 mm 栏杆	m	34.20			
2	011503001002	凸窗不锈钢防护栏杆	ϕ63.5 mm 圆形不锈钢管壁厚 1.5 mm 扶手;ϕ31.8 mm 圆形不锈钢管壁厚 1.2 mm 栏杆	m	36.48			
3	011503002001	楼梯硬木扶手钢栏杆	成品硬木扶手;ϕ18 圆钢栏杆	m	30.07			
4	011504003001	铝合金通风百叶	成品铝合金通风百叶	m²	68.00			

7.15.4 知识、技能拓展

拓展案例 7-15-1:墙、柱面装饰的立、剖面图分别见图 7-12-10、图 7-12-11 和图 7-12-12。

要求:计算该墙、柱面装饰中其他装饰工程的清单工程量。

依据计量规范的工程量计算规则、拓展案例的设计图纸和相关信息,其他装饰工程清单计量为:

序号	项目名称	单位	计 算 式	数量	合计
1	011502001001	m			9.52
	铜装饰线条		0.68×7×2	9.52	
2	011502004001	m			5.16
	石膏装饰线条		4.76+0.2×2	5.16	

7.16 措施项目——脚手架工程

工程案例:某住宅楼工程的施工图详见工程案例施工图,按常规施工方案组织施工。

要求:编制该脚手架工程的工程量清单。

7.16.1 清单项目

结合工程实际情况和施工设计图纸,若采用综合脚手架方式编制,则脚手架工程清单项目见表7-16-1。

表 7-16-1 综合脚手架工程清单项目

序号	项目编码	项目名称	项 目 特 征
1	011701001001	综合脚手架	混凝土框架结构;檐口高度 18.93 m

说明:① 使用综合脚手架时,不再使用外脚手架、里脚手架等单项脚手架;综合脚手架适用于能够按"建筑面积计算规则"计算建筑面积的建筑工程脚手架,不适用于房屋加层、构筑物及附属工程脚手架。

② 檐口高度一般是指设计室外地面至檐口滴水的高度(平屋顶系指屋面板底高度),突出主体建筑物屋顶的电梯机房、楼梯出口间、水箱间、瞭望塔、排烟机房等不计入檐口高度。工程案例中,由于坡度的不同,共有四个檐口高度见结施4/18,分别为:两坡南侧檐高 = 18.228 − (−0.450) = 18.678 m;两坡北侧檐高 = 18.336 − (−0.450) = 18.786 m;三坡檐高 = 20.120 − (−0.450) = 20.570 m;北侧平屋面檐高 = 18.580 − 0.10 − (−0.450) = 18.930 m,其中 −0.450 m 为室外标高。考虑到三坡屋面为局部挑高,屋面整体为两坡屋面结合平屋面,可综合取檐高 18.93 m。

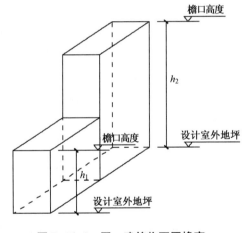

图 7-16-1 同一建筑物不同檐高

③ 同一建筑物有不同檐高时如图7-16-1所示,按建筑物竖向切面分别按不同檐高编列清单项目。

7.16.2 清单计量

依据计量规范的工程量计算规则、设计图纸和相关资料,综合脚手架工程清单计量如下。

011701001001 综合脚手架(m²)

工程量计算规则:按建筑面积计算。

工程案例——综合脚手架工程量计算书:

序号	项目名称	单位	计　算　式	数量	合计
1	011701001001	m²			957.54
	综合脚手架				
			1. 车库层(层高<2.2 m)		71.76
			平面面积:0.5×[14.4×10.8−2.0×(1.2+1.2+0.6)×2]	71.76	
			2. 一至六层(层高>2.2 m)		885.78
			平面面积: [14.4×10.8−2.0×(1.2+1.2+0.6)×2−(2.6−0.2)×0.6]×6	852.48	
			阳台面积(主体结构外):1.5×(3.6+3.6+0.2)×0.5×6	33.30	

说明:建筑面积计算方法详见第五章建筑面积计算。

7.16.3　工程量清单

工程案例——工程量清单如表 7-16-2 所示。

表 7-16-2　脚手架工程量清单与计价表

工程名称:某住宅楼工程　　　　　　　　　　标段:　　　　　　　　　　　第　页共　页

序号	项目编码	项目名称	项目特征描述	计量单位	工程量	金额(元)		
						综合单价	合价	其中暂估价
1	011701001001	综合脚手架	混凝土框架结构;檐口高度18.93 m	m²	957.54			

7.16.4　知识、技能拓展

拓展案例 7-16-1:详见"第 6 章　工程案例施工图",施工中采用双排钢管扣件外脚手架,其余按常见施工方案搭设脚手架。

要求:采用单项脚手架编制清单时,计算各脚手架工程的清单工程量。

依据计量规范的工程量计算规则、拓展案例的设计图纸和相关信息,脚手架工程清单计量为:

序号	项目名称	单位	计　算　式	数量	合计
1	011701002001	m²	结施 16/18		1 028.23
	外脚手架				
			1. 南立面		317.71
			4~10 轴:[(3.6+3.6+0.2)+1.5(阳台侧宽)]×(20.28+0.45)	184.50	
			1~4 轴、10~13 轴:(2.2+1.3)×(18.58+0.45)×2	133.21	
			2. 东、西立面		432.77
			B~E轴:(0.1+3.5+0.8+0.6)×[(20.78+18.58)×0.5+0.45]×2	201.30	

续表

序号	项目名称	单位	计　算　式	数量	合计
			B～F轴:(2.7+0.1)×[(20.78+18.88)×0.5+0.45]×2	113.57	
			F～J轴:(1.2+1.2+0.6)×(19.2(女儿墙上表面)+0.45)×2	117.9	
			3. 北立面		277.75
			1～2轴、12～13轴:2.0×(18.88+0.45)×2	77.32	
			2～12轴:(2.0+1.8+2.6+1.8+2.0)×(19.2(女儿墙上表面)+0.45)	200.43	
2	011701003001	m²	参见010401001001砖基础,010402001002、010402001003加气混凝土砌块内墙		913.12
	墙体砌筑里脚手架				
			1. 基础墙:24.40+2.88	27.28	
			2. 车库层内墙:49.58	49.58	
			3. 一层内墙:22.26+107.72+1.69	131.67	
			4. 二层内墙:同一层内墙	131.67	
			5. 三层内墙:22.26+107.83+1.69	131.78	
			6. 四层内墙:同三层内墙	131.78	
			7. 五层内墙:同三层内墙	131.78	
			8. 六层内墙(15.780～18.580 m):22.86+109.63+1.71	134.20	
			9. 六层内墙(18.580～20.780 m):43.38	43.38	
3	011701003002	m²	参见011201001003内墙一般抹灰		1 896.03
	墙面抹灰里脚手架				
			1. 车库层(楼梯间除外):76.82+60.12+60.90		197.84
			(1) 自行车库:(32.17+6.24)×2	76.82	
			(2) 汽车库(开间3.5 m):(27.63+2.43)×2	60.12	
			(3) 汽车库(开间3.6 m):(29.7+0.75)×2	60.90	
			2. 一至五层(楼梯间除外):(79.92+70.20+134.08)×5		1 421.00
			(1) 大卧室:(38.34+1.62)×2	79.92	
			(2) 小卧室:(31.86+3.24)×2	70.20	
			(3) 客厅、餐厅:(63.46+3.58)×2	134.08	
			3. 六层墙面抹灰脚手架可利用天棚抹灰满堂脚手架		

续表

序号	项目名称	单位	计　算　式	数量	合计
			4. 楼梯间:47.17+151.89+58.90+11.51+7.72		277.19
4	011701003003	m²	同墙面抹灰脚手架		1 896.03
	墙面油漆里脚手架				
5	011701003004	m²	参见 011204003001 面砖块料墙面		623.40
	块料镶贴里脚手架				
			1. 厨房(共12套):22.84×12	274.08	
			2. 卫生间(共12套):15.81×12	189.72	
			3. 盥洗间(共12套):13.30×12	159.60	
6	011701003005	m²	抹灰高度≤3.60 m		818.19
	天棚抹灰里脚手架				
			1. 车库层(楼梯间除外)	128.16	
			2. 一层	97.82	
			3. 二至五层	391.28	
			每层同一层,共4层:97.82×4	391.28	
			4. 楼梯间	98.95	
			5. 阳台板底	84.06	
			6. 雨篷板底	17.92	
7	011701003006	m²	同 011701003005 天棚抹灰里脚手架		818.19
	天棚油漆里脚手架				
8	011701003007	m²	同 011302001001 铝合金方板天棚吊顶		120.96
	天棚吊顶里脚手架				
9	011701006001	m²	抹灰高度>3.60 m		90.30
	天棚抹灰满堂脚手架				
			1. 六层餐厅(共2套):2.7×(2.3-0.2)×2	11.34	
			2. 六层客厅(共2套): [(4.9-0.2)×(3.6-0.2)+1.3×(1.4-0.2)]×2	35.08	
			3. 六层大卧室(共2套): [(3.5-0.2)×(3.5-0.2)+(2.2-0.2)×0.8]×2	24.98	
			4. 六层小卧室(共2套): [(3.5-0.2)×(2.7-0.2)+(2.2-0.2)×0.6]×2	18.90	
10	011701006002	m²	同 011701006001 天棚抹灰满堂脚手架		90.30
	天棚油漆满堂脚手架				

说明:① 外脚手架和内脚手架工程量计算规则:按所服务对象的垂直投影面积计算。

② 对于单项脚手架的计算,计量规范中表述的比较简单,在使用时可结合各地颁布的计价定额进行编制。本书中在编制单项脚手架清单时,结合考虑了《江苏省建筑与装饰工程计价定额》中有关脚手架工程的内容。

③ 在编制单项脚手架工程清单时,要综合考虑相关的施工方案和脚手架的实际情况。在工程施工中,外脚手架可以兼为外墙砌筑、外墙外侧抹灰、外墙饰面等使用。内墙抹灰和内墙饰面施工由于工艺和进度的原因,一般需独立计算其施工脚手架,同理天棚抹灰和天棚饰面也要独立计算施工脚手架。

④ 外墙脚手架工程量(m²)=外墙外边线长度×外墙高度。

ⅰ 外墙外边线长度计算中,对于外墙有挑阳台,每只阳台计算一个侧面宽度,计入外墙面长度内,两户阳台连在一起的也只计算一个侧面,如图 7-16-2 所示;

ⅱ 外墙高度指室外设计地坪至檐口(或女儿墙上表面)高度,坡屋面至屋面板下(或橼子顶面)墙中心高度,墙算至山尖 1/2 处的高度,如图 7-16-3 所示。拓展案例中,因为外墙檐口高度的不同,可分段计算。

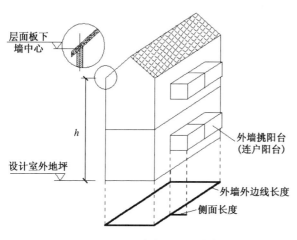

图 7-16-2 砌墙脚手架外墙高度

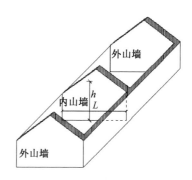

图 7-16-3 内山墙脚手架

⑤ 因为外墙砌筑可使用外脚手架,所以只需计算内墙砌筑脚手架。一般砌筑高度超过 1.5 m 的砌体均需计算砌墙脚手架,砌墙脚手架按墙面(单面)垂直投影面积(m²)计算,如图 7-16-4 所示,同时不扣除门、窗洞口、空圈、车辆通道、变形缝等所占面积。

⑥ 计算拓展案例的内墙砌筑脚手架工程量时,可利用"砌筑工程"的计算结果以减少工作量。基础墙高度未超过 1.5 m,但是基础墙顶面(−0.200 m/±0.000 m)至垫层底面(−2.050 m)距离 1.85 m/2.05 m 均超过 1.5 m,故应计算砌筑脚手架。

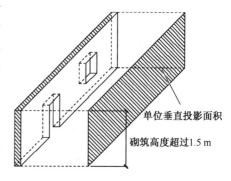

图 7-16-4 砌墙脚手架垂直投影

⑦ 因为外墙抹灰可使用外脚手架,所以只需计算内墙抹灰脚手架。墙面抹灰(双面)以墙净长乘以净高计算。计算拓展案例的内墙抹灰脚

手架工程量时,可利用"墙、柱面装饰工程"的计算结果以减少工作量。注意,不计算六层内墙抹灰脚手架,原因是可利用六层天棚抹灰的满堂脚手架。

⑧ 拓展案例中,需计算天棚抹灰工程量,天棚抹灰工程量计算规则:

① 天棚抹灰高度在3.6m以内,按大棚抹灰面(不扣除柱、梁所占的面积)以"m²"计算。

ⅱ 天棚抹灰高度超过3.6m,按室内净面积计算满堂脚手架,不扣除柱、垛、附墙烟囱所占面积。

计算拓展案例的天棚抹灰脚手架工程量时,可利用"天棚工程"的计算结果以减少工作量。注意六层中的餐厅、客厅、大小卧室的天棚抹灰高度超过3.6m,应计算满堂脚手架。

⑨ 刷浆、油漆和吊顶脚手架工程量计算同相对应的抹灰脚手架,可直接采用。

7.17 措施项目——混凝土模板及支架(撑)工程

工程案例:某住宅楼工程的混凝土施工采用复合木模板及支架。

要求:以J-1、KZ1(1/B轴)、GZ(7/E轴)、JKL1、7KL5和一层有梁板为例,编制混凝土模板工程量清单。

7.17.1 清单项目

结合工程实际情况、施工设计图纸和施工方案,确定的混凝土模板及支架工程清单项目见表7-17-1。

表7-17-1 混凝土模板及支架工程清单项目

序号	项目编码	项目名称	项 目 特 征
1	011702001001	基础	独立基础1
2	011702002001	矩形柱	框架柱KZ1(1/B轴)
3	011702003001	构造柱	GZ(7/E轴)
4	011702005001	基础梁	矩形截面基础梁JKL1
5	011702006001	矩形梁	框架梁7KL5,支撑高度2.8m
6	011702014001	有梁板	一层有梁板,支撑高度1.88m

说明:① 采用清水模板时,应在项目特征中注明。

② 若现浇混凝土梁、板支撑高度超过3.6m时,项目特征应描述支撑高度。

7.17.2 清单计量

依据计量规范的工程量计算规则、设计图纸和相关资料,混凝土模板及支架工程清单计量如下。

1. 011702001001 基础(m²)

工程量计算规则:按模板与现浇混凝土构件的接触面积计算。

(1) 现浇钢筋混凝土墙、板单孔面积≤0.3m²的孔洞不予扣除,洞侧壁模板亦不增加;

单孔面积＞0.3 m² 时应予扣除,洞侧壁模板面积并入墙、板工程量内计算,见图 7-17-1。

（2）现浇框架分别按梁、板、柱有关规定计算,附墙柱、暗梁、暗柱并入墙内工程量内计算。

（3）柱、梁、墙、板相互连接的重叠部分,均不计算模板面积。

（4）构造柱按图示外露部分计算模板面积,见图 7-17-2,一般马牙槎应按锯齿状最宽面计算模板宽度。

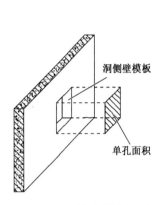

图 7-17-1 墙、板模板开孔

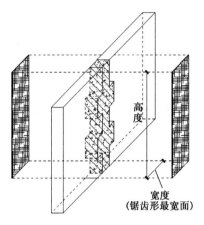

图 7-17-2 构造柱模板

工程案例——基础模板工程量计算书:

序号	项目名称	单位	计 算 式	数量	合计
1	011702001001	m²			9.92
	基础				
			1. J-1(4):(1.4+1.6)×2×0.3×4	7.20	
			2. D-1(4)垫层:(1.4+1.6+0.2×2)×2×0.1×4	2.72	

说明:基础模板包括基础下垫层模板和基础模板,如图 7-17-3 所示,基础模板工程量(m²)＝模板周长×模板高度。

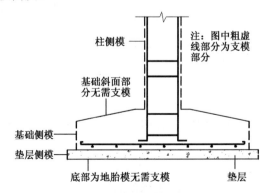

图 7-17-3 基础模板计算示意

2. 011702002001 矩形柱（m²）

工程量计算规则：见基础模板计算规则。

工程案例——矩形柱模板工程量计算书：

序号	项目名称	单位	计　算　式	数量	合计
2	011702002001	m²			25.95
	矩形柱		KZ1(1/B轴)		
			1. 基础顶～1.780 m：[(0.3+0.4)×2]×[1.78+1.95−(0.3+0.15)−0.1]−[0.2×(0.38−0.10)+0.2×(0.5−0.1)]−(0.2×0.38+0.2×0.5)	4.14	
			2. 1.780～15.780 m：{[(0.3+0.4)×2]×(2.8−0.1)−[0.2×(0.38−0.10)+0.2×(0.5−0.1)]}×5	18.22	
			3. 15.780～18.580 m：[(0.3+0.4)×2]×(18.58−15.78−0.1)−0.2×(0.38−0.10)×2−0.2×(0.5−0.1)	3.59	

说明：① 依据模板工程量计算规则，柱、梁、墙、板相互连接的重叠部分，均不计算模板面积。柱模板工程量计算如图 7-17-4 所示，应扣除板柱重叠部分和梁柱重叠部分。

计算公式为：柱模板工程量＝柱周长×柱高−板柱重叠部分面积−梁柱重叠部分面积。

② 工程案例中 KZ1(1/B轴) 为角柱：

ⅰ 基础顶～1.780 m：柱高为基础扩大顶面算至板面标高，扣除相连的板柱重叠面积（板厚 $h=0.10$ m），扣除一层梁柱重叠面积（2KL1、2KL7），扣除−0.600 m 处基础梁柱重叠面积（JKL1、JKL6）；

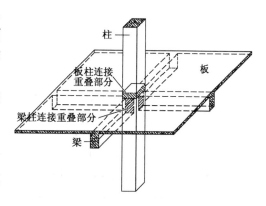

柱
板
板柱连接
重叠部分
梁柱连接重叠部分
梁

图 7-17-4　柱模板计算示意

ⅱ 1.780～15.780 m：柱高均为层高 2.8 m，扣除相连的板柱重叠面积（板厚 $h=0.10$ m），扣除各层梁柱重叠面积（3KL1、3KL7），共 5 层；

ⅲ 15.780～18.580 m：由于坡屋顶柱高近似为 18.58−15.78＝2.8 m，扣除相连的屋面板与柱重叠面（板厚 $h=0.10$ m），扣除 WKL7（一侧）、WKL1（内侧及悬挑侧），忽略斜梁斜率和沿沟板重叠导致的误差。

3. 011702003001 构造柱（m²）

工程量计算规则：见基础模板计算规则。

工程案例——构造柱模板工程量计算书：

序号	项目名称	单位	计　算　式	数量	合计
3	011702003001	m²	GZ(7/E轴)		9.73
	构造柱				
			1. −0.600(JKL7 顶标高)～1.780 m：[(0.2+0.06×2)+0.06×2+0.06×2]×(1.780+0.600−0.5)	1.05	

续表

序号	项目名称	单位	计　算　式	数量	合计
			2. 1.780~18.580 m: [(0.2+0.06×2)+0.06×2+0.06×2]×(2.8−0.5)×6	7.73	
			3. 18.580~20.780 m: [(0.2+0.06×2)+0.06×2+0.06×2]×(20.78−18.58−0.5)	0.95	

说明:工程案例中,基础布置图未对构造柱设置基础,故该 GZ(7/E 轴)底部和顶部均插筋于梁中,模板宽度见图 7-17-5 均为(0.2+0.06×2)+0.06×2+0.06×2,高度则分别为:

① −0.600~1.780 m,GZ(7/E 轴)底部连接于 JKL7,顶部连接于 2KL8,故高度为 1.78+0.60−0.5=1.88 m;

② 1.780~18.580 m,GZ(7/E 轴)底部连接于本楼层 2KL8,顶部连接于上一楼层 2KL8,故高度为 2.8−0.5=2.3 m;

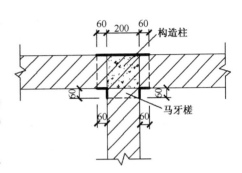

图 7-17-5　构造柱模板计算宽度

③ 18.580~20.780 m:GZ(7/E 轴)底部连接于本层 2KL8,顶部连接于 WKL8,故高度为 20.78−18.58−0.5=1.7 m。

4. 011702005001 基础梁(m²)

工程量计算规则:见基础模板计算规则。

工程案例——基础梁模板工程量计算书:

序号	项目名称	单位	计　算　式	数量	合计
4	011702005001	m²			15.84
	基础梁				
			JKL1(2):(0.5×2+0.2)×(3.5+1.4+2.7−0.3−0.4−0.3)×2	15.84	

说明:梁模板工程量=模板展开宽度×模板长度。工程案例中,基础梁 JKL 未与板相连,故梁模板展开宽度为 0.5×2+0.2=1.2 m。

5. 011702006001 矩形梁(m²)

工程量计算规则:见基础模板计算规则。

工程案例——矩形梁模板工程量计算书:

序号	项目名称	单位	计　算　式	数量	合计
5	011702006001	m²			9.18
	矩形梁				
			7KL5 (1~6/E 轴,8~13/E 轴): (0.35×2+0.2)×(3.5+2.3−0.2−0.3−0.2)×2	9.18	

说明:7KL5 位于标高 18.580 m 处,详见"18.580 m 标高处梁配筋平面图",其 1~6/E 轴和 8~13/E 轴中不与板相连为矩形梁,6~8/E 轴则与局部夹层相连构成了有梁板。

6. 011702014001 有梁板(m²)

工程量计算规则:见基础模板计算规则。

工程案例——有梁板模板工程量计算书:

序号	项目名称	单位	计　算　式	数量	合计
6	011702014001	m²	一层见结施 11/28		202.23
	有梁板				
			1. 板底		130.17
			(1) 板底面积:14.40×(12.30-1.5)-2.0×3.0×2	143.52	
			(2) 扣除楼梯间:-(2.6-0.2)×(0.1+3.0+2.7-1.52+0.2)	-10.75	
			(3) 扣除柱面积: -0.3×0.4×14-0.35×0.45×2-0.25×0.8×2-0.4×0.5×1	-2.60	
			2. 板侧:(0.72+0.78+0.20+0.27+0.36+0.40)×2		5.46
			1~7/B 轴:(3.5+3.6+0.1)×0.1	0.72	
			B~F/1 轴:(3.5+1.4+2.7+0.2)×0.1	0.78	
			1~2/F 轴:2.0×0.1	0.20	
			F~J/2 轴:3.0×0.09	0.27	
			2~6/J 轴:(2.0+1.8+0.2)×0.09	0.36	
			F~J/6 轴:(0.1+3.0+2.7-1.52+0.2)×0.09	0.40	
			3. 梁侧		66.60
			(1) 7 轴对称面积合计:24.71×2	49.42	
			合计	24.71	
			2KL1:(0.5-0.1)×2×(3.5+1.4+2.7-0.3-0.4-0.3)-0.2×(0.35-0.1)	5.23	
			2KL2:(0.38-0.09)×2×(1.2+1.2+0.6-0.1-0.3)	1.51	
			2KL3(B~E/4 轴): (0.5-0.1)×2×(3.5+1.4-0.35-0.3)-0.2×(0.35-0.1)	3.35	
			2KL3(E~F/4 轴):[(0.5-0.1)+(0.5-0.09)]×(2.7-0.1-0.3)	1.86	
			2L1:(0.3-0.09)×2×(1.2+1.2+0.6-0.2)-0.2×(0.3-0.09)	1.13	
			2KL4(E~H/6 轴):(0.6-0.09)×2×(2.7+1.2+1.2-0.30-0.1)- 0.2×(0.3-0.09)-0.2×(0.38-0.09)-0.2×(0.3-0.09)	4.65	
			2L3:(0.35-0.1)×2×(3.5-0.2)	1.65	
			2KL9:		
			1~2/F 轴:(0.38-0.1)×2-(2.0-0.2+0.1)×2.0-0.2×(0.38-0.1)	0.82	
			2~4/F 轴:(0.38-0.1+0.38-0.09)×(1.5-0.1-0.2)	0.68	

续表

序号	项目名称	单位	计　算　式	数量	合计
			4～6/F轴：(0.38－0.09)×2×(2.3－0.2)－0.2×(0.3－0.09)	1.18	
			2L6：(0.3－0.09)×2×(1.8－0.06－0.1)	0.69	
			2KL14：(0.38－0.09)×2×(2+1.8－0.2－0.15)－0.2×(0.3－0.09)	1.96	
			(2) 非对称合计	17.18	
			2KL5：(0.5－0.1)×2×(3.5+1.4－0.4－0.1)	3.52	
			2KL7		
			1～4/B轴、10～13/B轴： [(0.38－0.1)×2×(3.5－0.2－0.25)－0.1×2.04]×2	3.01	
			4～10/B轴：[(0.38－0.1)×2×(3.6－0.1－0.2)－0.1× (3.6－0.1－0.2)]×2	3.04	
			2KL8		
			1～4/E轴、10～13/E轴：(0.38－0.1)×2×(3.5－0.2－0.2)×2	3.47	
			4～6/E轴、8～10/E轴： (0.38－0.1+0.38－0.09)×(2.3－0.1－0.2)×2	2.28	
			6～8/E轴：(0.5－0.1+0.5－0.09)×(2.6－0.2)－0.2×(0.5－0.1)	1.86	

说明：① 有梁板模板为板模板和梁模板的合计。

② 工程案例计算中，板模板中含梁底模，且应扣除柱面积，梁模板则为梁侧模板。计算中应注意梁侧板厚的不同、降板及其他因素对模板计算的影响，而梁模计算长度均为柱间净长。

ⅰ 普通梁：如 2KL1 梁高 500 mm，连接板厚 100 mm，则侧模高为 500－100＝400 mm，同时扣除次梁 2L3 的接头面积为 $0.2×(0.35－0.1)＝0.05 m^2$。

ⅱ 梁两侧板厚不同：如 2KL3(E～F/4轴)一侧板厚 100 mm，另一侧板厚 90 mm，所以梁侧模板高分别为 400 mm 和 410 mm。

ⅲ 楼板降板：如 2KL4 的梁侧模计算如图 7-17-6 所示，由于降板四周需支模，故不影响梁侧模计算。

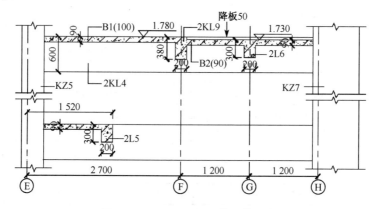

图 7-17-6　2KL4 梁侧模计算示意

ⅳ 其他因素等,如 2KL7(1～4/B 轴、10～13/B 轴)在计算时应扣除与凸窗悬挑板的重叠面积为 $0.1×2.04=0.204\ m^2$。

7.17.3 工程量清单

工程案例——工程量清单如表 7-17-2 所示。

表 7-17-2 混凝土模板及支架工程量清单与计价表

工程名称:某住宅楼工程　　　　　　标段:　　　　　　　　第　页共　页

序号	项目编码	项目名称	项目特征描述	计量单位	工程量	金额(元)		
						综合单价	合价	其中暂估价
1	011702001001	基础	独立基础 J-1	m²	9.92			
2	011702002001	矩形柱	框架柱 KZ1(1/B 轴)	m²	25.95			
3	011702003001	构造柱	GZ(7/E 轴)	m²	9.73			
4	011702005001	基础梁	矩形截面基础梁 JKL1	m²	15.84			
5	011702006001	矩形梁	框架梁 7KL5,支撑高度 2.8 m	m²	9.18			
6	011702014001	有梁板	一层有梁板,支撑高度 1.88 m	m²	202.23			

7.17.4 知识、技能拓展

拓展案例 7-17-1:某混凝土直形墙的平面和剖面如图 7-17-7 所示,采用复合木模施工。

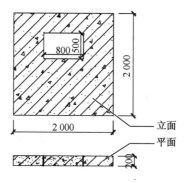

图 7-17-7 直形墙立面和平面

要求:计算该直形墙模板的清单工程量。

依据计量规范的工程量计算规则、拓展案例的设计图纸和相关信息,模板工程清单计量为:

序号	项目名称	单位	计 算 式	数量	合计
1	011702011001	m²			8.52
	直形墙				
			$(2.0+0.2)×2×2.0-0.8×0.5×2+(0.8+0.5)×2×0.2$	8.52	

说明:拓展案例的混凝土直形墙(板)上开孔,且单孔面积＝0.8×0.5＝0.4 m² ＞ 0.3 m²,按计算规则单孔应扣除,同时洞侧壁模板面积并入墙(板)。

7.17.5 知识、技能评估

(1)计算如图 7-17-8 所示的双柱独立基础的模板工程量,使用复合木模施工。

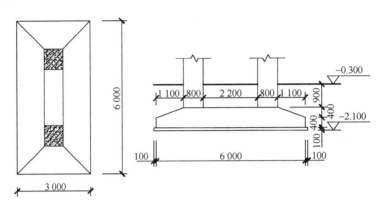

图 7-17-8 双柱独立基础

(2)计算如图 7-17-9 所示独立框架柱和梁的模板工程量,使用复合木模施工。

(3)计算如图 7-17-10 所示标准层直形楼梯的模板工程量,使用复合木模施工。

(4)如图 7-17-11 所示中构造柱高 2.6 m,计算该构造柱的模板工程量,使用复合木模施工。

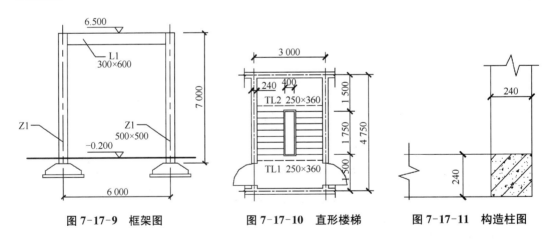

图 7-17-9 框架图　　　图 7-17-10 直形楼梯　　　图 7-17-11 构造柱图

7.18 措施项目——垂直运输、超高施工增加等

本部分措施项目包括:垂直运输,超高施工增加和施工排水、降水。

7.18.1 垂直运输

结合工程案例背景,其垂直运输工程量清单为:

表 7-18-1 垂直运输工程量清单与计价表

工程名称:某住宅楼工程　　　　　　标段:　　　　　　　　第　页共　页

序号	项目编码	项目名称	项目特征描述	计量单位	工程量	金额(元)		
						综合单价	合价	其中暂估价
1	011703001001	垂直运输	现浇框架结构,六层住宅楼,檐口高度 18.93 m, 塔式起重机 QTZ40(4208)	天	205			

说明:① 建筑物的檐口高度是指设计室外地坪至檐口滴水的高度(平屋顶系指屋面板底高度),突出主体建筑物屋顶的电梯机房、楼梯出口间、水箱间、瞭望塔、排烟机房等不计入檐口高度。工程案例的檐口高度取为 18.93 m,详见脚手架工程中相关内容。

② 垂直运输指施工工程在合理工期内所需垂直运输机械。工程案例的合理工期,按工期定额取定为 205 天。

③ 同一建筑物有不同檐高时,按建筑物的不同檐高做纵向分割,分别计算建筑面积,以不同檐高分别编码列项。

7.18.2 超高施工增加

案例工程:某商住楼如图 7-18-1 所示,结构为框架剪力墙,其塔楼为 19 层,每层建筑面积为 1 000 m²,裙楼为 7 层,每层建筑面积为 1 500 m²,塔裙楼底层层高均为 5 m,其余各层层高均为 3 m。

要求:编制该商住楼的超高施工增加工程量清单。

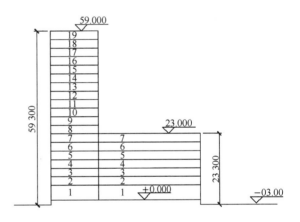

图 7-18-1 某商住楼超高增加费计算示意图

结合工程案例背景,超高施工增加工程量清单为:

表 7-18-2 超高施工增加工程量清单与计价表

工程名称:某住宅楼工程　　　　　　标段:　　　　　　　　第　页共　页

序号	项目编码	项目名称	项目特征描述	计量单位	工程量	金额(元)		
						综合单价	合价	其中暂估价
1	011704001001	超高施工增加	现浇框架剪力墙结构,檐口高度 59.000 m,19 层	m²	13 000			
2	011704001002	超高施工增加	现浇框架剪力墙结构,檐口高度 23.000 m,7 层	m²	1 500			

说明:① 单层建筑物檐口高度超过 20 m,多层建筑物超过 6 层时,可按超高部分的建筑面积计算超高施工增加。计算层数时,地下室不计入层数。

② 同一建筑物有不同檐高时,可按不同高度的建筑面积分别计算建筑面积,以不同檐高分别编码列项。

③ 工程案例中,商住楼塔楼和裙楼的檐口标高不同,故分两项对超高施工编码列项:

ⅰ 檐口高度 59.000 m,超高施工工程量＝1 000×13＝13 000 m²;

ⅱ 檐口高度 23.000 m,超高施工工程量＝1 500×1＝1 500 m²。

7.18.3　施工排水、降水

案例工程:某三类建筑工程筏板基础,其基础平面尺寸为 18 m×60 m,基础埋置深度为自然地面以下 2.4 m,基础底标高为－2.700 m,自然地面处标高为－0.300 m,地下常水位在－1.500 m 标高处。采用机械放坡挖土,轻型井点降水预计需 30 昼夜,土方类别为三类。

要求:编制该基础工程的施工排水、降水工程量清单。

结合工程案例背景,施工排水、降水工程量清单为:

表 7-18-3　施工排水、降水工程量清单与计价表

工程名称:某住宅楼工程　　　　　　　　　　　标段:　　　　　　　　　第　页 共　页

序号	项目编码	项目名称	项目特征描述	计量单位	工程量	金额(元)		
						综合单价	合价	其中暂估价
1	011706002001	轻型井点降水	电动单机离心清水泵,轻型井点总管 φ100,轻型井点井管 φ40	昼夜	30			

说明:① 排水、降水工程量计算规则:按排、降水日历天数计算。

② 施工排水、降水的相应专项设计不具备时,可按暂估量计算。

8 工程计价

【学习目标】

1. 了解《江苏省建筑与装饰工程计价定额》中子目的设置、计量单位和工作内容;

2. 理解《江苏省建筑与装饰工程计价定额》中各章节的定额使用说明及工程量计算规则,并与《房屋建筑与装饰工程工程量清单计算规范》(GB 50854—2013)进行比较,明确其中的区别与联系;

3. 依据工程量清单、施工组织设计等相关资料为基础,能准确、合理使用计价定额进行工程量清单计价。

8.1 土石方工程

工程案例:依据住宅楼工程的工程量清单及该土方开挖的施工方案:平整场地采用机械原土就地挖填找平;采用斗容量 1 m³ 反铲挖掘机开挖,开挖后采用人工修边坡和整平坑底,厚度为 100 mm,且开挖的土方由自卸汽车装车运至 1 km 处临时堆放;土方回填时,将临时堆放地的土方用斗容量 1 m³ 反铲挖掘机开挖装车,并用自卸汽车运回。缺方购置的三类土方,其取土地距离施工现场 5 km,挖掘机开挖后用自卸汽车运至现场,不计土方单价。

要求:编制该土石方工程的工程量清单计价,基于《江苏省建筑与装饰工程计价定额》及增值税一般计税法。

8.1.1 工程量清单组价

1. 平整场地

土壤类别为三类土、弃土和取土由投标人依据施工现场实际情况自行考虑,决定报价。

序号	项目编码	项目名称	计量单位	工程量	综合单价	合价
1	010101001001	平整场地	m²	143.52	1.56	223.89
	1-273 换	平整场地(推土机 75 kW 以内)	1 000 m²	0.2603	858.10	223.36
		定额换算: 1. 定额(注 1)本定额仅用于原土 300 mm 以内的机械平整场地. 2. 定额(注 2)当道路及平整场地的工程量少于 4 000 m² 时,定额中机械含量乘以系数 1.18 综合单价组成: 1. 人工费:77×1.00=77.00 元 2. 材料费:0.00 元 3. 机械费:802.96×0.575×1.18=544.81 元 4. 管理费:(77.00+544.81)×26%=161.67 元 5. 利润:(77.00+544.81)×12%=74.62 元				

续表

序号	项目编码	项目名称	计量单位	工程量	综合单价	合价
		综合单价:77.00+0.00+544.81+161.67+74.62=858.10 元/1 000 m² 按概念法计算: (14.40+2.0×2)×(7.8+2.0×2)+(10.4+2.0×2)×3.0=260.32 m² 定额工程量:260.32/1 000=0.2603(1 000 m²)				

说明：① 依据施工方案，工程案例平整场地采用机械原土就地平整场地，所以无需考虑弃土和取土。

② 平整场地工程量计算规则：按建筑物外墙外边线每边各加 2 m，以"m²"计算。也可按照下列公式计算：

$$S = S_底 + 2 \times L_外 + 16$$

式中：$S_底$——建筑物首层面积；

$L_外$——建筑物首层外边线周长。

工程案例中，平整场地工程量计算如图 8-1-1 所示，另按公式法计算：

$(14.4 \times 7.8 + 10.4 \times 3) + 2 \times [(14.4 + 7.8 + 3) \times 2] + 16 = 260.32$ m²。

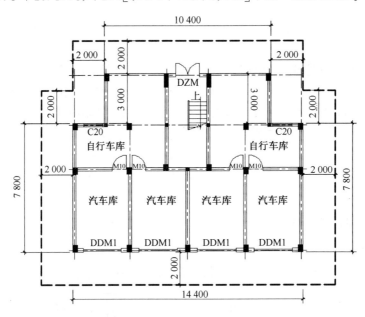

图 8-1-1　平整场地计算示意

2. 挖一般土方

土壤类别为三类土；挖土深度为 1.6 m；弃土运距由投标人依据施工现场实际情况自行考虑，决定报价。

序号	项目编码	项目名称	计量单位	工程量	综合单价	合价
2	010101002001	挖一般土方	m³	355.80	19.47	6 927.43
(1)	1-3 换	人工挖一般土方(三类土)	m³	31.19	53.13	1 657.12

续表

序号	项目编码	项目名称	计量单位	工程量	综合单价	合价
		定额换算:机械确实挖不到的地方,用人工修边坡、整平的土方工程量按人工一般挖土方定额(最多不得超过挖方量的 10%),人工乘以系数 2 综合单价组成: 1. 人工费:19.25×2=38.50 元 2. 材料费:0.00 元 3. 机械费:0.00 元 4. 管理费:(38.50+0.00)×26%=10.01 元 5. 利润:(38.50+0.00)×12%=4.62 元 综合单价:38.50+0.00+0.00+10.01+4.62=53.13 元/m³				
		1. 人工修边坡工程量($i=1:0.25=4$,坡度延长系数 $C=\sqrt{1+i^2}=4.123$): $[(16.5+0.2\times2)+(13.55+0.2\times2)]\times2\times(1.6\times0.25\times4.123)\times0.1$ $=10.18$ m³(工程量=中截面周长×斜坡长×厚度) 2. 人工坑底整平工程量:210.14(底面积 A2)×0.1(厚度)=21.01 m³ 因为 10.18+21.01=31.19 m³<355.80×10%=35.580 m³,故人工修边坡、整平工程量取 31.19 m³ 定额工程量:31.19 m³				
(2)	1-204 换	反铲挖掘机挖土(斗容量 1 m³ 以内)装车	1 000 m³	0.324 6	5 035.29	1 634.46
		定额换算:机械挖土、石方单位工程量小于 2 000 m³ 或在桩间挖土、石方,按相应定额乘以系数 1.10 综合单价:4 577.54×1.10=5 035.29 元/1 000 m³				
		机械挖土方工程量,按机械实际完成工程量计算: 355.80(同清单工程量)-31.19(人工修边坡、整平工程量)=324.61 m³ 定额工程量:324.61/1 000=0.324 6(1 000 m³)				
(3)	1-262 换	自卸汽车运土,运距在 1 km 以内	1 000 m³	0.355 8	10 209.16	3 632.42
		定额换算:自卸汽车运土,按正铲挖掘机挖土考虑,如反铲挖掘机装车,则自卸汽车运土台班乘以系数 1.10 综合单价组成: 1. 人工费:0.00 元 2. 材料费:39.30 元 3. 机械费:799.79×8.127×1.10+219.58=7 369.46 元 4. 管理费:(0.00+7 369.46)×26%=1 916.06 元 5. 利润:(0.00+7 369.46)×12%=884.34 元 综合单价:0.00+39.30+7 369.46+1 916.06+884.34=10 209.16 元/1 000 m³				
		定额工程量:同清单工程量 355.80/1 000=0.355 8(1 000 m³)				

说明:① 计价定额中关于沟槽和基坑的划分、工程量计算规则、土方放坡及基础施工工作面宽度的规定,同工程量清单计量中相关内容。

② 工程案例中,开挖的土方均由自卸汽车装车运至 1 km 处临时堆放,故自卸汽车运土工程量为开挖土方工程量的总和。

3. 回填土方

回填土压实系数≥0.94;填土材料为原土;需购置缺方 3.15 m³。

序号	项目编码	项目名称	计量单位	工程量	综合单价	合价
3	010103001001	回填土方	m³	312.13	47.97	14 972.88
(1)	1-204 换	反铲挖掘机挖土(斗容量 1 m³ 以内)装车	1 000 m³	0.355 8	4 285.75	1 524.87

续表

序号	项目编码	项目名称	计量单位	工程量	综合单价	合价
		定额换算： 1. 运余松土或挖堆积期在一年以内的堆积土,除按运土方定额执行外,另增加挖一类土的定额项目(工程量按实方计算,若为虚方按工程量计算规则的折算方法折算成实方) 2. 定额中机械土方按三类土取定。如实际土壤类别不同,定额中机械台班乘以相应的土壤系数,查 8-1-5 知一类土系数为 0.84 3. 机械挖土、石方单位工程量小于 2 000 m³ 或在桩间挖土、石方,按相应定额乘以系数 1.10 综合单价组成： 1. 人工费:231.00 元 2. 材料费:0.00 元 3. 机械费:3 086.06×0.84＝2 592.29 元 4. 管理费:(231.00＋2 592.29)×26％＝734.06 元 5. 利润:(231.00＋2 592.29)×12％＝338.79 元 综合单价:(231.00＋0.00＋2 592.29＋734.06＋338.79)×1.1 　　＝4 285.75 元/1 000 m³				
		工程量按实方计算,同挖方工程量:355.80 m³ 定额工程量：355.80/1 000＝0.355 8(1 000 m³)				
(2)	1-262 换	自卸汽车运土,运距在 1 km 以内	1 000 m³	0.355 8	10 209.16	3 632.42
		定额换算：自卸汽车运土,按正铲挖掘机挖土考虑,如系反铲挖掘机装车,则自卸汽车运土台班乘以系数 1.10 综合单价:(0.00＋779.79×8.127×1.10＋219.58)×(1＋26％＋12％)＋39.30 　　＝10 209.16 元/1 000 m³				
		定额工程量：同清单工程量 355.80/1 000＝0.355 8(1 000 m³)				
(3)	1-204 换	反铲挖掘机挖土(斗容量 1 m³ 以内)装车	1 000 m³	0.003 15	5 035.29	15.86
		定额换算： 1. 定额中机械土方按三类土取定。如实际土壤类别不同,定额中机械台班乘以相应的土壤系数,缺方购置的土方为三类土,则三类土壤系数 1.00 2. 机械挖土、石方单位工程量小于 2 000 m³ 或在桩间挖土、石方,按相应定额乘以系数 1.10 综合单价:4 577.54×1.1＝5 035.29 元/1 000 m³				
		缺方购置工程量:5.85 m³(详见清单计量) 定额工程量：3.15/1 000＝0.003 15(1 000 m³)				
(4)	1-264 换	自卸汽车运土,运距在 5 km 以内	1 000 m³	0.003 15	20 026.21	63.08
		定额换算：自卸汽车运土,按正铲挖掘机挖土考虑,如系反铲挖掘机装车,则自卸汽车运土台班乘以系数 1.10 综合单价:(0.00＋799.79×16.213×1.10＋219.58)×(1＋26％＋12％)＋39.30 　　＝20 026.21 元/1 000 m³				
		定额工程量：3.15/1 000＝0.003 15(1 000 m³)				
(5)	1-104	基(槽)坑回填土夯填	m³	309.39	31.21	9 656.06
		综合单价:31.21 元/m³				
		定额工程量:309.39 m³详见清单计量				
(6)	1-102	地面回填土夯填	m³	2.74	28.50	78.09
		综合单价:28.50 元/m³				
		定额工程量:2.74 m³ 详见清单计量				

说明:① 回填土应区分夯填和松填以体积计算,基槽、坑回填土和室内回填土工程量计算规则同清单工程量。

② 回填土工程量计价要充分考虑施工方案。工程案例中,土方回填计价流程详见图 8-1-2 所示,之所以回填土方大于开挖土方,是由于土方状态不同导致的。

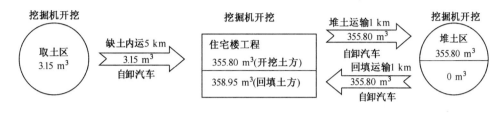

图 8-1-2 土方回填计价示意图

8.1.2 其他定额工程量计算规则

1. 人工土、石方

(1)计算土、石方工程量前,应确定下列各项资料:

① 土壤及岩石类别的确定,土壤及岩石类别的划分,应依工程地质勘察资料与"土壤分类及岩石分类表"对照后确定;

② 地下水位标高;

③ 土方、沟槽、基坑挖(填)起止标高、施工方法及运距;

④ 岩石开凿、爆破方法、石渣清运方法及运距;

⑤ 其他有关资料。

(2)一般规则:

① 按不同的土壤类别、挖土深度、干湿土分别计算工程量;

② 在同一槽、坑内或沟内有干、湿土时应分别计算,但使用定额时,按槽、坑或沟的全深计算;

③ 桩间挖土不扣除桩的体积。

(3)沟槽、基坑土方工程量,按下列规定计算:

① 沟槽工程量按沟槽长度乘以沟槽截面积计算。

沟槽长度:外墙按图示基础中心线长度计算;内墙按图示基础底宽加工作宽度之间净长度计算。沟槽宽按设计宽度加基础施工所需工作面宽度计算。突出墙面的附墙烟囱、垛等体积并入沟槽土方工程量内。

② 沟槽、基坑需支挡土板时,挡土板面积按槽、坑边实际支挡面积(即:每块挡板的最长边×挡板的最宽边之积)计算。

③ 管沟土方按体积计算,管沟按图示中心线长度计算,不扣除各类井的长度,井的土方并入。沟底宽度设计有规定的,按设计规定,设计未规定的,按管道结构宽加工作面宽度计算。管沟施工每侧所需工作面见表 8-1-1。

表 8-1-1　管沟施工每侧所需工作面宽度计算表

管沟材料＼管道结构宽(mm)	≤500	≤1 000	≤2 500	>2 500
混凝土及钢筋混凝土管道(mm)	400	500	600	700
其他材质管道(mm)	300	400	500	600

注：① 管道结构宽：有管座的按基础外缘，无管座的按管道外径。

② 按上表计算管道沟土方工程量时，各种井类及管道接口等处需加宽增加的土方量不另行计算；底面积大于 20 m² 的井类，其增加的土方量并入管沟土方内计算。

④ 管道地沟、地槽、基坑深度，按图示槽、坑、垫层底面至室外地坪深度计算。

（4）建筑物场地厚度在±300 mm 以外的竖向布置挖土或山坡切土，均按挖一般土方计算。

（5）岩石开凿及爆破工程量，区别石质按下列规定计算：

① 人工凿岩石按图示尺寸以体积计算。

② 爆破岩石按图示尺寸以体积计算；基槽、坑深度允许超挖：软质岩 200 mm；硬质岩 150 mm。超挖部分岩石并入相应工程量内。爆破后的清理、修整执行人工清理定额。

③ 石方体积折算系数见表 8-1-2。

表 8-1-2　石方体积折算系数表

石方类别	天然密实度体积	虚方体积	松填体积	码方
石方	1.0	1.54	1.31	—
块石	1.0	1.75	1.43	1.67
砂夹石	1.0	1.07	0.94	—

（6）回填土区分夯填、松填以体积计算。

管道沟槽回填工程量，以挖方体积减去管外径所占体积计算。管外径小于或等于 500 mm 时，不扣除管道所占体积。管外径大于 500 mm 时，按表 8-1-3 规定扣除。

表 8-1-3　管道体积扣除表　　　　　　　　单位：m³/m 管长

管道名称	管道公称直径(mm)				
	≤600	≤800	≤1 000	≤1 200	≤1 400
钢管	0.21	0.44	0.71	—	—
铸铁管、石棉水泥管	0.24	0.49	0.77	—	—
混凝土、钢筋混凝土、预应力混凝管	0.33	0.60	0.92	1.15	1.35

2. 机械土、石方

（1）机械土、石方运距按下列规定计算：

① 推土机推距：按挖方区重心至回填区重心之间的直线距离计算。

② 铲运机运距：按挖方区重心至卸土区重心加转向距离 45 m 计算。

③ 自卸汽车运距：按挖方区重心至填土区（或堆放地点）重心的最短距离计算。

（2）建筑场地原土碾压以面积计算，填土碾压按图示填土厚度以体积计算。

8.1.3　其他定额使用说明

1. 人工土、石方

（1）岩石的划分见表8-1-4。

表8-1-4　岩石分类表

岩石分类	岩石分类	代表性岩石	开挖方法
极软岩	极软岩	1. 全风化的各种岩石 2. 各种半成岩	部分用手凿工具,部分用爆破法开挖
软质岩	软岩	1. 强风化的坚硬岩或较硬岩 2. 中等风化-强风化的较硬岩 3. 未风华-微风化的页岩、泥岩、泥质砂岩	用风镐和爆破法开挖
软质岩	软质岩	1. 中等风化-强风化的坚硬岩或较硬岩 2. 未风化-微风化的凝灰岩、千枚岩、泥灰岩、砂质泥岩等	用爆破法开挖
硬质岩	较硬岩	1. 微风化的坚硬岩 2. 未风化-微风化的大理岩、板岩、石灰岩、白云岩、钙质砂岩等	用爆破法开挖
硬质岩	坚硬岩	未风华-微风化的花岗岩、闪长岩、辉绿岩、玄武岩、安山岩、片麻岩、石英岩、石英砂岩、硅质砾岩、硅质石灰岩等	用爆破法开挖

（2）土、石方的体积除定额中另有规定外,均按天然密实体积（自然方）计算。

（3）挖土深度以设计室外标高为起点,如实际自然地面标高与设计地面标高不同,工程量在竣工结算时调整。

（4）干土与湿土的划分以地质勘查资料为准,无资料时以地下常水位为准:常水位以上为干土,常水位以下为湿土。采用人工降低地下水位时,干、湿土的划分仍以常水位为准。

（5）支挡土板不分密撑、疏撑,均按定额执行,实际施工中材料不同均不调整。

（6）桩间挖土按打桩后坑内挖土相应定额执行。桩间挖土,指桩（不分材质和成桩方式）顶设计标高以下及顶设计标高以上0.50 m范围内的挖土。

2. 机械土、石方

（1）定额中机械土方按三类土取定。如实际土壤类别不同,定额中机械台班乘以表8-1-5中的系数。

表8-1-5　土壤系数表

项　目	三类土	一、二类土	四类土
推土机推土方	1.00	0.84	1.18
铲运机铲运土方	1.00	0.84	1.26
自行式铲运机铲运土方	1.00	0.86	1.09
挖掘机挖土方	1.00	0.84	1.14

（2）土、石方体积均按天然实体积（自然方）计算;推土机、铲运机推、铲未经压实的堆积土,按三类土定额项目乘以系数0.73。

（3）推土机推土、石,铲运机运土重车上坡时,如坡度大于5%,运距按坡度区段斜长乘表8-1-6中的系数。

表 8-1-6　坡度系数表

坡度(%)	10 以内	15 以内	20 以内	25 以内
系数	1.75	2.00	2.25	2.50

(4) 机械挖土均以天然湿度土壤为准,含水率达到或超过 25% 时,定额人工、机械乘以系数 1.15;含水率超过 40% 时另行计算。

(5) 支撑下挖土定额适用于有横支撑的深基坑开挖。

(6) 定额中自卸汽车运土,对道路的类别及自卸汽车吨位已分别进行综合计算。

(7) 自卸汽车运土,按正铲挖掘机挖土考虑,如系反铲挖掘机装车,则自卸汽车运土台班量乘系数 1.10;拉铲挖掘机装车,自卸汽车运土台班量乘系数 1.20。

(8) 挖掘机在垫板上作业时,其人工、机械乘系数 1.25,垫板铺设所需的人工、材料、机械消耗另行计算。

(9) 推土机推土或铲运机铲土,推土区土层平均厚度小于 300 mm 时,其推土机台班乘以系数 1.25,铲运机台班乘以系数 1.17。

(10) 装载机装原状土,需由推土机破土时,另增加推土机推土项目。

(11) 爆破石方定额是按炮眼法松动爆破编制的,不分明炮或闷炮,如实际采用闷炮法爆破的,其覆盖保护材料另行计算。

(12) 爆破石方定额是按电雷管导电起爆编制的,如采用火雷管起爆,雷管数量不变,单价换算,胶质导线扣除,但导火索应另外增加(导火索长度按每个雷管 2.12 m 计算)。

(13) 石方爆破中已综合了不同开挖深度、坡面开挖、放炮找平因素,如设计规定爆破有粒径要求时,需增加的人工、材料、机械应由甲、乙双方协商处理。

8.1.4　知识、技能评估

(1) 对拓展案例 7-1-1 中相关清单项目,基于《江苏省建筑与装饰工程计价定额》进行计价。

(2) 对第 7.1.5 节知识、技能评估中第 1 题中的土方开挖,基于《江苏省建筑与装饰工程计价定额》进行计价。

(3) 对第 7.1.5 节知识、技能评估中第 2 题中的土方开挖,基于《江苏省建筑与装饰工程计价定额》进行计价。

8.2　地基处理与边坡支护工程

工程案例:依据工程案例的工程量清单,施工中深层搅拌桩采用单轴施工。

要求:编制该地基处理与边坡支护工程的工程量清单计价,基于《江苏省建筑与装饰工程计价定额》及增值税一般计税法。

8.2.1　工程量清单组价

1. 深层搅拌桩

地层情况为三类土,空桩长度 1.4 m,桩长 17.3 m,桩径 500 mm,水泥强度等级为 42.5

级,水泥掺量为 15%。

序号	项目编码	项目名称	计量单位	工程量	综合单价	合价
1	010201009001	深层搅拌桩	m	1 487.80	47.87	71 220.99
(1)	2-10 换	单轴深层搅拌桩	m³	300.42	237.05	71 214.56
		定额换算: 1. 深层搅拌桩不分桩径大小,执行相应子目。设计水泥量不同可换算,其他不调整 2. 定额(注1)中已经考虑"四搅两喷"和 2 m 以内的"钻进空搅"因素。超过 2 m 以外的空搅体积按相应子目人工、深层搅拌机乘以系数 0.3 计算,其他不计算 3. 定额(注2)深搅桩水泥掺入比按 12% 计算,粉喷桩水泥掺入比按 15% 计算,设计要求掺入比与定额取定不同,水泥用量可以调整,其他不变,查定额注1可知,水泥数量 274.05 kg/m³ 4. 桩长 17.3 m<30 m,为桩基三类工程,企业管理费率和利润率为 12% 和 7% 综合单价组成: 1. 人工费:61.60 元 2. 材料费:0.30×274.05+47.17×0.07+4.57×0.50=87.80 元 3. 机械费:451.45×0.076+149.00×0.076+120.64×0.151=63.82 元 4. 管理费:(61.60+63.82)×12%=15.05 元 5. 利润:(61.60+63.82)×7%=8.78 元 综合单价:61.60+87.80+63.82+15.05+8.78=237.05 元/ m³					
		定额工程量:(17.30+0.5)×(π×0.5²/4)×86=300.42 m³				

说明:深层搅拌桩、粉喷桩加固地基,按设计长度另加 500 mm(设计有规定的按设计要求)乘以设计截面积以体积计算(重叠部分面积不得重复计算),群桩间的搭接不扣除。

2. 褥垫层

厚度 300 mm,人工级配砂石(最大粒径 20 mm),砂:碎石=3:7。

序号	项目编码	项目名称	计量单位	工程量	综合单价	合价
2	010201017001	褥垫层	m³	35.26	216.24	7 624.62
(1)	4-108 换	碎石和砂垫层,电动夯实机 3:7	m³	35.26	216.24	7 624.62
		定额换算: 1. 干砂密度取 1 500 kg/m³,损耗率 3%,每 m³ 中干砂重量:1 500×0.3×(1+3%)=463.50 kg 2. 碎石密度取 2 400 kg/m³,损耗率 2%,每 m³ 中碎石重量:2 400×0.7×(1+2%)=1 713.60 kg 综合单价组成: 1. 人工费:53.90 元 2. 材料费:68.00×1.713 6+71.89×0.463 5+4.57×0.20=150.76 元(编号04050204 碎石 5~20 mm:68.00 元/t) 3. 机械费:1.13 元 4. 管理费:(53.90+1.13)×12%=6.60 元 5. 利润:(53.90+1.13)×7%=3.85 元 综合单价:53.90+150.76+1.13+6.60+3.85=216.24 元/ m³					
		定额工程量:同清单工程量 35.26 m³				

说明:褥垫层同基础垫层,其工程量按设计图示尺寸以"m³"计算。

3. 截(凿)桩头

桩类型为水泥土深层搅拌桩,桩头截面 500 mm,截桩高 500 mm,无钢筋。

序号	项目编码	项目名称	计量单位	工程量	综合单价	合价
3	010301004001	截(凿)桩头	m³	8.44	104.91	885.44
(1)	3-92 换	凿灌注混凝土桩头	m³	8.44	104.91	885.44
		定额换算: 1. 凿深层搅拌桩按凿灌注混凝土桩定额乘以系数 0.4 执行 2. 凿桩头、截断桩如遇独立群桩基础,其人工乘以系数 1.3 综合单价组成: 1. 人工费:167.86×1.3=218.22 元 2. 材料费:0.86×3.0=2.58 元 3. 机械费:0.00 元 4. 管理费:(218.22+0.00)×12%=26.19 元 5. 利润:(218.22+0.00)×7%=15.28 元 综合单价:(218.22+2.58+0.00+26.19+15.28)×0.4=104.91 元/ m³			
		定额工程量:同清单工程量 8.44 m³			

说明:凿灌注混凝土桩头按体积计算,凿、截断预制方(管)桩均以根计算。

8.2.2 其他定额工程量计算规则

1. 地基处理

(1) 强夯加固地基,以夯锤底面积计算,并根据设计要求的夯击能量和每点夯击数执行相应定额。

(2) 高压旋喷桩钻孔长度按自然地面至设计桩底标高以长度计算,喷浆按设计加固桩的截面面积乘以设计桩长以体积计算。

(3) 灰土挤密桩按设计图示尺寸以体积计算(包括桩尖)。

(4) 压密注浆钻孔按设计长度计算。注浆工程量按以下方式计算:设计图纸注明加固土体体积的,按注明的加固体积计算;设计图纸按布点形式图示土体加固范围的,则按两孔间距的一半作为扩散尺寸,以布点边线各加扩散半径形成计算平面,计算注浆体积;如果设计图纸上注浆点在钻孔灌注桩之间,按两注浆孔距的一半作为每孔的扩散半径,以此圆柱体体积计算。

2. 基坑及边坡支护

(1) 基坑锚喷护壁成孔、斜拉锚桩成孔及孔内注浆按设计图示尺寸以长度计算。护壁喷射混凝土按设计图示尺寸以面积计算。

(2) 土钉支护钉土锚杆按设计图示尺寸以长度计算。挂钢筋网按设计图纸以面积计算。

(3) 基坑钢管支撑以坑内的钢立柱、支撑、围檩、活络接头、法兰盘、预埋铁件的合并质量计算。

(4) 打、拔钢板桩按设计钢板桩质量计算。

8.2.3 其他定额使用说明

1. 地基处理

(1) 定额适用于一般工业与民用建筑工程的地基处理及边坡支护。

(2) 换填垫层适用于软弱地基的换填材料加固,按"砌筑工程"相应子目执行。

(3) 强夯法加固地基是在天然地基土上或在填土地基上进行作业的,不包括强夯前的试夯工作和费用。如设计要求试夯,可按设计要求另行计算。

(4) 深层搅拌桩(三轴除外)和粉喷桩是按四搅二喷施工编制,设计为二搅一喷,定额人工、机械乘以系数 0.7;六搅三喷,定额人工、机械乘以系数 1.4。三轴深搅拌按两搅一喷考虑,设计为两搅两喷时,定额人工、机械乘系数 1.15,设计为四搅两喷时,定额人工、机械乘系数 1.4。

(5) 高压旋喷桩、压密注浆的浆体材料用量可按设计含量调整。

2. 基坑及边坡支护

(1) 斜拉锚桩是指深基坑围护中,锚接围护桩体的斜拉桩。

(2) 基坑钢管支撑为周转摊销材料,其场内运输、回库保养均已包括在内。支撑处需挖运土方、围檩与基坑护壁的填充混凝土未包括在内,发生时应按实另行计算。场外运输按金属Ⅲ类构件计算。

(3) 打、拔钢板桩单位工程打桩工程量小于 50 t 时,人工、机械乘以系数 1.25。场内运输超过 300 m 时,应按相应构件运输子目执行,并扣除打桩子目中的场内运输费。

(4) 采用桩进行地基处理时,按"桩基工程"相应子目执行。

(5) 未列混凝土支撑,若发生,按相应混凝土构件定额执行。

8.2.4 知识、技能评估

(1) 对拓展案例 7-2-1 中相关清单项目,基于《江苏省建筑与装饰工程计价定额》进行计价,喷射混凝土配合比不调整。

(2) 对第 7.2.5 节知识、技能评估题中的灌注碎石桩和褥垫层,基于《江苏省建筑与装饰工程计价定额》进行计价。

8.3 桩基工程

工程案例:依据工程案例的工程量清单,采用回旋钻机挖孔,泥浆运输 8 km,暂不计钢筋笼。

要求:编制该桩基工程的工程量清单计价,基于《江苏省建筑与装饰工程计价定额》及增值税一般计税法。

8.3.1 工程量清单组价

1. 泥浆护壁成孔灌注桩

地层情况为三类土,其中入岩深度 1.5 m 为较软岩;空桩长度 0.35 m,桩长 15.5 m;桩径 500 mm;成孔方法为泥浆护壁旋转挖孔;护筒采用 5 mm 厚钢护筒,不少于 3 m;混凝土等级工程桩采用 C25,试桩为 C45,现场自拌水下混凝土。

序号	项目编码	项目名称	计量单位	工程量	综合单价	合价
1	010302001001	泥浆护壁成孔灌注桩	m³	310.27	980.56	304 238.99
(1)	3-28	钻土孔直径ϕ700 mm 以内	m³	287.25	275.87	79 243.66
		定额使用:桩长 15.5 m<30 m 为桩基三类工程,管理费率 12%,利润率 7% 综合单价:(77.00+129.28)×(1+12%+7%)+30.40=275.87 元/m³				
		挖土孔工程量:(16.15−0.3−1.5)×(1/4×π×0.5²)×102=287.25 m³ 定额工程量:287.25 m³				
(2)	3-39 换	土孔钻孔灌注桩混凝土	m³	280.25	422.95	118 531.74
		定额换算:钻孔桩混凝土 C30(编号 80210711)换成混凝土 C25(编号 80210710) 综合单价组成: 1. 人工费:64.78 元 2. 材料费:262.06×1.218=319.19 元 3. 机械费:150.13×0.068+179.55×0.068=22.42 元 4. 管理费:(64.78+22.42)×12%=10.46 元 5. 利润:(64.78+22.42)×7%=6.10 元 综合单价:64.78+319.19+22.42+10.46+6.10=422.95 元/m³				
		土孔灌注混凝土工程量: (16.15−1.15−1.5+0.5)×(1/4×π×0.5²)×102=280.25 m³ 定额工程量:280.25 m³				
(3)	3-31 换	钻岩石直径ϕ700 mm 以内	m³	30.03	1 364.50	40 975.94
		定额换算: 1. 定额(注1)钻岩石孔以软岩为准,如钻入较软岩时,人工、机械乘以系数 1.15,如钻入较硬岩以上时,应另行调整人工、机械用量,工程案例为较软岩,应乘以系数 1.15 2. 砖砌泥浆池所耗用的人工、材料暂按 2.00 元/m³ 桩计算,结算时按实调整 3. 桩长 15.5 m<30 m,为桩基三类工程,企业管理费率和利润率为 12%和 7% 综合单价组成: 1. 人工费:362.67×1.15=417.07 元 2. 材料费:37.73 元 3. 机械费:697.86 元 4. 管理费:(417.07+697.86)×12%=133.79 元 5. 利润:(417.07+697.86)×7%=78.05 元 综合单价:417.07+37.73+697.86+133.79+78.05=1 364.50 元/m³				
		挖岩石工程量:1.5×(1/4×π×0.5²)×102=30.03 m³ 定额工程量:30.03 m³				
(4)	3-40 换	岩石孔钻孔灌注桩混凝土	m³	30.03	388.28	11 660.05
		定额换算:钻孔桩混凝土 C30(编号 80210711)换成混凝土 C25(编号 80210710) 综合单价组成: 1. 人工费:59.86 元 2. 材料费:262.06×1.117=292.72 元 3. 机械费:150.13×0.062+179.55×0.062=20.44 元 4. 管理费:(59.86+20.44)×12%=9.64 元 5. 利润:(59.86+20.44)×7%=5.62 元 综合单价:59.86+292.72+20.44+9.64+5.62=388.28 元/m³				
		定额工程量:30.03 m³ 同钻岩石孔工程量				
(5)	3-41	泥浆运输运距 5 km 以内	m³	317.28	100.75	31 965.96
		综合单价:(22.14+61.37)×(1+12%+7%)+1.37=100.75 元/m³				

续表

序号	项目编码	项目名称	计量单位	工程量	综合单价	合价
		泥浆运输工程量:287.25(钻土孔)+30.03(钻岩石孔)=317.28 m³ 定额工程量:317.28 m³				
(6)	3-41×3	泥浆运输运距每增加 1 km	m³	317.28	9.11	2 890.42
		综合单价:[(0.00+2.55)×(1+12%+7%)+0]×3=9.11 元/m³				
		定额工程量:317.28 m³				

说明:泥浆护壁钻孔灌注桩工程量计算规则:

① 钻土孔与钻岩石孔工程量应分别计算。土与岩石地层分类详见土壤分类表 7-1-2 和岩石分类表 8-1-4。钻土孔以自然地面至岩石表面之深度乘设计桩截面积以体积计算;钻岩石孔以入岩深度乘桩截面面积以体积计算,如图 8-3-1 所示。

② 混凝土灌入量以设计桩长(含桩尖长)另加一个直径(设计有规定的,按设计要求)乘桩截面积以体积计算;地下室基础超灌高度按现场具体情况另行计算。

③ 泥浆外运的体积等于钻孔的体积计算。

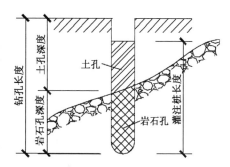

图 8-3-1 钻孔工程量计算

2. 截(凿)桩头

桩类型为混凝土灌注桩;桩头截面 500 mm;截桩高 500 mm;混凝土等级 C25;有钢筋。

序号	项目编码	项目名称	计量单位	工程量	综合单价	合价
2	010301004001	截(凿)桩头	m³	10.01	250.53	2 507.81
(1)	3-92	凿灌注混凝土桩头	m³	1.96	202.33	396.57
		定额使用:单桩基础、两桩和排桩基础视为非群桩基础 综合单价:(167.86+0)×(1+12%+7%)+2.58=202.33 元/m³				
		非群桩基础凿桩头:(1/4×π×0.5²)×0.5×(10×2)=1.96 m³ 定额工程量:1.96 m³				
(2)	3-92	凿灌注混凝土桩头	m³	8.05	262.27	2 111.27
		定额换算:凿桩头、截断桩如遇独立群桩基础,其人工乘以系数 1.3 综合单价组成: 1. 人工费:167.86×1.3=218.22 元 2. 材料费:2.58 元 3. 机械费:0.00 元 4. 管理费:(218.22+0.00)×12%=26.19 元 5. 利润:(218.22+0.00)×7%=15.28 元 综合单价:218.22+2.58+0.00+26.19+15.28=262.27 元/m³				
		群桩基础凿桩头:(1/4×π×0.5²)×0.5×(15×3+5×4+1×5+2×6)=8.05 m³ 定额工程量:8.05 m³				

8.3.2 其他定额工程量计算规则

1. 打桩

（1）打预制钢筋混凝土桩的体积，按设计桩长（包括桩尖，不扣除桩尖虚体积）乘以桩截面面积计算；管桩（空心方桩）的空心体积应扣除，管桩（空心方桩）的空心部分设计要求灌注混凝土或其他填充材料时，应另行计算，见图 7-3-7 所示。

（2）接桩：按每个接头计算。

（3）送桩：以送桩长度（自桩顶面至自然地坪另加500 mm）乘桩截面面积以体积计算，如图 8-3-2 所示。

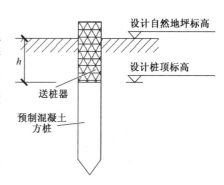

图 8-3-2 送桩工程量

2. 灌注桩

（1）长螺旋或钻盘式钻机钻孔灌注桩的单桩体积，按设计桩长（含桩尖）另加 500 mm（设计有规定，按设计要求）再乘以螺旋外径或设计截面积以体积计算。

（2）打孔沉管、夯扩灌注桩：

① 灌注混凝土、砂、碎石桩使用活瓣桩尖时，单打、复打桩体积均按设计桩长（包括桩尖）另加 250 mm（设计有规定，按设计要求）乘以标准管外径以体积计算。使用预制钢筋混凝土桩尖时，单打、复打桩体积均按设计桩长（不包括预制桩尖）另加 250 mm 乘以标准管外径以体积计算。

② 打孔、沉管灌注桩空沉管部分，按空沉管的实体积计算。

③ 夯扩桩体积分别按每次设计夯扩前投料长度（不包括预制桩尖）乘以标准管内径体积计算，最后管内灌注混凝土按设计桩长另加 250 mm 乘以标准管外径体积计算。

④ 打孔灌注桩、夯扩桩使用预制钢筋混凝土桩尖的，桩尖个数另列项目计算，单打、复打的桩尖按单打、复打次数之和计算，桩尖费用另计。

（3）桩底注浆的注浆管埋设，声测管埋设按打桩前的自然地坪标高至设计桩底标高的长度另加 0.2 m，按长度计算；桩侧注浆的注浆管埋设，按打桩前的自然地坪标高至设计桩侧注浆位置另加 0.2 m，按长度计算。

（4）灌注桩后注浆按设计注入水泥用量，以质量计算。

（5）人工挖孔灌注混凝土桩中挖井坑土、挖井坑岩石、砖砌井壁、混凝土井壁、井壁内灌注混凝土均按图示尺寸以体积计算。如设计要求超灌时，另行增加超灌工程量。

（6）凿灌注混凝土桩头按体积计算，凿、截断预制方（管）桩均以根计算。

8.3.3 其他定额使用说明

（1）定额适用于一般工业与民用建筑工程的桩基础，不适用于支架上、室内打桩。打试桩可按相应定额项目的人工、机械乘系数 2.00，试桩期间的停置台班结算时应按实调整。

（2）定额打桩机的类别、规格执行中不换算。打桩机及为打桩机配套的施工机械的进（退）场费和组装、拆卸费用，另按实际进场机械的类别、规格计算。

（3）打桩工程

① 预制钢筋混凝土桩的制作费，另按相关定额计算。打桩如设计有接桩，另按接桩定额执行。

② 定额土壤级别已综合考虑，执行中不换算。子目中的桩长度是指包括桩尖及接桩后的总长度。

③ 电焊接桩钢材用量，设计与定额不同时，按设计用量乘以系数 1.05 调整，人工、材料、机械消耗量不变。

④ 每个单位工程的打（灌注）桩工程量小于表 8-3-1 规定数量时，其人工、机械（包括送桩）按相应定额项目乘系数 1.25。

⑤ 定额以打直桩为准，如打斜桩，斜度在 1:6 以内，按相应定额项目人工、机械乘系数 1.25，如斜度大于 1:6，按相应定额项目人工、机械乘系数 1.43。

表 8-3-1 单位打桩工程工程量表

项　　目	工程量（m³）
预制钢筋混凝土方桩	150
预制钢筋混凝土离心管桩（空心方桩）	50
打孔灌注混凝土桩	60
打孔灌注砂桩、碎石桩、砂石桩	100
钻孔灌注混凝土桩	60

⑥ 地面打桩坡度以小于 15° 为准，大于 15° 打桩按相应定额项目人工、机械乘系数 1.15。如在基坑内（基坑深度大于 1.15 m）打桩或在地坪上打坑槽内（坑槽深度大于 1.0 m）桩时，按相应定额项目人工、机械乘系数 1.11。

⑦ 定额打桩（包括方桩、管桩）已包括 300 m 内的场内运输，实际超过 300 m 时，应按构件运输相应定额执行，并扣除定额内的场内运输费。

（4）灌注桩

① 各种灌注桩中的材料用量预算暂按表 8-3-2 的充盈系数和操作损耗率计算，结算时充盈系数按打桩记录灌入量进行调整，操作损耗率不变。

表 8-3-2 灌注桩充盈系数及操作损耗率表

项目名称	充盈系数	操作损耗率（%）
打孔沉管灌注混凝土桩	1.20	1.50
打孔沉管灌注砂（碎石）桩	1.20	2.00
打孔沉管灌注砂石桩	1.20	2.00
钻孔灌注混凝土桩（土孔）	1.20	1.50
钻孔灌注混凝土桩（岩石孔）	1.10	1.50
打孔沉管夯扩灌注混凝土桩	1.15	2.00

各种灌注桩中设计钢筋笼时,按第4章钢筋笼定额执行。设计混凝土强度、等级或砂、石级配与定额取定不同,应按设计要求调整材料,其他不变。

② 钻孔灌注桩的钻孔深度是按 50 m 内综合编制的,超过 50 m 桩,钻孔人工、机械乘以系数 1.10。人工挖孔灌注混凝土桩的挖孔深度是按 15 m 内综合编制的,超过 15 m 的桩,挖孔人工、机械乘以系数 1.20。

钻孔灌注桩钻土孔含极软岩,钻入岩石以软岩为准(参照第1章岩石分类表),如钻入较软岩时,人工、机械乘以系数 1.15,如钻入较硬岩及以上时,应另行调整人工、机械用量。

③ 打孔沉管灌注桩分单打、复打,第一次按单打桩定额执行,在单打的基础上再次打,按复打桩定额执行。打孔夯扩灌注桩一次夯扩执行一次夯扩定额,再次夯扩时,应执行二次夯扩定额,最后在管内灌注混凝土到设计高度按一次夯扩定额执行。使用预制钢筋混凝土桩尖时,钢筋混凝土桩尖另加,定额中活瓣桩尖摊销费应扣除。

④ 注浆管埋设定额按桩底注浆考虑,如设计采用侧向注浆,则人工和机械乘以系数 1.20。

⑤ 灌注桩后注浆的注浆管、声测管埋设,注浆管、声测管如遇材质、规格不同时,可以换算,其余不变。

(5) 定额不包括打桩、送桩后场地隆起土的清除、清孔及填桩孔的处理(包括填的材料),现场实际发生时,应另行计算。

(6) 凿出后的桩端部钢筋与底板或承台钢筋焊接应按相应定额执行。

(7) 坑内钢筋混凝土支撑需截断按截断桩定额执行。

(8) 因设计修改在桩间补打桩时,补打桩按相应打桩定额项目人工、机械乘以系数 1.15。

8.3.4 知识、技能评估

(1) 对拓展案例 7-3-1 中相关清单项目,基于《江苏省建筑与装饰工程计价定额》进行计价,管桩接桩接点周边设计不用钢板,且不计试桩期间的停置台班。

(2) 对 7.3.5 知识、技能评估题中的打预制方桩和接桩,基于《江苏省建筑与装饰工程计价定额》进行计价。

8.4 砌筑工程

工程案例:依据住宅楼工程的工程量清单。

要求:编制该砌筑工程的工程量清单计价,基于《江苏省建筑与装饰工程计价定额》及增值税一般计税法。

8.4.1 工程量清单组价

1. 砖基础(190 mm)

MU10级 KM1 多孔砖;M10 水泥砂浆砌筑;规格 190 mm×190 mm×90 mm;防水砂浆防潮层厚 20 mm。

序号	项目编码	项目名称	计量单位	工程量	综合单价	合价
1	010401001001	砖基础(190)	m³	5.11	411.01	2 100.26
(1)	4-30 换	1 砖 KM1 空心砖 190 mm×190 mm×90 mm 水泥砂浆 M10	m³	5.11	368.48	1 882.93
		定额换算： 砌筑混合砂浆 M5(编号 80050104)换成砌筑水泥砂浆 M10(编号 80010106) 综合单价组成： 1. 人工费：97.58 元 2. 材料费：40.80×0.21+71.89×2.7+178.18×0.141+4.57×0.109+0.86＝229.15 元 3. 机械费：3.38 元 4. 管理费：(97.58+3.38)×26%＝26.25 元 5. 利润：(97.58+3.38)×12%＝12.12 元 综合单价：97.58+229.15+3.38+26.25+12.12＝368.48 元/m³				
		定额工程量：同清单工程量 5.60 m³				
(2)	4-52	防水砂浆墙基防潮层	10 m²	1.317	165.02	217.33
		综合单价：165.02 元/10 m²				
		1. −0.200 m 处水平墙基防潮层： [(6.35+5.10+1.70+6.60+2.60+4.25)×2+4.40+2.20+2.40]×0.19＝11.82 m² (1) 1～7/B轴：3.5+3.6−0.2−0.2−0.35=6.35 (2) 1～6/E轴：2.0+2.0+1.8−0.2−0.3−0.2=5.10 (3) 1～2/F轴：2.0−0.2−0.1=1.70 (4) B～F/1轴：2.7+4.9−0.3−0.3−0.4=6.60 (5) F～J/2轴：3.0−0.1−0.3=2.60 (6) B～E/4轴：4.9−0.35−0.3=4.25 (7) B～E/7轴(对称轴)：4.9−0.1−0.4=4.40 (8) 6～8/E轴(楼梯间)：2.6−0.1−0.2−0.1=2.20 (9) 6～8/J轴(楼梯间)：2.6−0.1−0.1=2.40 2. ±0.000 m 处水平墙基防潮层：(2.20+2.40)×0.19＝0.87 m² (1) 6～8/E轴(楼梯间)：2.6−0.1−0.2−0.1=2.20 (2) 6～8/J轴(楼梯间)：2.6−0.1−0.1=2.40 3. 楼梯间垂直防潮层(h＝0.20 m)： 6～8/E轴： (2.6−0.2)×0.2=0.48 m² 定额工程量：(11.82+0.87+0.48)/10＝1.317(10 m²)				

说明：墙基防潮层工程量计算规则按墙基顶面水平宽度乘以长度以面积计算，有附垛时将其面积并入墙基内。工程案例中，因为楼梯间与车库的地面标高不同，所以墙基防潮层应采用室内地面有高差的做法，如图 8-4-1 所示。墙基防潮层计算中，E～J/6、E～J/8 轴处为 JKL4，故不计算。

2. 加气混凝土砌块外墙(200 mm)

B06 级蒸压加气混凝土块；外墙；专用薄层砂浆砌筑；规格 600 mm×200 mm×250 mm。

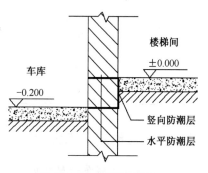

图 8-4-1　墙基防潮层

序号	项目编码	项目名称	计量单位	工程量	综合单价	合价
2	010402001001	加气混凝土砌块外墙(200)	m³	96.91	413.81	40 102.33
	4-15	薄层砂浆砌筑加气混凝土砌块墙 200 mm 厚	m³	96.91	413.81	40 102.33
		综合单价:413.81 元/m³				
		定额工程量:同清单工程量 96.91 m³				

3. 加气混凝土砌块内墙(200 mm)

B05 级蒸压加气混凝土块;内墙;专用薄层砂浆砌筑;规格600 mm×200 mm×250 mm。

序号	项目编码	项目名称	计量单位	工程量	综合单价	合价
3	010402001002	加气混凝土砌块内墙(200)	m³	121.22	413.81	50 162.05
	4-15	薄层砂浆砌筑加气混凝土砌块墙 200 mm 厚	m³	121.22	413.81	50 162.05
		综合单价:413.81 元/m³				
		定额工程量:同清单工程量 121.22 m³				

4. 加气混凝土砌块内墙(100 mm)

B05 级蒸压加气混凝土块;内墙;专用薄层砂浆砌筑;规格600 mm×100 mm×250 mm。

序号	项目编码	项目名称	计量单位	工程量	综合单价	合价
4	010402001003	加气混凝土砌块内墙(100)	m³	8.67	420.22	3 643.31
	4-12	薄层砂浆砌筑加气混凝土砌块墙 100 mm 厚	m³	8.67	420.22	3 643.31
		综合单价:420.22 元/m³				
		定额工程量:同清单工程量 8.67 m³				

5. 女儿墙(190 mm)

MU10 级 KM1 多孔砖;M10 水泥砂浆砌筑;规格 190 mm×190 mm×90 mm。

序号	项目编码	项目名称	计量单位	工程量	综合单价	合价
5	010401004001	女儿墙(190)	m³	1.94	368.48	714.85
	4-30 换	1 砖 KM1 空心砖 190 mm×190 mm×90 mm 水泥砂浆 M10	m³	1.94	368.48	714.85
		定额换算:同砖基础 综合单价:368.48 元/m³				
		定额工程量:同清单工程量 1.94 m³				

8.4.2 其他定额工程量计算规则

1. 砌筑工程量一般规则

(1)计算墙体工程量时,应扣除门窗、洞口和嵌入墙内的钢筋混凝土柱、梁、圈梁、挑梁、过梁及凹进墙内的壁龛、管槽、暖气槽、消火栓箱所占体积,不扣除梁头、板头、檩头、垫木、木楞头、沿椽木、木砖、门窗走头和转墙内加固钢筋、木筋、铁件、钢管及单个面积不大于0.3 m²的孔洞所占体积。凸出墙面的腰线、挑檐、压顶、窗台线、虎头砖、门窗套的体积亦不增加。凸出墙面的砖垛并入墙体体积内计算。

(2)附墙烟囱、通风道、垃圾道按其外形体积并入所依附的墙体体积内合并计算,不扣除每个横截面在 0.1 m² 以内的孔洞体积。

2. 墙体厚度计算规定

(1)多孔砖、空心砖墙、加气混凝土、硅酸盐砌块、小型空心砌块墙均按砖或砌块的厚度计算,不扣除砖或砌块本身的空心部分体积。

(2)标准砖墙计算厚度见表 8-4-1。

表 8-4-1 标准砖墙厚度计算表

砖墙计算厚度	1/4	1/2	3/4	1	3/2	2
标准砖(mm)	53	115	178	240	365	490

3. 基础与墙身的划分

(1)砖墙:基础与墙(柱)身采用同一种材料时,以设计室内地面为界(有地下室者,以地下室室内设计地面为界),以下为基础,以上为墙(柱)身。基础与墙身使用不同材料时,位于设计室内地面高度±300 mm 以内时,以不同材料为分界线;位于高度±300 mm 以外时,以设计室内地面为分界线。

(2)石墙:外墙以设计室外地坪,内墙以设计室内地坪为界,以下为基础,以上为墙身。

(3)砖、石围墙以设计室外地坪为分界线,以下为基础,以上为墙身。

4. 砖石基础长度的确定

(1)外墙墙基按外墙中心线长度计算。

(2)内墙墙基按内墙基最上一步净长度计算。基础大放脚 T 形接头处重叠部分以及嵌入基础的钢筋、铁件、管道、基础防水砂浆防潮层、通过基础单个面积在 0.3 m² 以内孔洞所占的体积不扣除,但靠墙暖气沟的挑檐亦不增加。附墙垛基础宽出部分体积,并入所依附的基础工程量内。

5. 墙身长度的确定

外墙按中心线、内墙按净长计算。弧形墙按中心线处长度计算。

6. 墙身高度的确定

设计有明确高度时以设计高度计算,未明确时按下列规定计算:

(1)外墙:坡(斜)屋面无檐口天棚时,算至屋面板底;有屋架且室内外均有天棚时,算至屋架下弦外加 200 mm;无天棚时,算至屋架下弦另加 300 mm,出檐高度超过 600 mm 时按实砌高度计算;有现浇钢筋混凝土平板楼层时,算至平板底面。

(2)内墙:位于屋架下弦时,算至屋架下弦底;无屋架时,算至天棚底另加 100 mm;有钢筋混凝土楼板隔层时,算至楼板底;有框架梁时,算至梁底。

(3)女儿墙:从屋面板上表面算至女儿墙顶面(如有混凝土压顶时算至压顶下表面)。

7. 框架间墙

不分内外墙,按墙体净尺寸以体积计算。框架外表面镶贴砖部分,按零星砌砖子目计算。

8. 空斗墙、空花墙、围墙

（1）空斗墙：按设计图示尺寸以空斗墙外形体积计算。墙角、内外墙交接处、门窗洞口立边、窗台砖、屋檐处的实砌部分体积，并入空斗墙体积内。空斗墙的窗间墙、窗台下、楼板下、梁头下等的实砌部分，按零星砌砖定额计算。

（2）空花墙：按设计图示尺寸以空花部分的外形体积计算，不扣除空洞部分体积。空花墙外有实砌墙，其实砌部分应以体积另列项目计算。

（3）围墙：按设计图示尺寸以体积计算，其围墙附垛、围墙柱及砖压顶应并入墙身体积内；砖围墙上有混凝土花格、混凝土压顶时，混凝土花格及压顶应按"混凝土工程"相应子目计算，其围墙高度算至混凝土压顶下表面。

9. 填充墙

按设计图示尺寸以填充墙外形体积计算，其实砌部分及填充料已包括在定额内，不另计算。

10. 砖柱

按设计图示尺寸以体积计算。扣除混凝土及钢筋混凝土梁垫、梁头、板头所占体积。砖柱基、柱身不分断面，均以设计体积计算，柱身、柱基工程量合并套"砖柱定额"。柱基与柱身砌体品种不同时，应分开计算并分别套用相应定额。

11. 砖砌地下室墙身与基础

按设计图示以体积计算，内、外墙身工程量合并计算按相应内墙定额执行。墙身外侧面砌贴砖按设计厚度以体积计算。

12. 钢筋砖过梁

加气混凝土、硅酸盐砌块、小型空心砌块墙砌体中设计钢筋砖过梁时，应另行计算，套"零星砌砖定额"。

13. 毛石墙、方整石墙

按图示尺寸以体积计算。方整石墙单面出垛并入墙身工程量内，双面出墙垛按柱计算。标准砖镶砌门、窗口立边、窗台虎头砖、钢筋砖过梁等按实砌砖体积另列项目计算，套"零星砌砖定额"。

14. 其他

（1）砖砌台阶按水平投影面积以面积计算。

（2）毛石、方整石台阶均以图示尺寸按体积计算，毛石台阶按毛石基础定额执行。

（3）墙面、柱、底座、台阶的剁斧以设计展开面积计算。

（4）砖砌地沟沟底与沟壁工程量合并以体积计算。

（5）毛石砌体打荒、錾凿、剁斧按砌体裸露外表面积计算（錾凿包括打荒，剁斧包括打荒、整凿，打荒、錾凿、剁斧不能同时列入）。

15. 基础垫层

（1）基础垫层按设计图示尺寸以"m³"计算。

（2）外墙基础垫层长度按外墙中心线长度计算，内墙基础顶层长度按内墙基础垫层净长计算。

8.4.3 其他定额使用说明

1. 砌砖、砌块墙

（1）标准砖墙不分清、混水墙及艺术形式复杂程度。砖券、砖过梁、砖圈梁、腰线、砖垛、砖挑檐、附墙烟囱等因素已综合在定额内，不得另列项目计算。阳台砖隔断按相应内墙定额执行。

（2）砌体使用配砖与定额不同时，不作调整。

（3）空斗墙中门窗立边、门窗过梁、窗台、墙角、檩条下、楼板下、踢脚线部分和屋檐处的实砌砖已包括在定额内，不得另列项目计算。空斗墙中遇有实砌钢筋砖圈梁及单面附垛时，应另列项目按零星砌砖定额执行。

（4）砌块墙、多孔砖墙中，窗台虎头砖、腰线、门窗洞边接茬用标准砖已包括在定额内。

（5）门窗洞口侧预埋混凝土块，定额中已综合考虑。实际施工不同时，不做调整。

（6）各种砖砌体的砖、砌块是按下表编制的，规格不同时，可以换算，具体规格见表 8-4-2：

表 8-4-2　砖、砌块规格表

砖名称	长×宽×高(mm)			
标准砖	240×115×53			
七五配砖	190×90×40			
KP1 多孔砖	240×115×90			
多孔砖	240×240×115	240×115×115		
KM1 多孔砖	190×190×90	190×90×90		
三孔砖	190×190×90			
六孔砖	190×190×140			
九孔砖	190×190×190			
页岩模数多孔砖	240×190×90	240×140×90	240×90×90	190×120×90
普通混凝土小型空心砌块(双孔)	390×190×190			
普通混凝土小型空心砌块(单孔)	190×190×190	190×190×90		
粉煤灰硅酸盐砌块	880×430×240	580×430×240	430×430×240	280×430×240
加气混凝土块	600×240×150	600×200×250	600×100×250	

（7）除标准砖墙外，定额的其他品种砖弧形墙其弧形部分每体积砌体按相应定额人工增加 15%，砖 5%，其他不变。

（8）砌砖、块定额中已包括了门、窗框与砌体的原浆勾缝在内，砌筑砂浆强度等级按设计规定应分别套用。

（9）砖砌体内的钢筋加固及转角、内外墙的搭接钢筋，按设计图示钢筋长度乘以单位理论重量计算，执行钢筋工程的"砌体、板缝内加固钢筋"子目。

（10）砖砌挡土墙以顶面宽度按相应墙厚内墙定额执行，顶面宽度超过一砖按砖基础定额执行。

（11）零星砌砖系指砖砌门蹲、房上烟囱、地垅墙、水槽、水池脚、垃圾箱、台阶面上矮墙、花台、煤箱、垃圾箱、容积在 3 m³ 内的水池、大小便槽（包括踏步）、阳台栏板等砌体。

（12）砖砌围墙如设计为空斗墙、砌块墙时，应按相应定额执行，其基础与墙身除定额注明外应分别套用定额。

（13）蒸压加气混凝土砌块根据施工方法的不同，分为普通砂浆砌筑加气混凝土砌块墙（指主要靠普通砂浆或专用砌筑砂浆黏结，砂浆灰缝厚度不超过 15 mm）和薄层砂浆砌筑加气混凝土砌块墙（简称薄灰砌筑法，使用专用黏结砂浆和专用铁件连接，砂浆灰缝一般3～4 mm）。定额分别按蒸压加气混凝土砌块和蒸压砂加气混凝土砌块列入子目，实际砌块种类与定额不同时，可以替换。

2. 砌石

（1）定额分为毛石、方整石砌体两种。毛石系指无规则的乱毛石，方整石系指已加工好有面、有线的商品方整石（方整石砌体不得再套打荒、錾凿、剁斧定额）。

（2）毛石、方整石零星砌体按窗台下墙相应定额执行，人工乘以系数 1.10。毛石地沟、水池按窗台下石墙定额执行。毛石、方整石围墙按相应墙定额执行。砌筑圆弧形基础、墙（含砖、石混合砌体），人工按相应定额乘以系数 1.10，其他不变。

3. 基础垫层

（1）整板基础下垫层采用压路机辗压时，人工乘以系数 0.90，垫层材料乘以系数 1.15，增加光轮压路机（8 t）0.022 台班，同时扣除定额中的电动夯实机台班（已有压路机的子目除外）。

（2）混凝土垫层应另行执行混凝土工程相应子目。

8.4.4　知识、技能评估

（1）对拓展案例 7-4-1 中相关清单项目，基于《江苏省建筑与装饰工程计价定额》进行计价。

（2）对第 7.4.5 节知识、技能评估题 1 中的基础墙，基于《江苏省建筑与装饰工程计价定额》进行计价。

（3）对第 7.4.5 节知识、技能评估题 2 中的砌体工程，基于《江苏省建筑与装饰工程计价定额》进行计价。

8.5　混凝土工程

工程案例：依据住宅楼工程的工程量清单。

要求：编制该混凝土工程的工程量清单计价，基于《江苏省建筑与装饰工程计价定额》及增值税一般计税法。

8.5.1　工程量清单组价

1. 垫层

混凝土种类为预拌泵送混凝土；强度等级 C15。

序号	项目编码	项目名称	计量单位	工程量	综合单价	合价
1	010501001001	垫层	m³	8.34	401.22	3 346.17
	6-178 换	垫层 C15	m³	8.34	401.22	3 346.17
		定额换算:预拌混凝土(泵送型)C10(编号 80212101)换成预拌混凝土(泵送型)C15 (编号 80212102) 综合单价组成: 1. 人工费:39.36 元 2. 材料费:322.52×1.015+4.57×0.53+0.22=330.00 元 3. 机械费:12.25 元 4. 管理费:(39.36+12.25)×26%=13.42 元 5. 利润:(39.36+12.25)×12%=6.19 元 综合单价:39.36+330.00+12.25+13.42+6.19=401.22 元/m³				
		定额工程量:同清单工程量 8.34 m³				

说明:① 混凝土基础垫层是指砖、石、混凝土、钢筋混凝土等基础下的混凝土垫层,按图示尺寸以体积计算。不扣除伸入承台基础的桩头所占体积。

② 外墙基础垫层长度按外墙中心线长度计算,内墙基础垫层长度按内墙基础垫层净长计算。

2. 独立基础

混凝土种类为预拌泵送混凝土;强度等级 C30。

序号	项目编码	项目名称	计量单位	工程量	综合单价	合价
2	010501003001	独立基础	m³	27.09	414.05	11 216.61
	6-185 换	桩承台独立柱基 C30	m³	27.09	414.05	11 216.61
		定额换算:预拌混凝土(泵送型)C20(编号 80212103)换成预拌混凝土(泵送型)C30 (编号 80212105) 综合单价:(24.60+11.91)×(1+26%+12%)+(351.66×1.02+0.69×0.81+ 4.57×0.92+0.22)=414.05 元/m³				
		定额工程量:同清单工程量 27.09 m³				

说明:① 基础工程量计算一般按图示尺寸以体积计算,不扣除伸入承台基础的桩头所占体积。

② 独立柱基、桩承台工程量按图示尺寸实体积以体积计算至基础扩大顶面。

3. 矩形框架柱

混凝土种类为预拌泵送混凝土;强度等级 C30。

序号	项目编码	项目名称	计量单位	工程量	综合单价	合价
3	010502001001	矩形框架柱	m³	51.84	474.88	24 617.78
	6-190	矩形柱 C30	m³	51.84	474.88	24 617.78
		综合单价:474.88 元/m³				
		定额工程量:同清单工程量 51.84 m³				

说明:① 按图示断面尺寸乘柱高以体积计算,应扣除构件内型钢体积。

② 有梁板的柱高,应自柱基上表面(或楼板上表面)至上一层楼板上表面之间的高度计算,不扣除板厚。

4. 构造柱

混凝土种类为自拌现浇混凝土;强度等级 C30。

序号	项目编码	项目名称	计量单位	工程量	综合单价	合价
4	010502002001	构造柱	m³	8.22	640.99	5 268.94
	6-17 换	构造柱 C30	m³	8.22	640.99	5 268.94
		定额换算:现浇混凝土 C20(编号 80210118)换成现浇混凝土 C30(编号 80210122) 综合单价:(266.50+10.30)×(1+26%+12%)+259.00=640.99 元/m³				
		定额工程量:同清单工程量 8.22 m³				

说明:构造柱按全高计算,与砖墙嵌接部分的钢筋混凝土体积并入柱身体积内计算。

5. 基础梁

混凝土种类为预拌泵送混凝土;强度等级 C30。

序号	项目编码	项目名称	计量单位	工程量	综合单价	合价
5	010503001001	基础梁	m³	7.60	426.15	3 238.74
	6-193	基础梁 C30	m³	7.60	426.15	3 238.74
		综合单价:5 426.15 元/m³				
		定额工程量:同清单工程量 7.60 m³				

说明:① 梁工程量按图示断面尺寸乘梁长以体积计算;

② 梁与柱连接时,梁长算至柱侧面;

③ 主梁与次梁连接时,次梁长算至主梁侧面,伸入砖墙内的梁头、梁垫体积并入梁体积内计算。

6. 矩形框架梁

混凝土种类为预拌泵送混凝土;强度等级 C30。

序号	项目编码	项目名称	计量单位	工程量	综合单价	合价
6	010503002001	矩形框架梁	m³	4.49	456.19	2 048.29
	6-194	框架梁 C30	m³	4.49	456.19	2 048.29
		综合单价:456.19 元/m³				
		定额工程量:同清单工程量 4.49 m³				

7. 圈梁

混凝土种类为自拌现浇混凝土;强度等级 C30。

序号	项目编码	项目名称	计量单位	工程量	综合单价	合价
7	010503004001	圈梁	m³	0.36	486.64	175.19
	6-21 换	圈梁 C30	m³	0.36	486.64	175.19
		定额换算：现浇混凝土 C20(编号 80210118)换成现浇混凝土 C30(编号 80210135) 综合单价：(157.44+9.75)×(1+26%+12%)+255.92=486.64 元/m³				
		定额工程量：同清单工程量 0.36 m³				

8. 窗台梁

混凝土种类为自拌现浇混凝土;强度等级 C30。

序号	项目编码	项目名称	计量单位	工程量	综合单价	合价
8	010503004002	窗台梁	m³	3.43	486.64	1 669.18
	6-21 换	圈梁 C30	m³	3.43	486.64	1 669.18
		定额换算： 1. 现浇混凝土 C20(编号 80210118)换成现浇混凝土 C30(编号 80210135) 2. 窗台梁施工同圈梁,使用圈梁定额 综合单价：486.64 元/m³				
		定额工程量：同清单工程量 3.43 m³				

9. 现浇过梁

混凝土种类为自拌现浇混凝土;强度等级 C30。

序号	项目编码	项目名称	计量单位	工程量	综合单价	合价
9	010503005001	现浇过梁	m³	0.70	556.72	389.70
	6-22 换	过梁 C30	m³	0.70	556.72	389.70
		定额换算：现浇混凝土 C20(编号 80210118)换成现浇混凝土 C30(编号 80210135) 综合单价：(207.46+9.75)×(1+26%+12%)+256.97=556.72 元/m³				
		定额工程量：同清单工程量 0.70 m³				

10. 预制过梁

(1) YGL-DZM1:0.07 m³;安装高度:2.5 m;自拌现浇混凝土强度等级:C30。

(2) YGL-C5:0.02 m³;安装高度:3.8 m;自拌现浇混凝土强度等级:C30。

(3) YGL-M3:0.02 m³;安装高度:2.1 m;自拌现浇混凝土强度等级:C30。

序号	项目编码	项目名称	计量单位	工程量	综合单价	合价
10	010510003001	预制过梁	m³	0.42	517.02	217.15
(1)	6-67 换	过梁 C30	m³	0.42	409.51	171.99
		定额换算：现浇混凝土 C20(编号 80210118)换成现浇混凝土 C30(编号 80210135) 综合单价：(86.92+23.72)×(1+26%+12%)+256.82=409.51 元/m³				

续表

序号	项目编码	项目名称	计量单位	工程量	综合单价	合价
		定额工程量:同清单工程量 0.42 m³				
(2)	8-72	过梁安装(塔式起重机)	m³	0.42	107.53	45.16
		综合单价:107.53 元/m³				
		定额工程量:同清单工程量 0.42 m³				

11. 有梁板

混凝土种类为预拌泵送混凝土;强度等级 C30。

序号	项目编码	项目名称	计量单位	工程量	综合单价	合价
11	010505001001	有梁板	m³	142.57	448.13	63 889.89
(1)	6-207	有梁板 C30	m³	123.36	447.89	55 251.71
		定额使用:有梁板为非斜板,坡度小于 10° 综合单价:447.89 元/m³				
		见清单工程量计算: 1. 一层有梁板(1.780 m):19.64 m³ 2. 北入口 H~J/6~8(标高 3.180 m):0.27 m³ 3. 二层有梁板(4.580 m):19.60 m³ 4. 三层有梁板(7.380 m):19.60 m³ 5. 四层有梁板(10.180 m):19.60 m³ 6. 五层有梁板(12.980 m):19.60 m³ 7. 六层有梁板(15.780 m):19.60 m³ 8. 有梁板(18.580 m):5.44 m³ 定额工程量:19.64+0.27+19.60+19.60+19.60+19.60+5.44 =123.36 m³				
(2)	6-207 换	有梁板(斜) C30	m³	19.22	449.38	8 637.08
		定额换算: 1. 定额(注 1)有梁板、平板为斜板,坡度大于 10°时人工乘以系数 1.03,大于 45°时另行处理 2. 工程案例中,屋顶有梁板:南侧坡面 23.7°($i=0.44$);北侧坡面 34.2°($i=0.68$);气窗三坡面 11.3°($i=0.20$) 综合单价组成: 1. 人工费:36.08×1.03=37.16 元 2. 材料费:371.66 元 3. 机械费:19.16 元 4. 管理费:(37.16+19.16)×26%=14.64 元 5. 利润:(37.16+19.16)×12%=6.76 元 综合单价:37.16+371.66+19.16+14.64+6.76=449.38 元/m³				
		见清单工程量计算: 1. 屋顶有梁板(两坡屋面):14.46 m³ 2. 气窗屋顶(三坡屋面):4.76 m³ 定额工程量:14.46+4.76=19.22 m³				

说明:① 板工程量应按图示面积乘板厚以体积计算(梁板交接处不得重复计算),不扣除单个面积 0.3 m² 以内的柱、垛以及孔洞所占体积,应扣除构件中压形钢板所占体积。

② 有梁板按梁(包括主、次梁)、板体积之和计算,有后浇板带时,后浇板带(包括主、次梁)应扣除。

12. 栏板

混凝土种类为自拌现浇混凝土;强度等级 C30。

序号	项目编码	项目名称	计量单位	工程量	综合单价	合价
12	010505006001	栏板	m³	7.41	572.95	4 245.56
	6-52 换	栏板 C30	m³	7.41	572.95	4 245.56
		定额使用:现浇混凝土 C20(编号 80210118)换成现浇混凝土 C30(编号 80210122) 综合单价:(207.46+15.72)×(1+26%+12%)+264.96=572.95 元/m³				
		定额工程量:同清单工程量 7.41 m³				

说明:混凝土栏板、竖向挑板以体积计算。

13. 挑檐板

混凝土种类为预拌泵送混凝土;强度等级 C30。

序号	项目编码	项目名称	计量单位	工程量	综合单价	合价
13	010505007002	挑檐板	m³	2.58	506.20	1 306.00
(1)	6-215 换	水平挑檐,板式雨篷 C30	10 m²	2.578	459.26	1 183.97
		定额换算:预拌混凝土(泵送型)C20(编号 80212103)换成预拌混凝土(泵送型)C30(编号 80212105) 综合单价:(59.86+28.89)×(1+26%+12%)+336.78=459.26 元/10 m²				
		见清单工程量计算: 1. 两侧山墙:10.68 m² 2. 两坡屋面檐沟外侧:4.51 m² 3. 气窗三坡屋面南侧檐沟外:10.59 m² 定额工程量:(10.68+4.51+10.59)/10=2.578(10 m²)				
(2)	6-218 换	混凝土含量每增减 m³	m³	0.252	484.20	122.02
		定额换算: 1. 预拌混凝土(泵送型)C20(编号 80212103)换成预拌混凝土(泵送型)C30(编号 80212105) 2. 定额(注 3)楼梯、雨篷的混凝土按设计用量加 1.5%损耗按相应定额进行调整 综合单价:(63.96+30.65)×(1+26%+12%)+353.64=484.20 元/m³				
		1. 定额 6-215 中混凝土含量(含损耗): 0.919(m³/10 m²)×2.578(10 m²)=2.367 m³ 2. 实际混凝土用量(含损耗):2.58×(1+1.5%)=2.619 m³ 混凝土调整用量:2.619−2.367=0.252 m³				

14. 檐沟

混凝土种类为预拌泵送混凝土;强度等级 C30。

序号	项目编码	项目名称	计量单位	工程量	综合单价	合价
14	010505007001	檐沟	m³	1.25	517.27	646.59
(1)	6-219 换	天、檐沟竖向挑板 C30	m³	0.84	521.45	438.02
		定额换算：预拌混凝土(泵送型)C20(编号 80212103)换成预拌混凝土(泵送型)C30 (编号 80212105) 综合单价：(75.44＋30.68)×(1＋26％＋12％)＋375.01＝521.45 元/m³				
		见清单工程量计算： 1. 两坡屋面檐沟： (1) 1～4/B、10～13/B 轴： WL4：0.19 m³ WKL1(南悬挑)：0.10 m³ (2) 1～2/F、12～13/F 轴： WL6：0.10 m³ WKL12(北悬挑)：0.06 m³ 2. 气窗三坡屋面檐沟 4～10/B 轴： WL3：0.30 m³ WKL12(南悬挑)：0.06 m³ WKL5(南悬挑)：0.03 m³ 定额工程量：0.19＋0.10＋0.10＋0.06＋0.30＋0.06＋0.03＝0.84 m³				
(2)	6-215 换	水平挑檐，板式雨篷 C30	10 m²	0.510	459.26	234.22
		定额换算：同挑檐板 综合单价：459.26 元/m³				
		见清单工程量计算 1. 两坡屋面檐沟： (1) 1～4/B、10～13/B 轴： B：(3.5－0.2)×0.3×2＝1.98 m² (2) 1～2/F、12～13/F 轴： B：(2－0.2)×0.3×2＝1.08 m² 2. 气窗三坡屋面檐沟 4～10/B 轴： B：(3.6＋3.6－0.2－0.2)×0.3＝2.04 m³ 定额工程量：(1.98＋1.08＋2.04)/10＝0.510(10 m²)				
(3)	6-218 换	混凝土含量每增减 m³	m³	－0.053	484.20	－25.66
		定额换算：同挑檐板 综合单价：484.20 元/m³				
		1. 定额 6-215 中混凝土含量(含损耗)： 0.919(m³/10 m²)×0.51(10 m²)＝0.469 m³ 2. 混凝土设计用量：0.16＋0.09＋0.16＝0.41 m³，檐沟底板体积合计详见清单计算 3. 实际混凝土用量(含损耗)：0.41×(1＋1.5％)＝0.416 m³ 混凝土调整量：0.416－0.469＝－0.053 m³				

说明：现浇挑檐、天沟与板(包括屋面板、楼板)连接时，以外墙面为分界线，与圈梁(包括其他梁)连接时，以梁外边线为分界线。外墙边线以外或梁外边线以外为挑檐、天沟。天沟底板与侧板工程量应分别计算，底板按板式雨篷以底板水平投影面积计算，侧板按天、檐沟竖向挑板以体积计算。

15. 悬挑板

混凝土种类为预拌泵送混凝土;强度等级 C30。

序号	项目编码	项目名称	计量单位	工程量	综合单价	合价
15	010505008001	悬挑板	m³	5.280	505.28	2 667.88
(1)	6-215 换	悬挑板,板式雨篷 C30	10 m²	5.108	459.26	2 345.90
		定额换算:同挑檐板 综合单价:459.26 元/10 m²(同上)				
		见清单工程量计算: 1. 窗台挑板 100 mm:(0.8−0.1)×2.04×2×6=17.14 m² 2. 飘窗挑板 100 mm:(0.8−0.1)×2.04×2×6=17.14 m² 3. 1~2/F 轴、空调挑板 100 mm: 0.7×2.0×2×6=16.80 m² 定额工程量:(17.14+17.14+16.80)/10=5.108(10 m²)				
(2)	6-218 换	混凝土含量每增减 m³	m³	0.665	484.20	321.99
		定额换算:同挑檐板 综合单价:484.20 元/m³				
		1. 定额 6-215 中混凝土含量(含损耗): 0.919(m³/10 m²)×5.108(10 m²)=4.694 m³ 2. 实际混凝土用量(含损耗):5.28×(1+1.5%)=5.359 m³ 混凝土调整用量:5.359−4.694=0.665 m³				

说明:① 飘窗的上下挑板按板式雨篷以底板水平投影面积计算;

② 空调板按板式雨篷以板底水平投影面积计算。

16. 雨篷板

混凝土种类为预拌泵送混凝土;强度等级 C30。

序号	项目编码	项目名称	计量单位	工程量	综合单价	合价
16	010505008002	雨篷板	m³	2.29	500.94	1 147.15
(1)	6-216 换	复式雨篷 C30	10 m²	1.558	554.50	863.91
		定额换算:预拌混凝土(泵送型)C20(编号 80212103)换成预拌混凝土(泵送型)C30(编号 80212105) 综合单价:(72.98+34.04)×(1+26%+12%)+406.81=554.50 元/10 m²				
		工程量计算: 1. 北入口雨篷(3.200 m):2.8×1.6=4.48 m² 2. 阳台顶部雨篷(18.600 m):(3.6+3.6+0.2)×1.5=11.10 m² 定额工程量:(4.48+11.10)/10=1.558(10 m³)				
(2)	6-218 换	混凝土含量每增减 m³	m³	0.585	484.20	283.26
		定额换算:同挑檐板 综合单价:484.20 元/m³				
		1. 定额 6-216 中混凝土含量(含损耗): 1.116(m³/10 m²)×1.558(10 m²)=1.739 m³ 2. 实际混凝土用量(含损耗):2.29×(1+1.5%)=2.324 m³ 混凝土调整用量:2.324−1.739=0.585 m³				

说明:阳台、雨篷,按伸出墙外的板底水平投影面积计算,伸出墙外的牛腿不另计算。

17. 阳台板

混凝土种类为预拌泵送混凝土;强度等级 C30。

序号	项目编码	项目名称	计量单位	工程量	综合单价	合价
17	010505008003	阳台板	m³	9.90	498.20	4 932.18
(1)	6-217 换	阳台 C30	10 m²	6.66	788.55	5 251.74
		定额换算:预拌混凝土(泵送型)C20(编号 80212103)换成预拌混凝土(泵送型)C30(编号 80212105) 综合单价:(100.86+49.35)×(1+26%+12%)+581.26=788.55 元/10 m²				
		见清单工程量计算: 阳台面积:(3.6+3.6+0.2)×1.5×6=66.60 m² 定额工程量:66.60/10=6.66(10 m²)				
(2)	6-218 换	混凝土含量每增减 m³	m³	−0.66	484.20	−319.57
		定额换算:同挑檐板 综合单价:484.20 元/m³				
		1. 定额 6-217 中混凝土含量(含损耗): 6.66(m³/10 m²)×1.608(10 m²)=10.709 m³ 2. 实际混凝土用量(含损耗):9.90×(1+1.5%)m³=10.049 m³ 混凝土调整用量:10.049−10.709=−0.660 m³				

18. 直形楼梯

混凝土种类为预拌泵送混凝土;强度等级 C30。

序号	项目编码	项目名称	计量单位	工程量	综合单价	合价
18	010506001001	直形楼梯	m²	47.670	115.69	5 514.94
(1)	6-213 换	直形楼梯 C30	10 m²	4.767	115.69	5 514.94
		定额换算:预拌混凝土(泵送型)C20(编号 80212103)换成预拌混凝土(泵送型)C30(编号 80212105) 综合单价:(126.28+63.00)×(1+26%+12%)+745.39=1 006.59 元/10 m²				
		定额工程量:同清单工程量 47.67/10=4.767(10 m²)				
(2)	6-218 换	混凝土含量每增减 m³	m³	1.48	484.20	716.62
		定额换算:同挑檐板 综合单价:484.20 元/m³				
		1. 定额 6-213 中混凝土含量(含损耗): 4.767(m³/10 m²)×2.07(10 m²)=9.868 m³ 2. 混凝土设计用量:11.18 m³(见清单工程量计算,直形楼梯以 m³ 计量) 3. 实际混凝土用量(含损耗):11.18×(1+1.5%)m³=11.348 m³ 混凝土调整用量:11.348−9.868=1.48 m³				

说明:整体楼梯包括休息平台、平台梁、斜梁及楼梯梁,按水平投影面积计算,不扣除宽度在 500 mm 以内的楼梯井,伸入墙内部分不另增加,楼梯与楼板连接时,楼梯算至楼梯梁外侧面。当现浇楼板无梯梁连接时,以楼梯的最后一个踏步边缘加 300 mm 为界。圆弧形

楼梯包括圆弧形梯段、圆弧形边梁及与楼板连接的平台,按楼梯的水平投影面积计算。

19. 散水

素土夯实;100 mm 厚碎石;素水泥浆一道;60 mm 厚 C20 细石混凝土;20 mm 厚 1:2.5 水泥砂浆面层压光。

序号	项目编码	项目名称	计量单位	工程量	综合单价	合价
19	010507001001	散水	m²	23.04	60.21	1 387.24
	13-163	混凝土散水	10 m²	2.304	602.10	1 387.24
		定额使用:(定额注)混凝土散水、混凝土斜坡按《室外工程》苏 08-2006 编制,采用其他图集时,材料可以调整,其他不变 综合单价:602.10 元/m³				
		定额工程量:同清单工程量 23.04/10=2.304(10 m²)				

20. 坡道

素土夯实;150 mm 厚碎石垫层;80 mm 厚 C15 混凝土;斜坡地面上水泥砂浆搓牙。

序号	项目编码	项目名称	计量单位	工程量	综合单价	合价
20	010507001002	坡道	m²	35.20	93.89	3 304.93
	13-164 换	大门混凝土斜坡	10 m²	3.520	938.86	3 304.79
		定额使用:(定额注)大门斜坡抹灰设计搓牙者,另增 1:2 水泥砂浆 0.068 m³,人工 1.75 工日,拌合机 0.01 台班 综合单价组成: 1. 人工费:(2.66+1.75)×82=361.62 元 2. 材料费:219.71×0.82+250.42×(0.205+0.068)+66.06×0.230+60.23×2.510+1.29×2.45+4.57×0.93=422.31 元 3. 机械费:150.13×0.032+120.64×(0.032+0.01)+23.47×0.033+13.85×0.064+116.04×0.010=12.69 元 4. 管理费:(361.62+12.69)×26%=97.32 元 5. 利润:(361.62+12.69)×12%=44.92 元 综合单价:361.62+422.31+12.69+97.32+44.92=938.86 元/m³				
		定额工程量:同清单工程量 35.20/10=3.520(10 m²)				

21. 台阶

踏步 150 mm×300 mm(高×宽);混凝土种类为自拌现浇混凝土;强度等级 C30。

序号	项目编码	项目名称	计量单位	工程量	综合单价	合价
21	010507004001	台阶	m²	3.87	73.66	285.06
	6-59 换	台阶	10 m²	0.387	736.52	285.03
		定额换算: 1. 现浇混凝土 C20(编号 80210118)换成现浇混凝土 C30(编号 80210122) 2. 台阶的设计混凝土用量超过定额含量时,按设计用量加 1.5%损耗进行调整,本处未考虑 综合单价:(203.36+25.46)×(1+26%+12%)+420.75=736.52 元/10 m²				
		定额工程量:同清单工程量 3.87/10=0.387(10 m²)				

说明:台阶按水平投影以面积计算,台阶与平台的分界线以最上层台阶的外口增300 mm宽度为准,台阶宽以外部分并入地面工程量计算。

22. 压顶

断面尺寸 60 mm×200 mm(高×宽);混凝土种类为自拌现浇混凝土;强度等级 C30。

序号	项目编码	项目名称	计量单位	工程量	综合单价	合价
22	010507005001	压顶	m³	0.23	534.58	122.95
	6-57 换	压顶	m³	0.23	534.58	122.95
		定额换算:现浇混凝土C20(编号80210118)换成现浇混凝土C30(编号80210122); 综合单价:(175.48+13.81)×(1+26%+12%)+273.36=534.58 元/m³				
		定额工程量:同清单工程量 0.23 m³				

23. 素混凝土止水带

素混凝土止水带;截面 150 mm×200 mm(高×宽);混凝土种类为自拌现浇混凝土;强度等级 C30;部位详见设计图。

序号	项目编码	项目名称	计量单位	工程量	综合单价	合价
23	010507007001	素混凝土止水带	m³	6.66	406.42	2 706.76
	6-32	有梁板 C30	m³	6.66	406.42	2 706.76
		定额使用:厨卫间墙下设计有素混凝土止水坎时,工程量并入板内,执行有梁板定额 综合单价:406.42 元/m³				
		定额工程量:同清单工程量 6.66 m³				

24. 线条

二层;混凝土腰线;截面详见设计图;混凝土种类为预拌泵送混凝土;强度等级 C30。

序号	项目编码	项目名称	计量单位	工程量	综合单价	合价
24	010507007002	线条	m³	1.77	520.74	921.71
	6-227 换	小型构件 C30	m³	1.77	520.74	921.71
		定额换算: 1. 依附于梁、板、墙(包括阳台梁、圈过梁、挑檐板、混凝土栏板、混凝土墙外侧)上的混凝土线条(包括弧形线条)按小型构件定额执行(梁、板、墙宽算至线条内侧) 2. 预拌混凝土(泵送型)C20(编号80212103)换成预拌混凝土(泵送型)C30(编号80212105) 综合单价:(78.72+30.68)×(1+26%+12%)+369.77=520.74 元/m³				
		定额工程量:同清单工程量 1.77 m³				

25. 上人孔

六层出屋面;详见设计图;混凝土种类为自拌现浇混凝土;强度等级 C30。

序号	项目编码	项目名称	计量单位	工程量	综合单价	合价
25	010507007003	上人孔	m³	0.15	572.93	85.94
	6-52 换	栏板 C30	m³	0.15	572.95	85.94
		定额换算:同栏板 综合单价:572.95 元/m³				
		定额工程量:同清单工程量 0.15 m³				

8.5.2 其他定额工程量计算规则

1. 现浇混凝土

（1）基础

混凝土工程量除另有规定外,均按图示尺寸以体积计算。不扣除构件内钢筋、支架、螺栓孔、螺栓、预埋铁件及墙、板中≤0.3 m³ 的孔洞所占体积,留洞所增加工、料不再另增费用。

① 带形基础长度:外墙下条形基础按外墙中心线长度、内墙下带形基础按基底、有斜坡的按斜坡间的中心线长度、有梁部分按梁净长计算,独立柱基间带形基础按基底净长计算。

② 有梁带形混凝土基础,其梁高与梁宽之比在 4:1 以内的,按有梁式带形基础计算(带形基础梁高是指梁底部到上部的高度)。超过 4:1 时,其基础底按无梁式带形基础计算,上部按墙计算,如图 8-5-1 所示。

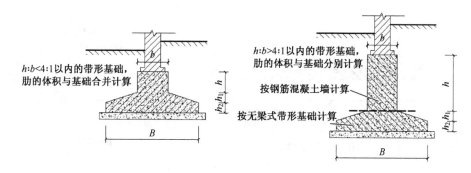

图 8-5-1 有肋带形基础示意

③ 满堂(板式)基础有梁式(包括反梁)、无梁式应分别计算,仅带有边肋者,按无梁式满堂基础套用定额,如图 8-5-2 和图 8-5-3 所示。

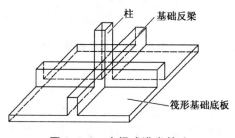

图 8-5-2 有梁式满堂基础

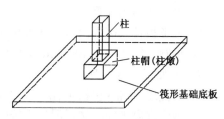

图 8-5-3 无梁式满堂基础

④ 设备基础除块体以外,其他类型设备基础分别按基础、梁、柱、板、墙等有关规定计算,套相应的定额。

⑤ 杯形基础套用独立柱基定额。杯口外壁高度大于杯口外长边的杯形基础,套"高颈杯形基础定额",如图 8-5-4 所示。

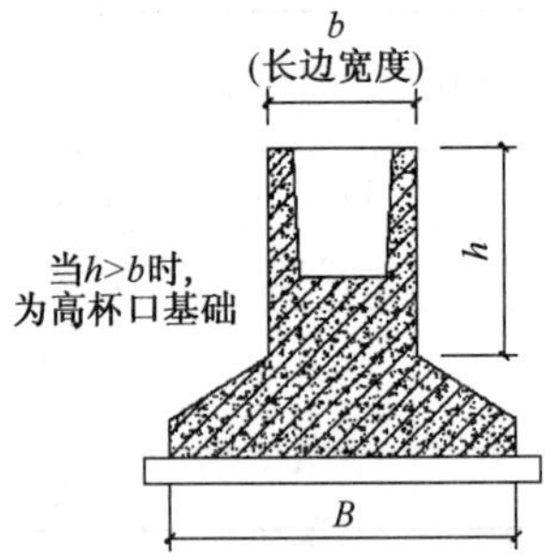

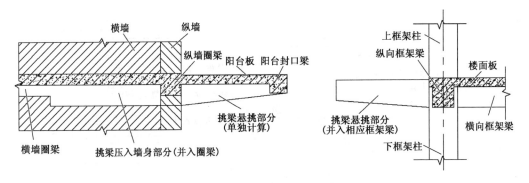

(2)柱

按图示断面尺寸乘柱高以体积计算,应扣除构件内型钢体积。柱高按下列规定确定:

① 无梁板的柱高,自柱基上表面(或楼板上表面)至柱帽下表面的高度计算。

图 8-5-4　高颈杯形基础示意图

② 有预制板的框架柱柱高自柱基上表面至柱顶高度计算。

③ 依附柱上的牛腿和升板的柱帽,并入相应柱身体积内计算。

④ L、T、十形柱,按 L、T、十形柱相应定额执行。当两边之和超过 2 000 mm,按直形墙相应定额执行。

(3)梁

按图示断面尺寸乘梁长以体积计算,梁长按下列规定确定:

① 圈梁、过梁应分别计算,过梁长度按图示尺寸,图纸无明确表示时,按门窗洞口外围宽另加 500 mm 计算。平板与砖墙上混凝土圈梁相交时,圈梁高应算至板底面。

② 现浇挑梁按挑梁计算,其压入墙身部分按圈梁计算;挑梁与单、框架梁连接时,其挑梁应并入相应梁内计算,如图 8-5-5 所示。

图 8-5-5　挑梁计算示意图

③ 花篮梁二次浇捣部分执行圈梁定额。

(4)板

① 无梁板按板和柱帽之和以体积计算。

② 平板按体积计算。

③ 各类板伸入墙内的板头并入板体积内计算。

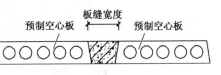

图 8-5-6　预制板缝示意

④ 预制板缝宽度在 100 mm 以上的现浇板缝按平板计算,如图 8-5-6 所示。

⑤ 后浇墙、板带(包括主、次梁)按设计图示尺寸以体积计算,如图 8-5-7 所示。

⑥ 现浇混凝土空心楼板混凝土按图示面积乘板厚以"m³"计算,其中空心管、箱体及空心部分体积扣除。

⑦ 现浇混凝土空心楼板内筒芯按设计图示中心线长度计算；无机阻燃型箱体按设计图示数量计算。

（5）墙

外墙按图示中心线（内墙按净长）乘墙高、墙厚以体积计算，应扣除门、窗洞口及>0.3 m² 的孔洞体积。单面墙垛其突出部分并入墙体体积内计算，双面墙垛（包括墙）按柱计算。弧形墙按弧线长度乘墙高、墙厚以体积计算，地下室墙有后浇墙带时，后浇墙带应扣除。梯形断面墙按上口与下口的平均宽度计算。墙高按下列规定确定：

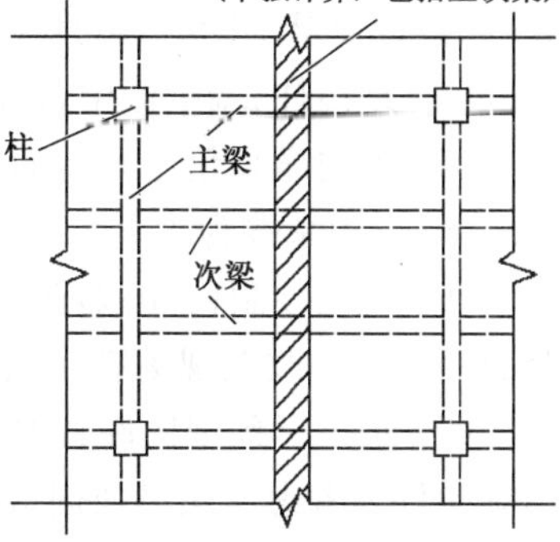

① 墙与梁平行重叠，墙高算至梁顶面；当设计梁宽超过墙宽时，梁、墙分别按相应项目计算。

② 墙与板相交，墙高算至板底面。

③ 屋面混凝土女儿墙按直（圆）形墙以体积计算。

（6）阳台、檐廊栏杆的轴线柱、下嵌、扶手以扶手的长度按延长米计算。栏板的斜长如图纸无规定时，按水平长度乘以系数 1.18 计算。地沟底、壁应分别计算，沟底按基础垫层定额执行。

（7）预制钢筋混凝土框架的梁、柱现浇接头，按设计断面以体积计算，套用"柱接柱接头"定额。

2. 现场、加工厂预制混凝土

（1）混凝土工程量均按图示尺寸以体积计算，扣除圆孔板内圆孔体积，不扣除构件内钢筋、铁件、后张法预应力钢筋灌浆孔及板内≤0.3 m² 的孔洞所占体积。

（2）预制桩按桩全长（包括桩尖）乘设计桩断面积（不扣除桩尖虚体积）以体积计算。

（3）混凝土与钢杆件组合的构件，混凝土按构件以体积计算，钢拉杆按金属结构工程中相应子目执行。

（4）镂空混凝土花格窗、花格芯按外形面积以面积计算。

（5）天窗架、端壁、檩条、支撑、楼梯、板类及厚度在 50 mm 以内的薄型构件按设计图纸加定额规定的场外运输、安装损耗以体积计算。

图 8-5-7 后浇带示意图

8.5.3 其他定额使用说明

（1）混凝土构件分为自拌混凝土构件、商品混凝土泵送构件、商品混凝土非泵送构件三部分，各部分又包括了现浇构件、现场预制构件、加工厂预制构件、构筑物等。

（2）混凝土石子粒径取定：设计有规定的按设计规定，无设计规定按表 8-5-1 规定计算。

表 8-5-1 混凝土构件石子粒径表

石子粒径	构 件 名 称
5～16 mm	预制板类构件、预制小型构件
5～31.5 mm	现浇构件：矩形柱（构造柱除外）、圆柱、多边形柱（L、T、十形柱除外）、框架梁、单梁、连续梁、地下室防水混凝土墙； 预制构件：柱、梁、桩
5～20 mm	除以上构件外均用此粒径
5～40 mm	基础垫层、各种基础、道路、挡土墙、地下室墙、大体积混凝土

(3) 毛石混凝土中的毛石掺量按 15% 计算，构筑物中毛石混凝土的毛石掺量按 20% 计算，如设计要求不同时，可按比例换算毛石、混凝土数量，其余不变。

(4) 现浇柱、墙定额中，均已按规范规定综合考虑了底部铺垫 1:2 水泥砂浆的用量。

(5) 室内净高超过 8 m 的现浇柱、梁、墙、板（各种板）的人工工日分别乘以下系数：净高在 12 m 以内系数为 1.18；净高在 18 m 以内系数为 1.25。

(6) 现场预制构件，如在加工厂制作，混凝土配合比按加工厂配合比计算；加工厂构件及商品混凝土改在现场制作，混凝土配合比按现场配合比计算；其工料、机械台班不调整。

(7) 加工厂预制构件其他材料费中已综合考虑了掺入早强剂的费用，现浇构件和现场预制构件未考虑使用早强剂费用，设计需使用时，可以另行计算早强剂增加费用。

(8) 加工厂预制构件采用蒸汽养护时，立窑、养护池养护费用另行计算。

(9) 小型混凝土构件，系指单体体积在 0.05 m³ 以内的未列出定额的构件。

(10) 构筑物中混凝土、抗渗混凝土已按常用的强度等级列入基价，设计与定额取定不符综合单价可调整。

(11) 钢筋混凝土水塔、砖水塔基础采用毛石混凝土、混凝土基础按烟囱相应定额执行。

(12) 构筑物的混凝土、钢筋混凝土地沟是指建筑物室外的地沟，室内钢筋混凝土地沟按现浇构件相应定额执行。

(13) 泵送混凝土定额中已综合考虑了输送泵车台班，布、拆管及清洗人工、泵管摊销费、冲洗费。当输送高度超过 30 m（含 30 m）时，输送泵车台班乘以 1.10；输送高度超过 50 m（含 50 m）时，输送泵车台班乘以 1.25；输送高度超过 100 m（含 100 m）时，输送泵车台班乘以 1.35；输送高度超过 150 m（含 150 m）时，输送泵车台班乘以 1.45；输送高度超过 200 m 时（含 200 m），输送泵车台班乘以 1.55。

(14) 现场集中搅拌混凝土按现场集中搅拌混凝土配合比执行，混凝土拌合料的费用另行计算。

(15) 混凝土垫层厚度按厚 150 mm 以内为准，超过 150 mm，按混凝土基础相应定额执行。

8.5.4 知识、技能评估

(1) 对拓展案例 7-5-1 中相关清单项目，基于《江苏省建筑与装饰工程计价定额》进行计价。

(2) 对拓展案例 7-5-2 中相关清单项目，《江苏省建筑与装饰工程计价定额》进行计价。

(3) 对第 7.5.5 节知识、技能评估题 1 中的垫层、条形基础、构造柱及圈梁，《江苏省建筑与装饰工程计价定额》进行计价。

(4) 对第 7.5.5 节知识、技能评估题 4 中的柱、梁和板，《江苏省建筑与装饰工程计价定额》进行计价。

8.6 钢筋工程

工程案例：依据住宅楼工程的工程量清单。

要求：编制该钢筋工程的工程量清单计价，基于《江苏省建筑与装饰工程计价定额》及增值税一般计税法。

8.6.1　工程量清单组价

1. 现浇构件钢筋

钢筋种类:HPB300;钢筋直径:6 mm。

序号	项目编码	项目名称	计量单位	工程量	综合单价	合价
1	010515001001	现浇构件钢筋	t	0.069	4 881.29	336.81
	5-1	现浇混凝土构件钢筋直径 φ12 mm 以内	t	0.069	4 881.29	336.81
		综合单价:4 881.29 元/t				
		定额工程量:同清单工程量 0.069 t				

说明:钢筋工程应区别现浇构件、预制构件、加工厂预制构件、预应力构件、电焊网片等以及不同规格,分别按设计展开长度(展开长度、保护层、搭接长度应符合规范规定)乘单位理论质量计算。

2. 现浇构件钢筋

钢筋种类:HPB300;钢筋直径:8 mm。

序号	项目编码	项目名称	计量单位	工程量	综合单价	合价
2	010515001002	现浇构件钢筋	t	0.061	4 881.29	297.76
	5-1	现浇混凝土构件钢筋直径 φ12 以内	t	0.061	4 881.29	297.76
		综合单价:4 881.29 元/t				
		定额工程量:同清单工程量 0.061 t				

3. 现浇构件钢筋

钢筋种类:HRB300;钢筋直径:12 mm。

序号	项目编码	项目名称	计量单位	工程量	综合单价	合价
3	010515001003	现浇构件钢筋	t	0.029	4 881.29	141.56
	5-1	现浇混凝土构件钢筋直径 φ12 以内	t	0.029	4 881.29	141.56
		综合单价:4 881.29 元/t				
		定额工程量:同清单工程量 0.029 t				

4. 现浇构件钢筋

钢筋种类:HRB335;钢筋直径:16 mm。

序号	项目编码	项目名称	计量单位	工程量	综合单价	合价
4	010515001004	现浇构件钢筋	t	0.327	4 398.48	1 438.30
	5-2	现浇混凝土构件钢筋直径 φ25 以内	t	0.327	4 398.48	1 438.30
		综合单价:4 398.48 元/t				
		定额工程量:同清单工程量 0.327 t				

8.6.2 其他定额工程量计算规则

编制预算时,钢筋工程量可暂按构件体积(或水平投影面积、外围面积、延长米)×钢筋含量计算,详见《江苏省建筑与装饰工程计价定额》附录一《混凝土及钢筋混凝土构件模板、钢筋含量表》。结算工程量计算应按设计图示尺寸、标准图集和规范要求计算,当设计图示、标准图集和规范要求不明确时按下列规则计算。

例 8-1 按钢筋含量计算工程案例中独立基础 J-1 的钢筋工程量。

解:查计价定额附录一,J-1 属独立基础中的普通柱基,则 $d=12$ mm 以内的含钢量 0.012 t/m³; $d=12$ mm 以外的含钢量 0.028 t/m³。

(1) J-1 中 $d=12$ mm 以内钢筋工程量(t):$3.10 \times 0.012 = 0.037\ 2$;

(2) J-1 中 $d=12$ mm 以外钢筋工程量(t):$3.10 \times 0.028 = 0.086\ 8$。

(1) 计算钢筋工程量时,搭接长度按规范规定计算。当梁、板(包括整板基础)$\phi 8$ mm 以上的通筋未设计搭接位置时,预算书暂按 9 m 一个双面电焊接头考虑,结算时应按钢筋实际定尺长度调整搭接个数,搭接方式按已审定的施工组织设计确定。

(2) 先张法预应力构件中的预应力和非预应力钢筋工程量应合并按设计长度计算,按预应力钢筋定额(梁、大型屋面板、F 板执行 $\phi 5$ mm 外的定额,其余均执行 $\phi 5$ mm 内定额)执行。后张法预应力钢筋与非预应力钢筋分别计算,预应力钢筋按设计图规定的预应力钢筋预留孔道长度,区别不同锚具类型,分别按下列规定计算:

① 低合金钢筋两端采用螺杆锚具时,预应力钢筋按预留孔道长度减 350 mm,螺杆另行计算。

② 低合金钢筋一端采用墩头插片,另一端螺杆锚具时,预应力钢筋长度按预留孔道长度计算。

③ 低合金钢筋一端采用墩头插片,另一端采用帮条锚具时,预应力钢筋增加 150 mm,两端均用帮条锚具时,预应力钢筋共增加 300 mm 计算。

④ 低合金钢筋采用后张混凝土自锚时,预应力钢筋长度增加 350 mm 计算。

⑤ 低合金钢筋(钢绞线)采用 JM、XM、QM 型锚具,孔道长度不大于 20 m 时,钢筋长度增加 1 m 计算,孔道长度大于 20 m 时,钢筋长度增加 1.8 m 计算。

⑥ 碳素钢丝采用锥形锚具,孔道长度不大于 20 m 时,钢丝束长度按孔道长度增加 1 m 计算,孔道长度大于 20 m 时,钢丝束长度按孔道长度增加 1.8 m 计算。

⑦ 碳素钢丝束采用墩头锚具时,钢丝束长度按孔道长度增加 0.35 m 计算。

(3) 电渣压力焊、直螺纹、冷压套管挤压等接头以"个"计算。预算书中,底板、梁暂按 9 m 长一个接头的 50% 计算;柱按自然层每根钢筋 1 个接头计算。结算时应按钢筋实际接头个数计算。

(4) 地脚螺栓制作、端头螺杆螺帽制作按设计尺寸以质量计算,安装按模板工程中设备螺栓安装子目执行。

(5) 植筋按设计数量以根数计算。

(6) 桩顶部破碎混凝土后主筋与地板钢筋焊接分别分为灌注桩、方桩(离心管桩、空心方桩按方桩)以桩的根数计算。每根桩端焊接钢筋根数不调整。

(7) 在加工厂制作的铁件(包括半成品铁件)、已弯曲成型钢筋的场外运输以质量计算。各种砌体内的钢筋加固分绑扎,不绑扎以质量计算。

(8) 混凝土柱中埋设的钢柱,其制作、安装应按相应的钢结构制作、安装定额执行。

(9) 基础中钢支架、铁件的计算:

① 基础中,多层钢筋的型钢支架、垫铁、撑筋、马凳等按已审定的施工组织设计合并用量计算,按金属结构的钢平台、走道制作和安装定额执行。现浇楼板中设置的撑筋按已审定的施工组织设计用量与现浇构件钢筋用量合并计算。

② 铁件按设计尺寸以质量计算,不扣除孔眼、切肢、切角、切边的质量。在计算不规则或多边形钢板质量时均以矩形面积计算。

③ 预制柱上钢牛腿按铁件以质量计算。

(10) 后张法预应力钢丝束、钢绞线束按设计图纸预应力筋的结构长度(即孔道长度)加操作长度之和乘钢材单位理论质量计算(无黏结钢绞线封油包塑的质量不计算),其操作长度按下列规定计算:

① 钢丝束采用墩头锚具时,不论一段张拉或两端张拉,均不增加操作长度(即结构长度等于计算长度)。

② 钢丝束采用锥形锚具时,一端张拉为 1.0 m,两端张拉为 1.6 m。

③ 有黏结钢绞线采用多根夹片锚具时,一端张拉为 0.9 m,两端张拉为 1.5 m。

④ 无黏结预应力钢绞线采用单根夹片锚具时,一端张拉为 0.6 m,两端张拉为 0.8 m。

⑤ 使用转角器(变角张拉工艺)张拉操作长度应在定额规定的结构长度及操作长度基础上另外增加操作长度:无黏结钢绞线每个张拉端增加 0.6 m,有黏结钢绞线每个张拉端增加 1.00 m。

⑥ 特殊张拉的预应力筋,其操作长度应按实计算。

(11) 当曲线张拉时,后张法预应力钢丝束、钢绞线计算长度可按直线长度乘以下列系数确定:梁高 1.50 m 内,乘以 1.015;梁高在 1.50 m 以上,乘以 1.025;10 m 以内跨度的梁,当矢高 650 mm 以上时,乘以 1.02。

(12) 后张法预应力钢丝束、钢绞线锚具,按设计规定所穿钢丝或钢绞线的孔数计算(每孔均包括了张拉端和固定端的锚具),波纹管按设计图示长度以延长米计算。

(13) 钢筋直(弯)、弯钩、圆柱、柱螺旋箍筋及其他长度的计算见清单计量中钢筋工程部分。

8.6.3 其他定额使用说明

(1) 钢筋工程以钢筋的不同规格、不分品种,按现浇构件钢筋、现场预制构件钢筋、加工厂预制构件钢筋、预应力构件钢筋、电焊网片分别编制定额项目。

(2) 钢筋工程内容包括:除锈、平直、制作、绑扎(点焊)、安装以及浇灌混凝土时围护钢筋用工。

(3) 钢筋搭接所耗用的电焊条、电焊机、铅丝和钢筋余头损耗已包括在定额内,设计图纸注明的钢筋接头长度以及未注明的钢筋接头按规范的搭接长度应计入设计钢筋用量中。

(4) 先张法预应力构件中的预应力、非预应力钢筋工程量应合并计算,按预应力钢筋相应项目执行;后张法预应力构件中的预应力钢筋、非预应力钢筋应分别套用定额。

（5）预应力构件点焊钢筋网片已综合考虑了不同直径点焊在一起的因素，如点焊钢筋直径粗细比在两倍以上时，其定额工日按构件中主筋的相应子目乘以系数1.25，其他不变（主筋是指网片中最粗的钢筋）。

（6）粗钢筋接头采用电渣压力焊、直螺纹、套管接头等接头者，应分别执行钢筋接头定额。计算了钢筋接头的不能再计算钢筋搭接长度。

（7）非预应力钢筋不包括冷加工，设计要求冷加工时应另行处理。预应力钢筋设计要求人工时效处理时，应另行计算。

（8）后张法钢筋的锚固是按钢筋帮条焊V形垫块编制的，如采用其他方法锚固时应另行计算。

（9）对构筑物工程，其钢筋可按表8-6-1系数调整定额中人工和机械用量。

表8-6-1　构筑物人工、机械调整系数表

项目	构筑物					
系数范围	烟囱烟道	水塔水箱	贮仓		栈桥通廊	水池油池
			矩形	圆形		
人工机械调整系数	1.70	1.70	1.25	1.50	1.20	1.20

（10）钢筋制作、绑扎需拆分时，制作按45%、绑扎按55%拆算。

（11）钢筋、铁件在加工厂制作时，由加工厂至现场的运输费应另列项目计算。在现场制作的不计算此项费用。

（12）铁件是指质量在50 kg以内的预埋铁件。

（13）管桩与承台连接所用钢筋和钢板分别按钢筋笼和铁件执行。

（14）后张法预应力钢丝束、钢绞线束不分单跨、多跨以及单向、双向布筋，当构件长在60 m以内时，均按定额执行。定额中预应力钢筋按直径5 mm碳素钢丝或直径15～15.24 mm钢绞线编制，采用其他规格时另行调整。定额按一端张拉考虑，当两端张拉时，有黏结锚具基价乘以系数1.14，无黏结锚具乘以系数1.07。使用转角器张拉的锚具定额人工和机械乘以系数1.1。当钢绞线束用于地面预支构件时，应扣除定额中张拉平台摊销费。单位工程后张法预应力钢丝束、钢绞线束平均每层结构设计用量在3 t以内，且设计总用量在30 t以内时，定额人工及机械台班有黏结张拉乘以系数1.63，无黏结张拉乘以系数1.80。

（15）定额中无黏结钢绞线束以净重计量。若以毛重（含封油包塑的重量）计算，按净重与毛重之比1:1.08进行换算。

8.6.4　知识、技能评估

（1）对拓展案例7-6-1中相关清单项目，基于《江苏省建筑与装饰工程计价定额》进行计价。

（2）对第7.6.5节知识、技能评估题1中的钢筋工程，基于《江苏省建筑与装饰工程计价定额》进行计价。

（3）对第7.6.5节知识、技能评估题2中的钢筋工程，基于《江苏省建筑与装饰工程计价定额》进行计价。

8.7　金属结构工程

工程案例:依据工程案例的工程量清单。

要求:编制该金属结构工程的工程量清单计价,基于《江苏省建筑与装饰工程计价定额》及增值税一般计税法。

8.7.1　工程量清单组价

钢支撑

钢材品种为 Q235;构件类型为单式的垂直剪刀撑;油漆要求为刷 1 遍防锈漆;制作完成后安装就位。

序号	项目编码	项目名称	计量单位	工程量	综合单价	合价
1	010606001001	钢支撑	t	0.111	7 555.85	838.70
	7-28	柱间钢支撑	t	0.133	6 306.03	838.70
		综合单价:6 306.03 元/t				
		1. 节点板 1 号(厚 10 mm)共 4 块 面积:(0.12+0.18+0.18)×(0.07+0.19+0.17)×4=0.826(m²) 质量:0.826 m²×78.5 kg/m²=64.84(kg) 2. 节点板 2 号(厚 10 mm)共 1 块 面积:(0.16+0.16)×(0.20+0.20)×1=0.128(m²) 质量:0.128 m²×78.5 kg/m²=10.05(kg) 3. 构件 3 号(L110×70×10)共 2 根 长度:(0.15+0.785+0.10)×2=2.07(m) 质量:2.07 m×13.476 kg/m=27.90(kg) 4. 构件 4 号(L110×70×10)共 1 根 长度:0.985+0.985+0.15+0.15=2.27(m) 质量:2.27 m×13.476 kg/m=30.59(kg) 定额工程量:64.84+10.05+27.90+30.59=133.38(kg)=0.133 t				

说明:金属结构制作按图示钢材尺寸以质量计算,不扣除孔眼、切肢、切角、切边的质量,电焊条、铆钉、螺栓、紧定钉等质量不计入工程量。计算不规则或多边形钢板时,以其外接矩形面积乘以厚度再乘以单位理论质量计算,如图 8-7-1 所示。

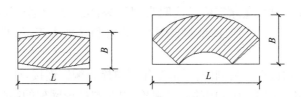

图 8-7-1　不规则或多边形钢板计算示意

8.7.2 其他定额工程量计算规则

（1）实腹柱、钢梁、吊车梁、H型钢、T型钢构件按图示尺寸计算，其中钢梁、吊车梁腹板及翼板宽度按图示尺寸每边增加8 mm计算，如图8-7-2。

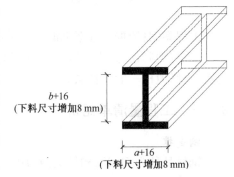

b+16
（下料尺寸增加8 mm）

a+16
（下料尺寸增加8 mm）

图8-7-2　焊件边缘刨削量示意

（2）钢柱制作工程量包括依附于柱上的牛腿及悬臂梁质量；制动梁的制作工程量包括制动梁、制动桁架、制动板重量；墙架的制作工程量包括墙架柱、墙架梁及连接杆件质量，轻钢结构中的门框、雨篷的梁柱按墙架定额执行。

（3）钢平台、走道应包括楼梯、平台、栏杆合并计算，钢梯应包括踏步、栏杆合并计算。栏杆是指平台、阳台、走廊和楼梯的单独栏杆。

（4）钢漏斗制作工程量，矩形按图示分片，圆形按图示展开尺寸，并依钢板宽度分段计算，每段均以其上口长度（圆形以分段展开上口长度）与钢板宽度按矩形计算，依附漏斗的型钢并入漏斗质量内计算。

（5）轻钢檩条以设计型号、规格按质量计算，檩条间的C型钢、薄壁槽钢、方钢管、角钢撑杆、窗框并入轻钢檩条内计算。

（6）轻钢檩条的圆钢拉杆按檩条钢拉杆定额执行，套在圆钢拉杆上作为撑杆用的钢管，其质量并入轻钢檩条钢拉杆内计算。

（7）檩条间圆钢钢拉杆定额中的螺母质量、圆钢剪刀撑定额中的花篮螺栓、螺栓球网架定额中的高强螺栓质量不计入工程量，但应按设计用量对定额含量进行调整。

（8）金属构件中的剪力栓钉安装，按设计套数执行构件运输及安装工程相应子目。

（9）网架制作中：螺栓球按设计球径、锥头按设计尺寸计算质量，高强螺栓、紧定钉的质量不计算工程量，设计用量与定额含量不同时应调整；空心焊接球矩形下料余量定额已考虑，按设计质量计算；不锈钢网架球按设计质量计算。

（10）机械喷砂、抛丸除锈的工程量同相应构件制作的工程量。

8.7.3 其他定额使用说明

（1）金属构件不论在专业加工厂、附属企业加工厂或现场制作，均按定额执行（现场制作需搭设操作平台，其平台摊销费按相应项目执行）。

（2）定额中各种钢材数量除定额已注明为钢筋综合、不锈钢管、不锈钢网架球的之外，均以型钢表示。实际不论使用何种型材，钢材总数量和其他人工、材料、机械（除另有说明外）均不变。

（3）定额的制作均按焊接编制的，局部制作用螺栓或铆钉连接，亦按定额执行。轻钢檩条拉杆安装用的螺帽、圆钢剪刀撑用的花篮螺栓，以及螺栓球网架的高强螺栓、紧定钉，已列入相应定额中，执行时按设计用量调整。

（4）定额除注明者外，均包括现场内（工厂内）的材料运输、下料、加工、组装及成品堆放等全部工序。加工点至安装点的构件运输，除购入构件外应按构件运输定额相应项目计算。

（5）定额构件制作项目中,均已包括刷一遍防锈漆工料。

（6）金属结构制作定额中的钢材品种系按普通钢材为准,如用锰钢等低合金钢者,其制作人工乘以系数 1.1。

（7）劲性混凝土杜、梁、板内,用钢板、型钢焊接而成的 H、T 型钢柱、梁等构件,按 H、T 型钢构件制作定额执行,截面由单根成品型钢构成的构件按成品型钢构件制作定额执行。

（8）定额各子目均未包括焊缝无损探伤（如 X 光透视、超声波探伤、磁粉探伤、着色探伤等）,亦未包括探伤固定支架制作和被检工件的退磁。

（9）轻钢檩条拉杆按檩条钢拉杆定额执行,木屋架、钢筋混凝土组合屋架拉杆按屋架钢拉杆定额执行。

（10）钢屋架单榀质量在 0.5 t 以下者,按轻型屋架定额执行。

（11）天窗挡风架、柱侧挡风板、挡雨板支架制作均按挡风架定额执行。

（12）钢漏斗、晒衣架、钢盖板等制作、安装一体的定额项目中已包括安装费在内,但未包括场外运输。角钢、圆钢焊制的入口截流沟蓖盖制作、安装,按设计质量执行钢盖板制、安定额。

（13）零星钢构件制作是指质量 50 kg 以内的其他零星铁件制作。

（14）薄壁方钢管、薄壁槽钢、成品 H 型钢檩条及车棚等小间距钢管、角钢槽钢等单根型钢檩条的制作,按 C、Z 型轻钢檩条制作执行。由双 C、双〔、双 L 型钢之间断续焊接或通过连接板焊接的檩条,由圆钢或角钢焊接成片形、三角形截面的檩条按型钢檩条制作定额执行。

（15）弧形构件（不包括螺旋式钢梯、圆形钢漏斗、钢管柱）的制作人工、机械乘以系数 1.2。

（16）网架中的焊接空心球、螺栓球、锥头等热加工已含在网架制作工作内容中,不锈钢球按成品半球焊接考虑。

（17）钢结构表面喷砂与抛丸除锈定额按照 Sa2 级考虑。如果设计要求 Sa2.5 级,定额乘以系数 1.2;设计要求 Sa3 级,定额乘以系数 1.4。

8.7.4　知识、技能评估

（1）对拓展案例 7-6-1 中相关清单项目,基于《江苏省建筑与装饰工程计价定额》进行计价。

（2）对第 7.7.5 节知识、技能评估题中的钢腹杆,基于《江苏省建筑与装饰工程计价定额》进行计价。

8.8　门窗工程

工程案例:依据住宅楼工程的工程量清单。

要求:编制该门窗工程的工程量清单计价,基于《江苏省建筑与装饰工程计价定额》及增值税一般计税法。

8.8.1　工程量清单组价

1. 金属卷帘门（DDM）

铝合金成品电动卷帘门;尺寸 2 400 mm×1 600 mm。

序号	项目编码	项目名称	计量单位	工程量	综合单价	合价
1	010803001001	金属卷帘门(DDM)	m²	15.360	212.05	3 257.09
	16-20	铝合金卷帘门	10 m²	1.536	2 120.45	3 257.01
		综合单价:2 120.45 元/10 m²				
		定额工程量:同清单工程量 15.36/10=1.536(10 m²)				

2. 电子防盗门(DZM)

钢制成品电子防盗门;尺寸 1 500 mm×2 500 mm。

序号	项目编码	项目名称	计量单位	工程量	综合单价	合价
2	010802004001	电子防盗门(DZM)	m²	3.75	2 133.33	7 999.99
	独立费	钢制成品电子防盗门 1 500 mm×2 500 mm	樘	1	8 000.00	8 000.00
		经市场询价,综合单价:8 000.00 元/樘				
		工程量:1 樘				

3. 防盗门(M1)

钢制成品防盗门;尺寸 900 mm×2 100 mm。

序号	项目编码	项目名称	计量单位	工程量	综合单价	合价
3	010802004002	防盗门(M1)	m²	22.68	1 500.00	34 020.00
	独立费	钢制成品防盗门	10 m²	2.268	15 000.00	34 020.00
		经市场询价,综合单价:15 000 元/10 m²				
		工程量:同清单工程量 22.68/10=2.268(10 m²)				

4. 防盗门(M1a)

钢制成品防盗门;尺寸 900 mm×1 600 mm。

序号	项目编码	项目名称	计量单位	工程量	综合单价	合价
4	010802004003	防盗门(M1a)	m²	5.76	1 500.00	8 640.00
	独立费	钢制成品防盗门	10 m²	0.576	15 000.00	8 640.00
		经市场询价,综合单价:15 000 元/10 m²				
		工程量:同清单工程量 5.76/10=0.576(10 m²)				

5. 胶合板门(M2)

木质成品胶合板门;尺寸 900 mm×2 100 mm。

序号	项目编码	项目名称	计量单位	工程量	综合单价	合价
5	010801001001	胶合板门(M2)	m²	45.36	200.00	9 072.00
	独立费	木质成品胶合板门	10 m²	4.536	2 000.00	9 072.00
		经市场询价,综合单价:2 000 元/10 m²				
		工程量:同清单工程量 45.36/10=4.536(10 m²)				

6. 镶板木门（M3）

木质成品镶板木门；尺寸 800 mm×2 100 mm。

序号	项目编码	项目名称	计量单位	工程量	综合单价	合价
6	010801001002	镶板木门（M3）	m²	40.32	150.00	6 048.00
	独立费	木质成品镶板门	10 m²	4.032	1 500.00	6 048.00
		经市场询价，综合单价：1 500 元/10 m²				
		工程量：同清单工程量 40.32/10＝4.032(10 m²)				

7. 塑钢推拉门（M4）

绿色塑钢推拉门；16 mm 厚中空玻璃；尺寸 1 800 mm×2 400 mm。

序号	项目编码	项目名称	计量单位	工程量	综合单价	合价
7	010802001001	塑钢推拉门（M4）	m²	51.84	313.89	16 272.06
	16-11	塑钢门	10 m²	5.184	3 138.92	16 272.16
		综合单价：3 138.92 元/10 m²				
		定额工程量：同清单工程量 51.84/10＝5.184(10 m²)				

8. 塑钢凸窗（C1）

绿色塑钢凸窗；16 mm 厚中空玻璃。

序号	项目编码	项目名称	计量单位	工程量	综合单价	合价
8	010807007001	塑钢凸窗（C1）	m²	67.82	291.38	19 761.39
	16-12	塑钢窗	10 m²	6.782	2 913.82	19 761.53
		综合单价：2 913.82 元/10 m²				
		定额工程量：同清单工程量 67.82/10＝6.782(10 m²)				

9. 塑钢窗（C2、C2a、C3、C4、C5）

绿色塑钢窗；16 mm 厚中空玻璃。

序号	项目编码	项目名称	计量单位	工程量	综合单价	合价
9	010807001001	塑钢窗（C2）	m²	21.60	291.38	6 293.81
	16-12	塑钢窗	10 m²	2.160	2 913.82	6 293.85
		综合单价：2 913.82 元/10 m²				
		定额工程量：同清单工程量 21.60/10＝2.160(10 m²)				
10	010807001002	塑钢窗（C2a）	m²	1.68	291.38	489.52
11	010807001003	塑钢窗（C3）	m²	32.40	291.38	9 440.71
12	010807001004	塑钢窗（C4）	m²	11.25	291.38	3 278.02
13	010807001005	塑钢窗（C5）	m²	1.80	291.38	524.48

8.8.2 其他定额工程量计算规则

（1）购入成品的各种铝合金门窗安装，按门窗洞口面积以"m²"计算；购入成品的木门扇安装,按购入门扇的净面积计算。

(2) 现场铝合金门窗扇制作、安装按门窗洞口面积以"m^2"计算。

(3) 各种卷帘门按实际制作面积计算,卷帘门上有小门时,其卷帘门工程量应扣除小门面积。卷帘门上的小门按扇计算,卷帘门上电动提升装置以"套"计算,手动装置的材料、安装人工已包括在定额内,不另增加。

(4) 无框玻璃门按其洞口面积计算。无框玻璃门中,部分为固定门扇,部分为开启门扇时,工程量应分开计算。无框门上带亮子时,其亮子与固定门扇合并计算。

(5) 门窗框上包不锈钢板均按不锈钢板的展开面积以"m^2"计算,木门扇上包金属面或软包面均以门扇净面积计算。无框玻璃门上亮子与门扇之间的钢骨架横撑(外包不锈钢板),按横撑包不锈钢板的展开面积计算。

(6) 门窗扇包镀锌铁皮,按门窗洞口面积以"m^2"计算;门窗框包镀锌铁皮、钉橡皮条、钉毛毡按图示洞口尺寸以延长米计算。

(7) 木门窗框、扇制作、安装工程量按以下规定计算:

① 各类木门窗(包括纱门、纱窗)制作、安装工程量均按门窗洞口面积以"m^2"计算。

② 连门窗的工程量应分别计算,套用相应门、窗定额,窗的宽度算至门框外侧。

③ 普通窗上部带有半圆窗的工程量应按普通窗和半圆窗分别计算,其分界线以普通窗和半圆窗之间的横框上边线为分界线。

④ 无框窗扇按扇的外围面积计算。

8.8.3　其他定额使用说明

(1) 门窗工程分为购入构件成品安装、铝合金门窗制作安装、木门窗框和扇制作安装、装饰木门扇及门窗五金配件安装 5 部分。

(2) 购入构件成品安装门窗单价中,除地弹簧、门夹、管子、拉手等特殊五金外,玻璃及一般五金已包括在相应的成品单价中,一般五金的安装人工已包括在定额内,特殊五金和安装人工应按"门、窗配件安装"的相应子目执行。

(3) 铝合金门窗制作、安装

① 铝合金门窗制作、安装定额是按在构件厂制作,现场安装编制的,但构件厂至现场的运输费用应按当地部门的规定运费执行(运费不计入取费基价)。

② 铝合金门窗制作型材分为普通铝合金型材和断桥隔热铝合金型材两种,应按设计分别套用相应子目。各种铝合金型材含量的取定定额仅为暂定。设计型材的含量与定额不符,应按设计用量加 6% 制作损耗调整。

③ 铝合金门窗的五金应按"门、窗五金配件安装"另列项目计算。

④ 门窗框与墙或柱的连接是按镀锌铁脚、尼龙膨胀螺钉连接考虑的,设计不同,定额中的铁脚、螺栓应扣除,其他连接件另外增加。

(4) 木门、窗制作安装

① 定额编制了一般木门窗制作、安装及成品木门框扇的安装,制作是按机械和手工操作综合编制的。

② 本章均以一、二类木种为准,如采用三、四类木种,分别乘以下系数:木门、窗制作人工和机械费乘以系数 1.30;木门、窗安装人工乘以系数 1.15。

③ 木材木种划分见表 8-8-1。

表 8-8-1 木材木种划分表

一类	红松、水桐木、樟子松
二类	白松、杉木(方杉、冷杉)、杨木、铁杉、柳木、花旗松、椴木
三类	青松、黄花松、秋子松、马尾松、东北榆木、柏木、苦楝木、梓木、黄菠萝、椿木、楠木(桢楠、润楠)、柚木、樟木、山毛榉、栓木、白木、云香木、枫木
四类	栎木(柞木)、檀木、色木、槐木、荔木、麻栗木(麻栎、青刚)、桦木、荷木、水曲柳、柳桉、华北榆木、核桃楸、克隆、门格里斯

④ 木材规格是按已成型的两个切断面规格料编制的,两个切断面以前的锯缝损耗按说明规定应另外计算。

⑤ 定额中注明的木材断面或厚度均以毛料为准,如设计图纸注明的断面或厚度为净料时,应增加断面刨光损耗:一面刨光加 3 mm,两面刨光加 5 mm,圆木按直径增加 5 mm。

⑥ 定额中的木材是以自然干燥条件下的木材编制的,需要烘干时,其烘干费用及损耗由各市确定。

⑦ 定额中门、窗框扇断面除注明者外均是按《木门窗图集》苏 J73-2 常用项目的Ⅲ级断面编制的。其具体取定尺寸见表 8-8-2。

表 8-8-2 门窗断面尺寸表

门窗	门窗类型	边框断面(含刨光损耗)		扇立框断(含刨光损耗)	
		定额取定断面(mm)	截面积(cm²)	定额取定断面(mm)	截面积(cm²)
门	半截玻璃门	55×100	55	50×100	50
	冒头板门	55×100	55	45×100	45
	双面胶合板门	55×100	55	38×60	22.80
	纱门	—	—	35×100	35
	全玻自由门	70×140(Ⅰ级)	98	50×120	60
	拼板门	50×100	55	50×100	50
	平开、推拉木门	55×100	55	—	—
窗	平开窗	55×100	55	45×65	29.25
	纱窗	—	—	35×65	22.75
	工业木窗	55×120(Ⅱ级)	66	—	—

设计框、扇断面与定额不同时,应按比例换算。框料以边立框断面为准(框裁口处如为钉条者,应加贴条断面),扇料以立挺断面为准。换算公式如下:

$$\frac{设计断面积(净料加刨光损耗)}{定额断面积} \times 相应子目材积$$

或　　(设计断面积－定额断面积)× 相应子目框、扇每增减 10 cm² 的材积。

⑧ 胶合板门的基价是按四八尺(1 220 mm×2 440 mm)编制的,剩余的边角料残值已考虑回收,如建设单位供应胶合板,按两倍门扇数量张数供应,每张裁下的边角料全部退还给建设单位(但残值回收取消)。若使用三七尺(910 mm×2 130 mm)胶合板,定额基价应按括号内的含量换算,并相应扣除定额中的胶合板边角料残值回收值。

⑨ 门窗制作安装的五金、铁件配件按"门窗五金配件安装"相应子目执行,安装人工已

包括在相应定额内。设计门、窗玻璃品种、厚度与定额不符,单价应调整,数量不变。

⑩ 木质送、回风口的制作、安装按百页窗定额执行。

⑪ 设计门、窗有艺术造型等有特殊要求时,因设计差异变化较大,其制作、安装应按实际情况另行处理。

⑫ 定额子目如涉及钢骨架或者铁件的制作安装,另行套用相应子目。

⑬ "门窗五金配件安装"子目中,五金规格、品种与设计不符时应调整。

8.8.4 知识、技能评估

对第 7.8.5 节知识、技能评估题中的铝合金门窗,基于《江苏省建筑与装饰工程计价定额》进行计价。

8.9 屋面及防水工程

工程案例:依据住宅楼工程的工程量清单。

要求:编制该屋面及防水工程的工程量清单计价,基于《江苏省建筑与装饰工程计价定额》及增值税一般计税法。

8.9.1 工程量清单组价

1. 水泥瓦屋面

蓝灰色水泥瓦,尺寸 420 mm×332 mm;木质挂瓦条 30 mm×25 mm;木质顺水条30 mm×25 mm。

序号	项目编码	项目名称	计量单位	工程量	综合单价	合价
1	010901001001	水泥瓦屋面	m²	147.16	55.29	8 136.48
(1)	10-5 换	水泥砂浆粉挂瓦条,断面 30 mm×25 mm,间距 345 mm	10 m²	14.716	86.15	1 267.78
		定额换算:定额(注)斜板上水泥砂浆粉挂瓦条,设计断面、间距与定额不符按比例调整 综合单价:68.92×(30×25)/(20×30)=86.15 元/10 m²				
		定额工程量:同清单工程量 147.16/10=14.716(10 m²)				
(2)	10-7	水泥彩瓦铺瓦	10 m²	14.716	329.15	4 843.77
		定额使用:水泥瓦尺寸 420 mm×332 mm 综合单价:329.15 元/10 m²				
		定额工程量:同清单工程量 147.16/10=14.716(10 m²)				
(3)	10-8	水泥彩瓦脊瓦	10 m	2.252	272.44	613.53
		定额使用:水泥脊瓦尺寸 432 mm×228 mm 综合单价:272.44 元/10 m				
		脊瓦工程量: 1. E轴:15.4-2.4=13.00 m 2. 气窗脊瓦 $i=0.20$, $C=1.02$:[(3.6-1.2+0.9)/cos 45°]×1.02×2=9.52 m 定额工程量:(13.00+9.52)/10=2.252(10 m)				

续表

序号	项目编码	项目名称	计量单位	工程量	综合单价	合价
(4)	10-9	水泥彩瓦封山瓦	10 m	2.135	661.95	1 413.26
		综合单价:661.95元/10 m²				
		封山瓦工程量: 1. E~F/1、E~F/13轴 $i=0.68$,$C=1.21$:$(2.7+0.9)\times1.21\times2=8.71$ m 2. B~E/1、B~E/13轴 $i=0.44$,$C=1.09$:$(4.9+0.9)\times1.09\times2=12.64$ m 定额工程量:$(8.71+12.64)/10=2.135$(10 m)				

说明:① 瓦屋面按图示尺寸的水平投影面积乘以屋面坡度延长系数 C(见表 8-9-1)计算(瓦出线已包括在内),不扣除房上烟囱、风帽底座、风道、屋面小气窗、斜沟等所占面积,屋面小气窗的出檐部分也不增加。

② 瓦屋面的屋脊、蝴蝶瓦的檐口花边、滴水应另列项目按延长米计算,四坡屋面斜脊长度图 7-9-2 中的 b 乘以隔延长系数 D(见表 8-9-1)以延长米计算,山墙泛水长度$=A\times C$,瓦穿铁丝、钉铁钉、水泥砂浆粉挂瓦条按每 10 m² 斜面积计算。

③ 表 8-9-1 中仅列出了常用的一些角度和坡度,对于未列出的情况,可根据数学关系计算。

表 8-9-1 屋面坡度延长米系数表

坡度比例 a/b	角度 θ	延长系数 C	隔延长系数 D
1/1	45°	1.414 2	1.732 1
1/1.5	33°40′	1.201 5	1.560 2
1/2	26°34′	1.118 0	1.500 0
1/2.5	21°48′	1.077 0	1.469 7
1/3	18°26′	1.054 1	1.453 0

注:屋面坡度大于45°时,按设计斜面积计算。

2. 屋面刚性层

C15 细石混凝土,厚度 35 mm;内配 $\phi4@150$ mm 钢筋网;6 m 间隔缝宽 20 mm,油膏嵌缝。

序号	项目编码	项目名称	计量单位	工程量	综合单价	合价
2	010902003001	屋面刚性层	m²	179.50	41.74	7 492.33
(1)	10-78 换	细石混凝土无分格缝 40 mm 厚	10 m²	17.950	329.07	5 906.87
		定额换算:现浇混凝 C20(编号 80210105)换成现浇混凝土 C15(编号 80210117) 综合单价:$(142.68+4.32)\times(1+26\%+12\%)+126.21=329.07$ 元/10 m²				
		定额工程量:同清单工程量 $179.50/10=17.950$(10 m²)				
(2)	10-79 换×(-1)	细石混凝土每增(减)5 mm	10 m²	17.950	-26.64	-478.19
		定额换算:现浇混凝 C20(编号 80210105)换成现浇混凝土 C15(编号 80210117) 综合单价:$-[(10.66+0.52)\times(1+26\%+12\%)+219.71\times0.051]=-26.64$ 元/10 m²				

续表

序号	项目编码	项目名称	计量单位	工程量	综合单价	合价
		定额工程量:179.50/10=17.950(10 m²)				
(3)	5-13	电焊钢筋网片构件主筋(直径 mm)φ8 以内	t	0.237	6 742.90	1 598.07
		综合单价:6 742.90 元/t				
		φ4 钢筋理论重量:0.099 kg/m 故 φ4 钢筋网片理论质量为:0.099×(1 000/150)×2=1.320 kg/m² 定额工程量:179.50×1.320/1 000=0.237 t				
(4)	10-170 换	建筑油膏	10 m	4.02	115.30	463.51
		定额换算:定额(注)建筑油膏伸缩断面以 30 mm×20 mm 计算,如设计不同,材料按比例换算,人工不变. 工程案例中,考虑到刚性屋面厚度,油膏断面为 35 mm×20 mm 综合单价:(45.10+0)×(1+26%+12%)+(3.00×10.08+0.94×5.40+0.94×10.80)×(35×20)/(30×20)=115.30 元/10 m				
		油膏间隔 6 m,将缝设置在 6、8 轴,以形成 3 块矩形刚性层,同时沿刚性屋面四周也设置分格缝,故工程量: 1. F~H/6,F~H/8 轴:(0.9+1.5-0.2)×2=4.4 m 2. 标高 18.600 m: [(0.9+1.5+0.6-0.2)+(2.0×2+1.8×2+2.6-0.2)]×2+0.6×2=26.8 m 3. 标高 20.800 m:[(2.4-0.2)+(2.5-0.2)]×2=9 m 定额工程量:(4.4+26.8+9)/10=4.02(10 m)				

说明:屋面刚性防水按设计图示尺寸以面积计算,扣除房上烟囱、风帽底座、风道等所占面积。

3. SBS 屋面卷材防水

SBS 改性沥青防水卷材,厚度 3 mm;单层热熔满铺法施工;1 遍 SBS 基层处理剂。

序号	项目编码	项目名称	计量单位	工程量	综合单价	合价
3	010902001001	SBS 屋面卷材防水	m²	195.41	38.51	7 525.24
	10-32	SBS 改性沥青防水卷材热熔满铺法单层	10 m²	19.541	384.97	7 522.70
		综合单价:384.97 元/10 m²				
		定额工程量:同清单工程量 195.41/10=19.541(10 m²)				

说明:① 卷材屋面按图示尺寸的水平投影面积乘以规定的坡度系数计算,但不扣除房上烟囱、风帽底座、风道、屋面小气窗和斜沟所占面积。女儿墙、伸缩缝、天窗等处的弯起高度按图示尺寸计算并入屋面工程量内;如图纸无规定时,伸缩缝、女儿墙的弯起高度按 250 mm 计算,天窗弯起高度按 500 mm 计算并入屋面工程量内;檐沟、天沟按展开面积并入屋面工程量内。

② 油毡屋面均不包括附加层在内,附加层按设计尺寸和层数另行计算。

③ 其他卷材屋面已包括附加层在内,不另行计算;收头、接缝材料已列入定额内。

4. 屋面水泥砂浆找平层

1:3 水泥砂浆找平层,厚度 15 mm。

序号	项目编码	项目名称	计量单位	工程量	综合单价	合价
4	011101006001	屋面水泥砂浆找平层	m²	211.84	12.76	2 703.08
(1)	10-72	水泥砂浆有分格缝 20 mm 厚	10 m²	21.184	159.85	3 386.26
		综合单价:159.85 元/10 m²				
		定额工程量:同清单工程量 211.84/10＝21.184(10 m²)				
(2)	10-73×(-1)	水泥砂浆有分格缝每增(减)5 mm	10 m²	21.184	-32.21	-682.34
		综合单价:-32.21 元/10 m²				
		定额工程量:同清单工程量 211.84/10＝21.184(10 m²)				

5. 屋面涂膜隔汽层

冷底子油 2 遍,隔汽层。

序号	项目编码	项目名称	计量单位	工程量	综合单价	合价
5	010902002001	屋面涂膜隔汽层	m²	42.79	10.26	439.03
(1)	10-99	刷冷底子油第一遍	10 m²	4.279	58.66	251.01
		综合单价:58.66 元/10 m²				
		定额工程量:同清单工程量 42.79/10＝4.279(10 m²)				
(2)	10-100	刷冷底子油第二遍	10 m²	4.279	43.89	187.81
		综合单价:43.89 元/10 m²				
		定额工程量:同清单工程量 42.79/10＝4.279 (10 m²)				

说明:屋面涂膜防水工程量计算同卷材屋面。

6. φ100 屋面排水管

(1) 檐沟部位:φ110 白色 PVC 落水管,φ110 白色 PVC 水斗,φ110 铸铁弯头落水口;

(2) 女儿墙部位:φ110 白色 PVC 落水管,φ110 白色 PVC 水斗,女儿墙铸铁弯头落水口。

序号	项目编码	项目名称	计量单位	工程量	综合单价	合价
6	010902004001	φ110 屋面排水管	m	74.56	37.72	2 812.40
(1)	10-202	PVC 水落管 φ110	10 m	7.456	320.41	2 388.98
		综合单价:320.41 元/10 m				
		定额工程量:同清单工程量 74.56/10＝7.456(10 m)				
(2)	10-206	PVC 水斗 φ110	10 只	0.40	368.32	147.33
		综合单价:368.32 元/10 只				
		定额工程量: 4/10＝0.40(10 只)				
(3)	10-221	屋面挑檐铸铁弯头落水口 φ110	10 只	0.20	614.42	122.88
		综合单价:614.42 元/10 只				
		定额工程量: 2/10＝0.20(10 只)				
(4)	10-219	女儿墙铸铁弯头落水口	10 只	0.20	770.06	154.01
		综合单价:770.06 元/10 只				
		定额工程量: 2/10＝0.20(10 只)				

说明:屋面排水中玻璃钢、PVC、铸铁水落管、檐沟,均按图示尺寸以延长米计算。水斗、女儿墙弯头、铸铁落水口(带罩),均按只计算。

7. ϕ75屋面排水管

ϕ75白色PVC落水管;ϕ75白色PVC水斗;ϕ75铸铁弯头落水口;ϕ50阳台白色PVC通水落管。

序号	项目编码	项目名称	计量单位	工程量	综合单价	合价
7	010902004002	ϕ75屋面排水管	m	78.16	37.77	2 952.10
(1)	10-201	PVC水落管ϕ75	10 m	7.816	196.44	1 535.38
		综合单价:196.44元/10 m				
		定额工程量:同清单工程量78.16/10=7.816(10 m)				
(2)	10-205	PVC水斗ϕ75	10只	0.40	249.64	99.86
		综合单价:249.64元/10只				
		定额工程量:4/10=0.40(10只)				
(3)	10-221	屋面挑檐铸铁弯头落水口ϕ75	10只	0.40	596.85	238.74
		经市场询价:ϕ75挑檐铸铁弯头落水口,45元/个 综合单价:(150.06+0)×(1+26%+12%)+38.59×10.1=596.85元/10只				
		定额工程量:4/10=0.40(10只)				
(4)	10-209	阳台PVC通水落管ϕ50斜长1 000 mm	10只	2.60	446.20	1 160.12
		综合单价:446.20元/10只				
		空调板:2×6=12只 阳台板:2×6=12只 六层雨篷:2只 定额工程量:(12+12+2)/10=2.60(10只)				
(5)	10-210×(-5)	阳台PVC通水落管ϕ50每增、减100 mm	10只	2.60	-31.45	-81.77
		考虑地漏与落水管较近,计算取通落管长500 mm 综合单价:-5×7.34=-31.45元/10只				
		定额工程量:同上2.60(10只)				

说明:屋面排水中阳台PVC管通水落管按只计算。每只阳台出水口至水落管中心线斜长按1 m计(内含2只135°弯头,1只异径三通)。

8. 卷材檐沟、雨篷

SBS改性沥青防水卷材,厚度3 mm;单层热熔满铺法施工;1遍SBS基层处理剂。

序号	项目编码	项目名称	计量单位	工程量	综合单价	合价
8	010902007001	卷材檐沟、雨篷	m²	37.97	38.51	1 462.22
	10-32	SBS改性沥青防水卷材热熔满铺法单层	10 m²	3.797	384.87	1 461.73
		综合单价:384.97元/10 m²				
		定额工程量:37.97/10=3.797(10 m²)				

9. 檐沟、雨篷水泥砂浆找平层

1:3水泥砂浆找平层,厚度15 mm。

序号	项目编码	项目名称	计量单位	工程量	综合单价	合价
9	011101006002	檐沟、雨篷水泥砂浆找平层	m²	37.97	12.76	484.50
(1)	10-72	水泥砂浆有分格缝 20 mm 厚	10 m²	3.797	159.85	606.95
		综合单价：159.85 元/10 m²				
		定额工程量：37.97/10＝3.797(10 m²)				
(2)	10-73×(−1)	水泥砂浆有分格缝每增(减)5 mm	10 m²	3.797	−32.21	−122.30
		综合单价：−32.21 元/10 m²				
		定额工程量：37.97/10＝3.797(10 m²)				

10. 楼面聚氨酯防水

聚氨酯防水涂料 2 遍，厚度 2 mm；无纺布增强，反边高 300 mm。

序号	项目编码	项目名称	计量单位	工程量	综合单价	合价
10	010904002001	楼面聚氨酯防水	m²	177.24	62.85	11 139.53
	10-116	刷聚氨酯防水涂料(平面)2 遍 2.0 mm	10 m²	17.724	628.55	11 140.42
		综合单价：628.55 元/10 m²				
		定额工程量：177.24/10＝17.724(10 m²)				

说明：平、立面防水中涂刷油类防水按设计涂刷面积计算。

8.9.2 其他定额工程量计算规则

(1) 彩钢夹芯板、彩钢复合板屋面按设计图示尺寸以面积计算，支架、槽铝、角铝等均包含在定额内。

(2) 彩板屋脊、天沟、泛水、包角、山头按设计长度以延长米计算，堵头已包含在定额内。

(3) 平、立面防水工程量按以下规定计算；

① 防水砂浆防水按设计抹灰面积计算，扣除凸出地面的构筑物、设备基础及室内铁道所占的面积。不扣除附墙垛、柱、间壁墙、附墙烟囱及 0.3 m² 以内孔洞所占面积。

② 粘贴卷材、布类

ⅰ 平面：建筑物地面、地下室防水层按主墙(承重墙)间净面积计算，扣除凸出地面的构筑物、柱、设备基础等所占面积，不扣除附墙垛、间壁墙、附墙烟囱及 0.3 m² 以内孔洞所占面积。与墙间连接处高度在 300 mm 以内者，按展开面积计算并入平面工程量内，超过 300 mm 时，按立面防水层计算。

ⅱ 立面：墙身防水层按设计图示尺寸以面积计算，扣除立面孔洞所占面积(0.3 m² 以内孔洞不扣)。

ⅲ 构筑物防水层按设计图示尺寸以面积计算，不扣除 0.3 m² 以内孔洞面积。

(4) 伸缩缝、盖缝、止水带按延长米计算，外墙伸缩缝在墙内、外双面填缝者，工程量应按双面计算。

8.9.3 其他定额使用说明

(1) 屋面防水分为瓦、卷材、刚性、涂膜 4 部分。

① 瓦材规格与定额不同时，瓦的数量可以换算，其他不变，换算公式：

$$\frac{10\ m^2}{瓦有效长度 \times 有效宽度} \times 1.025(操作损耗)。$$

② 油毡卷材屋面包括刷冷底子油一遍,但不包括天沟、泛水、屋脊、檐口等处的附加层在内,其附加层应另行计算。其他卷材屋面均包括附加层。

③ 定额以石油沥青、石油沥青玛碲脂为准,设计使用煤沥青、煤沥青玛碲脂,材料调整。

④ 冷胶"二布三涂"项目,其"三涂"是指涂膜构成的防水层数,并非指涂刷遍数,每一涂层的厚度必须符合规范(每一涂层刷2~3遍)要求。

⑤ 高聚物、高分子防水卷材粘贴,实际使用的黏结剂与本定额不同,单价可以换算,其他不变。

(2) 平、立面及其他防水是指楼地面及墙面的防水,分为涂刷、砂浆、粘贴卷材3部分,既适用于建筑物(包括地下室)又适用于构筑物。

各种卷材的防水层均已包括刷冷底子油一遍和平、立面交界处的附加层工料在内。

(3) 在黏结层上单撒绿豆砂(定额中已包括绿豆砂的项目除外),每10 m² 铺洒面积增加0.066工日,绿豆砂0.078 t。

(4) 伸缩缝、盖缝项目中,除已注明规格可调整外,其余项目均不调整。

(5) 无分隔缝的屋面找平层按楼地面工程相应子目执行。

8.9.4 知识、技能评估

(1) 对拓展案例7-9-1中相关清单项目,基于《江苏省建筑与装饰工程计价定额》进行计价。

(2) 对第7.9.5节知识、技能评估题2中的瓦屋面,《江苏省建筑与装饰工程计价定额》进行计价。

(3) 对第7.9.5节知识、技能评估题3中的卷材防水、刚性防水和卷材檐沟,《江苏省建筑与装饰工程计价定额》进行计价。

8.10 保温、隔热、防腐工程

工程案例:依据住宅楼工程的工程量清单。

要求:编制该保温工程的工程量清单计价,基于《江苏省建筑与装饰工程计价定额》及增值税一般计税法。

8.10.1 工程量清单组价

1. 保温隔热坡屋面

聚苯保温板厚度25 mm。

序号	项目编码	项目名称	计量单位	工程量	综合单价	合价
1	011001001001	保温隔热坡屋面	m²	147.16	26.46	3 893.85
	11-15	屋面、楼地面保温隔热,聚苯乙烯保温板(厚25 mm)	10 m²	14.72	264.44	3 892.56
		综合单价:264.44 元/10 m²				
		定额工程量:147.16/10=14.72(10 m²)				

2. 保温隔热平屋面

聚苯保温板厚度 25 mm。

序号	项目编码	项目名称	计量单位	工程量	综合单价	合价
2	011001001002	保温隔热平屋面	m²	32.34	26.45	855.39
	11-15	屋面、楼地面保温隔热,聚苯乙烯保温板(厚25 mm)	10 m²	3.234	264.44	855.20
		综合单价:264.44 元/10 m²				
		定额工程量:32.34/10=3.234(10 m²)				

8.10.2 其他定额工程量计算规则

(1)保温隔热工程量按以下规定计算:

① 保温隔热层按隔热材料净厚度(不包括胶结材料厚度)乘以设计图示面积按体积计算。

② 地墙隔热层,按围护结构墙体内净面积计算,不扣除 0.3 m² 以内孔洞所占的面积。

③ 软木、聚苯乙烯泡沫板铺贴平顶以图示长乘宽乘厚的体积计算。

④ 外墙聚苯乙烯挤塑板外保温、外墙聚苯颗粒保温砂浆、屋面架空隔热板、保温隔热砖瓦、天棚保温(沥青贴软木除外)层,按设计图示尺寸以面积计算。

⑤ 墙体隔热:外墙按隔热层中心线,内墙按隔热层净长乘图示尺寸的高度(如图纸无注明高度时,则下部由地坪隔热层起算,带阁楼时算至阁楼板顶止;无阁楼时则算至檐口)及厚度以体积计算,应扣除冷藏门洞口和管道穿墙洞口所占的体积。

⑥ 门口周围的隔热部分,按图示部位,分别套用墙体或地坪的相应定额以体积计算。

⑦ 软木、泡沫塑料板铺贴柱帽、梁面,以设计图示尺寸按体积计算。

⑧ 梁头、管道周围及其他零星隔热工程,均按设计尺寸以体积计算,套用柱帽、梁面定额。

⑨ 池槽隔热层按设计图示池槽保温隔热层的长、宽及厚度以体积计算,其中池壁按墙面计算,池底按地面计算。

⑩ 包柱隔热层,按图示柱的隔热层中心线的展开长度乘图示尺寸高度及厚度以体积计算。

(2)防腐工程项目应区分不同防腐材料种类及厚度,按设计图示尺寸以面积计算,应扣除凸出地面的构筑物、设备基础所占的面积。砖垛等突出墙面部分按展开面积计算,并入墙面防腐工程量内。

(3)踢脚板按设计图示尺寸以面积计算,应扣除门洞所占面积,并相应增加侧壁展开面积。

(4)平面砌筑双层耐酸块料时,按单层面积乘以系数 2.00 计算。

(5)防腐卷材接缝附加层收头等工料,已计入定额中,不另行计算。

(6)烟囱内表面涂抹隔绝层,按筒身内壁的面积计算,并扣除孔洞面积。

8.10.3 其他定额使用说明

(1)外墙聚苯颗粒保温系统,根据设计要求套用相应的工序。

(2)凡保温、隔热工程用于地面时,增加电动夯实机 0.04 台班/m³。

(3)整体面层和平面砌块料面层,适用于楼地面、平台的防腐面层。整体面层厚度、砌块料面层的规格、结合层厚度、灰缝宽度、各种胶泥、砂浆、混凝土的配合比,设计与定额不同应换算,但人工、机械不变。块料贴面结合层厚度、灰缝宽度取定如下:

① 树脂胶泥、树脂砂浆结合层 6 mm,灰缝宽度 3 mm;

② 水玻璃胶泥、水玻璃砂浆结合层 6 mm,灰缝宽度 4 mm;

③ 硫磺胶泥、硫磺砂浆结合层 6 mm,灰缝宽度 5 mm;

④ 花岗岩及其他条石结合层 15 mm,灰缝宽度 8 mm。

(4) 块料面层以平面砌为准,立面砌时按平面砌的相应子目人工乘以系数 1.38,踢脚板人工乘以系数 1.56,块料乘以系数 1.01,其他不变。

(5) 定额中浇捣混凝土的项目需立模时,按混凝土垫层项目的含模量计算,按带形基础定额执行。

8.10.4 知识、技能评估

(1) 对拓展案例 7-10-1 中相关清单项目,《江苏省建筑与装饰工程计价定额》进行计价。

(2) 对第 7.10.5 节知识、技能评估题 1 中的保温隔热屋面,《江苏省建筑与装饰工程计价定额》进行计价。

(3) 对第 7.10.5 节知识、技能评估题 2 中的地面和墙面防腐,《江苏省建筑与装饰工程计价定额》进行计价。

8.11 楼地面装饰工程

工程案例:依据住宅楼工程的工程量清单。

要求:编制该楼地面工程的工程量清单计价,基于《江苏省建筑与装饰工程计价定额》及增值税一般计税法。

8.11.1 工程量清单组价

1. 地面碎石垫层

100 mm 厚碎石垫层夯实。

序号	项目编码	项目名称	计量单位	工程量	综合单价	合价
1	010404001001	地面碎石垫层	m³	12.80	168.58	2 157.82
	13-9	碎石干铺垫层	m³	12.80	168.58	2 157.82
		综合单价:168.58 元/m³				
		定额工程量:同清单工程量 12.80 m³				

说明:地面垫层工程量计算规则:地面垫层按室内主墙间净面积乘以设计厚度以"m³"计算,应扣除凸出地面的构筑物、设备基础、室内铁道、地沟等所占体积,不扣除柱、垛、间壁墙、附墙烟囱及面积在 0.3 m² 以内孔洞所占体积,但门洞、空圈、暖气包槽、壁龛的开口部分亦不增加。

2. 地面素混凝土垫层

120 mm 厚 C15 素混凝土垫层。

序号	项目编码	项目名称	计量单位	工程量	综合单价	合价
2	010501001001	地面素混凝土垫层	m³	15.36	403.39	6 196.07
	13-13	预拌混凝土非泵送(不分格)垫层	m³	15.36	403.39	6 196.07
		综合单价:403.39 元/m³				
		定额工程量:同清单工程量 15.36 m³				

3. 水泥砂浆地面

20 mm 厚 1:3 水泥砂浆找平层;10 mm 厚 1:2 水泥砂浆面层压实抹光。

序号	项目编码	项目名称	计量单位	工程量	综合单价	合价
3	011101001001	水泥砂浆地面	m²	127.99	22.97	2 939.93
(1)	13-15	20 mm 厚水泥砂浆找平层(混凝土基层)	10 m²	12.799	127.21	1 628.16
		综合单价:127.21 元/10 m²				
		定额工程量:同清单工程量 127.99/10＝12.799(10 m²)				
(2)	13-22	20 mm 厚水泥砂浆楼地面面层	10 m²	12.799	160.83	2 058.46
		综合单价:160.83 元/10 m²				
		定额工程量:同清单工程量 127.99/10＝12.673(10 m²)				
(3)	13-23×(一2)	水泥砂浆楼地面厚度每增(减)5 mm	10 m²	12.799	－58.30	－746.18
		定额使用:按水泥砂浆厚度按每增(减)5 mm 调整,调减 10 mm。 综合单价:－29.15×2＝－58.30 元/10 m²				
		定额工程量:同清单工程量 127.99/10＝12.799(10 m²)				

说明:整体面层、找平层工程量计算规则:均按主墙间净空面积以"m²"计算,应扣除凸出地面建筑物、设备基础、地沟等所占面积,不扣除柱、垛、间壁墙、附墙烟囱及面积在 0.3 m² 以内的孔洞所占面积,但门洞、空圈、暖气包槽、壁龛的开口部分亦不增加。看台台阶、阶梯教室地面整体面层按展开后的净面积计算。

4. 水泥砂浆楼面

20 mm 厚 1:3 水泥砂浆找平层;10 mm 厚 1:2 水泥砂浆面层压实抹光。

序号	项目编码	项目名称	计量单位	工程量	综合单价	合价
4	011101001001	水泥砂浆楼面	m²	612.72	22.97	14 074.18
(1)	13-15	20 mm 厚水泥砂浆找平层(混凝土基层)	10 m²	61.272	127.21	7 794.41
		综合单价:127.21 元/10 m²				
		定额工程量:同清单工程量 612.72/10＝61.272(10 m²)				
(2)	13-22	20 mm 厚水泥砂浆楼地面面层	10 m²	61.272	160.83	9 854.38
		综合单价:160.83 元/10 m²				
		定额工程量:同清单工程量 612.72/10＝61.272(10 m²)				
(3)	13-23×(一2)	水泥砂浆楼地面厚度每增(减)5 mm	10 m²	61.272	－58.30	－3 572.16
		定额使用:按水泥砂浆厚度按每增(减)5 mm 调整,调减 10 mm。 综合单价:－29.15×2＝－58.30 元/10 m²				
		定额工程量:同清单工程量 612.72/10＝61.272(10 m²)				

5. 水泥砂浆楼梯面

20 mm 厚 1:3 水泥砂浆找平层；10 mm 厚 1:2 水泥砂浆面层压实抹光。

序号	项目编码	项目名称	计量单位	工程量	综合单价	合价
5	011106004001	水泥砂浆楼梯面	m²	47.67	82.37	3 926.58
	13-24	水泥砂浆楼梯面	10 m²	4.767	823.72	3 926.67
		综合单价：823.72 元/10 m²				
		定额工程量：同清单工程量 47.67/10=4.767(10 m²)				

说明：楼梯整体面层工程量计算规则：按楼梯的水平投影面积以"m²"计算，包括踏步、踢脚板、中间休息平台、踢脚线、梯板侧面及堵头。楼梯井宽在 200 mm 以内者不扣除，超过 200 mm 者，应扣除其面积，楼梯间与走廊连接的，应算至楼梯梁的外侧。

6. 地砖块料楼面（厨、卫间）

20 mm 厚 1:3 水泥砂浆找平层；300 mm×300 mm 白色地砖用 1:2 水泥细砂浆粘贴。

序号	项目编码	项目名称	计量单位	工程量	综合单价	合价
6	011102003002	地砖块料楼面（厨、卫间）	m²	116.94	90.21	10 549.16
(1)	13-83	楼地面单块 0.4 m² 以内地砖水泥砂浆粘贴	10 m²	11.694	901.94	10 547.29
		定额使用：单块地砖面积=0.3×0.3=0.09 m² 综合单价：901.94 元/10 m²				
		定额工程量：同清单工程量 116.94/10=11.694(10 m²)				

说明：地板及块料面层工程量计算规则：按图示尺寸实铺面积以"m²"计算，应扣除凸出地面的构筑物、设备基础、柱、间壁墙等不做面层的部分，0.3 m² 以内的孔洞面积不扣除。门洞、空圈、暖气包槽、壁龛的开口部分的工程量另增并入相应的面层内计算。

7. 水泥砂浆踢脚线（除厨、卫外内墙）

120 mm 高，12 mm 厚 1:3 水泥砂浆打底扫毛；8 mm 厚 1:2 水泥砂浆罩面压实赶光。

序号	项目编码	项目名称	计量单位	工程量	综合单价	合价
7	011105001001	水泥砂浆踢脚线（除厨、卫外内墙）	m	846.25	6.07	5 136.74
	13-27	水泥砂浆踢脚线	10 m	84.625	60.66	5 133.35
		定额使用：踢脚线高度 120 mm 综合单价：37.72+9.09×(120/150)+0.97+10.06+4.64=60.66 元/10 m				
		定额工程量：同清单工程量 846.25/10=84.625(10 m)				

说明：① 定额中踢脚线高度是按 150 mm 编制的，设计踢脚线高度与定额取定不同时，材料按比例调整。

② 踢脚线工程量计算规则：水泥砂浆、水磨石踢脚线按延长米计算。其洞口、门口长度不予扣除，但洞口、门口、垛、附墙烟囱等侧壁也不增加；块料面层踢脚线，按图示尺寸以实贴延长米计算，门洞扣除，侧壁另加。

8. 水泥砂浆台阶面

20 mm 厚 1:3 水泥砂浆找平层；10 mm 厚 1:2 水泥砂浆面层压实抹光。

序号	项目编码	项目名称	计量单位	工程量	综合单价	合价
8	011107004001	水泥砂浆台阶面	m²	3.87	40.12	155.26
	13-25	水泥砂浆台阶面	10 m²	0.387	401.27	155.29
		定额使用:定额中已含水泥砂浆找平层 综合单价:401.27 元/10 m²				
		定额工程量:同清单工程量 3.87/10＝0.387(10 m²)				

说明:台阶工程量计算规则:台阶(包括踏步及最上一步踏步口外延 300 mm)整体面层按水平投影面积以"m²"计算;块料面层,按展开(包括两侧)实铺面积以"m²"计算。

8.11.2　其他定额工程量计算规则

(1) 楼梯块料面层、按展开实铺面积以"m²"计算,踏步板、踢脚板、休息平台、踢脚线、堵头工程量应合并计算,如图 8-11-1 所示。

(2) 多色简单、复杂图案镶贴花岗岩、大理石,按镶贴图案的矩形面积计算。成品拼花石材铺贴按设计图案的面积计算。计算简单、复杂图案之外的面积,扣除简单、复杂图案面积时,也按矩形面积扣除。

(3) 楼地面铺设木地板、地毯以实铺面积计算,楼梯地毯压棍安装以"套"计算。

(4) 其他:

① 栏杆、扶手、扶手下托板均按扶手的延长米计算,楼梯踏步部分的栏杆与扶手应按水平投影长度乘系数 1.18。

② 斜坡、散水、搓牙均按水平投影面积以"m²"计算;明沟与散水连在一起,明沟按宽300 mm 计算,其余为散水,散水、明沟应分开计算。散水、明沟应扣除踏步、斜坡、花台等的长度。搓牙如图 8-11-2。

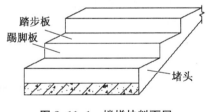

图 8-11-1　楼梯块料面层

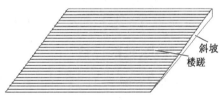

图 8-11-2　搓牙

③ 明沟按图示尺寸以延长米计算。

④ 地面石材面嵌金属和楼梯防滑条均按延长米计算。

8.11.3　其他定额使用说明

(1) 各种混凝土、砂浆强度等级、抹灰厚度,设计与定额规定不同时,可以换算。

(2) 整体面层子目中均包括基层与装饰面层。找平层砂浆设计厚度不同,按每增、减5 mm 找平层调整。黏结层砂浆厚度与定额不符时,按设计厚度调整。地面防潮层按相应子目执行。

(3) 整体面层、块料面层中的楼地面项目,均不包括踢脚线工料。水泥砂浆、水磨石楼梯包括踏步、踢脚板、踢脚线、平台、堵头,不包括楼梯底抹灰(楼梯底抹灰另按相应子目执行)。

(4) 水磨石面层定额项目已包括酸洗打蜡工料,设计不做酸洗打蜡,应扣除定额中的酸洗打蜡材料费及人工 0.51 工日/10 m²;其余项目均不包括酸洗打蜡,应另列项目计算。

(5) 石材块料面板镶贴不分品种、拼色,均执行相应子目。包括墙四周的镶边线(阴、阳角处含 45°角),设计有两条或两条以上镶边者,按相应定额子目人工乘 1.10 系数(工程量按镶边的工程量计算),矩形分色镶贴的小方块仍按定额执行。

(6) 石材块料面板局部切除并分色镶贴成折线图案者称"简单图案镶贴",切除分色镶贴成弧线形图案者称"复杂图案镶贴",该两种图案镶贴应分别套用定额。

(7) 石材块料面板镶贴及切割费用已包括在定额内,但石材磨边未包括在内。设计磨边者,按相应子目执行。

(8) 对石材块料面板地面或特殊地面要求需成品保护者,不论采用何种材料进行保护,均按相应子目执行,但必须是实际发生时才能计算。

(9) 扶手、栏杆、栏板适用于楼梯、走廊及其他装饰栏杆、栏板、扶手,栏杆定额项目中包括了弯头的制作、安装。设计栏杆、栏板的材料、规格、用量与定额不同,可以调整。定额中栏杆、栏板与楼梯踏步的连接是按预埋件焊接考虑的,设计用膨胀螺栓连接时,每 10 m 另增人工 0.35 工日、M10×100 膨胀螺栓 10 只、铁件 1.25 kg、合金钢钻头 0.13 只、电锤 0.13 台班。

(10) 楼梯、台阶不包括防滑条,设计用防滑条者,按相应定额执行。螺旋形、圆弧形楼梯贴块料面层按相应子目的人工乘以系数 1.20,块料面层材料乘以系数 1.10,其他不变。现场锯割石材块料面板粘贴在螺旋形、圆弧形楼梯面,按实际情况另行处理。

(11) 斜坡、散水、明沟按《室外工程》苏 J08-2006 编制,均包括挖(填)土、垫层、砌筑、抹面。采用其他图集时,材料含量可以调整,其他不变。

(12) 通往地下室车道的土方、垫层、混凝土、钢筋混凝土按相应子目执行。

(13) 定额不含铁件,如发生另行计算,按相应子目执行。

8.11.4　知识、技能评估

(1) 对拓展案例 7-11-1 中相关清单项目,《江苏省建筑与装饰工程计价定额》进行计价。

(2) 对第 7.11.5 节知识、技能评估题 1 中的木地板、木踢脚线和防滑地砖,《江苏省建筑与装饰工程计价定额》进行计价。

(3) 对第 7.11.5 节知识、技能评估题 2 中的地砖地面、木地板和踢脚线,《江苏省建筑与装饰工程计价定额》进行计价。

8.12　墙、柱面装饰与隔断、幕墙工程

工程案例:依据住宅楼工程的工程量清单。

要求:编制该墙、柱面装饰工程的工程量清单计价,基于《江苏省建筑与装饰工程计价定额》及增值税一般计税法。

8.12.1 工程量清单组价

1. 外墙面一般抹灰

专用界面剂;4 mm厚聚合物抗裂砂浆;紧贴砂浆表面压入一层耐碱玻纤网格布;12 mm厚1:3水泥砂浆打底;8 mm厚1:2水泥砂浆粉面。

序号	项目编码	项目名称	计量单位	工程量	综合单价	合价
1	011201001001	外墙面一般抹灰	m²	838.85	48.96	41 070.10
(1)	14-34	加气混凝土砌块墙面专用界面砂浆	10 m²	85.899	61.71	5 300.83
		综合单价:61.71元/10 m²				
		1. 清单工程量:838.85 m² 2. 增加门窗洞口侧壁(门窗框厚度均为80 mm): (1) DDM1:(2.4×2+1.6)×(0.20−0.08)/2×4=1.536 (2) M4:(2.4×2+1.8)×(0.20−0.08)/2×12=4.752 (3) C5:(0.5+0.6)×2×(0.20−0.08)/2×6=0.792 (4) C2a:(1.2+0.7)×2×(0.20−0.08)/2×2=0.456 (5) C2:(1.2+1.5)×2×(0.20−0.08)/2×12=3.888 (6) C3:(0.9+1.5)×2×(0.20−0.08)/2×24=6.912 (7) C4:(1.5+1.5)×2×(0.20−0.08)/2×5=1.800 定额工程量: [838.85+(1.536+4.752+0.792+0.390+0.456+3.888+6.912+1.800)]/10 =85.899(10 m²)				
(2)	14-35	抗裂砂浆抹面4 mm(网格布)	10 m²	85.899	154.68	13 286.86
		综合单价:154.68元/10 m²				
		定额工程量:同上85.899(10 m²)				
(3)	14-28	一层墙面耐碱玻纤网格布	10 m²	85.899	34.76	2 985.85
		综合单价:34.76元/10 m²				
		定额工程量:同上85.899(10 m²)				
(4)	14-12换	轻质墙抹水泥砂浆	10 m²	85.899	226.94	19 493.92
		定额换算:加气混凝土墙属于轻质墙的一种,同时按《计价定额》附录七调整砂浆厚度(轻质墙抹灰总厚度25 mm;底层15 mm厚水泥砂浆1:3;面层10 mm厚水泥砂浆1:2) 1. 人工费:82.00×1.46=119.72元 2. 材料费:250.42×(8/10)×0.102+220.10×(12/15)×0.168+533.48×0.004 　　　+4.57×0.095=52.57元 3. 机械费:120.64×0.055=6.64元 4. 管理费:(119.72+6.64)×26%=32.85元 5. 利润:(119.72+6.64)×12%=15.16元 综合单价:119.72+52.57+6.64+32.85+15.16=226.94元/10 m²				
		定额工程量:同上85.899(10 m²)				

说明:① 定额按中级抹灰考虑,设计砂浆品种、饰面材料规格如与定额取定不同时,应按设计调整,但人工数量不变。

② 定额中墙、柱的抹灰及镶贴块料面层所取定的砂浆品种、厚度详见《计价定额》附录

七"抹灰分层厚度及砂浆种类表"。设计砂浆品种、厚度与定额不同均应调整。砂浆用量按比例调整。外墙面砖基层刮糙处理,如基层处理设计采用保温砂浆时,此部分砂浆作相应换算,其他不变。

③ 外墙抹灰工程量计算规则:外墙面抹灰面积按外墙面的垂直投影面积计算,应扣除门窗洞口和空圈所占的面积,不扣除 0.3 m² 以内的孔洞面积。但门窗洞口、空圈的侧壁、顶面及垛等抹灰,应按结构展开面积并入墙面抹灰中计算。外墙面不同品种砂浆抹灰,应分别计算按相应子目执行。

2. 其他混凝土面一般抹灰

素水泥浆 1 遍;12 mm 厚 1:3 水泥砂浆打底;8 mm 厚 1:2.5 水泥砂浆粉面。

序号	项目编码	项目名称	计量单位	工程量	综合单价	合价
2	011201001002	其他混凝土面一般抹灰	m²	296.06	66.12	19 575.49
(1)	14-17	栏板抹水泥砂浆	10 m²	4.637	390.26	1 811.30
		综合单价:390.26 元/10 m²				
		栏板:(1.2+0.4)×(1.05+0.10)×2.1(系数)×2×6=46.37 定额工程量:同清单工程量 46.37/10=4.637(10 m²)				
(2)	14-19	混凝土装饰线条	10 m²	3.897	845.98	3 296.78
		综合单价:845.98 元/10 m²				
		定额工程量:见清单工程量计算 38.97/10=3.897(10 m²)				
(3)	14-14	阳台、雨篷抹水泥砂浆	10 m²	8.218	1 021.51	8 394.77
		综合单价:1 021.51 元/10 m²				
		1. 阳台:(3.6+3.6+0.2)×1.5×6=66.6 2. 六层雨篷:(3.6+3.6+0.2)×1.5=11.1 3. 入口雨篷:(2.6+0.2)×1.6=4.48 定额工程量:(66.6+11.1+4.48)/10=8.218(10 m²)				
(4)	14-10	混凝土外墙抹水泥砂浆	10 m²	10.504	264.42	2 777.47
		定额使用:阳台分户隔板类似于混凝土外墙 综合单价:264.42 元/10 m²				
		阳台分户隔板(见清单工程量计算):105.04 m² 定额工程量:105.04/10=10.504(10 m²)				
(5)	14-18	零星项目抹水泥砂浆	10 m²	0.741	410.95	304.51
		综合单价:410.95 元/10 m²				
		阳台中间处空调板(见清单工程量计算):7.41 m² 定额工程量:7.41/10=0.741(10 m²)				
(6)	14-17	遮阳板抹水泥砂浆	10 m²	7.660	390.62	2 992.15
		综合单价:390.62 元/10 m²				
		1. 凸窗:25.70+25.70=51.40 (1) 窗台悬挑板:0.7×2.04×1.5(系数)×2×6=25.70 (2) 窗顶悬挑板(兼空调板):0.7×2.04×1.5(双面系数)×2×6=25.70 2. 北侧空调板(F 轴):0.7×2.0×1.5(系数)×2×6=25.20 定额工程量:(51.40+25.20)/10=7.660(10 m²)				

说明:① 阳台、雨篷抹灰按水平投影面积计算。定额中已包括顶面、底面、侧面及牛腿的全部抹灰面积,如图 8-12-1 所示。阳台栏杆、栏板、垂直遮阳板抹灰另列项目计算。栏板以单面垂直投影面积乘以系数 2.10。

② 挑沿、天沟、腰线、扶手、单独门窗套、窗台线、压顶等,均以结构尺寸展开面积计算。窗台线与腰线连接时,并入腰线内计算,如图 8-12-2 所示。

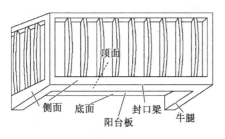

图 8-12-1　阳台抹灰

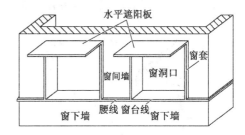

图 8-12-2　腰线、窗套等抹灰计算示意

③ 水平遮阳板顶面、侧面抹灰按其水平投影面积乘以系数 1.5,板底面积并入天棚抹灰内计算。

3. 内墙面一般抹灰

专用界面剂;15 mm 厚 1:1:6 水泥石灰砂浆打底;5 mm 厚 1:0.3:3 水泥石灰砂浆。

序号	项目编码	项目名称	计量单位	工程量	综合单价	合价
3	011201001003	内墙面一般抹灰	m²	2 000.63	27.57	55 157.37
(1)	14-31	混凝土面刷界面剂	10 m²	13.588	42.64	628.31
		综合单价:42.64 元/10 m²				
		突出墙面柱、梁面(见清单工程量计算):18.84+84.40+24.92+7.72=135.88 m² 1. 车库层:6.24×2+2.43×2+0.75×2=18.84 2. 1~5 层(楼梯间除外):(1.62×2+3.24×2+3.58×2)×5=84.40 3. 六层(楼梯间除外):1.68×2+4.78×2+6.00×2=24.92 4. 楼梯间:7.72 定额工程量:135.88/10=13.588(10 m²)				
(2)	14-47	矩形混凝土柱、梁面抹混合砂浆	10 m²	13.588	295.97	4 021.64
		综合单价:295.97 元/10 m²				
		定额工程量:同上 13.588(10 m²)				
(3)	14-32	加气混凝土面刷界面剂	10 m²	186.475	49.50	9 230.51
		综合单价:49.50 元/10 m²				
		平墙面(见清单工程量计算): 2 000.63(内墙面抹灰)−135.88(突出墙面柱、梁面)=1 864.75 m² 定额工程量:1 846.32/10=184.632(10 m²)				
(4)	14-43	轻质墙抹混合砂浆	10 m²	186.475	221.29	41 265.05
		综合单价:221.29 元/10 m²				
		定额工程量:同上 186.475(10 m²)				

说明:① 内墙面抹灰面积应扣除门窗洞口和空圈所占的面积,不扣除踢脚线、挂镜线、0.3 m² 以内的孔洞和墙与构件交接处的面积;但其洞口侧壁和顶面抹灰亦不增加。垛的侧

面抹灰面积应并入内墙面工程量内计算。

内墙面抹灰长度,以主墙间的图示净长计算,其高度按实际抹灰高度确定,不扣除间壁所占的面积。

② 柱和单梁的抹灰按结构展开面积计算,柱与梁或梁与梁接头的面积不予扣除,如图8-12-3。砖墙中平墙面的混凝土柱、梁等的抹灰(包括侧壁)应并入墙面抹灰工程量内计算。凸出墙面的混凝土柱、梁面(包括侧壁)抹灰工程量应单独计算,如图8-12-4所示,按相应子目执行。

图 8-12-3　梁柱接头

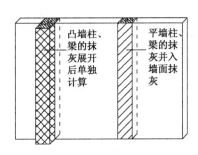

图 8-12-4　墙柱面

4. 面砖块料墙面

专用界面剂;12 mm 厚 1:3 水泥砂浆底层;8 mm 厚 1:0.1:2.5 混合砂浆黏结层;5 mm 厚 200 mm×300 mm 面砖白水泥擦缝。

序号	项目编码	项目名称	计量单位	工程量	综合单价	合价
4	011204003001	面砖块料墙面	m²	503.52	239.57	120 628.29
(1)	14-34	加气混凝土墙面刷界面剂	10 m²	50.352	61.71	3 107.22
		综合单价:61.71 元/10 m²				
		定额工程量:同清单工程量 503.52/10=50.352(10 m²)				
(2)	14-80 换	墙面水泥砂浆粘贴 200 mm×300 mm 面砖	10 m²	50.352	2 333.84	117 513.51
		定额换算:加气混凝土墙属于轻质墙的一种,同时按《计价定额》附录七调整砂浆厚度(镶贴瓷砖砂浆总厚度 18 mm:1. 底层 12 厚水泥砂浆 1:3;2. 黏结层 6 mm 混合砂浆 1:0.1:2.5) 1. 人工费:373.15 元 2. 材料费:1 757.98+239.38×(8/6)×0.061+29.93+0.91+0.90+0.56+0.37=1 810.12 元 3. 机械费:6.36 元 4. 管理费:(373.15+6.36)×26%=98.67 元 5. 利润:(373.15+6.36)×12%=45.54 元 综合单价:373.15+1 810.12+6.36+98.67+45.54=2 333.84 元/10 m²				
		定额工程量:同清单工程量 503.52/10=50.352(10 m²)				

说明:内、外墙面、柱梁面、零星项目镶贴块料面层均按块料面层的建筑尺寸(各块料面层+粘贴砂浆厚度=25 mm)面积计算。门窗洞口面积扣除,侧壁、附垛贴面应并入墙面工程量中。内墙面腰线花砖按延长米计算。

8.12.2　其他定额工程量计算规则

1. 内墙面抹灰

(1) 石灰砂浆、混合砂浆粉刷中已包括水泥护角线,如图8-12-5所示,不另行计算。

（2）厕所、浴室隔断抹灰工程量，按单面垂直投影面积乘以系数2.3计算。

2. 外墙抹灰

（1）外墙窗间墙与窗下墙均抹灰，以展开面积计算。

（2）外窗台抹灰长度，如设计图纸无规定时，可按窗洞口宽度两边共加200 mm计算。窗台展开宽度一砖墙按360 mm计算，每增加半砖宽则累增120 mm。

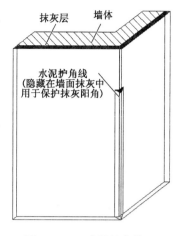

图8-12-5 水泥护角线

单独圈梁抹灰（包括门、窗洞口顶部）、附着在混凝土梁上的混凝土装饰线条抹灰均以展开面积以"m²"计算。

（3）勾缝按墙面垂直投影面积计算，应扣除墙裙、腰线和挑沿的抹灰面积，不扣除门、窗套、零星抹灰和门、窗洞口等面积，但垛的侧面、门窗洞侧壁和顶面的面积亦不增加。

3. 挂贴块料面层

（1）窗台、腰线、门窗套、天沟、挑檐、盥洗槽、池脚等块料面层镶贴，均以建筑尺寸的展开面积（包括砂浆及块料面层厚度）按零星项目计算。

（2）石材块料面板挂、贴均按面层的建筑尺寸（包括干挂空间、砂浆、板厚度）展开面积计算。

（3）石材圆柱面按石材面外围周长乘以柱高（应扣除柱墩、帽和腰线高度）以"m²"计算。石材圆柱形柱墩、柱帽和腰线按石材圆柱面外围周长乘其高度以"m²"计算。

4. 墙、柱木装饰及柱包不锈钢镜面

（1）墙、墙裙、柱（梁）面

① 木装饰龙骨、衬板、面层及粘贴切片按净面积计算，并扣除门、窗洞口及0.3 m²以上的孔洞所占的面积，附墙垛及门、窗侧壁并入墙面工程量内计算；

② 单独门、窗按相应定额计算；

③ 柱、梁按展开宽度乘以净长计算。

（2）不锈钢镜面、各种装饰板面均按展开面积计算。若地面天棚面有柱帽、柱脚，则高度应从柱脚上表面至柱帽下表面计算。柱帽、柱脚按面层的展开面积以"m²"计算，套柱帽、柱脚子目。

（3）幕墙以框外围面积计算。幕墙与建筑顶端、两端的封边按图示尺寸以"m²"计算，自然层的水平隔离与建筑物的连接按延长米计算（连接层包括上、下镀锌钢板在内）。幕墙上下设计有窗者，计算幕墙面积时，窗面积不扣除，但每10 m²窗面积另增加人工5工日，增加的窗料及五金按实计算（幕墙上铝合金窗不再另外计算）。其中：全玻璃幕墙以结构外边按玻璃（带肋）展开面积计算，支座处隐藏部分玻璃合并计算。

8.12.3 其他定额使用说明

1. 一般规定

（1）外墙保温材料品种不同，可根据相应子目进行换算调整。地下室外墙粘贴保温板，可参照相应子目，材料可换算，其他不变。柱梁面粘贴复合保温板可参照墙面执行。

（2）定额均不包括抹灰脚手架费用，脚手架费用按相应子目执行。

2. 柱墙面装饰

(1) 在圆弧形墙面、梁面抹灰或镶贴块料面层(包括挂贴、干挂石材块料面板),按相应子目人工乘以系数1.18(工程量按其弧形面积计算)。块料面层中带有弧边的石材损耗,应按实调整,每10 m弧形部分,切、贴人工增加0.6工日,合金钢切割片0.14片,石料切割机0.6台班。

(2) 石材块料面板均不包括磨边,设计要求磨边或墙、柱面贴石材装饰线条者,按相应子目执行。设计线条重叠数次,套相应"装饰线条"数次。

(3) 外墙面窗间墙、窗下墙同时抹灰,按外墙抹灰相应子目执行,单独圈梁抹灰(包括门、窗洞口顶部)按腰线子目执行,附着在混凝土梁上的混凝土线条抹灰按混凝土装饰线条抹灰子目执行。但窗间墙单独抹灰或镶贴块料面层,按相应人工乘以系数1.15。

(4) 门窗洞口侧边、附墙垛等小面积粘贴块料面层时,门窗洞口侧边、附墙垛等小面积排版规格小于块料原规格并需要裁剪的块料面层项目,可套用柱、梁、零星项目。

(5) 内外墙贴面砖的规格与定额取定规格不符,数量应按下式

$$实际数量 = \frac{10\text{m}^2 \times (1 + 相应损耗率)}{(砖长 + 灰缝宽) \times (砖宽 + 灰缝厚)}$$

(6) 高在3.60 m以内的围墙抹灰均按内墙面相应抹灰子目执行。

(7) 石材块料面板上钻孔成槽由供应商完成的,扣除基价中人工的10%和其他机械费。斩假石已包括底、面抹灰。

(8) 混凝土墙、柱、梁面的抹灰底层已包括刷1遍素水泥浆在内,设计刷2遍、每增1遍按相应子目执行。设计采用专用黏结剂时,可套用相应"干粉型粘贴剂粘贴"子目,换算干粉型粘贴剂材料为相应专用黏结剂。设计采用聚合物砂浆粉刷的,可套用相应子目,材料换算,其他不变。

(9) 外墙内表面的抹灰按内墙面抹灰子目执行,砌块墙面的抹灰按混凝土墙面相应子目执行。

(10) 干挂石材及大规格面砖所用的干挂胶(AB胶)每组的用量组成为:A组1.33 kg,B组0.67 kg。

3. 内墙、柱面木装饰及柱面包钢板

(1) 设计木墙裙的龙骨与定额间距、规格不同时,应按比例换算木龙骨含量。定额仅编制了一般项目中常用的骨架与面层,骨架、衬板、基层、面层均应分开计算。

(2) 木饰面子目的木基层均未含防火材料,设计要求刷防火漆,按相应子目执行。

(3) 装饰面层中均未包括墙裙压顶线、压条、踢脚线、门窗贴脸等装饰线,设计有要求时,应按相应子目执行。

(4) 幕墙材料品种、含量,设计要求与定额不同时应调整,但人工、机械不变。所有干挂石材、面砖、玻璃幕墙、金属板幕墙子目中不含钢骨架、预埋(后置)铁件的制作安装费,另按相应子目执行。

(5) 不锈钢、铝单板等装饰板块折边加工费及成品铝单板折边面积应计入材料单价中,不另计算。

(6) 网塑夹芯板之间设置加固方钢立柱、横梁应根据设计要求按相应子目执行。

（7）定额未包括玻璃、石材的车边、磨边费用。石材车边、磨边按相应章子目执行，玻璃车边费用按市场加工费另行计算。

（8）成品装饰面板现场安装，需做龙骨、基层板时，套用墙面相应子目。

8.12.4　知识、技能评估

（1）对拓展案例 7-12-1 中相关清单项目，《江苏省建筑与装饰工程计价定额》进行计价。

（2）对第 7.12.5 节知识、技能评估题中的墙面抹灰、面砖墙裙，《江苏省建筑与装饰工程计价定额》进行计价。

8.13　天棚工程

工程案例：依据住宅楼工程的工程量清单。

要求：编制该天棚工程的工程量清单计价，基于《江苏省建筑与装饰工程计价定额》及增值税一般计税法。

8.13.1　工程量清单组价

1. 天棚抹灰

钢筋混凝土板底；素水泥浆（内加 10％的 901 胶）1 遍；6 mm 厚1∶0.3∶0.3 混合砂浆打底；6 mm 厚 1∶0.3∶0.3 混合砂浆面层。

序号	项目编码	项目名称	计量单位	工程量	综合单价	合价
1	011301001001	天棚抹灰	m²	1 030.03	18.94	19 508.77
	15-87	现浇混凝土天棚抹混合砂浆面	10 m²	103.003	189.43	19 511.86
		定额使用：工程案例中天棚抹灰做法，同《计价定额》附录七做法一致 综合单价：189.43 元/10 m²				
		定额工程量：同清单工程量 1 030.03/10＝103.003(10 m²)				

说明：① 天棚面抹灰按主墙间天棚水平面积计算，不扣除间壁墙、垛、柱、附墙烟囱、检查洞、通风洞、管道等所占的面积。

② 密肋梁、井字梁、带梁天棚抹灰面积，按展开面积计算，并入天棚抹灰工程量内。斜天棚抹灰按斜面积计算。

③ 楼梯底面、水平遮阳板底面和沿口天棚，并入相应的天棚抹灰工程量内计算。混凝土楼梯、螺旋楼梯的底板为斜板时，按其水平投影面积（包括休息平台）乘以系数 1.18，底板为锯齿形时（包括预制踏步板），按其水平投影面积乘系数 1.5 计算。

④ 天棚面的抹灰按中级抹灰考虑，所取定的砂浆品种、厚度详见《计价定额》附录七。设计砂浆品种（纸筋石灰浆除外）厚度与定额不同均应按比例调整，但人工数量不变。

2. 铝合金方板天棚吊顶

φ6 天棚钢吊筋；铝合金（嵌入式）方板龙骨（不上人型）面层规格 600 mm×600 mm；铝

合金(嵌入式)方板天棚面层 600 mm×600 mm,厚 0.6。

序号	项目编码	项目名称	计量单位	工程量	综合单价	合价
2	011302001001	铝合金方板天棚吊顶	m²	120.96	137.98	16 690.06
(1)	15-33 换	φ6 天棚钢吊筋	10 m²	12.096	36.96	447.07
		定额调整:定额(注 1)按天棚面层至楼板底按 1.00 m 高计算,设计高度不同,吊筋按比例调整,其他不变.工程案例中混凝土板底至吊顶面层高 200 mm 1. 人工费:0.00 元[吊筋安装人工 0.67 工日/10 m² 已经包括在相应子目龙骨安装的人工中(注 2)] 2. 材料费:3.45×2.2×(0.2/1.0)+3.40×1.60+0.51×13.26+0.26×13.26+0.50×13.26+0.56 =24.36 元 3. 机械费:9.13 元 4. 管理费:(0+9.13)×26%=2.37 元 5. 利润:(0+9.13)×12%=1.10 元 综合单价:0.00+24.36+9.13+2.37+1.10 =36.96 元/10 m²				
		定额工程量:同清单工程量 120.96/10=12.096(10 m²)				
(2)	15-28	铝合金(嵌入式)方板龙骨(不上人型)面层规格 600 mm×600 mm	10 m²	12.096	431.62	5 220.88
		综合单价:431.62 元/10 m²				
		定额工程量:同上 12.096(10 m²)				
(3)	15-50	铝合金(嵌入式)方板面层规格 600 mm×600 mm 厚 0.6 mm	10 m²	12.096	911.27	11 022.72
		综合单价:911.27 元/10 m²				
		定额工程量:同上 12.096(10 m²)				

说明:① 本定额天棚饰面的面积按净面积计算,不扣除间壁墙、检修孔、附墙烟囱、柱垛和管道所占面积,但应扣除独立柱、0.3 m² 以上的灯饰面积(石膏板、夹板天棚面层的灯饰面积不扣除)与天棚相连接的窗帘盒面积,整体金属板中间开孔的灯饰面积不扣除。

② 天棚龙骨的面积按主墙间的水平投影面积计算。天棚龙骨的吊筋按 10 m² 龙骨面积套相应子目计算,全丝杆的天棚吊筋按主墙间的水平投影面积计算。

8.13.2 其他定额工程量计算规则

(1) 天棚中假梁、折线、叠线等圆弧形、拱形、特殊艺术形式的天棚饰面,均按展开面积计算。

(2) 圆弧形、拱形的天棚龙骨应按其弧形或拱形部分的水平投影面积计算套用复杂型子目,龙骨用量按设计进行调整,人工和机械按复杂型天棚子目乘以系数 1.80。

(3) 定额天棚每间以在同一平面上为准,设计有圆弧形、拱形时,按其圆弧形、拱形部分的面积。圆弧形面层人工按其相应子目乘以系数 1.15 计算。拱形面层的人工按相应子目乘以系数 1.50 计算。

(4) 铝合金扣板雨篷、钢化夹胶玻璃雨篷均按水平投影面积计算。

(5) 天棚面抹灰:天棚抹面如抹小圆角者,人工已包括在定额中,材料、机械按附注增加。如带装饰线者,其线分别按 3 道线以内或 5 道线以内,以延长米计算(线角的道数以每一个突出的阳角为一道线)。

8.13.3 其他定额使用说明

(1) 本定额中的木龙骨、金属龙骨是按面层龙骨的方格尺寸取定的,其龙骨、断面的取定如下:

① 木龙骨断面搁在墙上大龙骨 50 mm×70 mm,中龙骨 50 mm×50 mm,吊在混凝土板下,大、中龙骨 50 mm×40 mm。

② U 型轻钢龙骨上人型:大龙骨 60 mm×27 mm×1.5 mm(高×宽×厚),中龙骨 50 mm×20 mm×0.5 mm(高×宽×厚),小龙骨 25 mm×20 mm×0.5 mm(高×宽×厚);不上人型:大龙骨 45 mm×15 mm×1.2 mm(高×宽×厚),中龙骨 50 mm×20 mm×0.5 mm(高×宽×厚),小龙骨 25 mm×20 mm×0.5 mm(高×宽×厚)。

③ T 型铝合金龙骨上人型:轻钢大龙骨 60 mm×27 mm×1.5 mm(高×宽×厚),铝合金 T 型主龙骨 20 mm×35 mm×0.8 mm(高×宽×厚),铝合金 T 型付龙骨 20 mm×22 mm×0.6 mm(高×宽×厚);不上人型:轻钢大龙骨 45 mm×15 mm×1.2 mm(高×宽×厚),铝合金 T 型主龙骨 20 mm×35 mm×0.8 mm(高×宽×厚),铝合金 T 型付龙骨 20 mm×22 mm×0.6 mm(高×宽×厚)。

设计与定额不符,应按设计的长度用量加下列损耗调整定额中的含量:木龙骨 6%;轻钢龙骨 6%;铝合金龙骨 7%。

(2) 天棚的骨架基层分为简单型、复杂型两种:

① 简单型:是指每间面层在同一标高的平面上。

② 复杂型:是指每一间面层不在同一标高平面上,其高差在 100 mm 以上(含100 mm),但必须满足不同标高的少数面积占该间面积的 15% 以上。

(3) 天棚吊筋、龙骨与面层应分开计算,按设计套用相应子目。

① 金属吊筋是按膨胀螺栓连接在楼板上考虑的,每付吊筋的规格、长度、配件及调整办法详见天棚吊筋子目,设计吊筋与楼板底面预埋铁件焊接时也执行定额。吊筋子目适用于轻钢、木龙骨的天棚基层。

② 设计小房间(厨房、厕所)内不用吊筋时,不能计算吊筋项目,并扣除相应定额中人工含量 0.67 工日/10 m²。

(4) 定额轻钢、铝合金龙骨是按双层编制的,设计为单层龙骨(大、中龙骨均在同一平面上)在套用定额时,应扣除定额中的小(付)龙骨及配件,人工乘系数 0.87,其他不变,设计小(付)龙骨用中龙骨代替时,其单价应调整。

(5) 胶合板面层在现场钻吸音孔时,按钻孔板部分的面积,每 10 m² 增加人工 0.64 工日计算。

(6) 木质骨架及面层的上表面,未包括刷防火漆,设计要求刷防火漆时,应按相应子目计算。

(7) 上人型天棚吊顶检修道分为固定、活动两种,应按设计分别套用定额。

(8) 天棚面层中回光槽按相应子目执行。

8.13.4 知识、技能评估

(1)(思考题)对拓展案例7-13-1中相关清单项目,《江苏省建筑与装饰工程计价定额》进行计价。

(2)对第7.13.5节知识、技能评估题1中的天棚吊顶,《江苏省建筑与装饰工程计价定额》进行计价。

(3)对第7.13.5节知识、技能评估题2中的天棚抹灰,《江苏省建筑与装饰工程计价定额》进行计价。

8.14 油漆、涂料、裱糊工程

工程案例:依据住宅楼工程的工程量清单。

要求:编制该油漆、涂料、裱糊工程的工程量清单计价,基于《江苏省建筑与装饰工程计价定额》及增值税一般计税法。

8.14.1 工程量清单组价

1. 胶合板门油漆

胶合板门,M2,洞口尺寸900 mm×2 100 mm,底油1遍,普通腻子2遍,米黄色调和漆2遍。

序号	项目编码	项目名称	计量单位	工程量	综合单价	合价
1	011401001001	胶合板门油漆	m²	45.36	32.42	1 470.57
	17-1	单层木门底油1遍、刮腻子、调和漆2遍	10 m²	4.536	324.27	1 470.9
		定额使用:单层木门定额 综合单价:324.27元/10 m²				
		查表8-14-1可知,单层木门定额工程量系数为1.00 定额工程量:同清单工程量 45.36×1.00/10=4.536(10 m²)				

说明:单层木门的油漆工程量按洞口面积计算,并乘以相应系数。

2. 镶板门油漆

镶板门,M3,洞口尺寸800 mm×2 100 mm,底油1遍,普通腻子2遍,米黄色调和漆2遍。

序号	项目编码	项目名称	计量单位	工程量	综合单价	合价
2	011401001002	镶板门油漆	m²	40.32	32.43	1 307.58
	17-1	单层木门底油1遍、刮腻子、调和漆2遍	10 m²	4.032	324.27	1 307.46
		定额使用:单层木门定额 综合单价:324.27元/10 m²				
		查表8-14-1可知,套用单层木门定额工程量系数为1.00 定额工程量:同清单工程量 40.32×1.00/10=4.032(10 m²)				

3. 木扶手油漆

底油 1 遍，普通腻子 2 遍，栗色调和漆 2 遍。

序号	项目编码	项目名称	计量单位	工程量	综合单价	合价
3	011403001001	木扶手油漆	m	30.07	6.57	197.56
	17-3	扶手底油 1 遍、刮腻子、调和漆 2 遍	10 m	3.007	65.67	197.47
		定额使用：单层木扶手定额 综合单价：65.67 元/10 m				
		查表 8-14-3 可知，套用木扶手定额工程量系数为 1.00(不带托板) 定额工程量：同清单工程量 30.07×1.00/10＝3.007(10 m)				

说明：不带托板木扶手的油漆工程量按延长米计算，并乘以相应系数。

4. 外墙刷淡黄色涂料

抹灰面基层，外墙抗裂腻子 2 遍，底漆 1 遍，淡黄色外墙高档弹性涂料 2 遍。

序号	项目编码	项目名称	计量单位	工程量	综合单价	合价
4	011407001001	外墙刷淡黄色涂料	m²	838.85	48.36	40 566.79
(1)	17-195	外墙批抗裂腻子 3 遍	10 m²	83.885	224.07	18 796.11
		综合单价：224.07 元/10 m²				
		定额工程量：同清单工程量 838.85/10＝83.885(10 m²)				
(2)	17-196×(−1)	外墙批抗裂腻子每增减 1 遍	10 m²	83.885	−68.12	−5 714.25
		定额使用：按外墙批抗裂腻子按每增(减)1 遍调整。减少 1 遍腻子 综合单价：−68.12 元/10 m²				
		定额工程量：同上 83.885(10 m²)				
(3)	17-197	外墙弹性涂料 2 遍	10 m²	83.885	327.68	27 487.44
		综合单价：327.68 元/10 m²				
		定额工程量：同上 83.885(10 m²)				

说明：① 天棚、墙、柱、梁面的喷(刷)涂料和抹灰面乳胶漆，工程量按实喷(刷)面积计算，但不扣除 0.3 m² 以内的孔洞面积。

② 抹灰面的油漆、涂料、刷浆工程量等于抹灰的工程量。

③ 定额中规定的喷、涂刷的遍数，如与设计不同时，可按每增减 1 遍相应定额子目执行。石膏板面套用抹灰面定额。

5. 外墙刷白色涂料

抹灰面基层，外墙抗裂腻子 2 遍，底漆 1 遍，白色外墙高档弹性涂料 2 遍。

序号	项目编码	项目名称	计量单位	工程量	综合单价	合价
5	011407001002	外墙刷白色涂料	m²	296.06	48.36	14 317.46
(1)	17-195	外墙批抗裂腻子 3 遍	10 m²	29.606	224.07	6 633.82

续表

序号	项目编码	项目名称	计量单位	工程量	综合单价	合价
		综合单价:224.07 元/10 m²				
		定额工程量:同清单工程量 296.06/10＝29.606(10 m²)				
(2)	17-196×(−1)	外墙批抗裂腻子每增减 1 遍	10 m²	29.606	−68.12	−2 016.76
		定额使用:按外墙批抗裂腻子按每增(减)1 遍调整。减少 1 遍腻子 综合单价:−68.12 元/10 m²				
		定额工程量:同上 29.606(10 m²)				
(3)	17-197	外墙弹性涂料 2 遍	10 m²	29.606	327.68	9 701.29
		综合单价:327.68 元/10 m²				
		定额工程量:同上 29.606(10 m²)				

6. 内墙刷白色乳胶漆

抹灰面基层,批白水泥腻子两遍,刷白色乳胶漆两遍。

序号	项目编码	项目名称	计量单位	工程量	综合单价	合价
6	011407001003	内墙刷白色乳胶漆	m²	2 000.63	17.36	34 730.94
(1)	17-177	内墙抹灰面上白水泥腻子批、刷乳胶漆各 2 遍	10 m²	200.063	173.54	34 718.93
		定额调整: 1. 注 1:每增减一遍腻子,人工增减 0.32 工日,腻子材料增减 30% 2. 注 2:每增刷一遍乳胶漆,人工增减 0.165 工日,乳胶漆增减 1.20 kg 综合单价组成: 1. 人工费:(1.58−0.32−0.165)×85＝93.08 元 2. 材料费:(4.63−1.20)×10.29＋(2.14×3.32＋0.36×0.83＋0.73×0.83＋ 　　0.60×6.88)×(1−30%)＋0.86×1.52＝45.09 元 3. 机械费:0 元 4. 管理费:(93.08＋0)×26%＝24.20 元 5. 利润:(93.08＋0)×12%＝11.17 元 综合单价:93.08＋45.09＋0＋24.20＋11.17＝173.54 元/10 m²				
		定额工程量:同清单工程量 2 000.63/10＝200.063(10 m²)				

7. 天棚刷白色乳胶漆

抹灰面基层,批白水泥腻子两遍,刷白色乳胶漆两遍。

序号	项目编码	项目名称	计量单位	工程量	综合单价	合价
7	011407002001	天棚刷白色乳胶漆	m²	1 030.03	18.64	19 199.76
(1)	17-177	内墙抹灰面上白水泥腻子批、刷乳胶漆各 2 遍	10 m²	103.003	186.38	19 197.70
		定额调整: 1. 注 1:每增减一遍腻子,人工增减 0.32 工日,腻子材料增减 30% 2. 注 2:每增刷一遍乳胶漆,人工增减 0.165 工日,乳胶漆增减 1.20 kg 3. 注 4:柱、梁、天棚批腻子、刷乳胶漆按相应子目执行,人工乘系数 1.1,其他不变 综合单价组成: 1. 人工费:(1.58−0.32−0.165)×85×1.1＝102.38 元 2. 材料费:(4.63−1.20)×10.29＋(2.14×3.32＋0.36×0.83＋0.73×0.83＋ 0.60×6.88)×(1−30%)＋0.86×1.52＝45.09 元 3. 机械费:0 元 4. 管理费:(102.38＋0)×26%＝26.62 元 5. 利润:(102.38＋0)×12%＝12.29 元 综合单价:102.38＋45.09＋0＋26.62＋12.29＝186.38 元/10 m² 综合单价:186.38 元/10 m²				
		定额工程量:同清单工程量 1 014.37/10＝101.437(10 m²)				

8.14.2 其他定额工程量计算规则

1. 木材面油漆

各种木材面的油漆工程量按构件的工程量乘以相应系数计算,其具体系数如下。

（1）套用单层木门定额的项目工程量乘以表 8-14-1 中系数。

表 8-14-1 套用单层木门定额工程量系数表

项目名称	系数	工程量计算方法
单层木门	1.00	
带上亮木门	0.96	
双层（一玻一纱）木门	1.36	
单层全玻门	0.83	
单层半玻门	0.90	
不包括门套的单层门扇	0.81	按洞口面积计算
凹凸线条几何图案造型单层木门	1.05	
木百页门	1.50	
半木百叶门	1.25	
厂库房木大门、钢木大门	1.30	
双层（单裁口）木门	2.00	

注：① 门、窗贴脸、披水条、盖口条的油漆已包括在相应定额内,不予调整。
② 双扇木门按相应单扇木门项目乘以系数 0.90。
③ 厂库房木大门、钢木大门上的钢骨架、零星铁件油漆以包含在系数内,不另计算。

（2）套用单层木窗定额的项目工程量乘以表 8-14-2 中系数。

表 8-14-2 套用单层木窗定额工程量系数表

项目名称	系数	工程量计算方法
单层玻璃窗	1.00	
双层（一玻一纱）窗	1.36	
双层（单裁口）窗	2.00	
三层（二玻一纱）窗	2.60	
单层组合窗	0.83	按洞口面积计算
双层组合窗	1.13	
木百叶窗	1.50	
不包括窗套的单层木窗扇	0.81	

（3）套用木扶手定额的项目工程量乘以表 8-14-3 中系数。

表 8-14-3　套用木扶手定额的项目工程量系数表

项目名称	系数	工程量计算方法
木扶手（不带托板）	1.00	按延长米
木扶手（带托板）	2.60	
窗帘盒（箱）	2.04	
窗帘棍	0.35	
装饰线缝宽在 150 mm 内	0.35	
装饰线缝宽在 150 mm 外	0.52	
封檐板、顺水板	1.74	

（4）套用其他木材面定额的项目工程量乘表 8-14-4 中系数。

表 8-14-4　套用其他木材面定额的项目工程量系数表

项目名称	系数	工程量计算方法
纤维板、木板、胶合板天棚	1.00	长×宽
木方格吊顶天棚	1.20	
鱼鳞板墙	2.48	
暖气罩	1.28	
木间壁木隔断	1.90	外围面积 长（斜长）×高
玻璃间壁露明墙筋	1.65	
木栅栏、木栏杆（带扶手）	1.82	
零星木装修	1.10	展开面积

（5）套用木墙裙定额的项目工程量乘以表 8-14-5 系数。

表 8-14-5　套用木墙裙定额的项目工程量系数表

项目名称	系数	工程量计算方法
木墙裙	1.00	净长×高
有凹凸、线条几何图案的木墙裙	1.05	

（6）踢脚线按延长米计算，如踢脚线与墙裙油漆材料相同，应合并在墙裙工程量中。

（7）橱、台、柜工程量计算按展开面积计算。零星木装修，梁、柱饰面按展开面积计算。

（8）窗台板、筒子板（门、窗套），不论有无拼花图案和线条均按展开面积计算。

（9）套用木地板定额的项目工程量乘以表 8-14-6 中系数。

表 8-14-6　套用木地板定额的项目工程量系数表

项目名称	系数	工程量计算方法
木地板	1.00	长×宽
木楼梯（不包括底面）	2.30	水平投影面积

2. 抹灰面、构件面油漆、涂料、刷浆

（1）抹灰面的油漆、涂料、刷浆工程量等于抹灰的工程量。

（2）混凝土板底、预制混凝土构件仅油漆、涂料、刷浆工程量按表8-14-7中方法计算，参照抹灰面相应子目。

表8-14-7 套抹灰面定额工程量计算表

项目名称		系数	工程量计算方法
槽形板、混凝土折板底面		1.30	长×宽
有梁板底（含梁底、侧面）		1.30	
混凝土板式楼梯底（斜板）		1.18	水平投影面积
混凝土板式楼梯底（锯齿形）		1.50	
混凝土花格窗、栏杆		2.00	长×宽
遮阳板、栏板		2.10	长×宽（高）
混凝土预制构件	屋架、天窗架	40 m²	每 m³ 构件
	柱、梁、支撑	12 m²	
	其他	20 m²	

3. 金属面油漆

（1）参照单层钢门窗定额的项目工程量乘以表8-14-8中系数。

表8-14-8 套用单层钢门窗定额的项目工程量计算表

项目名称	系数	工程量计算方法
单层钢门窗	1.00	洞口面积
双层钢门窗	1.50	
单钢门窗带纱门窗扇	1.10	
钢百页门窗	2.74	
半截百页钢门	2.22	
满钢门或包铁皮门	1.63	
钢折叠门	2.30	框（扇）外围面积
射线防护门	3.00	
厂库房平开、推拉门	1.70	
间壁	1.90	长×宽
平板屋面	0.74	斜长×宽
瓦垄板屋面	0.89	
镀锌铁皮排水、伸缩缝盖板	0.78	展开面积
吸气罩	1.63	水平投影面积

(2) 其他金属面油漆,按构件油漆部分表面积计算。

(3) 套用金属面定额的项目:原材料重量 5 kg/m 以内为小型构件,防火涂料用量乘以系数 1.02,人工乘以系数 1.10;网架上刷防火涂料时,人工乘以系数 1.40。

4. 刷防火漆计算规则

(1) 隔壁、护壁木龙骨按其面层正立面投影面积计算。

(2) 柱木龙骨按其面层外围面积计算。

(3) 天棚龙骨按其水平投影面积计算。

(4) 木地板中木龙骨及木龙骨带毛地板按地板面积计算。

(5) 隔壁、护壁、柱、天棚面层及木地板刷防火漆,执行其他木材面刷防火漆相应子目。

5. 裱贴饰面按设计图示尺寸以面积计算

8.14.3　其他定额使用说明

(1) 定额中涂料、油漆工程均采用手工操作,喷塑、喷涂、喷油采用机械喷枪操作,实际施工操作方法不同时,均按定额执行。

(2) 油漆项目中,已包括钉眼刷防锈漆的工、料并综合了各种油漆的颜色,设计油漆颜色与定额不符时,人工、材料均不调整。

(3) 定额已综合考虑分色及门窗内外分色的因素,如果需做美术图案者,可按实计算。

(4) 定额对硝基清漆磨退出亮定额子目未具体要求刷理遍数,但应达到漆膜面上的白雾光消除、磨退出亮。

(5) 刷有色聚氨酯漆已经综合考虑不同色彩的因素,均按定额执行

(6) 定额抹灰面乳胶漆、裱糊墙纸饰面是根据现行工艺,将墙面封油刮腻子、清油封底、乳胶漆涂刷及墙纸裱糊分列子目,定额乳胶漆、裱糊墙纸子目已包括再次找补腻子在内。

(7) 浮雕喷涂料小点、大点规格划分如下:小点指点面积在 1.2 cm² 以下;大点指点面积在 1.2 cm² 以上(含 1.2 cm²)。

(8) 涂料定额是按常规品种编制的,设计用的品种与定额不符,单价换算,可以根据不同的涂料调整定额含量,其余不变。

(9) 木材面油漆设计有漂白处理时,由甲、乙双方另行协商。

(10) 涂刷金属面防火涂料厚度应达到国家防火规范的要求。

8.14.4　知识、技能评估

(1) 对拓展案例 7-14-1 中相关清单项目,《江苏省建筑与装饰工程计价定额》进行计价。

(2) 对第 7.12.5 节知识、技能评估题中的墙面粘贴墙纸,《江苏省建筑与装饰工程计价定额》进行计价。

8.15　其他装饰工程

工程案例:依据住宅楼工程的工程量清单。

要求:编制该其他工程的工程量清单计价,基于《江苏省建筑与装饰工程计价定额》及增值税一般计税法。

8.15.1 工程量清单组价

1. 阳台不锈钢扶手栏杆

50 mm×50 mm 方形不锈钢管壁厚 2 mm 扶手,20 mm×20 mm 方形不锈钢管壁厚 2 mm 栏杆。

序号	项目编码	项目名称	计量单位	工程量	综合单价	合价
1	011503001001	阳台不锈钢扶手栏杆	m	34.20	538.83	18 427.99
	13-149 换	不锈钢管栏杆,不锈钢管扶手	10 m	3.420	5 388.30	18 427.99
		定额换算: 1. 定额(注3)不锈钢管按设计用量调整; 2. 方形不锈钢管 50 mm×50 mm×2 mm 设计用量:10×3=30 m/10 m; 3. 方形不锈钢管 20 mm×20 mm×2 mm 设计用量:(1/0.12)×0.7×10=58.33 m/10 m; 4. 分析定额组成知不锈钢管损耗率取 6%; 5. 市场价:矩形不锈钢管 50 mm×50 mm×2 mm 为 60 元/m,矩形不锈钢管 20×20×2 为 30 元/m; 综合单价组成: 1. 人工费:560.15 元 2. 材料费: (60×30+30×58.33)×(1+6%)+38.59×1.43+7.81×4.03+557.41×0.58+4.29×57.71+27.44×1.50=4 461.59 元 3. 机械费:14.02×0.70+96.74×0.70+35.63×0.95=111.38 元 4. 管理费:(560.15+111.38)×26%=174.60 元 5. 利润:(560.15+111.38)×12%=80.58 元 综合单价:560.15+4 461.59+111.38+174.60+80.58=5 388.30 元/10 m				
		定额工程量:同清单工程量 34.20/10=3.420(10 m)				

说明:栏杆、扶手均按扶手延长米计算工程量,阳台不锈钢扶手栏杆设计用量如图 8-15-1 所示。

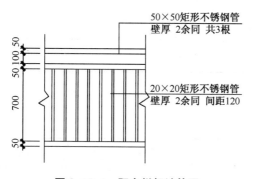

图 8-15-1 阳台栏杆计算图

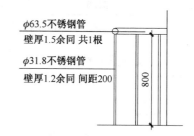

图 8-15-2 凸窗栏杆计算图

2. 凸窗不锈钢防护栏杆

φ63.5 mm 圆形不锈钢管壁厚 1.5 mm 扶手,φ31.8 mm 圆形不锈钢管壁厚 1.2 mm 栏杆。

序号	项目编码	项目名称	计量单位	工程量	综合单价	合价
2	011503001002	凸窗不锈钢防护栏杆	m	36.48	330.88	12 070.50
	13-149 换	不锈钢管栏杆不锈钢管扶手	10 m	3.648	3 308.68	12 070.06

续表

序号	项目编码	项目名称	计量单位	工程量	综合单价	合价
		定额换算: 1. 定额(注3)不锈钢管按设计用量调整 2. 不锈钢管 $\phi63.5\times1.5$ 设计用量:10 m/10 m 3. 不锈钢管 $\phi31.8\times1.2$ 设计用量:(1/0.2)×0.8×10＝40 m/10 m 4. 分析定额组成知不锈钢管损耗率取6% 综合单价组成: 1. 人工费:560.15元 2. 材料费: (25.55×40＋56.60×10)×(1＋6%)＋38.59×1.43＋7.81×4.03＋557.41× 0.58＋4.29×57.71＋27.44×1.50＝2 381.97元 3. 机械费:14.02×0.7＋96.74×0.7＋35.63×0.95＝111.38元 4. 管理费:(560.15＋111.38)×26%＝174.60元 5. 利润:(560.15＋111.38)×12%＝80.58元 综合单价:560.15＋2 381.97＋111.38＋174.60＋80.58＝3 308.68元/10 m				
		定额工程量:同清单工程量 36.48/10＝3.648(10 m)				

说明:阳台不锈钢扶手栏杆设计用量如图8-15-2所示。

3. 楼梯硬木扶手钢栏杆

成品硬木扶手, $\phi18$ 圆钢栏杆。

序号	项目编码	项目名称	计量单位	工程量	综合单价	合价
3	011503002001	楼梯硬木扶手钢栏杆	m	30.07	201.88	6 070.53
	13-153 换	型钢栏杆木扶手制作安装	10 m	3.007	2 018.84	6 070.65
		定额换算:采用成品硬木扶手 1. 人工费:657.90元 2. 材料费:49.74×10.60＋3.64×47.80＋3.45×54.39＋0.26×10.40＋4.97× 2.50＝904.01元 3. 机械费:78.68×1.53＋35.63×0.83＝149.95元 4. 管理费:(657.90＋149.95)×26%＝210.04元 5. 利润:(657.90＋149.95)×12%＝96.94元 综合单价:657.90＋904.01＋149.95＋210.04＋96.64＝2 018.84元/10 m				
		定额工程量:同清单工程量 30.07/10＝3.007 m³				

4. 铝合金通风百叶

成品铝合金通风百叶。

序号	项目编码	项目名称	计量单位	工程量	综合单价	合价
4	011504003001	铝合金通风百叶	m²	68.00	300.00	20 400.00
	独立费	铝合金通风百叶	m²	68.00	300.00	20 400.00
		经市场询价,综合单价:300.00 元/10 m²				
		定额工程量:同清单工程量 68.00 m²				

8.15.2 其他定额工程量计算规则

(1)灯箱面层按展开面积以"m²"计算。

（2）招牌字按每个字面积在 0.2 m² 内、0.5 m² 内、0.5 m² 外 3 个子目划分，字不论安装在何种墙面或其他部位均按字的个数计算。

（3）单线木压条、木花式线条、木曲线条、金属装饰条及多线木装饰条、石材线等安装均按外围延长米计算。

（4）石材及块料磨边、胶合板刨边、打硅酮密封胶，均按延长米计算。

（5）门窗套、筒子板按面层展开面积计算。窗台板按"m²"计算。如图纸未注明窗台板长度时，可按窗框外围两边共加 100 mm 计算；窗口凸出墙面的宽度按抹灰面另加 30 mm 计算。

（6）暖气罩按外框投影面积计算。

（7）窗帘盒及窗帘轨按延长米计算，如设计图纸未注明尺寸可按洞口尺寸加 300 mm 计算。

（8）窗帘装饰布：

① 窗帘布、窗纱布、垂直窗帘的工程量按展开面积计算。

② 窗水波幔帘按延长米计算。

（9）石膏浮雕灯盘、角花按个数计算，检修孔、灯孔、开洞按个数计算，灯带按延长米计算，灯槽按中心线延长米计算。

（10）石材防护剂按实际涂刷面积计算。成品保护层按相应子目工程量计算。台阶、楼梯按水平投影面积计算。

（11）卫生间配件：

① 石材洗漱台板工程量按展开面积计算。

② 浴帘杆按数量以每 10 支计算、浴缸拉手及毛巾架以每 10 副计算。

③ 无基层成品镜面玻璃、有基层成品镜面玻璃，均按玻璃外围面积计算，镜框条另计。

（12）隔断的计算

① 半玻璃隔断是指上部为玻璃隔断，下部为其他墙体，其工程量按半玻璃设计边框外边线以"m²"计算。

② 全玻璃隔断是指其高度自下横档底算至上横档顶面，宽度按两边立框外边以"m²"计算。

③ 玻璃砖隔断，按玻璃砖格式框外围面积计算。

④ 浴厕木隔断，其高度自下横档底算至上横档顶面以"m²"计算。门扇面积并入隔断面积内计算。

⑤ 塑钢隔断按框外围面积计算。

（13）货架、柜橱类均以正立面的高（包括脚的高度在内）乘以宽以"m²"计算。收银台以个计算，其他以延长米为单位计算。

8.15.3　其他定额使用说明

（1）定额中除铁件、钢骨架已包括刷防锈漆 1 遍外，其余均未包括油漆、防火漆的工料，如设计涂刷油漆、防火漆，按油漆相应定额套用。

（2）定额中招牌不区分平面型、箱体型、简单性、复杂型。各类招牌、灯箱的钢骨架基层制作、安装套用相应定额，按吨计量。

（3）招牌、灯箱内灯具未包括在内。

（4）字体安装均按成品安装考虑，不区分字体，均执行本定额。

（5）定额装饰线条安装为线条成品安装，定额均以安装在墙面上为准。设计安装在天棚面层时，按以下规定执行（但墙、顶交界处的角线除外）：钉在木龙骨基层上，人工按相应定额乘以系数 1.34；钉在钢龙骨基层上，人工按相应子目乘以系数 1.68；钉木装饰线条图案，人工乘以系数 1.50（木龙骨基层上）及 1.80（钢龙骨基层上）。设计装饰线条成品规格与定额不同时应换算，但含量不变。

（6）石材装饰线条均按成品安装考虑。石材装饰线条的磨边、异型加工等均包含在成品线条的单价中，不再另计。

（7）定额中的石材磨边是按在工厂无法加工而必须在现场制作加工考虑的，实际由外单位加工的应另行计算。

（8）成品保护是指在已做好的项目面层上覆盖保护层，保护层的材料不同不得换算，实际施工中未覆盖的不得计算成品保护。

（9）货柜、柜类定额中未考虑面板拼花及饰面板上贴其他材料的花饰、造型艺术品，货架、柜类图见定额附件。该部分定额子目仅供参考使用。

（10）石材的镜面处理另行计算。

（11）石材面刷防护剂是通过刷、喷、涂、滚等方法，使石材防护剂均匀分布在石材表面或渗透到石材内部形成一种保护，使石材具有防水、防污、耐酸碱、抗老化、抗冻融、抗生物侵蚀等功能，从而达到提高石材使用寿命和装饰性能的效果。

8.15.4　知识、技能评估

对拓展案例 7-15-1 中相关清单项目，《江苏省建筑与装饰工程计价定额》进行计价。

8.16　措施项目——脚手架工程

工程案例：依据住宅楼工程的工程量清单。

要求：编制该脚手架工程的工程量清单计价，基于《江苏省建筑与装饰工程计价定额》及增值税一般计税法。

8.16.1　工程量清单组价

综合脚手架

混凝土框架结构，檐口高度 18.93 m。

序号	项目编码	项目名称	计量单位	工程量	综合单价	合价
1	011701001001	综合脚手架	m²	957.54	19.98	19 131.65
	20-5	综合脚手架檐高在 12 m 以上，层高在 3.6 m 内	m²	957.54	19.98	19 131.65
		定额使用：该住宅楼层高 2.8 m＜3.6 m 综合单价：19.98 元/m²				
		定额工程量：同清单工程量 957.54 m³				

说明：① 综合脚手架按建筑面积计算，单位工程中不同层高的建筑面积应分别计算。

② 工程案例可执行综合脚手架项目。

8.16.2 其他定额工程量计算规则

1. 脚手架工程

（1）单项脚手架

脚手架工程量计算一般规则：

① 凡砌筑高度超过1.5 m的砌体均需计算脚手架。

② 砌墙脚手架均按墙面（单面）垂直投影面积以"m²"计算。

③ 计算脚手架时，不扣除门、窗洞口、空圈、车辆通道、变形缝等所占面积。

④ 同一建筑物高度不同时，按建筑物的竖向不同高度分别计算。

（2）砌筑脚手架工程量计算规则

① 外墙脚手架按外墙外边线长度（如外墙有挑阳台，则每个阳台计算一个侧面宽度，计入外墙面长度内，二户阳台连在一起的也只算一个侧面）乘以外墙高度以"m²"计算。外墙高度指室外设计地坪至檐口（或女儿墙上表面）高度，坡屋面至屋面板下（或椽子顶面）墙中心高度，墙算至山间1/2处的高度。

② 内墙脚手架以内墙净长乘以内墙净高计算。有山尖时，高度算至山尖1/2处；有地下室时，高度自地下室室内地坪至墙顶面。

③ 砌体高度在3.60 m以内，套用里脚手架；高度超过3.60 m，套用外脚手架。

④ 山墙自设计室外地坪至山尖1/2处的高度超过3.60 m时，该整个外山墙按相应外脚手架计算，内山墙按单排外架子计算。

⑤ 独立砖（石）柱高度在3.60 m以内，脚手架以柱的结构外围周长乘以柱高计算，执行砌墙脚手架里架子；柱高超过3.60 m，以柱的结构外围周长加3.60 m乘以柱高计算，执行砌墙脚手架外架子（单排），如图8-16-1所示。

⑥ 砌石墙到顶的脚手架，工程量按砌墙相应脚手架乘以系数1.50。

⑦ 外墙脚手架包括一面抹灰脚手架在内，另一面墙可计算抹灰脚手架。

⑧ 砖基础自设计室外地坪至垫层（或混凝土基础）上表面的深度超过1.50 m时，按相应砌墙脚手架执行。

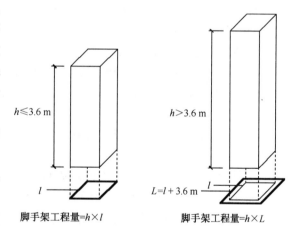

图 8-16-1　独立砖（石）柱脚手架

⑨ 突出屋面部分的烟囱，高度超过1.50 m时，其脚手架按外围周长加3.60 m乘以实砌高度按12 m内单排外脚手架计算。

（3）外墙镶（挂）贴脚手架工程量计算规则：

① 外墙镶（挂）贴脚手架工程量计算规则同砌筑脚手架中的外墙脚手架。

② 吊篮脚手架按装修墙面垂直投影面积以"m²"计算（计算高度从室外地坪至设计高度）。安、拆费按施工组织设计或实际数量确定。

（4）现浇钢筋混凝土脚手架工程量计算规则：

① 钢筋混凝土基础自设计室外地坪至垫层上表面的深度超过 1.50 m,同时带形基础底宽超过 3.0 m、独立基础或满堂基础及大型设备基础的底面积超过 16 m² 的混凝土浇捣脚手架应按槽、坑土方规定放工作面后的底面积计算,按满堂脚手架相应定额乘以系数 0.30 计算脚手架费用(使用泵送混凝土者,混凝土浇捣脚手架不得计算)。

② 现浇钢筋混凝土独立柱、单梁、墙高度超过 3.60 m 应计算浇捣脚手架。柱的浇捣脚手架以柱的结构周长加 3.60 m 乘以柱高计算;梁的浇捣脚手架按梁的净长乘以地面(或楼面)至梁顶面的高度计算;墙的浇捣脚手架以墙的净长乘以墙高计算。用柱、梁、墙混凝土浇捣脚手架。

③ 层高超过 3.60 m 的钢筋混凝土框架柱、墙(楼板、屋面板为现浇板)所增加的混凝土浇捣脚手架费用,以框架轴线水平投影面积,按满堂脚手架相应子目乘以系数 0.30 执行;层高超过 3.60 m 的钢筋混凝土框架柱、梁、墙(楼板、屋面板为预制空心板)所增加的混凝土浇捣脚手架费用,以框架轴线水平投影面积,按满堂脚手架相应子目乘以系数 0.40 执行。

(5) 储仓脚手架,不分单筒或储仓组,高度超过 3.60 m,均按外边线周长乘以设计室外地坪至储仓上口之间高度以"m²"计算。高度在 12 m 内,套双排外脚手架,乘系数以 0.70 执行;高度超过 12 m 套 20 m 内双排外脚手架乘系数以 0.70 执行(均包括外表面抹灰脚手架在内)。储仓内表面抹灰按抹灰脚手架工程量计算规则执行。

(6) 抹灰脚手架、满堂脚手架工程量计算规则

① 抹灰脚手架

ⅰ 钢筋混凝土单梁、柱、墙按以下规定计算脚手架:单梁以梁净长乘以地坪(或楼面)至梁顶面高度计算;柱以柱结构外围周长加 3.60 m 乘以柱高计算;墙以墙净长乘以地坪(或楼面)至板底高度计算。

ⅱ 墙面抹灰:以墙净长乘以净高计算。

ⅲ 如有满堂脚手架可以利用时,不再计算墙、柱、梁面抹灰脚手架。

ⅳ 天棚抹灰高度在 3.60 m 以内,按天棚抹灰面(不扣除柱、梁所占的面积)以"m²"计算。

② 满堂脚手架:天棚抹灰高度超过 3.60 m,按室内净面积计算满堂脚手架,不扣除柱、垛、附墙烟囱所占面积。

ⅰ 基本层:高度在 8 m 以内计算基本层;

ⅱ 增加层:高度超过 8 m,每增加 2 m,计算 1 层增加层,计算式如下:

增加层数=增加层数计算结果保留整数,小数在 0.6 m 以内舍去,在 0.6 m 以上进位。

ⅲ 满堂脚手架高度以室内地坪面(或楼面)至天棚面或屋面板的底面为准(斜的天棚或屋面板按平均高度计算)。室内挑台栏板外侧共享空间的装饰如无满堂脚手架利用时,按地面(或楼面)至顶层栏板顶面高度乘以栏板长度以"m²"计算,套相应抹灰脚手架定额。

(7) 其他脚手架工程量计算规则

① 外架子悬挑脚手架增加费,按悬挑脚手架部分的垂直投影面积计算。

② 单层轻钢厂房脚手架柱梁、屋面瓦等水平结构安装按厂房水平投影面积计算,墙板、门窗、雨篷等竖向结构安装按厂房垂直投影面积计算。

③ 高压线防护架按搭设长度以延长米计算。

④ 金属过道防护棚按搭设水平投影面积以"m²"计算。

⑤ 斜道、烟囱、水塔、电梯井脚手架区别不同高度以座计算。滑升模板施工的烟囱、水塔,其脚手架费用已包括在滑模计价表内,不另计算脚手架。烟囱内壁抹灰是否搭设脚手架,按施工组织设计规定办理,其费用按相应满堂脚手架执行,人工增加 20%,其余不变。

⑥ 高度超过 3.60 m 的储水(油)池,其混凝土浇捣脚手架按外壁周长乘以池的壁高以"m²"计算,按池壁混凝土浇捣脚手架项目执行,抹灰者按抹灰脚手架另计。

⑦ 满堂支撑架搭拆按脚手钢管重量计算,使用费(包括搭设、使用和拆除时间,不计算现场囤积和转运时间)按脚手钢管重量和使用天数计算。

2. 檐高超过 20 m 脚手架材料增加费

(1)综合脚手架

建筑物檐高超过 20 m 可计算脚手架材料增加费。其材料增加费以建筑物超过 20 m 部分建筑面积计算。

(2)单项脚手架

建筑物檐高超过 20 m 可计算脚手架材料增加费。其材料增加费同外墙脚手架计算规则,从设计室外地标高算起。

8.16.3 其他定额使用说明

1. 脚手架工程

脚手架分为综合脚手架和单项脚手架两部分。单项脚手架适用于单独地下室、装配式和多(单)层工业厂房、仓库、独立的展览馆、体育馆、影剧院、礼堂、饭堂(包括附属厨房)、锅炉房、檐高未超过 3.60 m 的单层建筑、超过 3.60 m 高的屋顶构架、构筑物和单独装饰工程等。除此之外的单位工程均执行综合脚手架项目。

(1)综合脚手架

① 檐高在 3.60 m 内的单层建筑不执行综合脚手架定额。

② 综合脚手架项目仅包括脚手架本身的搭、拆,不包括建筑物洞口临边、电器防护设施等费用,以上费用已在安全文明施工措施费中列支。

③ 单位工程在执行综合脚手架时,遇有下列情况应另列项目计算,以下项目不再计算超过 20 m 单项脚手架材料增加费:

ⅰ 各种基础自设计室外地面起深度超过 1.50 m(砖基础至大放脚砖基底面、钢筋混凝土基础至垫层上表面),同时混凝土带型基础底宽超过 3 m、满堂基础或独立基础(包括设备基础)混凝土底面积超过 16 m² 应计算砌墙、混凝土浇捣脚手架。砖基础以垂直面积按单项脚手架中里架子、混凝土浇捣按相应满堂脚手架定额执行。

ⅱ 层高超过 3.60 m 的钢筋混凝土框架柱、梁、墙混凝土浇捣脚手架按单项定额规定计算。

ⅲ 独立柱、单梁、墙高度超过 3.60 m 混凝土浇捣脚手架按单项定额规定计算。

ⅳ 施工现场需搭设高压线防护架、金属过道防护棚脚手架按单项定额规定执行。

ⅴ 屋面坡度大于 45°时,屋面基层、盖瓦的脚手架费用应另行计算。

ⅵ 未计算到建筑面积的室外柱、梁等,其高度超过 3.60 m 时应另按单项脚手架相应定额计算。

⑦ 地下室的综合脚手架按檐高在 12 m 以内的综合脚手架相应定额乘以系数 0.5 执行。

⑧ 檐高 20 m 以下采用悬挑脚手架的可计取悬挑脚手架增加费用,20 m 以上悬挑脚手架增加费已包括在脚手架超高材料增加费中。

2. 单项脚手架

(1) 定额适用于综合脚手架以外的檐高在 20 m 以内的建筑物,突出主体建筑物顶的女儿墙、电梯间、楼梯间、水箱等不计入檐口高度。前后檐高不同,按平均高度计算。檐高在 20 m 以上的建筑物,脚手架除按定额计算外,其超过部分所需增加的脚手架加固措施等费用,均按超高脚手架材料增加费子目执行。构筑物、烟囱、水塔、电梯井按其相应子目执行。

(2) 除高压线防护架外,定额已按扣件式钢管脚手架编制,实际施工中不论使用何种脚手架材料,均按定额执行。

(3) 需采用型钢悬挑脚手架时,除计算脚手架费用外,应计算外架子悬挑脚手架增加费。

(4) 定额满堂脚手架不适用于满堂扣件式钢管支撑架(简称满堂支撑架),满堂支撑架应按搭设方案计价。

(5) 单层轻钢厂房脚手架适用于单层轻钢厂房结构施工用脚手架,分钢柱梁安装脚手架、屋面瓦等水平结构安装脚手架和墙板、门窗、雨篷、天沟等竖向结构安装脚手架,不包括厂房内土建、装饰工作脚手架,实际发生时另执行相关子目。

(6) 外墙镶(挂)贴脚手架定额适用于单独外装饰工程脚手架搭设。

(7) 高度在 3.60 m 以内的墙面、天棚、柱、梁抹灰(包括钉间壁、钉天棚)用的脚手架费用套用 3.60 m 以内的抹灰脚手架。如室内(包括地下室)净高超过 3.60 m 时,天棚需抹灰(包括钉天棚)应按满堂脚手架计算,但其内墙抹灰不再计算脚手架。高度在 3.60 m 以上的内墙面抹灰,如无满堂脚手架可以利用时,可按墙面垂直投影面积计算抹灰脚手架。

(8) 建筑物室内天棚面层净高在 3.60 m 内,吊筋与楼层的连结点高度超过 3.60 m,应按满堂脚手架相应定额综合单价乘以系数 0.60 计算。

(9) 墙、柱、梁面刷浆、油漆的脚手架按抹灰脚手架相应项目乘以系数 0.10 计算。室内天棚净高超过 3.60 m 的板下勾缝、刷浆、油漆可另行计算一次脚手架费用,按满堂脚手架相应项目乘以系数 0.10 计算。

(10) 天棚、柱、梁、墙面不抹灰但满批腻子时,脚手架执行同抹灰脚手架。

(11) 瓦屋面坡度大于 45°时,屋面基层、盖瓦的脚手架费用应另按实计算。

(12) 当结构施工搭设的电梯井脚手架延续至电梯设备安装使用时,套用安装用电梯井脚手架时应扣除定额中的人工及机械。

(13) 构件吊装脚手架按表 8-16-1 执行。单层轻钢厂房钢结构吊装脚手架执行单层轻钢厂房钢结构施工用脚手架,不再执行该表。

表 8-16-1　构件吊装脚手架费用表　　　　　　　　　　单位:元

混凝土构件(m³)				钢构件(t)			
柱	梁	屋架	其他	柱	梁	屋架	其他
1.58	1.65	3.20	2.30	0.70	1.00	1.5	1.00

（14）满堂支撑脚手架适用于架体顶部承受钢结构、钢筋混凝土等施工荷载,对支撑构件起支撑平台作用的扣件式脚手架。脚手架周转材料使用量大时,可区分租赁和自备材料两种情况计算,施工过程中对满堂支撑架的使用时间、材料的投入情况应及时核实并办理好相关手续,租赁费用应由甲乙双方协商进行核定后计算,乙方自备材料按定额中满堂支撑架使用费计算。

（15）建筑物外墙设计采用幕墙装饰,不需要砌筑墙体,根据施工施工方案需按设外围防护脚手架的,且幕墙施工不利于外防护架,应按砌墙脚手架相应子目另计防护脚手架费。

3. 超高脚手架材料增加费

（1）定额中脚手架是按建筑物檐高在 20 m 以内编制的,檐高超过 20 m 时应计算脚手架材料增加费。

（2）檐高超过 20 m 脚手材料增加费内容包括:脚手架使用周期延长摊销费、脚手架加固。脚手架材料增加费包干使用,无论实际发生多少,均按定额执行,不调整。

（3）檐高超过 20 m 脚手材料增加费按下列规定计算

① 综合脚手架:檐高超过 20 m 部分的建筑物,应按其超过部分的建筑面积计算;层高超过 3.6 m,每增高 0.1 m 按增高 1 m 的比例换算（不足 0.1 m 按 0.1 m 计算）,按相应项目执行;建筑物檐高高度超过 20 m,但其最高一层或其中一层楼面未超过 20 m 时,则该楼层在 20 m 以上部分仅能计算每增高 1 m 的增加费;同一建筑物中有 2 个或 2 个以上的不同檐口高度时,应分别按不同高度竖向切面的建筑面积套用相应子目;单层建筑物（无楼隔层者）高度超过 20 m,其超过部分除构件安装按构件运输及安装工程的规定执行外,另再按脚手架工程相应项目计算每增高 1 m 的脚手架材料增加费。

② 单项脚手架:檐高超过 20 m 的建筑物,应根据脚手架计算规则按全部外墙脚手架面积计算;同一建筑物中有 2 个或 2 个以上的不同檐口高度时,应分别按不同高度竖向切面的外墙脚手架面积套用相应子目。

8.16.4 知识、技能评估

对拓展案例 7-16-1 中各单项脚手架清单项目,《江苏省建筑与装饰工程计价定额》进行计价。

8.17 措施项目——混凝土模板及支架(撑)工程

工程案例:依据住宅楼工程的工程量清单,以 J-1、KZ1(1/B 轴)、GZ(7/E 轴)、JKL1、7KL5 各 1 个和 1 层有梁板为例,采用复合木模施工。

要求:编制该混凝土模板及支架(撑)工程的工程量清单计价,基于《江苏省建筑与装饰工程计价定额》及增值税一般计税法。

8.17.1 工程量清单组价

1. 基础

独立基础 J-1。

序号	项目编码	项目名称	计量单位	工程量	综合单价	合价
1	011702001001	基础	m²	9.92	60.01	595.30
(1)	21-2	混凝土垫层,复合木模板	10 m²	0.272	667.80	181.64
		综合单价:667.80 元/10 m²				
		基础垫层模板(见清单工程量计算):2.72 m² 定额工程量:2.72/10=0.272(10 m²)				
(2)	21-12	各种柱基、桩承台,复合木模板	10 m²	0.720	575.54	413.67
		综合单价:574.54 元/10 m²				
		独立基础模板(见清单工程量计算):7.20 m² 定额工程量:7.20/10=0.720(10 m²)				

说明:现浇混凝土及钢筋混凝土模板工程量除另有规定者外,均按混凝土与模板的接触面积计算。

2. 矩形柱

框架柱 KZ1(1/B 轴)。

序号	项目编码	项目名称	计量单位	工程量	综合单价	合价
2	011702002001	矩形柱	m²	25.95	58.81	1 526.12
	21-27	矩形柱,复合木模板	10 m²	2.595	588.12	1 526.17
		定额使用:KZ1 周长 1.4 m<3.60 m 综合单价:元/10 m²				
		定额工程量:同清单工程量 25.95/10=2.595(10 m²)				

3. 构造柱

GZ(7/E 轴)。

序号	项目编码	项目名称	计量单位	工程量	综合单价	合价
3	011702003001	构造柱	m²	9.73	71.19	692.68
	21-32	构造柱复合木模板	10 m²	0.973	711.79	692.57
		综合单价:711.79 元/10 m²				
		定额工程量:同清单工程量 9.73/10=0.973(10 m²)				

说明:构造柱外露均应按图示外露部分计算面积(锯齿形,则按锯齿形最宽面计算模板宽度),构造柱与墙接触面不计算模板面积。

4. 基础梁

矩形截面基础梁 JKL1。

序号	项目编码	项目名称	计量单位	工程量	综合单价	合价
4	011702005001	基础梁	m²	15.84	43.17	683.81
	21-34	基础梁,复合木模板	10 m²	1.584	431.70	683.81
		综合单价:431.70 元/10 m²				
		定额工程量:同清单工程量 15.84/10=1.584(10 m²)				

说明:定额 21-34(注 1)基础梁中含有底模。

5. 矩形梁

框架梁 7KL5,支撑高度 2.8 m。

序号	项目编码	项目名称	计量单位	工程量	综合单价	合价
5	011702006001	矩形梁	m²	9.18	64.91	595.87
	21-36	框架梁,复合木模板	10 m²	0.918	649.05	595.83
		综合单价:649.05 元/10 m²				
		定额工程量:同清单工程量 9.18/10=0.918(10 m²)				

6. 有梁板

1 层有梁板,支撑高度 2.8 m。

序号	项目编码	项目名称	计量单位	工程量	综合单价	合价
6	011702014001	有梁板	m²	202.23	47.45	9 595.81
	21-57	现浇板厚 10 cm 以内复合木模板	10 m²	20.223	474.47	9 595.21
		定额使用:工程案例中楼板包括 90 mm 和 100 mm 均在 10 cm 以内 综合单价:474.47 元/10 m²				
		定额工程量:同清单工程量 202.23/10=20.223(10 m²)				

8.17.2 其他定额工程量计算规则

1. 现浇混凝土及钢筋混凝土模板

(1) 若使用含模量计算模板接触面积者,其工程量=构件体积×相应项目含模量(含模量详见《计价定额》附录一)。

例 1 按含模量计算工程案例中独立基础 J-1 的模板工程量。

解:查"计价定额"附录一,J-1 属独立基础中的普通柱基,则含模量 1.76 m²/m³。

模板工程量(m²):3.10×1.76=5.456 m²。

(2) 钢筋混凝土墙、板上单孔面积在 0.3 m² 以内的孔洞不予扣除,洞侧壁模板不另增加,但突出墙面的侧壁模板应相应增加。单孔面积在 0.3 m² 以外的孔洞应予扣除,洞侧壁模板面积并入墙、板模板工程量之内计算。

(3) 现浇钢筋混凝土框架分别按柱、梁、墙、板有关规定计算,墙上单面附墙柱、暗梁、暗柱并入墙内工程量计算,双面附墙柱按柱计算,但后浇墙、板带的工程量不扣除。有梁板的梁、板工程量合计按板子目执行。

(4) 设备螺栓套孔或设备螺栓分别按不同深度以"个"计算,二次灌浆按实灌体积计算。

(5) 预制混凝土板间或边补现浇板缝,缝宽在 100 mm 以上者,模板按平板定额计算。

(6) 现浇混凝土雨篷、阳台、水平挑板,按图示挑出墙面以外板底尺寸的水平投影面积计算(附在阳台梁上的混凝土线条不计算水平投影面积)。挑出墙外的牛腿及板边模板已包括在内。复式雨篷挑口内侧净高超过 250 mm 时,其超过部分按挑檐定额计算(超过部分的含模量按天沟含模量计算)。

(7) 整体直形楼梯包括楼梯段、中间休息平台、平台梁、斜梁及楼梯与楼板连结的梁,按水平投影面积计算,不扣除宽度小于 500 mm 的楼梯井,伸入墙内部分不另增加。

(8) 圆弧形楼梯按楼梯的水平投影面积计算(包括圆弧形梯段、休息平台、平台梁、斜梁及楼梯与楼板连接的梁)。

(9) 楼板后浇带以"延长米"计算(整板基础的后浇带不包括在内)。

(10) 现浇圆弧形构件除定额已注明者外,均按垂直圆弧形的面积计算。

(11) 栏杆按扶手长度计算,栏板竖向挑板按模板接触面积计算。扶手、栏板的斜长按水平投影长度乘系数 1.18 计算。

(12) 劲性混凝土柱模板按现浇柱定额执行。

(13) 砖侧模分别不同厚度,按砌筑面积计算。

(14) 后浇板带模板、支撑增加费,工程量按后浇板带设计长度以延长米计算。

(15) 整板基础后浇带铺设热镀锌钢丝网,按实铺面积计算。

2. 现场预制钢筋混凝土构件模板

(1) 现场预制构件模板工程量,除另有规定外,均按模板接触面积以"m^2"计算。若使用含模量计算模板面积,其工程量=构件体积×相应项目的含模量。砖地模费用已包括在定额含量中,不再另行计算。

(2) 镂空花格窗、花格芯按外围面积计算。

(3) 预制桩不扣除桩尖虚体积。

(4) 加工厂预制构件有此子目,而现场预制无此子目,实际在现场预制时模板按加工厂预制模板子目执行。现场预制构件有此子目,加工厂预制构件无此子目,实际在加工厂预制时,其模板按现场预制模板子目执行。

3. 加工厂预制构件的模板

(1) 除镂空花格窗、花格芯外,混凝土构件体积一律按施工图纸的几何尺寸以实体积计算,空腹构件应扣除空腹体积。

(2) 镂空花格窗、花格芯按外围面积计算。

8.17.3 其他定额使用说明

定额分为现浇构件模板、现场预制构件模板、加工厂预制构件模板和构筑物工程模板 4 个部分,使用时应分别套用。为便于施工企业快速报价,在附录中列出了混凝土构件的模板含量表,供使用单位参考。按设计图纸计算模板接触面积或使用混凝土含模量折算模板面积,两种方法仅能使用其中一种,相互不得混用。使用含模量,竣工结算时模板面积不得调整。构筑物工程中的滑升模板按混凝土体积以体积计算。倒锥形水塔水箱提升以"座"为单位。

(1) 现浇构件模板子目按不同构件分别编制了组合钢模板配钢支撑、复合木模板配钢支撑,使用时,任选一种。

(2) 预制构件模板子目,按不同构件,分别以组合钢模板、复合木模板、木模板、定型钢模板、长线台钢拉模、加工厂预制构件配混凝土地模、现场预制构件配砖胎模、长线台配混凝土地胎模编制,使用其他模板时不予换算。

（3）模板工作内容包括清理、场内运输、安装、刷隔离剂、浇灌混凝土时模板维护、拆模、集中堆放、场外运输。木模板包括制作（预制构件包括刨光、现浇构件不包括刨光），组合钢模板、复合木模板包括装箱。

（4）现浇钢筋混凝土柱、梁、墙、板的支模高度以净高（底层无地下室者高需另加室内外高差）在 3.6 m 以内为准，净高超过 3.6 m 的构件其钢支撑、零星卡具及模板人工分别乘以表 8-17-1 中系数。根据施工规范要求属于高大支模时，其费用另行计算。

表 8-17-1　构件净高超过 3.6 m 增加系数表

增加内容	净高在	
	5 m 以内	8 m 以内
独立柱、梁、板钢支撑及零星卡具	1.10	1.30
框架柱(墙)、梁、板钢支撑及零星卡具	1.07	1.15
模板人工(不分框架和独立柱梁板)	1.30	1.60

注：轴线未形成封闭框架的柱、梁、板称独立柱、梁、板。

（5）支模高度净高。柱、梁、板：无地下室底层是指设计室外地面至上层板底面、楼层板顶面至上层板底面；墙：整板基础板顶面（或反梁顶面）至上层板底面、楼层板顶面至上层板底面。

（6）设计 T、L、十形柱，两边之和在 200 mm 内，按 T、L、十字形柱相应子目执行，其余按直形墙相应定额执行。T、L、十形柱边的确定，见图 8-17-1 所示。

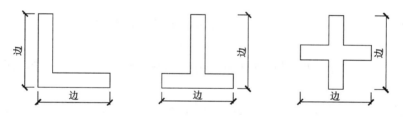

图 8-17-1　异形柱边确定示意图

（7）模板项目中，仅列出周转木材而无钢支撑的项目，其支撑量已含在周转木材中，模板与支撑按 7:3 拆分。

（8）模板材料已包砂浆垫块与钢筋绑扎用的 22# 镀锌铁丝在内，现浇构件和现场预制构件不用砂浆垫块而改用塑料卡，每 10 m² 模板另加塑料卡费用 0.2 元/只×30 只。

（9）有梁板中的弧形梁模板按弧形梁定额执行（含模量＝肋形板含模量），弧形板部分的模板按板定额执行。砖墙基上带形混凝土防潮层模板按圈梁定额执行。

（10）混凝土底板面积在 1 000 m² 内，若使用含模量计算模板面积，基础有砖侧模时，砖侧模的费用应另外增加，同时扣除相应的模板面积（总量不得超过总含模量）；超过 1 000 m² 时，按混凝土接触面积计算。

（11）地下室后浇墙带的模板应按已审定的施工组织设计另行计算，但混凝土墙体模板含量不扣。

（12）带形基础、设备基础、栏板、地沟如遇圆弧形，除按相应定额的复合模板执行外，其人工、复合木模板乘系数 1.30,其他不变(其他弧形构件按相应定额执行)。

(13) 用钢滑升模板施工的烟囱、水塔、贮仓使用的钢提升杆是按 $\phi 25$ 一次性用量编制的,设计要求不同时另行换算。施工是按无井架计算的,并综合了操作平台,不再计算脚手架和竖井架。

(14) 钢筋混凝土水塔、砖水塔基础采用毛石混凝土、混凝土基础时,按烟囱相应定额执行。

(15) 烟囱钢滑升模板项目均已包括烟囱筒身、牛腿、烟道口;水塔钢滑升模板均已包括直筒、门窗洞口等模板用量。

(16) 倒锥壳水塔塔身钢滑升模板定额也适用于一般水塔塔身滑升模板工程。

(17) 栈桥子目适用于现浇矩形柱、矩形连梁、有梁斜板栈桥,其超过 3.6 m 支撑按定额有关说明执行。

(18) 混凝土、钢筋混凝土地沟是指建筑物室外的地沟,室内钢筋混凝土地沟按相应子目执行。

(19) 现浇有梁板、无梁板、平板、楼梯、雨篷及阳台,设计底面不抹灰者,增加模板缝贴胶带纸人工 0.27 工日/10 m²。

(20) 飘窗上下挑板、空调板按板式雨篷模板执行。

(21) 混凝土线条按小型构件定额执行。

8.17.4 知识、技能评估

(1) 对拓展案例 7-17-1 中相关清单项目,《江苏省建筑与装饰工程计价定额》进行计价。

(2) 对第 7.17.5 节知识、技能评估题(1)中的模板,《江苏省建筑与装饰工程计价定额》进行计价。

(3) 对第 7.17.5 节知识、技能评估题(2)中的模板,《江苏省建筑与装饰工程计价定额》进行计价。

(4) 对第 7.17.5 节知识、技能评估题(3)中的模板,《江苏省建筑与装饰工程计价定额》进行计价。

(5) 对第 7.17.5 节知识、技能评估题(4)中的模板,《江苏省建筑与装饰工程计价定额》进行计价。

8.18 措施项目——垂直运输、超高施工增加等

依据相应的工程量清单,编制垂直运输、超高施工增加和施工排水、降水的工程量清单计价,基于《江苏省建筑与装饰工程计价定额》及增值税一般计税法。

8.18.1 垂直运输

1. 工程量清单组价

垂直运输:现浇框架结构,6 层住宅楼,檐口高度 18.93 m,塔式起重机 QTZ40(4208)。

序号	项目编码	项目名称	计量单位	工程量	综合单价	合价
1	011703001001	垂直运输	天	205	686.84	140 802.20
(1)	23-8	现浇框架檐口高度(层数)20 m(6)以内	天	205	545.43	111 813.15
		综合单价:545.43 元/天				
		定额工程量:同清单工程量 205 天				
(2)	23-52	施工塔吊基础,自升式塔式起重机起重能力在 630 kN·m 以内	台	1	28 989.49	28 989.49
		定额使用:按施工方案采用塔式起重机 QTZ40(4208),其起重能力在 630 kN·m 以内综合单价:28 989.49 元/台				
		定额工程量:1 台				

说明:① 建筑物垂直运输机械台班用量,区分不同结构类型、檐口高度(层数)按国家工期定额套用单项工程工期以日历"天"计算。

② 施工塔吊、电梯基础、塔吊及电梯与建筑物连接件,按施工塔吊及电梯的不同型号以"台"计算。

2. 其他定额工程量计算规则

(1) 单独装饰工程垂直运输机械台班,区分不同施工机械、垂直运输高度、层数、按定额工日分别计算。

(2) 烟囱、水塔、筒仓垂直运输机械台班,以"座"计算。超过定额规定高度时,按每增高 1 m 定额项目计算。高度不足 1 m,按 1 m 计算。

3. 其他定额使用说明

(1) 建筑物垂直运输

① "檐高"是指设计室外地坪至檐口的高度,突出主体建筑物顶的女儿墙、电梯间、楼梯间、水箱等不计入檐口高度以内;"层数"指地面以上建筑物的层数,地下室、地面以上部分净高小于 2.1 m 的半地下室不计入层数。

② 定额工作内容包括在江苏省调整后的国家工期定额内完成单位工程全部工程项目所需的垂直运输机械台班,不包括机械的场外运输、一次安装、拆卸、路基铺垫和轨道铺拆等费用。施工塔吊与电梯基础、施工塔吊和电梯与建筑物连接的费用单独计算。

③ 定额项目划分是以建筑物"檐高""层数"两个指标界定的,只要其中一个指标达到定额规定,即可套用该定额子目。

④ 一个工程出现两个或两个以上檐口高度(层数),使用同一台垂直运输机械时,定额不作调整。使用不同垂直运输机械时,应依照国家工期定额分别计算。

⑤ 当建筑物垂直运输机械数量与定额不同时,可按比例调整定额含量。定额按卷扬机施工配 2 台卷扬机,塔式起重机施工配 1 台塔吊 1 台卷扬机(施工电梯)考虑。如仅采用塔式起重机施工,不采用卷扬机时,塔式起重机台班含量按卷扬机含量取定,卷扬机扣除。

⑥ 垂直运输高度小于 3.6 m 的单层建筑物、单独地下室和围墙,不计算垂直运输机械台班。

⑦ 预制混凝土平板、空心板、小型构件的吊装机械费用已包括在定额中。

⑧ 定额中现浇框架系指柱、梁、板全部为现浇的钢筋混凝土框架结构。如部分现浇,部分预制,按现浇框架乘以系数 0.96。

⑨ 柱、梁、墙、板构件全部现浇的钢筋混凝土框筒结构、框剪结构按现浇框架执行,筒体结构按剪力墙(滑模施工)执行。

⑩ 预制屋架的单层厂房,不论柱为预制或现浇,均按预制排架定额计算。

⑪ 单独地下室工程项目定额工期按不含打桩工期自基础挖土开始计算。多幢房屋下有整体连通地下室时,上部房屋分别套用对应单项工程工期定额,整体连通地下室按单独地下室工程执行。

⑫ 在计算定额工期时,未承包施工的打桩、挖土等的工期不扣除。

⑬ 混凝土构件,使用泵送混凝土,卷扬机施工定额台班乘以系数 0.96。塔式起重机施工定额中的塔式起重机台班含量乘以系数 0.92。

⑭ 建筑物高度超过定额取定时,另行计算。

⑮ 采用履带式、轮胎式、汽车式起重机(除塔式起重机外)吊(安)装预制大型构件的工程,除按规定计算垂直运输费外,另按构件运输及安装工程有关规定计算构件吊(安)装费。

(2) 烟囱、水塔、筒仓垂直运输

烟囱、水塔、筒仓的"高度"指设计室外地坪至构筑物的顶面高度,突出构筑物主体顶的机房等高度不计入构筑物高度内。

8.18.2 超高施工增加

1. 工程量清单组价

超高施工增加(现浇框架剪力墙结构,檐口高度 59.000 m,19 层)。

序号	项目编码	项目名称	计量单位	工程量	综合单价	合价
1	011704001001	超高施工增加	m²	13 000	72.26	939 380.00
(1)	19-4	建筑物檐口高度 20(7 层)~60 m	m²	13 000	69.07	897 910.00
		定额使用:"高度"和"层数",只要其中一个指标达到规定,即可使用 综合单价:[82.00×0.52+(162.85×0.017+8.32×0.017+4.00×0.08+2.44×0.86)]×(1+32%+12%)+0.00=69.07 元/m²					
		檐高超过 20 m 或层数超过 6 层部分(7~19 层):1 000×13=13 000 m² 定额工程量:同清单工程量 13 000 m²					
(2)	19-4×20%×3	建筑物檐口高度 20(7 层)~60 m	m²	1 000	41.44	41 440.00
		定额使用:按每超过 1 m(不足 0.1 m 按 0.1 m 计算)(23.3-3-20.0)/0.1=3 综合单价:69.07×20%×3=41.44 元/m²					
		檐高超过 20 m,但其最高一层或其中一层楼面未超过 20 m 且在 6 层以内时,楼层 20 m 以上部分(6 层):1 000 m² 定额工程量:1 000 m²					

说明:①建筑物超高费工程量计算规则:以超过 20 m 或 6 层部分的建筑面积计算。

②超高费计算规定:建筑物檐高超过 20 m 或层数超过 6 层部分的按其超过部分的建筑面积计算;建筑物檐高超过 20 m,但其最高一层或其中一层楼面未超过 20 m 且在 6 层以内

时,则该楼层在 20 m 以上部分的超高费,每超过 1 m(不足 0.1 m 按 0.1 m 计算)按相应定额的 20%计算;建筑物 20 m 或 6 层以上楼层,如层高超过 3.6 m 时,层高每增高 1 m(不足 0.1 m 按 0.1 m 计算),层高超高费按相应定额的 20%计取;同一建筑物中有 2 个或 2 个以上的不同檐口高度时,应分别按不同高度竖向切面的建筑面积套用定额;单层建筑物(无楼隔层者)高度超过 20 m,其超过部分除构件安装按构件运输及安装工程的规定执行外,另再按建筑工程垂直运输相应项目计算每增高 1 m 的层高超高费。

③ 工程案例超高施工增加费计算详如图 8-18-1 所示。

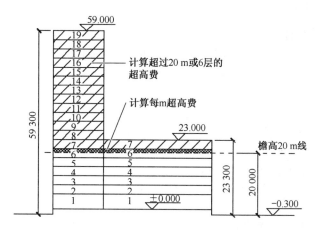

图 8-18-1 超高费计算示意图

超高施工增加(现浇框架剪力墙结构,檐口高度 23.000 m,7 层)。

序号	项目编码	项目名称	计量单位	工程量	综合单价	合价
2	011704001002	超高施工增加	m²	1 500	48.48	72 720.00
(1)	19-1	建筑物檐口高度 20(7 层)~30 m	m²	1 500	30.30	45 450.00
		定额使用:"高度"和"层数",只要其中一个指标达到规定,即可使用 综合单价:[82.00×0.23+(49.85×0.021+4.45×0.021+4.00×0.05+0.98×0.86)]×(1+32%+12%)+0.00=30.30 元/m²				
		檐高超过 20 m 或层数超过 6 层部分(7 层):1 500×1=1 500 m² 定额工程量:1 500 m²				
(2)	19-1×20%×3	建筑物檐口高度 20(7 层)~30 m	m²	1 500	18.18	27 270.00
		定额使用:按每超过 1 m(不足 0.1 m 按 0.1 m 计算)(23.3-3-20.0)/0.1=3 综合单价:30.30×20%×3=18.18 元/m²				
		檐高超过 20 m,但其中最高一层或其中一层楼面未超过 20 m 且在 6 层以内时,楼层 20 m 以上部分(6 层):1 500 m² 定额工程量:1 500 m²				

2. 其他定额工程量计算规则

单独装饰工程超高人工降效,以超过 20 m 或 6 层部分的工日分段计算。

3. 其他定额使用说明

(1)建筑物超高增加费

① 建筑物设计室外地面至檐口的高度(不包括女儿墙、屋顶水箱、突出屋面的电梯间、

楼梯间等的高度)超过 20 m 或建筑物超过 6 层时,应计算超高费。

② 超高费内容包括:人工降效、除垂直运输机械外的机械降效费用、高压水泵摊销、上下联络通讯等所需费用。超高费包干使用,不论实际发生多少,均按定额执行,不调整。

(2) 单独装饰工程超高人工降效

① "高度"和"层高",只要其中一个指标达到规定,即可套用该项目。

② 当同一个楼层中的楼面和天棚不在同一计算段内,按天棚面标高段为准计算。

8.18.3 施工排水、降水

1. 工程量清单组价

轻型井点降水(电动单机离心清水泵,轻型井点总管 $\phi 100$,轻型井点井管 $\phi 40$)。

序号	项目编码	项目名称	计量单位	工程量	综合单价	合价
1	011706002001	轻型井点降水	昼夜	30	2 205.47	66 164.10
(1)	22-2	基坑、地下室排水	10 m²	112.716	276.16	31 127.65
		综合单价:276.16 元/10 m²				
		土方基底面积(工作面宽 300 mm): (18.00+0.3×2)×(60+0.3×2)=1 127.16 m² 定额工程量:1 127.16/10=112.716 m²				
(2)	22-11	轻型井点降水安装	10 根	13.00	760.33	9 884.29
		综合单价:760.33 元/10 根				
		轻型井点间距为 1.2 m,布置在距离基坑边缘 1.0 m 处,基坑深度 2.7−0.3=2.4 m,土方为三类土,机械坑上作业,基坑放坡比例为 1:0.67 [(18+0.3×2+2.4×0.67×2+1.0×2)+(60+0.3×2+2.4×0.67×2+1.0×2)]×2/1.2=129.54 根,取为 130 根 定额工程量:130/10=13(10 根)				
(3)	22-12	轻型井点降水拆除	10 根	13.00	307.02	3 991.26
		综合单价:307.02 元/10 根				
		定额工程量:同上 13.00(10 根)				
(4)	22-13	轻型井点降水使用	套天	60	352.68	21 160.80
		综合单价:352.68 元/套天				
		定额工程量:2 套×30 昼夜=60 套天				

说明:① 基坑、地下室排水按土方基坑的底面积以"m²"计算,如图 8-18-2 所示。

② 井点降水 50 根为 1 套,累计根数不足 1 套者按 1 套计算,井点使用定额单位为"套天",1 天按 24 小时计算。井管的安装、拆除以"根"计算。

③ 基坑排水是指地下常水位以下且基坑底面积超过 150 m²(两个条件同时具备)土方开挖以后,在基础或地下室施工期间所发生的排水包干费用(不包括±0.00以上有设计要求待框架、墙体完成以后再

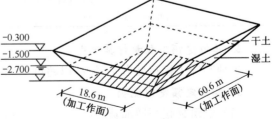

图 8-18-2　施工排降水计算示意图

回填基坑土方期间的排水）。

④ 井点降水项目适用于降水深度在 6 m 以内。井点降水使用时间按施工组织设计确定。井点降水材料使用摊销量中已包括井点拆除时材料损耗量。井点间距根据地质和降水要求由施工组织设计确定，一般轻型井点管间距为 1.2 m。

⑤ 机械土方工作面中的排水费已包含在土方中，但不包括地下水位以下的施工排水费用，如发生，依据施工组织设计规定，排水人工、机械费用另行计算。

2. 其他定额工程量计算规则

（1）人工土方施工排水是在人工开挖湿土、淤泥、流砂等施工过程中发生的机械排放地下水费用。

（2）强夯法加固地基坑内排水是指击点坑内的积水排抽台班费用。

3. 其他定额使用说明

（1）人工土方施工排水不分土壤类别、挖土深度，按挖湿土工程量以"m³"计算。

（2）人工挖淤泥、流砂施工排水按挖淤泥、流砂工程量以"m³"计算。

（3）强夯法加固地基坑内排水，按强夯法加固地基工程量以"m²"计算。

（4）深井、管井降水安装、拆除按"座"计算，使用按"座天"计算，1 天按 24 小时计算。

9 工程量清单计价编制实例

【学习目标】

1. 能把工程案例的工程量清单计价各单元组合起来,形成完整的工程量清单计价模式概念;

2. 掌握工程量清单计价模式的编制程序、表格填写和计算方法,形成编制工程量清单及其计价的综合能力。

9.1 工程量清单

9.1.1 封面

住宅楼　　工程

工程量清单

招　标　人:＿＿＿＿＿＿＿＿＿＿＿

(单位签字盖章)

工程造价

咨询人:＿＿＿＿＿＿＿＿＿＿＿

(单位资质专用章)

法定代表人

或其授权人:＿＿＿＿＿＿＿＿＿

(签字盖章)

法定代表人

或其授权人:＿＿＿＿＿＿＿＿＿

(签字盖章)

编制人:＿＿＿＿＿＿＿＿＿＿＿

(造价人员签字盖专用章)

复核人:＿＿＿＿＿＿＿＿＿＿＿

(造价工程师签字盖专用章)

编制时间:　年 月 日

复核时间:　年 月 日

9.1.2 总说明

总说明

工程名称:住宅楼

1. 工程概况:
本工程为框架结构住宅楼,基础采用柱下独立基础,建筑层数为 6 层,建筑面积为 1 097 m²。
2. 工程计价范围:
住宅楼工程施工图范围内,全部的建筑工程和装饰装修工程,采用增值税一般计税法。
3. 工程计价编制依据:
(1) 住宅楼施工设计图纸文件;
(2) 住宅楼招标文件、设计变更和图纸会审纪要等;
(3) 《建设工程工程量清单计价规范》(GB 50500—2013);
(4) 有关的技术标准、规范和安全管理规定;
(5) 现场安全文明施工费,不列入招标投标竞争范围,单列设立,专款专用,现场安全文明施工费基本费率 3.1%,市级标化增加费 0.49%;
(6) 社会保险费率 3.2%,住房公积金费率 0.53%;
(7) 工程质量应达到优良标准;
(8) 考虑施工重可能发生的设计变更或清单有误,暂列金额 10 万元。
4. 工程质量应达到优良,施工现场争创市级文明工地。
5. 其他需要说明的问题

9.1.3 分部分项工程和单价措施项目清单与计价表

分部分项工程量清单与计价表

工程名称:住宅楼　　标段:

序号	项目编码	项目名称	项目特征描述	计量单位	工程量	综合单价	合价	其中:暂估价
			土方工程					
1	010101001001	平整场地	土壤类别为三类土;弃土和取土由投标人依据施工现场实际情况自行考虑,决定报价	m²	143.52			
2	010101002001	挖一般土方	土壤类别为三类土;挖土深度为 1.6 m;弃土运距由投标人依据施工现场实际情况自行考虑,决定报价	m³	355.80			
3	010103001001	回填土方	回填土压实系数≥0.94;填土材料为原土;需购置缺土 3.15 m³	m³	312.13			
			砌筑工程					
4	010401001001	砖基础(190)	MU10 级 KM1 多孔砖;M10 水泥砂浆砌筑;规格 190 mm×190 mm×90 mm;防水砂浆防潮层厚 20 mm	m³	5.11			
5	010402001001	加气混凝土砌块外墙(200)	B06 级蒸压加气混凝土块;外墙;专用薄层砂浆砌筑;规格 600 mm×200 mm×250 mm	m³	96.91			
6	010402001002	加气混凝土砌块内墙(200)	B05 级蒸压加气混凝土块;内墙;专用薄层砂浆砌筑;规格 600 mm×200 mm×250 mm	m³	121.22			

续表

序号	项目编码	项目名称	项目特征描述	计量单位	工程量	金　额(元)		
						综合单价	合价	其中:暂估价
7	010402001003	加气混凝土砌块内墙(100)	B05级蒸压加气混凝土块;内墙;专用薄层砂浆砌筑;规格600 mm×100 mm×250 mm	m³	8.67			
8	010401004001	女儿墙(190)	MU10级KM1多孔砖;M10水泥砂浆砌筑;规格190 mm×190 mm×90 mm	m³	1.94			
			钢筋工程					
9	010515001001	现浇构件钢筋	钢筋种类:HPB300/HRB335级钢筋;钢筋直径:φ12 mm以内	t	8.298			
10	010515001002	现浇构件钢筋	钢筋种类:HPB300/HRB335级钢筋;钢筋直径:φ12 mm以外	t	19.301			
			混凝土工程					
11	010501001001	垫层	混凝土种类为预拌泵送混凝土;强度等级C15	m³	8.34			
12	010501003001	独立基础	混凝土种类为预拌泵送混凝土;强度等级C30	m³	27.09			
13	010502001001	矩形框架柱	混凝土种类为预拌泵送混凝土;强度等级C30	m³	51.84			
14	010502002001	构造柱	混凝土种类为自拌现浇混凝土;强度等级C30	m³	8.22			
15	010503001001	基础梁	混凝土种类为预拌泵送混凝土;强度等级C30	m³	7.60			
16	010503002001	矩形框架梁	混凝土种类为预拌泵送混凝土;强度等级C30	m³	4.49			
17	010503004001	圈梁	混凝土种类为自拌现浇混凝土;强度等级C30	m³	0.36			
18	010503004002	窗台梁	混凝土种类为自拌现浇混凝土;强度等级C30	m³	3.43			
19	010503005001	现浇过梁	混凝土种类为自拌现浇混凝土;强度等级C30	m³	0.70			
20	010510003001	预制过梁	(1) YGL-DZM1:0.07 m³;安装高度:2.5 m;自拌现浇混凝土强度等级:C30 (2) YGL-C5:0.02 m³;安装高度:3.8 m;自拌现浇混凝土强度等级:C30 (3) YGL-M3:0.01 m³;安装高度:2.1 m;自拌现浇混凝土强度等级:C30	m³	0.42			
21	010505001001	有梁板	混凝土种类为预拌泵送混凝土;强度等级C30	m³	142.57			
22	010505006001	栏板	混凝土种类为自拌现浇混凝土;强度等级C30	m³	7.41			
23	010505007001	挑檐板	混凝土种类为预拌泵送混凝土;强度等级C30	m³	2.58			
24	010505007002	檐沟	混凝土种类为预拌泵送混凝土;强度等级C30	m³	1.25			
25	010505008001	悬挑板	混凝土种类为预拌泵送混凝土;强度等级C30	m³	5.28			
26	010505008002	雨篷板	混凝土种类为预拌泵送混凝土;强度等级C30	m³	2.29			
27	010505008003	阳台板	混凝土种类为预拌泵送混凝土;强度等级C30	m³	9.90			
28	010506001001	直形楼梯	混凝土种类为预拌泵送混凝土;强度等级C30	m²	47.67			
29	010507001001	散水	素土夯实;100 mm厚碎石;素水泥浆1遍;60 mm厚C20细石混凝土;20 mm厚1:2.5水泥砂浆面层压光	m²	23.04			
30	010507001002	坡道	素土夯实;150 mm厚碎石垫层;80 mm厚C15混凝土;斜坡地面上水泥砂浆搓牙	m²	35.20			

续表

序号	项目编码	项目名称	项目特征描述	计量单位	工程量	金额(元)		
						综合单价	合价	其中：暂估价
31	010507004001	台阶	踏步 150 mm×300 mm(高×宽)；混凝土种类为自拌现浇混凝土；强度等级 C30	m²	3.87			
32	010507005001	压顶	断面尺寸 60 mm×200 mm(高×宽)；混凝土种类为自拌现浇混凝土；强度等级 C30	m³	0.23			
33	010507007001	素混凝土止水带	素混凝土止水带；截面 150 mm×200 mm(高×宽)；混凝土种类为自拌现浇混凝土；强度等级 C30；部位详见设计图	m³	6.66			
34	010507007002	线条	二层；混凝土腰线；截面详见设计图；混凝土种类为预拌泵送混凝土；强度等级 C30	m³	1.77			
35	010507007003	上人孔	六层出屋面；详见设计图；混凝土种类为自拌现浇混凝土；强度等级 C30	m³	0.15			
			门窗工程					
36	010803001001	金属卷帘门(DDM)	铝合金成品电动卷帘门；尺寸 2 400 mm×1 600 mm	m²	15.36			
37	010802004001	电子防盗门(DZM)	钢制成品电子防盗门；尺寸 1 500 mm×2 500 mm	m²	3.75			
38	010802004002	防盗门(M1)	钢制成品防盗门；尺寸 900 mm×2 100 mm	m²	22.68			
39	010802004003	防盗门(M1a)	钢制成品防盗门；尺寸 900 mm×1 600 mm	m²	5.76			
40	010801001001	胶合板门(M2)	木质成品胶合板门；尺寸 900 mm×2 100 mm	m²	45.36			
41	010801001002	镶板木门(M3)	木质成品镶板木门；尺寸 800 mm×2 100 mm	m²	40.32			
42	010802001001	塑钢推拉门(M4)	绿色塑钢推拉门；16 mm 厚中空玻璃；尺寸 1 800 mm×2 400 mm	m²	51.84			
43	010807007001	塑钢凸窗(C1)	绿色塑钢凸窗；16 mm 厚中空玻璃；尺寸 1 800 mm×3 140 mm；外形分格见大样	m²	67.82			
44	010807001001	塑钢窗(C2)	绿色塑钢推拉窗；16 mm 厚中空玻璃；尺寸 1 200 mm×1 500 mm	m²	21.60			
45	010807001002	塑钢窗(C2a)	绿色塑钢推拉窗；16 mm 厚中空玻璃；尺寸 1 200 mm×700 mm	m²	1.68			
46	010807001003	塑钢窗(C3)	绿色塑钢推拉窗；16 mm 厚中空玻璃；尺寸 900 mm×1 500 mm	m²	32.40			
47	010807001004	塑钢窗(C4)	绿色塑钢推拉窗；16 mm 厚中空玻璃；尺寸 1 500 mm×1 500 mm	m²	11.25			
48	010807001005	塑钢窗(C5)	绿色塑钢固定窗；16 mm 厚中空玻璃；尺寸 500 mm×600 mm	m²	1.80			
			屋面及防水工程					
49	010901001001	水泥瓦屋面	蓝灰色水泥瓦，尺寸 420 mm×332 mm；木质挂瓦条 30 mm×25 mm；木质顺水条 30 mm×25 mm	m²	147.16			

续表

序号	项目编码	项目名称	项目特征描述	计量单位	工程量	金 额（元）		
						综合单价	合价	其中：暂估价
50	010902003001	屋面刚性层	C15 细石混凝土，厚度 35 mm；内配 φ4@150 mm 钢筋网；6 m 间隔缝宽 20 mm，油膏嵌缝	m²	179.50			
51	010902001001	SBS屋面卷材防水	SBS 改性沥青防水卷材，厚度 3 mm；单层热熔满铺法施工；1 遍 SBS 基层处理剂	m²	195.41			
52	011101006001	屋面水泥砂浆找平层	1：3 水泥砂浆找平层，厚度 15 mm	m²	211.84			
53	010902002001	屋面涂膜隔汽层	冷底子油 2 遍，隔汽层	m²	42.79			
54	010902004001	φ110 屋面排水管	(1) 檐沟部位：φ110 白色 PVC 落水管，φ110 白色 PVC 水斗，φ110 铸铁弯头落水口； (2) 女儿墙部位：φ110 白色 PVC 落水管，φ110 白色 PVC 水斗，女儿墙铸铁弯头落水口.	m	74.56			
55	010902004002	φ75 屋面排水管	φ75 白色 PVC 落水管；φ75 白色 PVC 水斗；φ75 铸铁弯头落水口；φ50 阳台白色 PVC 通水落管	m	78.16			
56	010902007001	卷材檐沟、雨篷	SBS 改性沥青防水卷材，厚度 3 mm；单层热熔满铺法施工；1 遍 SBS 基层处理剂	m²	37.97			
57	011101006002	檐沟、雨篷水泥砂浆找平层	1：3 水泥砂浆找平层，厚度 15 mm	m²	37.97			
58	010904002001	楼面聚氨酯防水	聚氨酯防水涂料 2 遍，厚度 2 mm；无纺布增强，反边高 300 mm	m²	177.24			
			保温工程					
59	011001001001	保温隔热坡屋面	聚苯保温板厚度 25 mm	m²	147.16			
60	011001001002	保温隔热平屋面	聚苯保温板厚度 25 mm	m²	32.34			
			楼地面装饰工程					
61	010404001001	地面碎石垫层	100 mm 厚碎石垫层夯实	m³	12.80			
62	010501001001	地面素混凝土垫层	120 mm 厚 C15 素混凝土垫层	m³	15.36			
63	011101001001	水泥砂浆地面	20 mm 厚 1：3 水泥砂浆找平层；10 mm 厚 1：2 水泥砂浆面层压实抹光	m²	127.99			
64	011101001002	水泥砂浆楼面	20 mm 厚 1：3 水泥砂浆找平层；10 mm 厚 1：2 水泥砂浆面层压实抹光	m²	612.72			
65	011106004001	水泥砂浆楼梯面	20 mm 厚 1：3 水泥砂浆找平层；10 mm 厚 1：2 水泥砂浆面层压实抹光	m²	47.67			
66	011102003001	地砖块料楼面（厨、卫间）	20 mm 厚 1：3 水泥砂浆找平层；300 mm×300 mm 白色地砖用 1：2 水泥细砂浆粘贴	m²	116.94			
67	011105001001	水泥砂浆踢脚线（除厨、卫外内墙）	12 mm 厚 1：3 水泥砂浆打底扫毛；8 mm 厚 1：2 水泥砂浆罩面压实抹光	m	846.25			

续表

序号	项目编码	项目名称	项目特征描述	计量单位	工程量	综合单价	合价	其中：暂估价
68	011107004001	水泥砂浆台阶面	20 mm 厚 1:3 水泥砂浆找平层；10 mm 厚 1:2 水泥砂浆面层压实抹光	m²	3.87			
			墙柱面装饰工程					
69	011201001001	外墙面一般抹灰	专用界面剂；4 mm 厚聚合物抗裂砂浆；紧贴砂浆表面压入 1 层耐碱玻纤网格布；12 mm 厚 1:3 水泥砂浆打底；8 mm 厚 1:2 水泥砂浆粉面	m²	838.85			
70	011201001002	其他混凝土面一般抹灰(阳台、雨篷等)	素水泥浆 1 遍；12 mm 厚 1:3 水泥砂浆打底；8 mm 厚 1:2.5 水泥砂浆粉面	m²	296.06			
71	011201001003	内墙面一般抹灰	专用界面剂；15 mm 厚 1:1:6 水泥石灰砂浆打底；5 mm 厚 1:0.3:3 水泥石灰砂浆	m²	2 000.63			
72	011204003001	面砖块料墙面	专用界面剂；12 mm 厚 1:3 水泥砂浆底层；8 mm 厚 1:0.1:2.5 混合砂浆黏结层；5 mm 厚 200 mm×300 mm 面砖白水泥擦缝	m²	503.52			
			天棚工程					
73	011301001001	天棚抹灰	钢筋混凝土板底；素水泥浆(内加 10% 的 901 胶)1 遍；6 mm 厚 1:0.3:0.3 混合砂浆打底；6 mm 厚 1:0.3:0.3 混合砂浆面层	m²	1 030.03			
74	011302001001	铝合金方板天棚吊顶	φ6 天棚钢吊筋；铝合金(嵌入式)方板龙骨(不上人型)面层规格 600 mm×600 mm；铝合金(嵌入式)方板天棚面层 600 mm×600 mm 厚 0.6 mm	m²	120.96			
			油漆、涂料、裱糊工程					
75	011401001001	胶合板门油漆	胶合板门，M2；洞口尺寸 900 mm×2 100 mm；底油 1 遍，普通腻子 2 遍，米黄色调和漆 2 遍	m²	45.36			
76	011401001002	镶板门油漆	镶板门，M3；洞口尺寸 800 mm×2 100 mm；底油 1 遍，普通腻子 2 遍，米黄色调和漆 2 遍	m²	40.32			
77	011403001001	木扶手油漆	底油 1 遍，普通腻子 2 遍，栗色调和漆 2 遍	m	30.07			
78	011407001001	外墙刷淡黄色涂料	抹灰面基层；外墙抗裂腻子 2 遍；底漆 1 遍，淡黄色外墙高档弹性涂料 2 遍	m²	838.85			
79	011407001002	外墙刷白色涂料	抹灰面基层；外墙抗裂腻子 2 遍；底漆 1 遍，白色外墙高档弹性涂料 2 遍	m²	296.06			
80	011407001003	内墙刷白色乳胶漆	抹灰面基层；批白水泥腻子 2 遍；刷白色乳胶漆 2 遍	m²	2 000.63			
81	011407002001	天棚刷白色乳胶漆	抹灰面基层；批白水泥腻子 2 遍；刷白色乳胶漆 2 遍	m²	1 030.03			
			其他装饰工程					
82	011503001001	阳台不锈钢扶手栏杆	50 mm×50 mm 矩形不锈钢管壁厚 2 mm 扶手；20 mm×20 mm 矩形不锈钢管壁厚 2 mm 栏杆	m	34.20			
83	011503001002	凸窗不锈钢防护栏杆	φ63.5 圆形不锈钢管壁厚 1.5 mm 扶手；φ31.8 圆形不锈钢管壁厚 1.2 mm 栏杆	m	36.48			

续表

序号	项目编码	项目名称	项目特征描述	计量单位	工程量	金 额（元）		
						综合单价	合价	其中：暂估价
84	011503002001	楼梯硬木扶手钢栏杆	成品硬木扶手；ϕ18 圆钢栏杆	m	30.07			
85	011504003001	铝合金通风百叶	成品铝合金通风百叶	m²	68.00			
		措施项目						
		脚手架工程						
86	011701001001	综合脚手架	混凝土框架结构；檐口高度 18.93 m	m²	957.54			
		混凝土模板及支架（撑）						
87	011702001001	基础	独立基础；截面尺寸：详见图纸	m²	55.54			
88	011702002001	矩形柱	截面尺寸：详见图纸	m²	691.83			
89	011702003001	构造柱	截面尺寸：详见图纸	m²	94.79			
90	011702005001	基础梁	矩形截面；尺寸：详见图纸	m²	77.77			
91	011702006001	框架梁	支撑高度：3.6 m 以内	m²	38.97			
92	011702008001	圈梁	截面尺寸：200 mm×200 mm	m²	31.57			
93	011702009001	过梁	截面尺寸：详见图纸	m²	15.96			
94	011702014001	有梁板	支撑高度：3.6 m 以内；板厚 100 mm 以内	m²	1 528.39			
95	011702021001	栏板	截面尺寸：详见图纸	m²	184.50			
96	011702023001	板式雨篷	板式雨篷	m²	81.33			
97	011702023002	复式雨篷	复式雨篷	m²	15.58			
98	011702023003	阳台板	阳台板	m²	66.60			
99	011702024001	楼梯	直形楼梯	m²	47.67			
100	011702025001	压顶	混凝土压顶	m²	2.55			
101	011702025002	混凝土线条	小型构件	m²	31.86			
102	011702022001	檐沟	檐沟竖向挑板；截面尺寸：详见图纸	m²	20.41			
		垂直运输工程						
103	011703001001	垂直运输	现浇框架结构，6 层住宅楼，檐口高度 18.93 m，塔式起重机 QTZ40(4208)	天	205			
		合　计						

9.1.4 总价措施项目清单与计价表

总价措施项目清单与计价表

工程名称:住宅楼　　　标段:

序号	项目编码	项目名称	计　算　基　础	费率(%)	金额(元)	调整费率(%)	调整后金额(元)	备注
1		安全文明施工基本费	分部分项工程费＋单价措施项目费－除税工程设备费	3.1				
2		市级标化增加费	分部分项工程费＋单价措施项目费－除税工程设备费	0.49				
3		临时设施费	分部分项工程费＋单价措施项目费－除税工程设备费	2.0				
4		住宅分户验收	分部分项工程费＋单价措施项目费－除税工程设备费	0.4				
合计								

9.1.5 其他项目计价表

其他项目清单与计价汇总表

工程名称:住宅楼　　　标段:

序号	项目名称	金额(元)	结算金额(元)	备注
1	暂列金额	100 000.00		
合计		100 000.00		

9.1.6 规费、税金项目计价表

规费、税金项目计价表

工程名称:住宅楼　　　标段:

序号	项目名称	计算基础	计算基数	计算费率(%)	金额(元)
1	规费	分部分项工程费＋措施项目费用＋其他项目费用－除税工程设备费			
1.1	社会保险费			3.2	
1.2	住房公积金费			0.53	
2	税金	分部分项工程费＋措施项目费用＋其他项目费用＋规费		11	
合计					

9.2 工程量清单计价

9.2.1 封面

投标总价

招　标　人：_____

工　程　名　称：_____住宅楼_____

投标总价（小写）：_____1 801 578.20_____

　　　　（大写）：___壹佰捌拾万壹仟伍佰柒拾捌元贰角___

投　标　人：_____

（单位签字盖章）

法 定 代 表 人

或 其 授 权 人：_____

（签字盖章）

编　制　人：_____

（造价人员签字盖专用章）

编　制　时　间：_____　　年　月　日

9.2.2　总说明

总　说　明

工程名称:住宅楼

1. 工程概况:

本工程为框架结构住宅楼,基础采用柱下独立基础,建筑层数为 6 层,建筑面积为 1 097 m²。

2. 工程计价范围:

住宅楼工程施工图范围内,全部的建筑工程和装饰装修工程,采用增值税一般计税法

3. 工程计价编制依据:

(1) 住宅楼施工设计图纸文件,办公楼投标施工组织设计;

(2) 住宅楼招标文件及其提供的工程量清单和有关报价要求,招标文件的补充通知和答疑纪要;

(3)《建设工程工程量清单计价规范》(GB 50500—2013);

(4) 有关的技术标准、规范和安全管理规定;

(5) 2014 年《江苏省建筑与装饰工程计价定额》(上、下册);

(6) 2014 年《江苏省建筑工程费用定额》;

(7) 有关的技术标准、规范和安全管理规定;

(8) 人工、材料、机械台班价格根据江苏省材料和机械台班定额含税价与除税价表确定;

(9) 现场安全文明施工费,不列入招标投标竞争范围,单列设立,专款专用,现场安全文明施工费基本费率 3.1%,市级标化增加费 0.49%;

(10) 措施项目费中:临时设施费 2%,住宅分户验收 0.4%;

(11) 规费中:社会保险费率 3.2%,住房公积金费率 0.53%;

(12) 工程质量应达到优良标准;

(13) 考虑施工中可能发生的设计变更或清单有误,暂列金额 10 万元。

4. 工程质量应达到优良,施工现场争创市级文明工地。

5. 其他需要说明的问题。

9.2.3　单位工程投标报价汇总表

单位工程投标报价汇总表

工程名称:住宅楼　　　标段:

序号	汇总内容	金额(元)	其中:暂估价(元)
1	分部分项工程	1 051 118.37	
1.1	土方工程	22 124.20	
1.2	砌筑工程	96 722.85	
1.3	钢筋工程	125 400.00	
1.4	混凝土工程	145 351.65	
1.5	门窗工程	125 097.08	
1.6	屋面及防水工程	45 146.91	

续表

序号	汇总内容	金额(元)	其中:暂估价(元)
1.7	保温工程	4 749.24	
1.8	楼地面装饰工程	45 135.74	
1.9	墙柱面装饰工程	236 431.25	
1.10	天棚工程	36 198.83	
1.11	油漆、涂料、裱糊工程	111 790.66	
1.12	其他装饰工程	56 969.32	
2	措施项目	413 562.45	
2.1	脚手架工程	19 131.65	
2.2	混凝土模板及支架(撑)	170 852.51	
2.3	垂直运输工程	140 802.20	
2.4	安全文明施工基本费	42 839.05	
2.5	市级标化增加费	6 785.58	
2.6	临时设施费	27 638.09	
2.7	住宅分户验收	5 527.62	
3	其他项目	100 000.00	
3.1	其中:暂列金额	100 000.00	
3.2	其中:专业工程暂估价		
3.3	其中:计日工		
3.4	其中:总承包服务费		
4	规费合计(规费)	58 362.60	
5	税金(税金)	178 534.78	
总价合计＝[1]＋[2]＋[3]＋[4]＋[5]		1 801 578.20	

9.2.4 分部分项工程和单价措施项目清单与计价表

分部分项工程量清单与计价表

工程名称:住宅楼　　标段:

序号	项目编码	项目名称	项目特征描述	计量单位	工程量	综合单价	合价	其中:暂估价
			土方工程				22 124.20	
1	010101001001	平整场地	土壤类别为三类土;弃土和取土由投标人依据施工现场实际情况自行考虑,决定报价	m²	143.52	1.56	223.89	
2	010101002001	挖一般土方	土壤类别为三类土;挖土深度为1.6 m;弃土运距由投标人依据施工现场实际情况自行考虑,决定报价	m³	355.80	19.47	6 927.43	

续表

序号	项目编码	项目名称	项目特征描述	计量单位	工程量	金　额(元)		
						综合单价	合价	其中:暂估价
3	010103001001	回填土方	回填土压实系数≥0.94;填土材料为原土;需购置缺方3.15 m³	m³	312.13	47.97	14 972.88	
			砌筑工程				96 738.34	
4	010401001001	砖基础(190)	MU10级KM1多孔砖;M10水泥砂浆砌筑;规格190 mm×190 mm×90 mm;防水砂浆防潮层厚20 mm	m³	5.11	411.02	2 100.31	
5	010402001001	加气混凝土砌块外墙(200)	B06级蒸压加气混凝土块;外墙;专用薄层砂浆砌筑;规格600 mm×200 mm×250 mm	m³	96.91	413.81	40 102.33	
6	010402001002	加气混凝土砌块内墙(200)	B05级蒸压加气混凝土块;内墙;专用薄层砂浆砌筑;规格600 mm×200 mm×250 mm	m³	121.22	413.81	50 162.05	
7	010402001003	加气混凝土砌块内墙(100)	B05级蒸压加气混凝土块;内墙;专用薄层砂浆砌筑;规格600 mm×100 mm×250 mm	m³	8.67	420.22	3 643.31	
8	010401004001	女儿墙(190)	MU10级KM1多孔砖;M10水泥砂浆砌筑;规格190 mm×190 mm×90 mm	m³	1.94	368.48	714.85	
			钢筋工程				125 400.64	
9	010515001001	现浇构件钢筋	钢筋种类:HPB300/HRB335级钢筋;钢筋直径:φ12 mm以内	t	8.298	4 881.32	40 505.94	
10	010515001002	现浇构件钢筋	钢筋种类:HPB300/HRB335级钢筋;钢筋直径:φ12 mm以外	t	19.301	4 398.50	84 895.45	
			混凝土工程				145 351.65	
11	010501001001	垫层	混凝土种类为预拌泵送混凝土;强度等级C15	m³	8.34	401.21	3 346.09	
12	010501003001	独立基础	混凝土种类为预拌泵送混凝土;强度等级C30	m³	27.09	414.05	11 216.61	
13	010502001001	矩形框架柱	混凝土种类为预拌泵送混凝土;强度等级C30	m³	51.84	474.88	24 617.78	
14	010502002001	构造柱	混凝土种类为自拌现浇混凝土;强度等级C30	m³	8.22	640.99	5 268.94	
15	010503001001	基础梁	混凝土种类为预拌泵送混凝土;强度等级C30	m³	7.60	426.15	3 238.74	
16	010503002001	矩形框架梁	混凝土种类为预拌泵送混凝土;强度等级C30	m³	4.49	456.19	2 048.29	
17	010503004001	圈梁	混凝土种类为自拌现浇混凝土;强度等级C30	m³	0.36	486.64	175.19	
18	010503004002	窗台梁	混凝土种类为自拌现浇混凝土;强度等级C30	m³	3.43	486.64	1 669.18	

续表

序号	项目编码	项目名称	项目特征描述	计量单位	工程量	综合单价	合价	其中：暂估价
						金 额(元)		
19	010503005001	现浇过梁	混凝土种类为自拌现浇混凝土；强度等级C30	m³	0.70	556.73	389.71	
20	010510003001	预制过梁	(1) YGL-DZM1：0.07 m³；安装高度：2.5 m；自拌现浇混凝土强度等级：C30 (2) YGL-C5：0.02 m³；安装高度：3.8 m；自拌现浇混凝土强度等级：C30 (3) YGL-M3：0.01 m³；安装高度：2.1 m；自拌现浇混凝土强度等级：C30	m³	0.42	517.02	217.15	
21	010505001001	有梁板	混凝土种类为预拌泵送混凝土；强度等级C30	m³	142.57	448.13	63 889.89	
22	010505006001	栏板	混凝土种类为自拌现浇混凝土；强度等级C30	m³	7.41	572.95	4 245.56	
23	010505007001	挑檐板	混凝土种类为预拌泵送混凝土；强度等级C30	m³	2.58	506.20	1 306.00	
24	010505007002	檐沟	混凝土种类为预拌泵送混凝土；强度等级C30	m³	1.25	517.27	646.59	
25	010505008001	悬挑板	混凝土种类为预拌泵送混凝土；强度等级C30	m³	5.28	505.28	2 667.88	
26	010505008002	雨篷板	混凝土种类为预拌泵送混凝土；强度等级C30	m³	2.29	500.94	1 147.15	
27	010505008003	阳台板	混凝土种类为预拌泵送混凝土；强度等级C30	m³	9.90	498.20	4 932.18	
28	010506001001	直形楼梯	混凝土种类为预拌泵送混凝土；强度等级C30	m²	47.67	115.68	5 514.47	
29	010507001001	散水	素土夯实；100 mm厚碎石；素水泥浆1遍；60 mm厚C20细石混凝土；20厚1:2.5水泥砂浆面层压光	m²	23.04	60.21	1 387.24	
30	010507001002	坡道	素土夯实；150 mm厚碎石垫层；80 mm厚C15混凝土；斜坡地面上水泥砂浆搓牙	m²	35.20	93.88	3 304.58	
31	010507004001	台阶	踏步150 mm×300 mm(高×宽)；混凝土种类为自拌现浇混凝土；强度等级C30	m²	3.87	73.66	285.06	
32	010507005001	压顶	断面尺寸60 mm×200 mm(高×宽)；混凝土种类为自拌现浇混凝土；强度等级C30	m³	0.23	534.62	122.96	
33	010507007001	素混凝土止水带	素混凝土止水带；截面150 mm×200 mm(高×宽)；混凝土种类为自拌现浇混凝土；强度等级C30；部位详见设计图	m³	6.66	406.42	2 706.76	

续表

序号	项目编码	项目名称	项目特征描述	计量单位	工程量	综合单价	合价	其中:暂估价
34	010507007002	线条	二层;混凝土腰线;截面详见设计图;混凝土种类为预拌泵送混凝土;强度等级 C30	m³	1.77	520.74	921.71	
35	010507007003	上人孔	六层出屋面;详见设计图;混凝土种类为自拌现浇混凝土;强度等级 C30	m³	0.15	572.93	85.94	
			门窗工程				125 097.08	
36	010803001001	金属卷帘门(DDM)	铝合金成品电动卷帘门;尺寸 2 400 mm×1 600 mm	m²	15.36	212.05	3 257.09	
37	010802004001	电子防盗门(DZM)	钢制成品电子防盗门;尺寸 1 500 mm×2 500 mm	m²	3.75	2 133.33	7 999.99	
38	010802004002	防盗门(M1)	钢制成品防盗门;尺寸 900 mm×2 100 mm	m²	22.68	1 500.00	34 020.00	
39	010802004003	防盗门(M1a)	钢制成品防盗门;尺寸 900 mm×1 600 mm	m²	5.76	1 500.00	8 640.00	
40	010801001001	胶合板门(M2)	木质成品胶合板门;尺寸 900 mm×2 100 mm	m²	45.36	200.00	9 072.00	
41	010801001002	镶板木门(M3)	木质成品镶板木门;尺寸 800 mm×2 100 mm	m²	40.32	150.00	6 048.00	
42	010802001001	塑钢推拉门(M4)	绿色塑钢推拉门;16 mm 厚中空玻璃;尺寸 1 800 mm×2 400 mm	m²	51.84	313.89	16 272.06	
43	010807007001	塑钢凸窗(C1)	绿色塑钢凸窗;16 mm 厚中空玻璃;尺寸 1 800 mm×3 140 mm;外形分格见大样	m²	67.82	291.38	19 761.39	
44	010807001001	塑钢窗(C2)	绿色塑钢推拉窗;16 mm 厚中空玻璃;尺寸 1 200 mm×1 500 mm	m²	21.60	291.38	6 293.81	
45	010807001002	塑钢窗(C2a)	绿色塑钢推拉窗;16 mm 厚中空玻璃;尺寸 1 200 mm×700 mm	m²	1.68	291.38	489.52	
46	010807001003	塑钢窗(C3)	绿色塑钢推拉窗;16 mm 厚中空玻璃;尺寸 900 mm×1 500 mm	m²	32.40	291.38	9 440.71	
47	010807001004	塑钢窗(C4)	绿色塑钢推拉窗;16 mm 厚中空玻璃;尺寸 1 500 mm×1 500 mm	m²	11.25	291.38	3 278.03	
48	010807001005	塑钢窗(C5)	绿色塑钢固定窗;16 mm 厚中空玻璃;尺寸 500 mm×600 mm	m²	1.80	291.38	524.48	
			屋面及防水工程				45 142.91	
49	010901001001	水泥瓦屋面	蓝灰色水泥瓦,尺寸 420 mm×332 mm;木质挂瓦条 30 mm×25 mm;木质顺水条 30 mm×25 mm	m²	147.16	55.29	8 136.48	
50	010902003001	屋面刚性层	C15 细石混凝土,厚度 35 mm;内配 φ4@150 mm 钢筋网;6 m 间隔缝宽 20 mm,油膏嵌缝	m²	179.50	41.74	7 492.33	

续表

序号	项目编码	项目名称	项目特征描述	计量单位	工程量	综合单价	合价	其中:暂估价
						金　额(元)		
51	010902001001	SBS屋面卷材防水	SBS改性沥青防水卷材,厚度3 mm;单层热熔满铺法施工;1遍SBS基层处理剂	m²	195.41	38.51	7 525.24	
52	011101006001	屋面水泥砂浆找平层	1:3水泥砂浆找平层,厚度15 mm	m²	211.84	12.76	2 703.08	
53	010902002001	屋面涂膜隔汽层	冷底子油2遍,隔汽层	m²	42.79	10.26	439.03	
54	010902004001	φ110屋面排水管	(1)檐沟部位:φ110白色PVC落水管,φ110白色PVC水斗,φ110铸铁弯头落水口;(2)女儿墙部位:φ110白色PVC落水管,φ110白色PVC水斗,女儿墙铸铁弯头落水口	m	74.56	37.72	2 812.40	
55	010902004002	φ75屋面排水管	φ75白色PVC落水管;φ75白色PVC水斗;φ75铸铁弯头落水口;φ50阳台白色PVC通水落管	m	78.16	37.77	2 952.10	
56	010902007001	卷材檐沟、雨篷	SBS改性沥青防水卷材,厚度3 mm;单层热熔满铺法施工;1遍SBS基层处理剂	m²	37.97	38.51	1 462.22	
57	011101006002	檐沟、雨篷水泥砂浆找平层	1:3水泥砂浆找平层,厚度15 mm	m²	37.97	12.76	484.50	
58	010904002001	楼面聚氨酯防水	聚氨酯防水涂料2遍,厚度2 mm;无纺布增强,反边高300 mm	m²	177.24	62.85	11 139.53	
			保温工程				4 749.24	
59	011001001001	保温隔热坡屋面	聚苯保温板厚度25 mm	m²	147.16	26.46	3 893.85	
60	011001001002	保温隔热平屋面	聚苯保温板厚度25 mm	m²	32.34	26.45	855.39	
			楼地面装饰工程				45 135.74	
61	010404001001	地面碎石垫层	100 mm厚碎石垫层夯实	m³	12.80	168.58	2 517.82	
62	010501001001	地面素混凝土垫层	120 mm厚C15素混凝土垫层	m³	15.36	403.39	6 196.07	
63	011101001001	水泥砂浆地面	20 mm厚1:3水泥砂浆找平层;10 mm厚1:2水泥砂浆面层压实抹光	m²	127.99	22.97	2 939.93	
64	011101001002	水泥砂浆楼面	20 mm厚1:3水泥砂浆找平层;10 mm厚1:2水泥砂浆面层压实抹光	m²	612.72	22.97	14 074.18	
65	011106004001	水泥砂浆楼梯面	20 mm厚1:3水泥砂浆找平层;10 mm厚1:2水泥砂浆面层压实抹光	m²	47.67	82.37	3 926.58	

续表

序号	项目编码	项目名称	项目特征描述	计量单位	工程量	综合单价	合价	其中：暂估价
66	011102003002	地砖块料楼面（厨、卫间）	20 mm厚1:3水泥砂浆找平层；300 mm×300 mm白色地砖用1:2水泥细砂浆粘贴	m²	116.94	90.21	10 549.16	
67	011105001001	水泥砂浆踢脚线（除厨、卫外内墙）	12 mm厚1:3水泥砂浆打底扫毛；8 mm厚1:2水泥砂浆罩面压实抹光	m	846.25	6.07	5 136.74	
68	011107004001	水泥砂浆台阶面	20 mm厚1:3水泥砂浆找平层；10 mm厚1:2水泥砂浆面层压实抹光	m²	3.87	40.12	155.26	
			墙柱面装饰工程				236 431.25	
69	011201001001	外墙面一般抹灰	专用界面剂；4 mm厚聚合物抗裂砂浆；紧贴砂浆表面压入1层耐碱玻纤网布；12 mm厚1:3水泥砂浆打底；8 mm厚1:2水泥砂浆粉面	m²	838.85	48.96	41 070.10	
70	011201001002	其他混凝土面一般抹灰（阳台、雨篷等）	素水泥浆1遍；12 mm厚1:3水泥砂浆打底；8 mm厚1:2.5水泥砂浆粉面	m²	296.06	66.12	19 575.49	
71	011201001003	内墙面一般抹灰	专用界面剂；15 mm厚1:1:6水泥石灰砂浆打底；5 mm厚1:0.3:3水泥石灰砂浆	m²	2 000.63	27.57	55 157.37	
72	011204003001	面砖块料墙面	专用界面剂；12 mm厚1:3水泥砂浆底层；8 mm厚1:0.1:2.5混合砂浆黏结层；5 mm厚200 mm×300 mm面砖白水泥擦缝	m²	503.52	239.57	120 628.29	
			天棚工程				36 198.83	
73	011301001001	天棚抹灰	钢筋混凝土板底：素水泥浆（内加10%的901胶）1遍；6 mm厚1:0.3:0.3混合砂浆打底；6 mm厚1:0.3:0.3混合砂浆面层	m²	1 030.03	18.94	19 508.77	
74	011302001001	铝合金方板天棚吊顶	φ6天棚钢吊筋；铝合金（嵌入式）方板龙骨（不上人型）面层规格600 mm×600 mm；铝合金（嵌入式）方板天棚面层 600 mm×600 mm厚0.6 mm	m²	120.96	137.98	16 690.06	
			油漆、涂料、裱糊工程				111 790.66	
75	011401001001	胶合板门油漆	胶合板门，M2；洞口尺寸 900 mm×2 100 mm；底油1遍，普通腻子2遍，米黄色调和漆2遍	m²	45.36	32.42	1 470.57	
76	011401001002	镶板门油漆	镶板门，M3；洞口尺寸800 mm×2 100 mm；底油1遍，普通腻子2遍，米黄色调和漆2遍	m²	40.32	32.43	1 307.58	

续表

序号	项目编码	项目名称	项目特征描述	计量单位	工程量	综合单价	合价	其中:暂估价
							金　额(元)	
77	011403001001	木扶手油漆	底油 1 遍,普通腻子 2 遍,栗色调和漆 2 遍	m	30.07	6.57	197.56	
78	011407001001	外墙刷淡黄色涂料	抹灰面基层;外墙抗裂腻子 2 遍;底漆 1 遍,淡黄色外墙高档弹性涂料 2 遍	m²	838.85	48.36	40 566.79	
79	011407001002	外墙刷白色涂料	抹灰面基层;外墙抗裂腻子 2 遍;底漆 1 遍,白色外墙高档弹性涂料 2 遍	m²	296.06	48.36	14 317.46	
80	011407001003	内墙刷白色乳胶漆	抹灰面基层;批白水泥腻子 2 遍;刷白色乳胶漆 2 遍	m²	2 000.63	17.36	34 730.94	
81	011407002001	天棚刷白色乳胶漆	抹灰面基层;批白水泥腻子 2 遍;刷白色乳胶漆 2 遍	m²	1 030.03	18.64	19 199.76	
		其他装饰工程					56 969.32	
82	011503001001	阳台不锈钢扶手栏杆	50 mm×50 mm 矩形不锈钢管壁厚 2 mm 扶手;20 mm×20 mm 矩形不锈钢管壁厚 2 mm 栏杆	m	34.20	538.83	18 427.99	
83	011503001002	凸窗不锈钢防护栏杆	φ63.5 圆形不锈钢管壁厚 1.5 mm 扶手;φ31.8 圆形不锈钢管壁厚 1.2 mm 栏杆	m	36.48	330.88	12 070.50	
84	011503002001	楼梯硬木扶手钢栏杆	成品硬木扶手;φ18 圆钢栏杆	m	30.07	201.89	6 070.83	
85	011504003001	铝合金通风百叶	成品铝合金通风百叶	m²	68.00	300.00	20 400.00	
		措施项目					330 786.36	
		脚手架工程					19 131.65	
86	011701001001	综合脚手架	混凝土框架结构;檐口高度 18.93 m	m²	957.54	19.98	19 131.65	
		混凝土模板及支架(撑)					170 852.51	
87	011702001001	基础	独立基础;截面尺寸:详见图纸	m²	55.54	58.86	3 269.08	
88	011702002001	矩形柱	截面尺寸:详见图纸	m²	691.83	58.81	40 686.52	
89	011702003001	构造柱	截面尺寸:详见图纸	m²	94.79	71.18	6 747.15	
90	011702005001	基础梁	矩形截面:尺寸:详见图纸	m²	77.77	43.18	3 358.11	
91	011702006001	框架梁	支撑高度:3.6 m 以内	m²	38.97	64.90	2 529.15	
92	011702008001	圈梁	截面尺寸:200 mm×200 mm	m²	31.57	53.37	1 684.89	
93	011702009001	过梁	截面尺寸:详见图纸	m²	15.96	69.81	1 114.17	
94	011702014001	有梁板	支撑高度:3.6 m 以内;板厚 100 mm 以内	m²	1 528.39	47.45	72 522.11	
95	011702021001	栏板	截面尺寸:详见图纸	m²	184.50	64.21	11 846.75	

续表

序号	项目编码	项目名称	项目特征描述	计量单位	工程量	综合单价	合价	其中:暂估价
							金 额(元)	
96	011702023001	板式雨篷	板式雨篷	m²	81.33	83.08	6 756.90	
97	011702023002	复式雨篷	复式雨篷	m²	15.58	108.78	1 694.79	
98	011702023003	阳台板	阳台板	m²	66.60	112.99	7 525.13	
99	011702024001	楼梯	直形楼梯	m²	47.67	154.63	7 371.21	
100	011702025001	压顶	混凝土压顶	m²	2.55	58.97	150.37	
101	011702025002	混凝土线条	小型构件	m²	31.86	68.80	2 191.97	
102	011702022001	檐沟	檐沟竖向挑板;截面尺寸:详见图纸	m²	20.41	68.80	1 404.21	
		垂直运输工程					140 802.20	
103	011703001001	垂直运输	现浇框架结构,6 层住宅楼,檐口高度 18.93 m,塔式起重机 QTZ40(4208)	天	205	686.84	140 802.20	
		合 计					1 381 904.73	

9.2.5 综合单价分析表

综合单价分析表

工程名称:住宅楼　　标段:

项目编码	010101001001	项目名称	平整场地	计量单位	m²

清单综合单价组成明细

定额编号	定额名称	定额单位	数量	单价				合价			
				人工费	材料费	机械费	管理费和利润	人工费	材料费	机械费	管理费和利润
1-273	平整场地	1 000 m²	0.001 814	77.00	0.00	554.45	236.15	0.14	0.00	0.99	0.43
人工单价		小计						0.14	0.00	0.99	0.43
77.00 元/工日		未计价材料费									
清单项目综合单价								1.56			

材料费明细	主要材料名称、规格、型号			单位	数量	单价(元)	合价(元)	暂估单价(元)	暂估合价(元)
	其他材料费					—		—	
	材料费小计					—		—	

注:其他工程量清单项目综合单价分析表(略)

9.2.6 总价措施项目清单与计价表

总价措施项目清单与计价表

工程名称:住宅楼　　　标段:

序号	项目编码	项目名称	计算基础	费率(%)	金额(元)	调整费率(%)	调整后金额(元)	备注
1		安全文明施工基本费	1 381 904.73	3.1	42 839.05			
2		市级标化增加费	1 381 904.73	0.49	6 771.33			
3		临时设施费	1 381 904.73	2	27 638.09			
4		住宅分户验收	1381 904.73	0.4	5 527.62			
			合计		82 776.09			

9.2.7 其他项目清单与计价汇总表

其他项目清单与计价汇总表

工程名称:住宅楼　　　标段:

序号	项目名称	金额(元)	结算金额(元)	备注
1	暂列金额	100 000.00		
	合计	100 000.00		

9.2.8 规费、税金项目计价表

规费、税金项目计价表

工程名称:住宅楼　　　标段:

序号	项目名称	计算基础	计算基数(元)	计算费率(%)	金额(元)
1	规费	1.1+1.2			58 362.60
1.1	社会保险费	分部分项工程费+措施项目费用+其他项目费用-除税工程设备费	1 564 680.82	3.2	50 069.79
1.2	住房公积金费	分部分项工程费+措施项目费用+其他项目费用-除税工程设备费	1 564 680.82	0.53	8 292.81
2	税金	分部分项工程费+措施项目费用+其他项目费用+规费	1 623 043.42	11	178 534.78
		合计			236 897.38

9.2.9 人工、材料、机械和工程设备一览表

(1)人工价格取定按:一类工:85.00 元/工日;二类工:82.00 元/工日;三类工:77.00

元/工日。

（2）材料价格取定按：《江苏省建筑与装饰工程计价定额》附录六"主要建筑材料预算价格取定表"。

（3）机械价格取定按：《江苏省建筑与装饰工程计价定额》附录二"机械台班预算单价取定表"。

9.2.10 模板、钢筋工程清单综合单价分析表

序号	项目编码	项目名称（工程内容）	单位	数量	综合单价	合价
		模板工程				
1	011702001001	基础\独立基础;截面尺寸:详见图纸	m²	55.54	58.86	3 269.08
		21-2　混凝土垫层　复合木模板	10 m²	0.834	667.80	556.95
		21-12　各种柱基、桩承台　复合木模板	10 m²	4.720	574.54	2 711.83
2	011702002001	矩形柱\截面尺寸:详见图纸	m²	691.83	58.81	40 686.52
		21-27　矩形柱　复合木模板	10 m²	69.183	588.14	40 689.29
3	011702003001	构造柱\截面尺寸:详见图纸	m²	94.79	71.18	6 747.15
		21-32　构造柱　复合木模板	10 m²	9.479	711.79	6 747.06
4	011702005001	基础梁\截面尺寸:详见图纸	m²	77.77	43.18	3 358.11
		21-34　基础梁　复合木模板	10 m²	7.777	431.70	3 357.33
5	011702006001	框架梁\支撑高度:3.6 m以内	m²	38.97	64.90	2 529.15
		21-36　挑梁、单梁、连续梁、框架梁　复合木模板	10 m²	3.897	649.05	2 529.35
6	011702008001	圈梁\截面尺寸:200 mm×200 mm	m²	31.57	53.37	1 684.89
		21-42　圈梁、地坑支撑梁　复合木模板	10 m²	3.157	533.64	1 684.70
7	011702009001	过梁\截面尺寸:详见图纸	m²	15.96	69.81	1 114.17
		21-44　过梁　复合木模板	10 m²	1.596	698.15	1 114.25
8	011702014001	有梁板\支撑高度:3.6 m以内;板厚100 mm以内	m²	1 528.39	47.47	72 522.11
		21-57　现浇板厚度10 cm内　复合木模板	10 m²	152.839	474.47	72 517.52
9	011702021001	栏板\截面尺寸:详见图纸	m²	184.50	64.21	11 846.75
		21-87　竖向挑板、栏板　复合木模板	10 m²	18.450	642.11	11 846.93
10	011702023001	板式雨篷\板式雨篷	m²	81.33	83.08	6 757.90
		21-76　水平挑檐、板式雨篷　复合木模板	10 m² 水平投影面积	8.133	830.82	6 757.06
11	011702023002	复式雨篷\复式雨篷	m²	15.58	108.78	1 694.79
		21-78　复式雨篷　复合木模板	10 m² 水平投影面积	1.558	1 087.77	1 694.75
12	011702023003	阳台板\阳台板	m²	66.60	112.99	7 525.13
		21-80　阳台　复合木模板	10 m² 水平投影面积	6.660	1 129.96	7 525.53

续表

序号	项目编码	项目名称(工程内容)		单位	数量	综合单价	合价
13	011702024001	楼梯\楼梯		m²	47.67	154.63	7 371.21
		21-74	楼梯　复合木模板	10 m² 水平投影面积	4.767	1 546.38	7 371.59
14	011702025001	压顶\压顶		m²	2.55	58.97	150.37
		21-94	压顶　复合木模板	10 m²	0.255	589.56	150.34
15	011702025002	混凝土线条\混凝土线条		m²	31.86	68.80	2 191.97
		21-89	檐沟小型构件　木模板	10 m²	3.186	687.89	2 191.62
16	011702022001	檐沟\檐沟竖向挑板;截面尺寸:详见图纸		m²	20.41	68.80	1 404.21
		21-89	檐 沟小型构件　木模板	10 m²	2.041	687.89	1 403.98
钢筋工程							
1	010515001001	现浇构件钢筋\钢筋种类:HPB300/HRB335 级钢筋;钢筋直径:Φ12 mm 以内。		t	8.298	4 881.29	40 504.94
		5-1	现浇混凝土构件钢筋直径:Φ12 mm 以内	t	8.298	4 881.29	40 504.94
2	010515001002	现浇构件钢筋\钢筋种类:HPB300/HRB335 级钢筋;钢筋直径:Φ12 mm 以外。		t	19.301	4 398.48	84 895.06
		5-2	现浇混凝土构件钢筋直径:Φ25 mm 以内	t	19.301	4 398.48	84 895.06

参考文献

[1] 中华人民共和国国家标准.建筑工程工程量清单计价规范(GB 50500—2013).北京:中国计划出版社,2013

[2] 中华人民共和国国家标准.房屋建筑与装饰工程工程量清单计算规范(GB 50854—2013).北京:中国计划出版社,2013

[3] 规范编制组.2013建设工程计价计量规范辅导.北京:中国计划出版社,2013

[4] 江苏省住房和城乡建设厅.江苏省建筑与装饰工程计价定额(上册).南京:江苏凤凰科学技术出版社,2014

[5] 江苏省住房和城乡建设厅.江苏省建筑与装饰工程计价定额(下册).南京:江苏凤凰科学技术出版社,2014

[6] 沈华.建筑及装饰工程计量与计价.北京:高等教育出版社,2013